Leitfäden der Informatik

Max Vetter
Aufbau betrieblicher Informationssysteme
mittels pseudo-objektorientierter, konzeptioneller
Datenmodellierung

Leitfäden der Informatik

Herausgegeben von

Prof. Dr. Hans-Jürgen Appelrath, Oldenburg
Prof. Dr. Volker Claus, Stuttgart
Prof. Dr. Dr. h.c. mult. Günter Hotz, Saarbrücken
Prof. Dr. Lutz Richter, Zürich
Prof. Dr. Wolffried Stucky, Karlsruhe
Prof. Dr. Klaus Waldschmidt, Frankfurt

Die Leitfäden der Informatik behandeln

– Themen aus der Theoretischen, Praktischen und Technischen Informatik entsprechend dem aktuellen Stand der Wissenschaft in einer systematischen und fundierten Darstellung des jeweiligen Gebietes.
– Methoden und Ergebnisse der Informatik, aufgearbeitet und dargestellt aus Sicht der Anwendungen in einer für Anwender verständlichen, exakten und präzisen Form.

Die Bände der Reihe wenden sich zum einen als Grundlage und Ergänzung zu Vorlesungen der Informatik an Studierende und Lehrende in Informatik-Studiengängen an Hochschulen, zum anderen an „Praktiker", die sich einen Überblick über die Anwendungen der Informatik(-Methoden) verschaffen wollen; sie dienen aber auch in Wirtschaft, Industrie und Verwaltung tätigen Informatikern und Informatikerinnen zur Fortbildung in praxisrelevanten Fragestellungen ihres Faches.

Aufbau betrieblicher Informationssysteme

mittels pseudo-objektorientierter,
konzeptioneller Datenmodellierung

Von PD Dr. sc. techn. Max Vetter
Würenlos
8., durchgesehene Auflage
Mit 281 Abbildungen

 B. G. Teubner Stuttgart 1998

PD Dr. sc. techn. Max Vetter, Dipl.-Ing. ETH Zürich

Unabhängiger Unternehmensberater sowie Priv.-Doz. der Eidg. Techn. Hochschule Zürich

1938 geboren in Zürich. Von 1958 bis 1963 Studium der Chemie an der Eidg. Technischen Hochschule (ETH) in Zürich. 1964, nach erfolgter Diplomierung, Aufnahme der beruflichen Tätigkeit bei IBM in Basel. Daselbst in der Industrie während 10 Jahren mitverantwortlich für Entwurf und Realisierung technisch-wissenschaftlicher, kommerzieller sowie produktionssteuernder Datenbankanwendungen. Von 1973 bis 1978 Forschungs- und Lehrtätigkeit am European Systems Research Institute (ESRI) der IBM in Genf und La Hulpe, Brüssel. 1976 Promotion und 1982 Habilitation an der ETH in Zürich mit Arbeiten auf dem Gebiete der Anwendungsentwicklung und der Datenmodellierung. Im Rahmen von Beratungs- und Lehrverpflichtungen zahlreiche Aufenthalte in 20 Ländern auf 4 Kontinenten (unter anderem an den IBM Systems Research Institutes in Itoh/Japan und Rio de Janeiro, an den IBM Systems Science Institutes in London, New York und Tokyo, an den IBM-Laboratorien in Santa Teresa und Palo Alto, Kalifornien, am IBM Africa Institute an der Elfenbeinküste sowie bei den IBM Niederlassungen in Istanbul und Tel Aviv). Seit 1979 Berater und Dozent für Anwendungsentwicklung im allgemeinen sowie für Daten- bzw. Objektmodellierung im besonderen bei der IBM Schweiz in Zürich. In dieser Funktion wiederholt an der Konzeption von globalen Datenmodellen für Banken, Behörden, Fabrikationsunternehmungen, Transportunternehmungen sowie Versicherungen beteiligt. Zudem: seit 1982 Privatdozent für angewandte Informatik an der ETH Zürich sowie gelegentlich Lehrbeauftragter am Institut für Informatik der Universität Zürich und an der Abteilung für Militärwissenschaften der ETH Zürich. Seit 1994, nach 30 Jahren in Diensten der IBM, unabhängiger Unternehmensberater. Zahlreiche, zum Teil in mehrere Sprachen übersetzte, in Brailleschrift sowie in Form von Video- und CD-ROM-Aufzeichnungen erhältliche Publikationen auf dem Gebiete der Anwendungsentwicklung sowie der Daten- bzw. Objektmodellierung.

Die Deutsche Bibliothek – CIP-Einheitsaufnahme

Vetter, Max:
Aufbau betrieblicher Informationssysteme mittels pseudo-objektorientierter, konzeptioneller Datenmodellierung / Von Max Vetter. – 8., durchges. Aufl. – Stuttgart : Teubner, 1998
    (Leitfäden der Informatik)
    ISBN 3-519-22495-X

© B. G. Teubner Stuttgart 1998
Printed in Germany
Gesamtherstellung: Zechnersche Buchdruckerei GmbH, Speyer
Einband: Peter Pfitz, Stuttgart

Vorwort zur 8. Auflage

Bei der Realisierung von Anwendungs-Software sind Daten und Funktionen von Bedeutung. Je nachdem, woran sich der Anwendungsentwickler primär orientiert, sind die in Abb. 1 gezeigten Anwendungsentwicklungsarten zu unterscheiden.

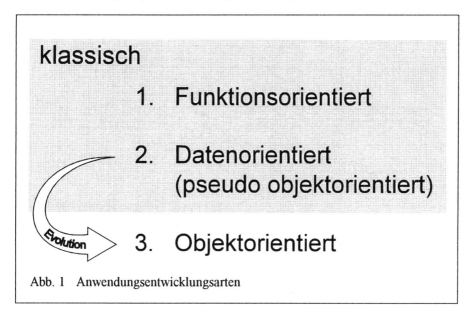

Abb. 1   Anwendungsentwicklungsarten

Dazu folgende Erläuterungen:

Bei der in Abb. 2 gezeigten *funktionsorientierten Vorgehensweise* stehen Funktionen (die für eine Anwendung relevanten Tätigkeiten repräsentierend) im Mittelpunkt der Überlegungen. Daten (zur Darstellung der für eine Anwendung relevanten Objekte, aber auch von Ergebnissen sowie Eingaben) haben sekundäre Bedeutung und sind erst in einem zweiten Schritt festzulegen. Dieses in der Steinzeit des Computerzeitalters praktizierte Vorgehen ist insofern verständlich, als das Entwickeln von Software mit der Erstellung von Programmen gleichgesetzt wurde, und ein Programm realisiert eben eine oder auch mehrere Funktionen. Nachteilig wirkt sich dabei aus, dass das Vorgehen zu Insellösungen und damit einhergehend zu anwendungsorientierten Datenbeständen mit *Redundanz-, Synonym-* sowie *Homonymproblemen* führt. In den meisten Unternehmungen, welche das funktionsorientierte Vorgehen praktizierten, stellte sich denn auch im

Verlaufe der Zeit ein verheerendes Datenchaos ein, welches kaum die Möglichkeit bietet, der Geschäftsleitung umfassende, den gesamten Geschäftsgang betreffende Informationen zur Verfügung zu stellen.

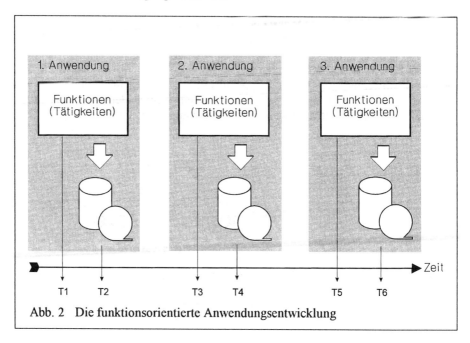

Abb. 2   Die funktionsorientierte Anwendungsentwicklung

Im vorliegenden Werk wird vorgeschlagen, sich bei der Anwendungsentwicklung nicht primär an Funktionen, sondern an den für eine Unternehmung relevanten Objekten wie Kunden, Mitarbeitern, Produkten, Produktionsmitteln, Lieferanten, etc. zu orientieren. Idealerweise sind besagte Objekte noch vor der Entwicklung einer ersten Anwendung in Form eines konzeptionellen (d.h. hardware- und softwareneutralen), möglichst unternehmungsweiten, groben Datenmodells darzustellen. In der Regel ist in diesem Zusammenhang von einer *globalen Datenarchitektur* die Rede. Eine globale Datenarchitektur ist entsprechend Abb. 3 mit einem Rohbau zu vergleichen, dessen Räume im Verlaufe der Zeit mit projektbezogen ermittelten Details datenspezifischer Art angereichert werden. Eine mit Details angereicherte globale Datenarchitektur ist ein *Muster* und keinesfalls mit der Datenbank gleichzusetzen. Die Speicherung der eigentlichen Daten erfolgt nach Massgabe des Verwendungsortes teils zentral teils dezentral, wobei sowohl die für die Speicherung wie auch Präsentation der Daten erforderlichen Strukturen vom Muster abzuleiten sind. Weil man sich beim geschilderten Vorgehen zunächst an den Objekten orientiert, müsste eigentlich von einer *objektorientierten Vorgehensweise* die Rede sein. Da der Begriff *Objektorientierung* in der Informatik mittlerweile eine - wie noch zu zeigen sein wird - umfassendere Bedeutung erlangt hat, sei hier zur Vermeidung von Missverständnissen von einer *datenorientierten* (resp. *pseudo objektorientierten*) *Vorgehensweise* die Rede. Die Bezeichnung ist insofern naheliegend, als man die für eine Unternehmung relevanten Objekte zunächst in Form eines groben Datenmodells - eben einer Architektur - darstellt, bevor Überlegungen funktionsspezifischer Art in Angriff genommen werden.

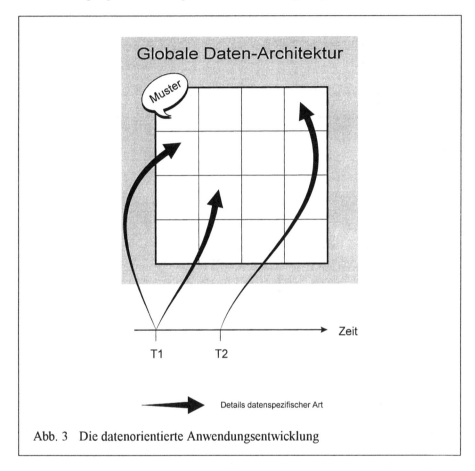

Abb. 3   Die datenorientierte Anwendungsentwicklung

Worin unterscheidet sich nun aber das *datenorientierte* (sprich *pseudo objektorientierte*) *Vorgehen* vom eigentlichen *objektorientierten Vorgehen*? Abb. 4 illustriert den Unterschied. Zu erkennen ist, dass im klassischen Umfeld Daten und Funktionen grundsätzlich getrennt sind. Entsprechend erstellt man einerseits mit Monolithen vergleichbare Programme und beschäftigt sich anderseits mit den eigentlichen Datenbeständen. Ganz anders im objektorientierten Umfeld, fasst man hier doch Daten und darauf operierende Funktionen (in der Regel ist diesbezüglich von sogenannten *Methoden* die Rede) als Einheiten - eben als *Objekte* - auf [1].

---

[1]   Wie man sich diesen Sachverhalt vorzustellen hat, wird in Abschnitt 2.5 dieses Buches konzeptmässig behandelt. An Einzelheiten interessierte Leser seien auf das neue Werk von M. Vetter: *Objektmodellierung (Eine Einführung in die objektorientierte Analyse und das objektorientierte Design)*, B.G. Teubner, Stuttgart, verwiesen.

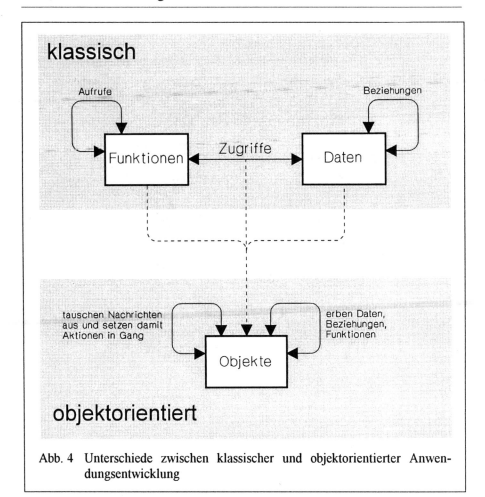

Abb. 4 Unterschiede zwischen klassischer und objektorientierter Anwendungsentwicklung

Globale Architekturen sind im objektorientierten Umfeld noch bedeutsamer als im klassischen, weil man damit entsprechend Abb. 5 nicht nur die im Verlaufe der Zeit projektbezogen ermittelten Details datenspezifischer, sondern auch solche funktionsspezifischer Art geordnet und in einer für jedermann wiederauffindbaren Weise versorgen kann. Damit ist angedeutet, dass die in diesem Buche dargelegten Überlegungen zur Erzielung von globalen Architekturen auch im objektorientierten Umfeld ihre Berechtigung behalten. Mehr noch: In Ermangelung effizienter objektorientierter Datenbankmanagementsysteme speichert man die Daten vielerorts nach wie vor relational (ja sogar netzwerkartig und hierarchieförmig) und bedient sich des objektorientierten Ansatzes lediglich zur Aufbereitung der zu präsentierenden Ergebnisse auf Workstations. Entsprechend sind die in diesem Buche zur Sprache kommenden Überlegungen, die zu relationalen, netzwerkartigen und hierarchieförmigen Datenstrukturen führen, nach wie vor von Bedeutung.

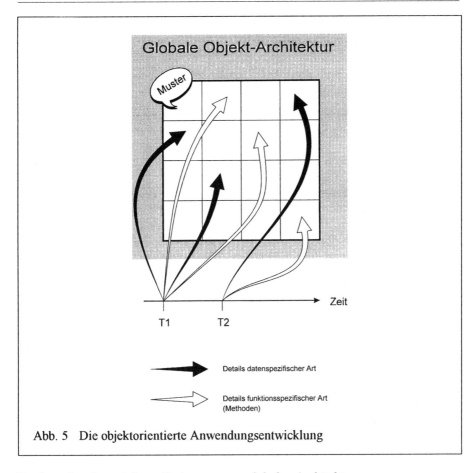

Abb. 5   Die objektorientierte Anwendungsentwicklung

Doch nochmals zurück zur Bedeutung von *globalen Architekturen.*

Es empfiehlt sich, eine *globale Architektur* kooperativ (d.h. mit Beteiligung von Führungskräften, Entscheidungsträgern, kompetenten Sachbearbeitern sowie Informatikern) zu ermitteln. Damit sind erfahrungsgemäss ordnende, klärende, divergierende Wünsche und Erfordernisse auf einen Nenner bringende, Kommunikationsprobleme entschärfende, der Wahrheitsfindung dienliche Effekte zu erzielen. Es resultiert ein der kollektiven Denktätigkeit einer ganzen Belegschaft entsprechender *Brennpunkt,* auf den sich Anwendungen beziehen lassen und an dem sich Mitarbeiter orientieren können. Damit ist - systemtheoretisch gesprochen - eine Vernetzung zu gewährleisten, die teils - was die Anwendungen anbelangt - technischer, teils aber auch - was die Menschen betrifft - geistig-ideeller Art ist. So besehen ist die Schaffung einer *globalen Architektur* selbst dann von Vorteil, wenn der Einsatz von Computern gar nicht zur Debatte steht.

Im übrigen sind mit einer Vorgehensweise, bei welcher eine Architektur im Sinne eines Leitbildes zum Einsatz gelangt, folgende Vorteile zu erzielen:

- Es resultieren fast zwangsläufig integrierte, vielfach benutzbare, redundanzfreie Datenbestände

- Die Vorgehensweise führt auch dann zum Ziel, wenn Funktionen vorerst einmal gar nicht zur Debatte stehen (Realisierung eines Data-Warehouses)

- Die Vorgehensweise vermag jederzeit einen Überblick hinsichtlich der informationsspezifischen Aspekte einer Unternehmung zu gewährleisten

- Die Vorgehensweise erleichtert die Optimierung von sogenannten *Prozessketten*

Abb. 6 illustriert, wie man sich die angedeutete Optimierung vorzustellen hat. Im oberen Teil der Abbildung ist zunächst die horizontale sowie vertikale Gliederung einer Unternehmung in eine *operationelle, taktische* sowie *strategische Ebene* bzw. in die *Bereiche Forschung, Entwicklung, Produktion*, etc. zu erkennen. Schattiert angedeutet sind ebenen- sowie bereichsspezifische Funktionen (sprich Tätigkeiten, Prozesse), die höchstens insofern Gemeinsamkeiten aufweisen, als sie sich durchwegs auf ein und dieselben unternehmungsrelevanten Objekte wie *Kunden, Mitarbeiter, Produkte*, etc. beziehen. Schon daraus folgt, dass es - will man der Geschäftsleitung umfassende, den gesamten Geschäftsgang betreffende Informationen zur Verfügung stellen - ratsam ist, zunächst ein gemeinsames, alle unternehmungsrelevanten Objekte reflektierendes globales Daten- bzw. Objektmodell zu schaffen, bevor man sich den eigentlichen Funktionen zuwendet. Praktisch unerlässlich - weil einheitliche Begriffe gewährleistend - wird ein derartiges Modell, wenn Prozessketten zu optimieren sind, an denen verschiedene Unternehmungsbereiche beteiligt sind. Im Bilde angedeutet ist beispielsweise eine von der Geschäftsleitung initiierte Prozesskette, die bei der Lancierung eines neuen Produktes abzulaufen hat (den Tätigkeiten in der Forschung folgen solche in der Entwicklung, der Produktion, im Verkauf, etc.).

Von Bedeutung ist auch, dass mit dem Einsatz von Architekturen eine *konzeptionelle Arbeitsweise* zu gewährleisten ist. Diese ist wie folgt zu charakterisieren:

- Bei einer konzeptionellen Arbeitsweise wird die Lösung für ein Problem vom *Groben zum Detail* (englisch: Top-down) entwickelt. Zu gewährleisten ist damit, dass Gesamtzusammenhänge eher erkennbar werden und Verluste im Falle eines Projektabbruchs möglichst gering ausfallen

- Konzeptionell arbeiten heisst *abstrahieren*. Dies bedeutet, dass man sich nicht mit Einzelfällen auseinandersetzt, sondern Begriffe verwendet, die stellvertretend für viele Einzelfälle in Erscheinung treten können. Folge davon ist, dass man sich besser auf das Wesentliche zu konzentrieren vermag

- Bei einer konzeptionellen Arbeitsweise werden hardware- und software-spezifische Überlegungen zurückgestellt bis eine logisch einwandfreie Lösung vorliegt. Folge davon ist, dass Nichtinformatiker problemlos in den Entwicklungsprozess einzubinden sind und der Forderung nach kooperativer Anwendungsentwicklung zu genügen ist.

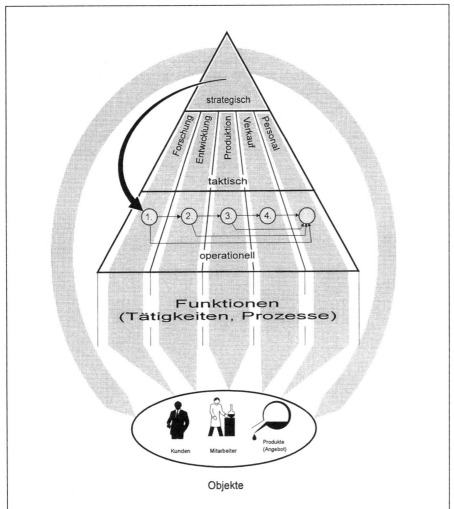

Abb. 6 Ebenen- sowie bereichsspezifische Funktionen (sprich Tätigkeiten, Prozesse) beziehen sich allesamt auf ein und dieselben unternehmungsrelevanten Objekte. Demzufolge ist es naheliegend, zunächst ein besagte Objekte reflektierendes globales Daten- bzw. Objektmodell zu schaffen, bevor man sich mit den Funktionen auseinandersetzt.

Damit eine *globale Architektur* zustande kommt, sind vor und während der Entwicklung von Anwendungen adäquate Massnahmen in die Wege zu leiten. Im Sinne eines Vorschlages wird in diesem Buche ein entsprechendes, erprobte Erkenntnisse wie beispielsweise die *Systemtheorie*, die *Entitäten-Beziehungs-modellierung*, die *Relationentheorie* nutzendes Vorgehen diskutiert, das in der Fachwelt - sicherlich nicht nur des produktneutralen Charakters wegen - auf ein grosses Interesse gestossen ist.

Ist ein Buch der vorliegenden Art angesichts des überaus reichlichen Angebots an computerunterstützten Hilfsmitteln zur Entwicklung von Anwendungen im allgemeinen und von Datenmodellen im besonderen überhaupt noch gerechtfertigt? Die Frage ist meiner Meinung nach unbedingt zu bejahen. Selber mit derartigen Hilfsmitteln arbeitend, stelle ich immer wieder fest, dass sie mir zwar die Arbeit erleichtern, keinesfalls aber in der Lage sind, eine kreative Leistung zu erbringen. Hierfür sind neben viel Fleiss vor allem auch fundierte Kenntnisse erforderlich, die mit einem Buch der vorliegenden Art individuell zu erarbeiten sind. Überhaupt sollte man sich bewusst sein, dass für eine effiziente Anwendungsentwicklung grundsätzlich drei Faktoren von Bedeutung sind. Es sind dies:

- Ein methodisches Vorgehen

  (dieses beschäftigt sich mit der Frage: *Was* hat *wann* mit *welcher Technik* zu geschehen?)

- Techniken

  (diese beschäftigen sich mit der Frage: *Wie* hat etwas zu geschehen?)

- Werkzeuge

  (diese beschäftigen sich mit der Frage: *Womit* hat etwas zu geschehen?)

Die besten Werkzeuge (sprich CASE-Tools[1]) sind wertlos, wenn sie nicht im Rahmen eines methodischen, den Werdegang von Anwendungen nach zeitlichen Gesichtspunkten regelnden Vorgehens zur Anwendung gelangen. Dieses methodische Vorgehen ist zu schulen, genauso wie die zur Herstellung von Anwendungen und Datenmodellen erforderlichen Techniken. CASE-Tools vermögen den Wirkungsgrad besagter Techniken zwar zu erhöhen, keinesfalls aber - gewissermassen per Knopfdruck - Anwendungen und Datenmodelle aus dem Nichts zu erzeugen. Es scheint mir wichtig, gleich zu Beginn dieses Buches mit aller Deutlichkeit auf diesen Sachverhalt hinzuweisen, ist doch bezüglich der angesprochenen CASE-Tools vielfach eine geradezu euphorische, mit den zu erzielenden Ergebnissen keinesfalls in Einklang stehende Erwartungshaltung festzustellen. Wichtig sind die vorstehenden Bemerkungen aber auch deswegen, weil sie die Bestimmung dieses Buches klar einzugrenzen erlauben. So bezweckt

---

[1]   CASE = Computer Aided Software Engineering

dieses die Vermittlung von Kenntnissen, die das *methodische Vorgehen* sowie die bei der Datenmodellierung üblicherweise zur Anwendung gelangenden *Techniken* (nicht aber die eigentlichen *Werkzeuge*) betreffen.

Im vorliegenden Werk wird die Problematik pragmatisch angegangen (d.h. sachbezogen und beispielhaft). Darüberhinaus unterscheidet sich die Arbeit gegenüber andern Werken insofern, als praktisch orientierte Überlegungen gegenüber reiner Theorie eindeutig im Vordergrund stehen. Das Werk ist daher vorwiegend für Designer von Informationssystemen, für Systemkonstrukteure, Systemanalytiker, Datenbankadministratoren und Projektleiter bestimmt. Aber auch Studenten entsprechender Fachrichtungen sowie allgemein an Datenverarbeitung interessierte Kreise, welche die Bezugnahme zur Praxis suchen, sind damit angesprochen - nicht zuletzt auch darum, weil die praktisch orientierten Hinweise immer wieder mit theoretischen Erkenntnissen verankert werden.

Zum Abschluss noch ein Wort des Dankes. Dieser richtet sich an all jene Personen und Organisationen, die der hier vorgestellten Methode vertrauen und durch konstruktive Beiträge sowie aufbauende Kritik Verbesserungen ermöglichten. Namentlich erwähnt seien meine ehemaligen IBM-Kollegen N. Loewitsch, Dr. Mainz, Dr. Bauer-Jürgens sowie H.P. Joos. Die genannten Herren dozierten äusserst erfolgreich in Deutschland, Österreich und der Schweiz die in diesem Buche behandelte Materie und haben mich auf zahlreiche Verbesserungsmöglichkeiten aufmerksam gemacht.

Auch wenn ich seit 1994 als selbständiger Unternehmensberater tätig bin, fühle ich mich der IBM Schweiz nach wie vor zu grossem Dank verpflichtet. Ohne deren permanente Unterstützung wäre ich niemals in der Lage gewesen, ein Werk der vorliegenden Art zu schaffen. Ganz speziell zu bedanken habe ich mich bei dem leider viel zu früh verstorbenen ehemaligen General-Direktor der IBM Schweiz, Herrn R. Strüby, sowie bei meinen ehemaligen Vorgesetzten E. Marzorati, A. Butti und F. Neresheimer. Den banalen Grundsatz beachtend, wonach einer Ernte immer auch eine Saat voranzugehen hat, haben die genannten Herren wiederholt wenig lukrative Phasen meinerseits in Kauf genommen, mir gestattend, zu neuen Erkenntnissen zu kommen und Begeisterung zur Sache zu erlangen. Begeisterung aber - und damit halte ich mich an Worte des vorerwähnten Herrn R. Strüby - *"Begeisterung ist eine Eigenschaft, die inspiriert, die Hoffnung schafft und Freude erzeugt. Wenn der Glaube Berge versetzen kann, dann lässt die Begeisterung Berge überwinden."*

Bliebe noch darauf hinzuweisen, dass die genannten Herren wiederholt dafür gesorgt haben, dass ich meine Ideen auf internationaler Ebene durch Fachgremien überprüfen und bereichern lassen sowie an praktischen Fällen ausprobieren konnte. Allerdings muss korrekterweise gesagt werden, dass ich nachstehend meine persönliche Meinung vertrete. Die Ausführungen sind also nicht im Sinne einer Stellungnahme der IBM (meinem ehemaligen Arbeitgeber) aufzufassen.

Und noch ein letzter Hinweis: So einleuchtend und folgerichtig das vorgestellte Vorgehen auch scheinen mag, sosehr es in der Praxis mittlerweile auch genutzt wird[1] - der Weisheit letzter Schluss ist damit sicher nicht gesprochen. Wie überall gilt auch hier die dem Werk *Anstiftung zur persönlichen (R)evolution* von J. Hormann entnommene Aussage: *"Über allem steht die notwendige Erkenntnis, dass niemand 'die Wahrheit' für sich gepachtet hat, dass die Wahrheit vielmehr ein Paradoxon ist, das alle Sichtweisen in sich birgt"*

Zürich, im Juni 1982	(1. Auflage)
Januar 1985	(2., überarbeitete und erweiterte Auflage)
Juli 1986	(3., neubearbeitete und erweiterte Auflage)
Juli 1987	(4., überarbeitete und erweiterte Auflage)
August 1988	(5., überarbeitete Auflage)
August 1989	(6., neubearbeitete und erweiterte Auflage)
Juni 1991	(7., neubearbeitete und erweiterte Auflage)
Januar 1998	(8., überarbeitete Auflage)

M. Vetter
E-Mail: mvetter@access.ch
WWW: http://www.access.ch/private-users/mvetter/

---

[1] Eine von der Universität Lausanne bei über 200 wichtigen Schweizer Unternehmungen durchgeführte Umfrage attestiert dem Vorgehen eine Spitzenstellung hinsichtlich Verbreitung in der Schweiz (*io Management* Zeitschrift 60, 1991, Nr. 5)

Inhalt

2. Teil: Das praktische Vorgehen

1 Einleitung

Es empfiehlt sich, Anwendungen vom *Groben zum Detail* (englisch: *Top-down*) zu entwickeln und zu realisieren. Dabei werden vier *Gestaltungsebenen* unterschieden, denen folgende Zielsetzungen zugrunde liegen (siehe Abb. 1.1):

1. Gestaltungsebene: Objektsystem-Design (OSD)

Ausgehend von einer Idee (beispielsweise *Realisierung eines Bestellerfassungssystems* oder *Realisierung eines Produktionssteuerungssystems*) geht es im *Objektsystem-Design (OSD)* in erster Linie darum, das *Problemfeld eindeutig abzugrenzen*, die *Anforderungen* an das SOLL-System festzulegen sowie eine die betrieblich-organisatorischen Gegebenheiten berücksichtigende *Groblösung* zu entwickeln. Zu diesem Zwecke werden die von einem Projekt betroffenen *Personen, Materialien, Informationen* sowie *Energien* nebst den relevanten *Aktivitäten, Material-, Informations-* und *Energieflüssen* systemmässig [17] erfasst, wobei Automatisierungsüberlegungen vorerst ausser acht gelassen werden.

Nach Abschluss des *Objektsystem-Designs (OSD)* steht fest:

- Der IST-Zustand
- Eine den IST-Zustand betreffende *Schwachstellenliste*
- Eine Liste mit den *Anforderungen* (Zielsetzungen) an das SOLL-System
- Eine systemmässig festgehaltene *Groblösung*
- Die *Einbettung* des SOLL-Systems in die bestehende oder zu modifizierende betriebliche Organisation

Das *Objektsystem-Design (OSD)* stellt einen Klärungsprozess dar, dem eine Entscheidung bezüglich der Fortführung des Projektes folgen muss. Fällt der Entscheid positiv aus, so darf das Ergebnis des *Objektsystem-Designs (OSD)* nicht als abgeschlossen betrachtet werden, sondern ist im Sinne eines iterativen Prozesses laufend neuen, in nachfolgenden Phasen gewonnenen Erkenntnissen anzupassen.

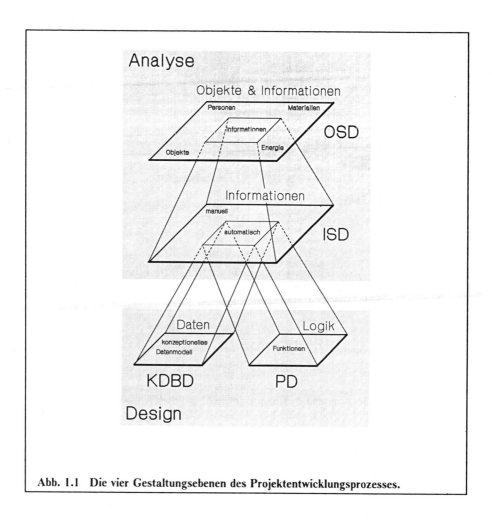

Abb. 1.1 **Die vier Gestaltungsebenen des Projektentwicklungsprozesses.**

2. Gestaltungsebene: Informationssystem-Design (ISD)

Liegt nach Abschluss des Objektsystem-Designs (OSD) eine die betrieblich-organisatorischen Gegebenheiten berücksichtigende Groblösung vor, so wird diese auf der zweiten Gestaltungsebene im Rahmen eines *Informationssystem-Designs (ISD)* verfeinert. Im Rahmen der Verfeinerung, bei der übrigens wiederum das *Systemdenken* [17] von Bedeutung ist, konzentriert man sich auf die informationsspezifischen Aspekte und erarbeitet die *Anordnungen (Layouts)* der zu erstellenden *Benützersichten* (Formulare, Listen, Bildschirmausgaben) inklusive deren *strukturellen Aufbau*.

Nach Abschluss des *Informationssystem-Designs (ISD)* steht fest:

- Was an *Output* zu produzieren ist und welche *Anordnungen* (Layouts) und *Strukturen* besagtem Output zugrunde liegen

- Was an *Input* bereitzustellen ist (die Struktur des Inputs wird in der Phase *konzeptionelles Datenbankdesign (KDBD)* festgelegt)

- Welche *Prozesse* abzulaufen haben, um den Input in den Output umzusetzen (die Logik der Prozesse wird in der Phase *Prozessdesign (PD)* festgelegt)

Auch dem *Informationssystem-Design (ISD)* folgt eine Entscheidung bezüglich der Fortführung des Projektes. Fällt der Entscheid positiv aus, so darf das Ergebnis des *Informationssystem-Designs (ISD)* wiederum nicht als abgeschlossen betrachtet werden, sondern ist im Sinne eines iterativen Prozesses laufend neuen, in nachfolgenden Phasen gewonnenen Erkenntnissen anzupassen.

Im Rahmen eines *Objektsystem-Designs (OSD)* und *Informationssystem-Designs (ISD)* werden alle für eine Anwendung relevanten Gesichtspunkte berücksichtigt – unabhängig davon, ob die dabei ermittelten Prozesse in Zukunft manuell oder rechnergestützt zur Ausführung gelangen. Ganz anders verhält es sich auf den verbleibenden Gestaltungsebenen, konzentriert sich doch hier das Interesse ausschliesslich auf die zu automatisierenden Sachverhalte. Somit ist vor dem Übergang auf die verbleibenden Gestaltungsebenen zu entscheiden, welcher Teil des Problembereiches einer Automatisierung zuzuführen ist.

Die Phasen *Objektsystem-Design (OSD)* und *Informationssystem-Design (ISD)* konzentrieren sich grundsätzlich auf das *WAS* im Sinne von: *WAS* für Ergebnisse sind erwünscht und *WAS* ist hiefür an Input erforderlich. In der Regel spricht man in diesem Zusammenhang von einer *Analyse* (siehe Abb. 1.1).

3. Gestaltungsebene: *Konzeptionelles Datenbankdesign (KDBD)*

Im *konzeptionellen Datenbankdesign (KDBD)* werden die für eine Anwendung relevanten *Datentypen* mittels einer Analyse der im Informationssystem-Design (ISD) festgelegten Benützersichten bestimmt. Das Ergebnis wird in Form eines *anwendungsorientierten konzeptionellen Datenmodells* festgehalten. Mit letzterem sind sodann *logische Datenstrukturen* zu bestimmen, womit feststeht, wie die Daten in ein Programm einzufliessen haben, damit die im Informationssystem-Design (ISD) festgelegten Benützersichten möglichst effizient zu erstellen sind.

Nach Abschluss des *konzeptionellen Datenbankdesigns (KDBD)* liegen vor:

- Ein *anwendungsorientiertes konzeptionelles Datenmodell*

- Die *logischen Datenstrukturen*, die zur Erstellung der im Informationssystem-Design festgelegten Benützersichten erforderlich sind

Auf der dritten Gestaltungsebene sind zeitlich mehr oder weniger stabile Sachverhalte zu untersuchen. Tatsächlich unterliegen sauber definierte Daten*typen* im Verlaufe der Zeit erfahrungsgemäss kaum einer Änderung (die Daten*werte* ändern nicht aber die Daten*typen*)[3].

Und noch ein Hinweis: Der Begriff *konzeptionell* bedeutet, dass die datenspezifischen Aspekte neutral, also losgelöst von hardware- und softwarespezifischen Überlegungen, zu bearbeiten sind. Damit die eigentliche Datenbank realisiert werden kann, ist das konzeptionelle Modell in eine geeignete, von der zur Verfügung stehenden Software unterstützte *Datenstruktur* zu transformieren.

Das vorstehende Prozedere mag auf den ersten Blick kompliziert erscheinen. Zahlreiche Gründe sprechen aber dafür, zunächst ein neutrales, konzeptionelles Datenmodell zu schaffen und erst nachträglich davon die für die Implementierung erforderliche Datenstruktur abzuleiten. So kann man sich bei einem derartigen Vorgehen zunächst auf die logischen Aspekte konzentrieren, was den Einbezug von Nichtinformatikern in den Gestaltungsprozess erleichtert. Dieser Aspekt ist nicht zu unterschätzen, sind doch bedürfnisgerechte Anwendungen erfahrungsgemäss nur unter Mitwirkung der Betroffenen problemlos zu entwickeln. Darüber hinaus sind konzeptionelle Datenmodelle stabil und brauchen nicht bei jedem Hardware- oder Softwarewechsel überarbeitet zu werden, was angesichts der Progression informationstechnologischer Produkte ausserordentlich bedeutsam ist.

4. Gestaltungsebene: Prozessdesign (PD)

Im *Prozessdesign (PD)* wird die Logik der Prozesse bestimmt, die den im konzeptionellen Datenbankdesign (KDBD) aufgrund der logischen Datenstrukturen definierten Input in den im Informationssystem-Design (ISD) festgelegten Output umzusetzen haben. Ziel der Bemühungen ist, besagte Prozesse in einer Form festzuhalten, die für die anschliessende Programmierung geeignet ist.

Nach Abschluss des *Prozessdesigns (PD)* steht somit fest:

* Die *Logik der Prozesse*, welche den im konzeptionellen Datenbankdesign (KDBD) strukturmässig definierten Input in den im Informationssystem-Design (ISD) strukturmässig festgelegten Output umzusetzen haben

Die Phasen *konzeptionelles Datenbankdesign (KDBD)* und *Prozessdesign (PD)* konzentrieren sich grundsätzlich auf das *WIE* im Sinne von: *WIE* ist eine Anwendung zu realisieren, um zu den in der Analyse festgelegten Ergebnissen zu

---

[3] Zur Erläuterung: Mit Daten*typen* sind Sachverhalte und Tatbestände der Realität in *allgemein gültiger Form* festzuhalten. So basiert beispielsweise die allgemein gültige Aussage *"Ein Mitarbeiter hat eine Personalnummer sowie einen Namen und arbeitet in einer Abteilung"* auf Daten*typen*. Demgegenüber liegen der einen bestimmten Mitarbeiter betreffenden Aussage *"Der Mitarbeiter mit der Personalnummer P1 heisst Peter und arbeitet in der Abteilung EDV"* Daten*werte* wie *P1, Peter, EDV* zugrunde. Auf Daten*werten* basierende Aussagen weisen keinen allgemein gültigen Charakter auf, sondern beziehen sich immer auf ein ganz bestimmtes Exemplar (im vorliegenden Beispiel auf den Mitarbeiter mit der Personalnummer P1).

kommen. In der Regel spricht man in diesem Zusammenhang vom *Design* einer Anwendung (siehe Abb. 1.1).

Abb. 1.2 zeigt, dass das geschilderte Prozedere in der Regel für mehrere Projekte gleichzeitig zur Anwendung gelangt und dass es in erster Linie Informatiker betrifft (dank der konzeptionellen Arbeitsweise lassen sich aber auch Nichtinformatiker in den Gestaltungsprozess einbeziehen). Das Vorgehen wird heute in mehr oder weniger abgewandelter Form allgemein angewendet und wird *vordefinierte Datenverarbeitung* (englisch: *Prespecified Computing*) genannt.

Abb. 1.2 verdeutlicht zudem, dass aufgrund einer Vereinigung der anwendungsbezogenen konzeptionellen Datenmodelle ein *globales* (d.h. ein anwendungsübergreifendes) *konzeptionelles Datenmodell* zustande kommt. Letzteres bildet die Grundlage für die Ermittlung von Datenbanken, welche anwendungsübergreifend einzusetzen sind.

Der ständig wachsende Bedarf an qualifizierten Informatikern und deren schwieriger werdende Rekrutierung zwingen nun mehr und mehr dazu, Nichtinformatiker mittels geeigneter Hilfsmittel in die Lage zu versetzen, informationsspezifische Probleme selbständig einer Lösung zuzuführen. Man spricht in diesem Zusammenhang von *benützergesteuerter Datenverarbeitung* (englisch: *User Driven Computing*).

Abb. 1.3 illustriert, dass den Nichtinformatikern bei der benützergesteuerten Datenverarbeitung einfache, keinerlei Informatik-Kenntnisse voraussetzende Datenmanipulationssprachen sowie Generatoren und Werkzeuge objektorientierter Art zur Verfügung stehen. Mit den genannten Hilfsmitteln ist ein Nichtinformatiker grundsätzlich in der Lage, eigene Datenbanken zu erstellen. Mag dies für persönliche Daten noch tolerierbar sein, so sollten Daten, die von allgemeinem Interesse sind, unbedingt in Datenbanken vorzufinden sein, denen ein sauberes Gesamtkonzept zugrunde liegt. Ist dies nicht der Fall, so ist ein Chaos in Form einer nicht zu kontrollierenden Datenproliferation (Wucherung) vorprogrammiert. Dies bedeutet keineswegs, dass sämtliche Daten in einer zentralen Datenbank zur Verfügung stehen müssen. Die Devise lautet vielmehr:

- *Zentralistische Verwaltung der Datentypen* zwecks Schaffung eines Gesamtkonzeptes und Gewährleistung eines umfassenden Überblicks bezüglich der verfügbaren Daten

- *Föderalistische Speicherung der Datenwerte* und damit Gewährleistung von grössen- und risikomässig begrenzten technischen Systemen

Allerdings: Mit dem heute üblicherweise zur Anwendung gelangenden anwendungsorientierten Vorgehen wird sich die vorstehende Wunschvorstellung kaum realisieren lassen. Vielmehr ist dafür ein Ansatz erforderlich, der in relativ kurzer Zeit zu einem umfassenden Grobkonzept führt. Liegt das Grobkonzept − man

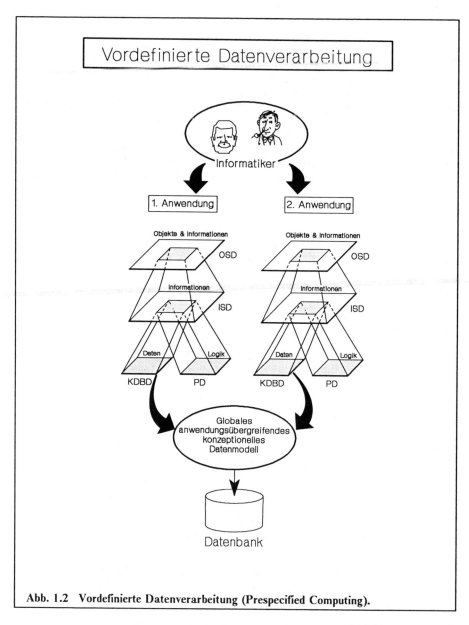

Abb. 1.2 Vordefinierte Datenverarbeitung (Prespecified Computing).

spricht in diesem Zusammenhang von einer *globalen (unternehmungsweiten) Datenarchitektur* − einmal vor, so lässt sich letzteres bei der Entwicklung einzelner Anwendungen im Verlaufe der Zeit verfeinern. Dadurch kommt nach und nach ein *globales (unternehmungsweites) konzeptionelles Datenmodell* zustande.

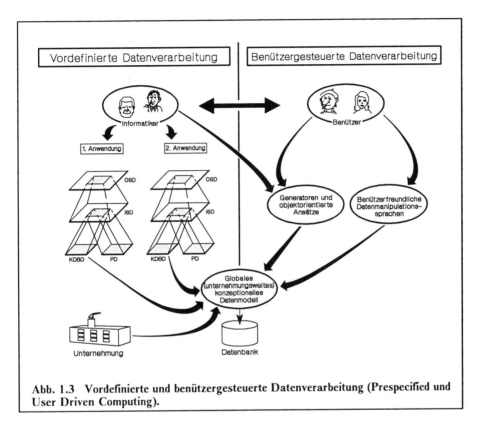

Abb. 1.3 **Vordefinierte und benützergesteuerte Datenverarbeitung (Prespecified und User Driven Computing).**

Man sieht, dass die Ermittlung eines globalen konzeptionellen Datenmodells in den 90er Jahren aus gewichtigen Gründen in den Mittelpunkt des Interesses rücken dürfte. Erfolgsbewusste Unternehmungen werden sich der damit einhergehenden Problematik auf die Dauer kaum entziehen können.

Mit diesen einleitenden Bemerkungen sind die Akzente dieses Buches vorgezeichnet. Es beschäftigt sich ausschliesslich mit datenspezifischen Aspekten und zwar anwendungsbezogen wie auch global (anwendungsübergreifend, im Idealfall: unternehmungsweit). Wir sind der Meinung, dass den diesbezüglichen Überlegungen mit der aufkommenden Bedeutung

- von *kooperativen Anwendungen (Client/Server-Applikationen)*

- der *Verteilung von Daten*

- der *benützergesteuerten Datenverarbeitung*

eine fundamentale Bedeutung zukommen wird. Sollen die informationsspezifischen Bemühungen einer Unternehmung nicht im Chaos enden (Personal Computer stellen in diesem Zusammenhang eine ausserordentlich grosse Gefahr dar), so ist die Schaffung eines *globalen konzeptionellen Datenmodells* im Sinne der vorstehenden Ausführungen unumgänglich.

Nun aber zum Aufbau des vorliegenden Buches.

Abb. 1.4 illustriert, dass das Buch zweigeteilt ist. So beschäftigt sich der erste Teil mit fundamentalen, die Datenmodellierung betreffenden Erkenntnissen. Mit letzteren ist zu gewährleisten, dass das im zweiten Teil zur Sprache kommende praktische Vorgehen auf einer fundierten, theoretisch abgesicherten Grundlage zur Abwicklung gelangt. Der Leser ist gut beraten, den ersten Teil sorgfältig durchzuarbeiten, bevor er den zweiten Teil in Angriff nimmt.

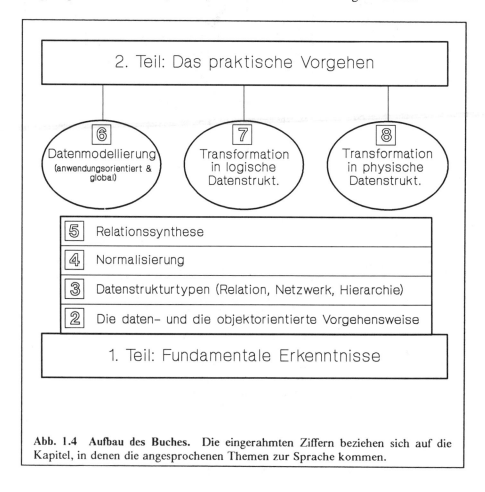

Abb. 1.4 Aufbau des Buches. Die eingerahmten Ziffern beziehen sich auf die Kapitel, in denen die angesprochenen Themen zur Sprache kommen.

Zu den beiden Buchteilen noch folgende Ergänzungen:

Erster Teil: Fundamentale Erkenntnisse

Im 2. Kapitel werden *Konstruktionselemente* eingeführt, welche die Konstruktion von *anwendungsbezogenen* und *globalen konzeptionellen Datenmodellen* ermöglichen. Des weitern wird die *daten-* und die *objektorientierte Vorgehensweise* dargelegt. Interessant ist, dass es sich dabei nicht um Gegensätze handelt, sondern dass der so vielversprechende objektorientierte Ansatz im Gegenteil im Sinne einer konsequenten Fortsetzung der datenorientierten Vorgehensweise aufzufassen ist.

Im 3. Kapitel wird gezeigt, wie die auf Konstruktionselementen basierenden Modelle mittels *Datenstrukturen* darzustellen sind. Diskutiert werden die Prinzipien von *Relationen* sowie von *netzwerkartigen* und *hierarchischen Datenstrukturen*. Gezeigt wird auch, dass Relationen ohne weiteres in Netzwerke und diese wiederum in Hierarchien zu transformieren sind. Dieser Aspekt ist dann bedeutsam, wenn ein relational definiertes konzeptionelles Datenmodell mit einem Datenbankmanagementsystem zu realisieren ist, welches nur Netzwerke und/oder Hierarchien unterstützt.

Das 4. Kapitel beschäftigt sich mit Regeln, die bei der Definition von Datenstrukturen zu beachten sind. Diese Regeln − sie sind unter dem Begriff *Normalisierung* bekannt geworden − ermöglichen es, ein zu Problemen Anlass gebendes Datenkonglomerat (normalerweise ist in diesem Zusammenhang von *Relationen* die Rede) in kleinere Einheiten zu zerlegen, bis keine Probleme mehr in Erscheinung treten. Für die Praxis ist der geschilderte *Zerlegungsprozess* weniger bedeutsam als der in den folgenden Kapiteln geschilderte *Syntheseprozess*. Dieser sieht vor, dass einzelne *Konstruktionselemente* mittels sogenannter *Elementarrelationen* zu definieren sind. Letztere lassen sich anschliessend aufgrund der im 5. Kapitel diskutierten Regeln zusammenfassen, wodurch optimale, voll normalisierte Relationen resultieren.

Im 5. Kapitel wird auch dargelegt, wie das *Historisierungsproblem* zu lösen ist. Von der Historisierung ist dann die Rede, wenn Datenmodelle zu definieren sind, mit welchen die im Verlaufe der Zeit anfallenden Änderungen von Datenwerten festzuhalten sind.

Zweiter Teil: Das praktische Vorgehen

Im 6. Kapitel werden verschiedene praktische Verfahren zur systematischen Ermittlung von *Konstruktionselementen* vorgestellt. Anschliessend wird gezeigt, wie die aufgrund eines *Syntheseprozesses* (5. Kapitel) zustande gekommenen optimalen, voll normalisierten Relationen entsprechend Abb. 1.5 in *logische Datenstrukturen* (Kapitel 7) und *physische Datenstrukturen unterschiedlichen Typs* (Kapitel 8) zu transformieren sind. Erstere beschreiben, wie die Daten einem Benützer der Datenbank zur Verfügung gestellt werden, während mit letzteren zum Ausdruck zu bringen ist, wie die Daten auf einem externen Speichermedium zu speichern sind. Schliesslich kommen im 8. Kapitel auch einige Überlegungen bezüglich der örtlichen Verteilung von Daten zur Sprache.

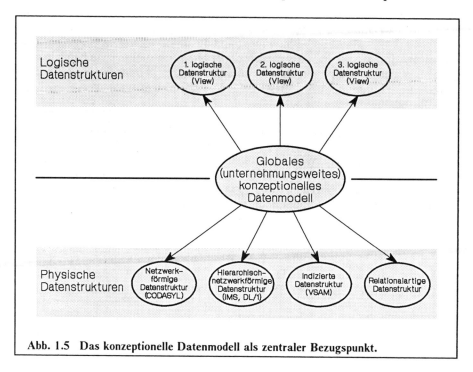

Abb. 1.5 Das konzeptionelle Datenmodell als zentraler Bezugspunkt.

Und noch ein Hinweis zum Anhang. Dieser enthält einerseits die Lösungen zu den Übungsaufgaben und anderseits den Abschnitt *Mengenlehre für Informatiker.* Das Studium dieses Abschnittes (möglichst noch vor der Lektüre der nachfolgenden Kapitel) ist allen Lesern empfohlen, die keine Kenntnisse bezüglich der Mengenlehre besitzen. Die Mengenlehre erleichtert nämlich nicht nur das Verständnis für die nachstehenden Konzepte, sondern fördert darüber hinaus auch das abstrakte Denkvermögen. Angesichts der ständig wachsenden Komplexität der zu lösenden Aufgaben, ist dieser Sachverhalt nicht zu unterschätzen.

Es fällt auf, dass der Begriff *konzeptionell* (im Sinne von hardware- und softwareunabhängig) im vorstehenden Text wiederholt verwendet wurde. Tatsächlich wird in diesem Buche ein Weg aufgezeigt, der zu allgemeinen, auch langfristig gültigen Lösungen führt. Angesichts der extremen Progression informationstechnologischer Produkte ist die Bedeutung von neutralen Lösungen, die auch nach häufigen Hardware- und Softwareänderungen ihre Gültigkeit bewahren, nicht genug zu unterstreichen.

1. Teil

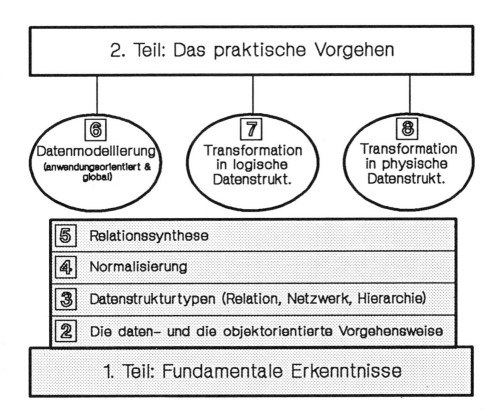

2. Teil: Das praktische Vorgehen

⑥ Datenmodellierung (anwendungsorientiert & global)

⑦ Transformation in logische Datenstrukt.

⑧ Transformation in physische Datenstrukt.

⑤ Relationssynthese

④ Normalisierung

③ Datenstrukturtypen (Relation, Netzwerk, Hierarchie)

② Die daten- und die objektorientierte Vorgehensweise

1. Teil: Fundamentale Erkenntnisse

2 Die daten- bzw. objektorientierte Vorgehensweise

In diesem Kapitel kommen Prinzipien zur Sprache, mit welchen die Realität in einer dem menschlichen Verständnis entgegenkommenden, *konzeptionellen* (d.h. hardware- und softwareunabhängigen) Weise abzubilden ist.

Das Kapitel ist wie folgt gegliedert: Zunächst wird in Abschnitt 2.1 gezeigt, wie ein Realitätsausschnitt mittels *Konstruktionselementen zur Darstellung von Einzelfällen* abzubilden ist. Besagte Konstruktionselemente betreffen exemplarspezifische Feststellungen der Art *"Der Mitarbeiter namens X arbeitet in der Abteilung Y"*.

Weil eine Abbildung der Realität mit Konstruktionselementen zur Darstellung von Einzelfällen ausserordentlich mühsam ist, werden in Abschnitt 2.2 *Konstruktionselemente* vorgestellt, die stellvertretend *für viele Einzelfälle* in Erscheinung treten können. Damit sind abstrakte und kompakte, dennoch auch Nichtinformatikern verständliche Datenmodelle definierbar, mit denen allgemein gültige Aussagen der Art *"Ein Mitarbeiter hat einen Namen und arbeitet in einer Abteilung"* festzuhalten sind.

Sämtliche Konstruktionselemente werden anhand eines durchgehenden Beispiels, welches die medizinische Betreuung von Patienten durch Ärzte zum Inhalt hat, im Detail vorgestellt. Zusätzliche Beispiele ermöglichen eine Vertiefung der erarbeiteten Erkenntnisse. Anzumerken ist, dass die in der Praxis nicht verwendeten Konstruktionselemente zur Darstellung von Einzelfällen nur zum besseren Verständnis der Konstruktionselemente zur Darstellung mehrerer Einzelfälle zur Kenntnis zu nehmen sind.

In Abschnitt 2.3 wird die *datenorientierte Vorgehensweise* vorgestellt. Zur Sprache kommt, wie mit Konstruktionselementen zur Darstellung mehrerer Einzelfälle im Verlaufe der Zeit *konzeptionelle Datenmodelle* anwendungsorientierter oder globaler (d.h. anwendungsübergreifender, im Idealfall: unternehmungsweiter) Art zu konstruieren sind.

In Abschnitt 2.4 wird die *datenorientierte Vorgehensweise* mit der *Systemtheorie* [17] in Beziehung gesetzt. Es ergibt sich, dass die *datenorientierte Vorgehensweise* wichtige Prinzipien der *Systemtheorie* nutzt.

Abschliessend gelangt der *objektorientierte Ansatz* zur Diskussion, der einen kaum aufzuhaltenden Siegeszug angetreten hat. Wir werden den Ursachen dieses Siegeszuges nachgehen und erkennen, dass der *objektorientierte Ansatz* durchaus im Sinne einer konsequenten Fortsetzung der *datenorientierten Vorgehensweise* aufzufassen ist.

Die grundlegenden Erkenntnisse zu diesem Kapitel stammen von M.E. Senko, E.B. Altman, M.M. Astrahan und P.L. Fehder [46], die als erste eine datenmässige Darstellung der Realität auf dem Wege über Entitäten und Entitätsmengen ins Auge fassten. Die Arbeiten der Gruppe um Senko erfuhren in der Folge eine signifikante Erweiterung durch P.P.S. Chen's Entitäten-Beziehungsmodell (Entity-Relationship Model ERM) [9]. Letzteres wird heute in vielen CASE-Tools für die Datenmodellierung verwendet, wenngleich dieser Sachverhalt aufgrund der zum Einsatz gelangenden unterschiedlichen Symbole nicht immer ohne weiteres erkennbar ist. Für umfassende (z.B. unternehmungsweite) Datenmodelle ist Chen's Ansatz allerdings nicht ganz unproblematisch. Nur wenn letzterer im Zusammenhang mit systemtheoretischen Prinzipien zum Einsatz gelangt, kommen übersichtliche, auch Nichtinformatikern verständliche Modelle zustande.

2.1 Konstruktionselemente zur Darstellung von Einzelfällen

Man stelle sich vor, für ein Spital sei ein Informationssystem zu realisieren. Selbstverständlich wird man zu diesem Zwecke zunächst abklären, wofür denn überhaupt Informationen zu berücksichtigen sind. Man wird mit andern Worten *Informationsobjekte* − oder wie man in der Informatik zu sagen pflegt: *Entitäten* − wie *Ärzte, Patienten, Medikamente, Räume, Instrumente* etc. definieren müssen. Sodann wird man zu bestimmen haben, wie einzelne Entitäten zu charakterisieren sind. Dies erfordert das Festlegen von *Eigenschaften* wie *Name, Wohnort, Geburtsdatum* etc. zusammen mit *Eigenschaftswerten* wie *Verena, Fritz, Maja, ..., Zürich, Basel, Bern, ..., 6.2.1938, 23.8.1976, ...* Sind Eigenschaften und Eigenschaftswerte festgelegt, so wird man diese den zuvor definierten Entitäten zuordnen müssen. Dadurch kommen sogenannte *Fakten* zustande. Schliesslich wird man Entitäten miteinander in *Beziehung* setzen wollen, um beispielsweise zum Ausdruck zu bringen, welche Ärzte welche Patienten behandeln.

Die im vorstehenden Text hervorgehobenen Begriffe

* *Entität*
* *Eigenschaft*
* *Faktum*
* *Beziehung*

repräsentieren den Einzelfall betreffende *Konstruktionselemente*. Wir wollen im folgenden zu diesen Konstruktionselementen weitere Einzelheiten zur Kenntnis nehmen und beantworten zu diesem Zwecke zunächst die Frage:

A. Was ist eine Entität?

Entitäten repräsentieren die für eine Unternehmung relevanten *Informationsobjekte*. Demzufolge:

> Eine *Entität* ist ein individuelles und identifizierbares Exemplar von Dingen, Personen oder Begriffen der realen oder der Vorstellungswelt [62], für welches betriebsbezogene Informationen von Bedeutung sind.

Abb. 2.1.1 zeigt einige Beispiele für Entitäten. Offenbar kann eine Entität sein:

Eine Entität kann sein:	Beispiele
Ein Individuum	 Einwohner Mitarbeiter Student Dozent
Ein reales Objekt	 Maschine Gebäude Produkt
Ein abstraktes Konzept	Fachgebiet "Informatik" Vorlesung "Mathematik"
Ein Ereignis	Immatrikulation eines Studenten Rechnungsverbuchung

Abb. 2.1.1 Beispiele für Entitäten.

- Ein *Individuum* wie beispielsweise ein Einwohner, ein Mitarbeiter, ein Student, ein Dozent, usw.

- Ein *reales Objekt* wie beispielsweise eine Maschine, ein Gebäude, ein Produkt, usw.

- Ein *abstraktes Konzept* wie beispielsweise ein Fachgebiet, eine Vorlesung, usw.

- Ein *Ereignis* wie beispielsweise die Immatrikulation eines Studenten, ein Geschäftsfall, usw.

Anmerkung: Es gibt Autoren, die auch eine Beziehung (beispielsweise die Ehebeziehung zwischen einer Frau und einem Mann) als Entität auffassen. Da eine Beziehung aber eines der unten aufgeführten Merkmale nicht erfüllt (Unabhängigkeit) wird das Beziehungskonzept im folgenden gesondert behandelt.

Aus der Sicht eines Modellentwerfers ist eine *Entität*:

- Eine eindeutig identifizierbare Einheit

- Eine Einheit, deren Existenz auf einem geeigneten Speichermedium aufgrund eines Identifikationsmerkmals (d. h. eines Schlüsselwertes) darstellbar sein muss und zwar unabhängig von der Existenz anderweitiger Entitäten

- Eine Einheit, für die Informationen zu sammeln und auf einem geeigneten Speichermedium festzuhalten sind

Der Leser ist gut beraten, sich die vorstehenden Merkmale einzuprägen, sind sie doch bei der Ermittlung der "Ankerpunkte" eines Datenmodells von ausschlaggebender Bedeutung.

Was den Aspekt *eindeutig identifizierbare Einheit* betrifft, so bestimmt die jeweilige Sachlage, was als Einheit in Erscheinung treten soll. So wäre beispielsweise entsprechend Abb. 2.1.2 denkbar, dass für eine Anwendung A *Schulklassen*, für eine Anwendung B hingegen *einzelne Schüler* als Entitäten von Bedeutung sind. Es versteht sich, dass dieser Sachverhalt auch in einem Datenmodell gebührend zum Ausdruck kommen muss.

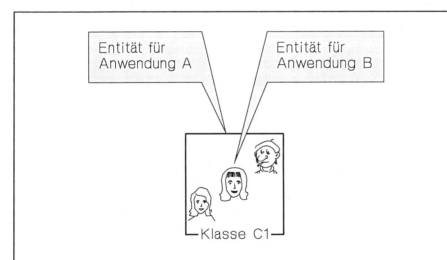

Abb. 2.1.2 Was als Entität in Erscheinung tritt, wird von der Sachlage her bestimmt. Die Abbildung illustriert, dass für eine Anwendung A *Schulklassen*, für eine Anwendung B hingegen *einzelne Schüler* als Entitäten von Bedeutung sind.

Doch nun zurück zu unserem Ärzte-Patienten-Beispiel, anhand dessen die restlichen Konstruktionselemente erläutert werden sollen. Abb. 2.1.3 zeigt zwei unser Beispiel betreffende Entitäten.

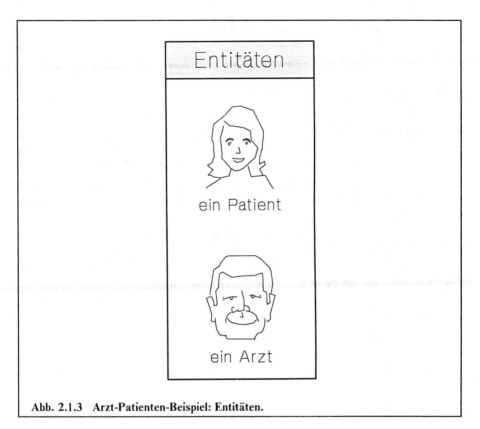

Abb. 2.1.3   Arzt-Patienten-Beispiel: Entitäten.

B. Was ist eine Eigenschaft?

> Eine *Eigenschaft* wird Entitäten zugeordnet und ermöglicht damit deren
>
> - *Charakterisierung*
> - *Klassierung* (kommt in Abschnitt 2.2 zur Sprache)
> - *Identifizierung* (im Falle einer Schlüsseleigenschaft)
>
> Eine Eigenschaft hat einen Namen und einen (allenfalls mehrere) Eigenschaftswerte.

Abb. 2.1.4 zeigt einige Eigenschaften, mit denen die Entitäten des Arzt-Patienten-Beispiels zu charakterisieren sind. In der Regel wird der Name einer Eigenschaft mit Grossbuchstaben, Eigenschaftswerte hingegen mit Kleinbuchstaben geschrieben.

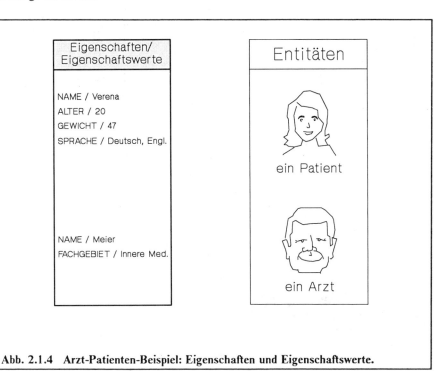

Abb. 2.1.4 Arzt-Patienten-Beispiel: Eigenschaften und Eigenschaftswerte.

C. Was ist ein Faktum?

Wird einer Entität eine Eigenschaft mit einem Eigenschaftswert zugeordnet, so kommt ein *Faktum* zustande. Demzufolge:

> Ein Faktum ist eine Behauptung, derzufolge eine Entität für eine Eigenschaft einen bestimmten Eigenschaftswert aufweist.

Beispielsweise kommen die Fakten aus Abb. 2.1.5 aufgrund einer die gezeigten Entitäten betreffenden Zuordnung der Eigenschaften und Eigenschaftswerte NAME/*Verena*, ALTER/*20*, GEWICHT/*47*, SPRACHE/*Deutsch, Englisch* etc. zustande. Diese Fakten bedeuten auf die Realität bezogen, dass die gezeigte Patientin *Verena* heisst, *20 Jahre* alt ist, ein Gewicht von *47 kg* aufweist und die Sprachen *Deutsch* und *Englisch* spricht.

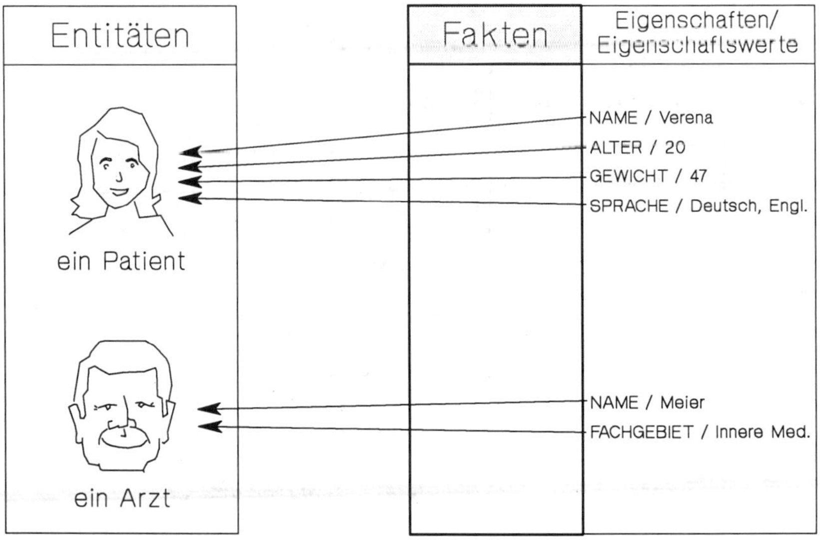

Abb. 2.1.5 Arzt-Patienten-Beispiel: Fakten. Ein Faktum ist eine Behauptung, derzufolge eine spezifische Entität für eine spezifische Eigenschaft einen bestimmten Eigenschaftswert aufweist.

Man beachte, dass ein und derselbe Eigenschaftswert durchaus mehreren Entitäten zuzuordnen ist, wodurch eben entsprechend viele *unterschiedliche Fakten* zustande kommen.

D. Was ist eine Beziehung?

An einer *Beziehung* sind zwei oder mehr Entitäten beteiligt. Man sagt:

> Eine *Beziehung* assoziiert wechselseitig zwei (möglicherweise mehr als zwei) Entitäten.

In unserem Beispiel halten wir entsprechend Abb. 2.1.6 eine individuelle Beziehung zwischen einem Arzt und einem Patienten formal wie folgt fest:

< Arzt, Patient >

Der vorstehende Ausdruck repräsentiert ein sogenanntes *Beziehungselement* und besagt, dass ein bestimmter Arzt einen bestimmten Patienten behandelt und

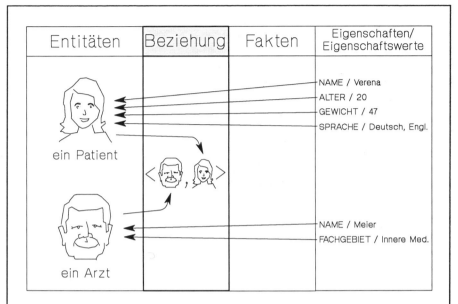

Entitäten	Beziehung	Fakten	Eigenschaften/ Eigenschaftswerte

NAME / Verena
ALTER / 20
GEWICHT / 47
SPRACHE / Deutsch, Engl.

ein Patient

NAME / Meier
FACHGEBIET / Innere Med.

ein Arzt

Abb. 2.1.6 Arzt-Patienten-Beispiel: Beziehung zwischen Entitäten. Die an einer Beziehung partizipierenden Entitäten werden innerhalb der Zeichen < sowie > aufgeführt. Der Ausdruck < ··· > verdeutlicht, dass es sich bei einem Beziehungselement um eine *Einheit* handelt.

umgekehrt, dass ein bestimmter Patient von einem bestimmten Arzt behandelt wird.

Berücksichtigen wir neben einem Patienten und einem Arzt auch das Behandlungszimmer, so kommt folgendes Beziehungselement zustande:

< Arzt, Patient, Zimmer >

An einem Beziehungselement sind also in der Regel zwei (möglicherweise auch mehr als zwei) Entitäten beteiligt. Im Spezialfall sind sogar Beziehungselemente denkbar, die nur eine Entität betreffen. So würde der Sachverhalt, demzufolge ein Arzt sich selber behandelt, wie folgt dargestellt:

< Arzt, Arzt >

Abb. 2.1.7 illustriert, dass auch für ein Beziehungselement Fakten möglich sind. So kommt in Abb. 2.1.7 aufgrund der dem Beziehungselement zugeordneten Eigenschaft KRANKHEIT/*Angina* ein Faktum zustande, welches besagt, dass der gezeigte Arzt für den von ihm behandelten Patienten die Krankheit Angina diagnostiziert.

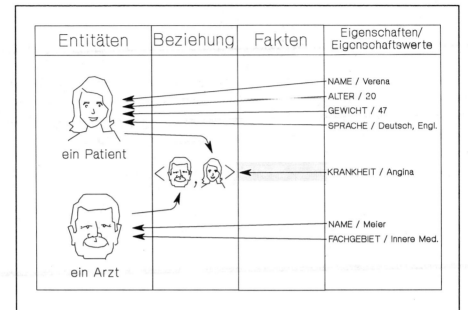

Entitäten	Beziehung	Fakten	Eigenschaften/ Eigenschaftswerte

ein Patient

NAME / Verena
ALTER / 20
GEWICHT / 47
SPRACHE / Deutsch, Engl.

KRANKHEIT / Angina

NAME / Meier
FACHGEBIET / Innere Med.

ein Arzt

Abb. 2.1.7 Arzt-Patienten-Beispiel: Faktum für Beziehungselement. Ein Faktum kann auch eine Behauptung sein, derzufolge ein spezifisches Beziehungselement für eine spezifische Eigenschaft einen bestimmten Eigenschaftswert aufweist.

Abb. 2.1.8 zeigt zusammenfassend die den Einzelfall betreffenden Konstruktionselemente. Da derartige Konstruktionselemente keinen effizienten Modellierungsprozess ermöglichen (man müsste sich zu diesem Zwecke ja mit allen Ärzten und Patienten im einzelnen auseinandersetzen), arbeitet man entsprechend Abb. 2.1.8 anstelle einzelner Entitäten mit *Entitätsmengen*, anstelle einzelner Beziehungselemente mit *Beziehungsmengen*, anstelle einzelner Fakten mit *Attributen* (wobei zwischen Entitäts- und Beziehungsattributen unterschieden wird) und anstelle einzelner Eigenschaften mit *Domänen* (auch *Wertebereiche* genannt).

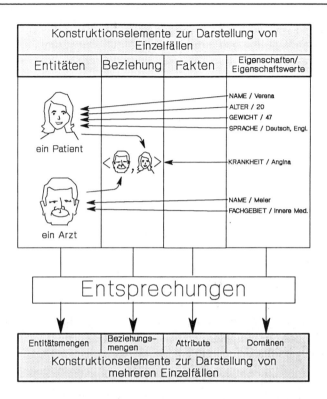

Abb. 2.1.8 Den Einzelfall betreffende Konstruktionselemente. Die Abbildung illustriert, dass für das Festhalten von Sachverhalten, die einzelne Realitäts- oder Vorstellungselemente betreffen, die Begriffe *Entität, Beziehung, Faktum* sowie *Eigenschaft* erforderlich sind. Ein effizienter Modellierungsprozess erfordert aber die Verwendung von Mengen. So gelangen anstelle einzelner Entitäten *Entitätsmengen,* anstelle einzelner Beziehungselemente *Beziehungsmengen*, anstelle einzelner Fakten *Attribute* und anstelle einzelner Eigenschaften *Domänen* (auch *Wertebereiche* genannt) zum Einsatz.

2.2 Konstruktionselemente zur Darstellung mehrerer Einzelfälle

Zu den Konstruktionselementen, die stellvertretend für mehrere Einzelfälle in Erscheinung treten können, zählt man:

- *Entitätsmenge*
- *Domäne* (auch *Wertebereich* genannt)
- *Entitätsattribut*
- *Beziehungsmenge*
- *Beziehungsattribut*

Wir wollen uns im folgenden im Detail mit diesen Konstruktionselementen beschäftigen und beantworten zu diesem Zwecke zunächst die Frage:

A. Was ist eine Entitätsmenge?

Man sagt, dass unterschiedliche aber aufgrund der gleichen Eigenschaften charakterisierte Entitäten vom gleichen *Typ* sind. Mit diesem Begriff lässt sich eine *Entitätsmenge* wie folgt definieren:

> Eine *Entitätsmenge* ist eine eindeutig benannte Kollektion von Entitäten gleichen Typs.
>
> Oder:
>
> Eine *Entitätsmenge* ist eine eindeutig benannte Kollektion von Entitäten, die aufgrund der gleichen Eigenschaften (also nicht aufgrund der gleichen Eigenschaftswerte) charakterisiert werden.

Im Arzt-Patienten-Beispiel werden alle Patienten aufgrund der gleichen Eigenschaften wie NAME, ALTER, GEWICHT charakterisiert und können demzufolge entsprechend Abb. 2.2.1 als eine Entitätsmenge namens PATIENT aufgefasst werden. Desgleichen repräsentiert die Gesamtheit aller Ärzte eine weitere, in Abb. 2.2.1 mit ARZT bezeichnete Entitätsmenge.

Es ist durchaus möglich, dass Entitätsmengen überlappen können. So wäre für das Arzt-Patienten-Beispiel denkbar, dass ein Arzt zugleich auch Patient sein kann. Abb. 2.2.2 illustriert, dass im Falle überlappender Entitätsmengen eine weitere Entitätsmenge zu definieren ist, welche die überlappenden Entitätsmengen umfasst. Mit der umfassenden Entitätsmenge lässt sich verhindern, dass ein

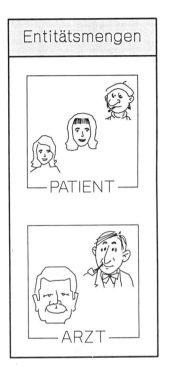

Abb. 2.2.1 Arzt-Patienten-Beispiel: Entitätsmengen. Eine Entitätsmenge stellt eine benannte Kollektion von Entitäten gleichen Typs (das heisst aufgrund der nämlichen Eigenschaften charakterisierte Entitäten) dar.

bestimmtes Faktum (beispielsweise der Name einer Person) redundant festzuhalten ist (beispielsweise für eine Person als Arzt und für die gleiche Person als Patient). Man beachte in diesem Zusammenhang folgenden wichtigen Sachverhalt:

Redundanz kommt aufgrund mehrmaligen Festhaltens ein und desselben Faktums (also nicht ein und desselben Eigenschaftswertes) zustande.

Und noch ein Hinweis: Die in Abb. 2.2.2 gezeigte Anordnung lässt sich insofern mit einer hierarchischen Struktur vergleichen, als Informationen für einen Arzt oder einen Patienten nur dann spezifizierbar sein dürfen, wenn besagter Arzt oder Patient als Person bekannt ist. Um diesen Sachverhalt auch in einem Datenmodell gebührend berücksichtigen zu können, arbeitet man mit folgenden Begriffen:

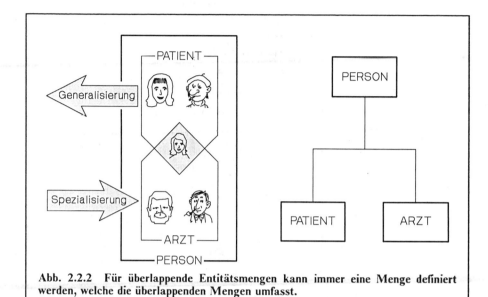

Abb. 2.2.2 **Für überlappende Entitätsmengen kann immer eine Menge definiert werden, welche die überlappenden Mengen umfasst.**

- *unabhängige Entität* oder *Kernentität* (englisch: *Kernel Entity*)
- *abhängige Entität* (englisch: *Dependent Entity*)

Zu diesen Begriffen folgende Erläuterungen:

a) Unabhängige Entität oder Kernentität

Für eine *Kernentität* gilt die bereits in Abschnitt 2.1 diskutierte Definition. Aus der Sicht eines Modellentwerfers ist eine *Kernentität* demzufolge:

- Eine eindeutig identifizierbare Einheit

- Eine Einheit, deren Existenz auf einem geeigneten Speichermedium aufgrund eines Identifikationsmerkmals (d. h. eines Schlüsselwertes) *unabhängig von der Existenz einer anderweitigen Entität* darstellbar sein muss

- Eine Einheit, für die Informationen zu sammeln und auf einem geeigneten Speichermedium festzuhalten sind

Bei der Realitätsmodellierung treten Entitätsmengen mit Kernentitäten − wir wollen sie im folgenden *Kernentitätsmengen* nennen − als eigentliche *Modellaufhänger* oder *Ankerpunkte* in Erscheinung. Die Anzahl der Kernentitätsmengen ist beschränkt und wird selbst bei einem unternehmungsweiten Datenmodell kaum mehr als zehn betragen.

b) Abhängige Entität

Im Unterschied zu einer *Kernentität*, welche immer unabhängig (man sagt auch: eigenständig) in Erscheinung tritt, ist eine *abhängige Entität* immer von etwas anderem abhängig. Mithin lässt sich eine *abhängige Entität* wie folgt definieren:

Eine *abhängige Entität* ist:

- Eine eindeutig identifizierbare Einheit

- Eine Einheit, deren Existenz auf einem geeigneten Speichermedium aufgrund eines Identifikationsmerkmals (d. h. eines Schlüsselwertes) *in Abhängigkeit von der Existenz einer anderweitigen Entität* darstellbar sein muss

- Eine Einheit, für die Informationen zu sammeln und auf einem geeigneten Speichermedium festzuhalten sind

---

Mit der in Abb. 2.2.2 gezeigten Überlagerung lässt sich nicht nur Redundanz verhindern, sondern auch eine stufenweise *Generalisierung* und *Spezialisierung von Informationen* bewirken. So ist in Abb. 2.2.2 angedeutet, dass jeder Übergang von einer umfassenden Menge wie PERSON zu einer Untermenge wie ARZT oder PATIENT einer Spezialisierung von Informationen gleichkommt, während der inverse Vorgang einer Generalisierung von Informationen entspricht. Wie die später zu diskutierenden Beispiele zeigen, ermöglicht die Überlagerungstechnik überdies, Entitäten gleichen Typs *differenziert* zu behandeln, Entitäten zu *verdichten* sowie Datenmodelle zu *vereinfachen*.

Wir fassen zusammen:

Die Überlagerung von Entitätsmengen ermöglicht:

- Vermeidung von Redundanz
- Stufenweise Generalisierung und Spezialisierung von Informationen
- Differenzierte Behandlung von Entitäten gleichen Typs
- Verdichtung von Entitäten
- Vereinfachung des Datenmodells

Die vorstehenden, mit der Überlagerung von Entitätsmengen zu erzielenden Effekte sind ausserordentlich bedeutsam, wenn es darum geht, die unterschiedlichen Bedürfnisse der *strategischen, taktischen* und *operationellen Ebene* einer

Unternehmung zu befriedigen. So sind mit der Überlagerungstechnik detaillierte Daten der operationellen Ebene zu verdichten und in komprimierter Form der strategischen und taktischen Ebene zur Verfügung zu stellen (vgl. Abb. 2.2.3). Umgekehrt lassen sich mit der gleichen Technik grobe Daten der strategischen und taktischen Ebene differenzieren und in verfeinerter Form der operationellen Ebene zuführen.

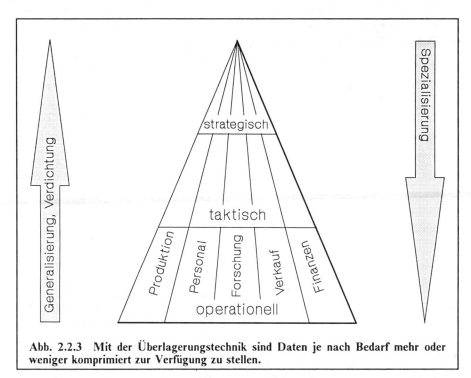

Abb. 2.2.3 Mit der Überlagerungstechnik sind Daten je nach Bedarf mehr oder weniger komprimiert zur Verfügung zu stellen.

Nun aber zu den vorstehend angekündigten Beispielen und damit zu den Möglichkeiten, mit der Überlagerungstechnik Entitäten gleichen Typs differenziert zu behandeln und Entitäten zu verdichten (die mit der gleichen Technik zu realisierende Vereinfachung des Datenmodells kommt später zur Sprache).

a) Überlagerung von Entitätsmengen zwecks differenzierter Behandlung von Entitäten gleichen Typs

1. Beispiel:

In Abb. 2.2.4 ist linker Hand eine Entitätsmenge MITARBEITER zu erkennen. Sie enthält als Entitäten individuelle Mitarbeiter, die alle aufgrund von gleichartigen Eigenschaften zu charakterisieren sind. Einzelne Mitarbeiter sollen nun detaillierter beschrieben werden, weil sie (beispielsweise als Vorgesetzte) eine besondere Stellung einnehmen. Zu diesem Zwecke überlagert man der Entitätsmenge MITARBEITER die Entitätsmenge VORGESETZTE (vgl. rechter Teil von Abb. 2.2.4). Alle der Entitätsmenge VORGESETZTE angehörenden Entitäten sind nun mittels zusätzlicher Eigenschaften zu charakterisieren. Es versteht sich, dass eine Person nur dann Vorgesetzter sein kann, wenn besagte Person als Mitarbeiter existiert. Entsprechend stellen die Mitarbeiter *Kernentitäten* und die Vorgesetzten *abhängige Entitäten* dar.

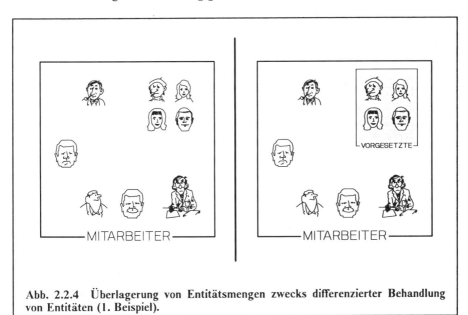

Abb. 2.2.4 Überlagerung von Entitätsmengen zwecks differenzierter Behandlung von Entitäten (1. Beispiel).

2. Beispiel:

(Das Beispiel ist der Firma Escher-Wyss in Zürich zu verdanken)

In Abb. 2.2.5 ist linker Hand eine Entitätsmenge TURBINE zu erkennen. Sie enthält als Entitäten einzelne Turbinen, die alle aufgrund von gleichartigen Eigenschaften zu charakterisieren sind. Um nun auch typenabhängige Eigenschaften spezifizieren zu können, werden der Entitätsmenge TURBINE die zusätzlichen Entitätsmengen AXIAL, FRANCIS, PUMP und PELTON überlagert (im mittleren Teil von Abb. 2.2.5 gezeigt). Unabhängig von der Turbinenart durchläuft jede Turbine unterschiedlich charakterisierte Zustände wie *Offertenzustand*, *Konstruktionszustand* sowie *Installationszustand*. Um diese verschiedenen Zustände unterschiedlich charakterisieren zu können, werden den Entitätsmengen AXIAL, FRANCIS, PUMP und PELTON jeweils drei weitere Entitätsmengen OFF (die Turbinen im Offertenzustand enthaltend), CON (die Turbinen im Konstruktionszustand enthaltend) sowie INST (die Turbinen im

Installationszustand enthaltend) überlagert (im rechten Teil von Abb. 2.2.5 gezeigt). Das Beispiel illustriert damit, dass die Überlagerung von Entitätsmengen auch mehrstufig möglich ist.

Es versteht sich, dass die Turbinen im vorstehenden Beispiel als *Kernentitäten*, die den überlagerten Entitätsmengen angehörenden Entitäten hingegen als *abhängige Entitäten* aufzufassen sind.

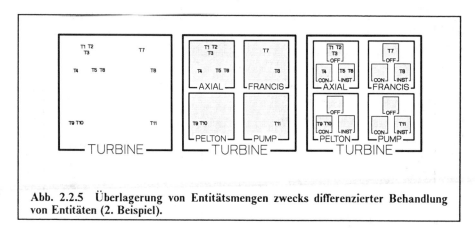

Abb. 2.2.5 Überlagerung von Entitätsmengen zwecks differenzierter Behandlung von Entitäten (2. Beispiel).

Halten wir noch einmal fest:

1. Bei einer Turbine handelt es sich entweder um eine Axial-, Francis-, Pump- oder Pelton-Turbine, d. h. für eine Turbine steht eine *Auswahl* von Turbinenarten zur Verfügung.

2. Jede Turbine befindet sich unabhängig von der Turbinenart zunächst im Offertenzustand, dann im Konstruktionszustand und schliesslich im Installationszustand, d. h. jede Turbine durchläuft eine *Sequenz* von Zuständen.

Die in Abb. 2.2.5 gezeigte Anordnung verdeutlicht die vorgenannten Aspekte in keiner Weise. Es empfiehlt sich daher, das Bild mit einer Darstellung zu ergänzen, welche dem vorstehenden *Auswahl-* und *Sequenzaspekt* Rechnung trägt. Dies ist in Abb. 2.2.6 unter Verwendung der von M.A. Jackson [30] vorgeschlagenen Notation geschehen.

Das vorstehende Beispiel illustriert einen Sachverhalt, der in Zukunft mehr und mehr Bedeutung erlangen wird. So wird man bei der Datenmodellierung nicht mehr nur *statische* (d.h. zeitlich unabhängige), sondern auch *dynamische* (also zeitabhängige) Aspekte der Art: *"Eine Turbine ist zuerst im Offertenzustand, dann im Konstruktionszustand und schliesslich im Installationszustand"* zu berücksichtigen haben. Geht man davon aus, dass die Integrität einer Datenbank sowohl in statischer wie auch in dynamischer Hinsicht primär vom Datenbankmanagentsystem zu gewährleisten ist, so wird man letzterem in Zukunft demzufolge auch Sachverhalte der in Abb. 2.2.6 gezeigten Art bekanntzugeben haben. Wie man sich die diesbezüglichen Spezifikationen vorzustellen hat, wird in Kapitel 2.5 im Zusammenhang mit dem *objektorientierten Ansatz* sowie in Kapitel 4.9 im Zusammenhang mit der *Beziehungsintegrität* zur Sprache kommen.

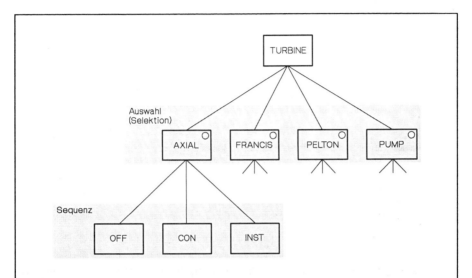

Abb. 2.2.6 Darstellung von dynamischen Aspekten. Eine Turbine (Entität) ist entweder vom Typ AXIAL, FRANCIS, PUMP oder PELTON (die *Auswahlmöglichkeiten* sind mit dem Zeichen ° in der rechten oberen Ecke des den Turbinentyp repräsentierenden Kästchens markiert). Jede Turbine durchläuft eine *Sequenz* von Zuständen; d. h. sie befindet sich zunächst im Offertenzustand, dann im Konstruktionszustand und schliesslich im Installationszustand.

3. Beispiel:

In einem *Data Dictionary* wird unter anderem die Existenz von Objekten unterschiedlichen Typs wie *Applikationssystemen* (A1, A2, A3, ...), *Jobs* (J1, J2, J3, ...), *Programmen* (P1, P2, P3, ...), *Datenbanken* (D1, D2, D3, ...), *Records* oder *Segmenten* (R1, R2, R3, ...), *Feldern* oder *Elementen* (F1, F2, F3, ...) festgehalten. Im linken Teil von Abb. 2.2.7 wird eine Entitätsmenge DATA-DICTIONARY gezeigt, welche die genannten Objekte enthält. Alle Objekte werden zunächst einmal typenunabhängig aufgrund von gleichartigen Eigenschaften charakterisiert. Um nun auch typenabhängige Eigenschaften berücksichtigen zu können, werden − wie im rechten Teil von Abb. 2.2.7 gezeigt − der Entitätsmenge DATA-DICTIONARY mehrere zusätzliche Entitätsmengen wie SYSTEM, JOB, PROGRAM, DATENBANK, RECORD, FELD überlagert. Selbstverständlich gilt auch hier, dass die Existenz eines Applikationssystems, Jobs, Programms, etc. nur durch die Existenz eines entsprechenden Objektes möglich sein darf. Objekte sind demzufolge *Kernentitäten*, während Applikationssysteme, Jobs, Programme, etc. *abhängige Entitäten* darstellen.

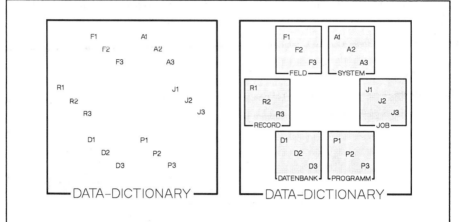

Abb. 2.2.7 Überlagerung von Entitätsmengen zwecks differenzierter Behandlung von Entitäten (3. Beispiel).

b) Überlagerung von Entitätsmengen zwecks Verdichtung von Entitäten

Es wurde bereits darauf hingewiesen, dass die jeweilige Sachlage bestimmt, was als Einheit (d. h. als Entität) in Erscheinung treten soll (siehe Abb. 2.1.2). Diesem Umstand lässt sich mit der Überlagerung von Entitätsmengen insofern Rechnung tragen, als damit mehrere Entitäten zu einer Einheit zu verdichten sind, die als neue Entität in Erscheinung zu treten vermag. Wir diskutieren diesen Sachverhalt anhand von zwei illustrativen Beispielen.

1. Beispiel:

In Abb. 2.2.8 ist linker Hand die Entitätsmenge STUDENT zu erkennen. Sie enthält als Entitäten individuelle Studenten, die alle aufgrund von gleichartigen Eigenschaften zu charakterisieren sind. Im rechten Teil von Abb. 2.2.8 wurde der Entitätsmenge STUDENT eine Entitätsmenge KLASSE überlagert, deren Entitäten Schulklassen mit mehreren Studenten darstellen. Die Überlagerungstechnik hat im vorliegenden Beispiel also eine Verdichtung von Studenten zu Schulklassen zur Folge und führt damit zu einem völlig neuen Entitätstyp.

Machen wir im vorliegenden Beispiel die Existenz eines Studenten von der Existenz einer Klasse abhängig, dann handelt es sich bei den Studenten um *abhängige Entitäten*. Durchaus denkbar wäre aber auch, dass wir die Existenz eines Studenten völlig losgelöst von der Existenz einer Klasse (also im Sinne einer *Kernentität*) darstellen möchten. Ob es sich bei einer Entität um eine *Kernentität* oder um eine *abhängige Entität* handelt, ist nicht ganz belanglos und wird später

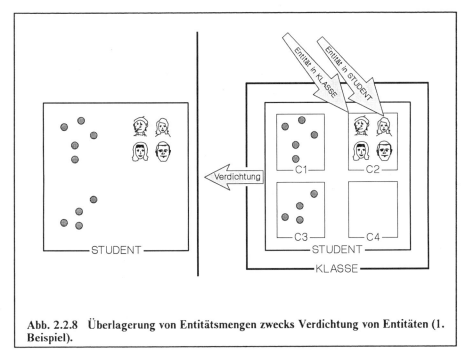

Abb. 2.2.8 **Überlagerung von Entitätsmengen zwecks Verdichtung von Entitäten (1. Beispiel).**

bei der formalen Definition des Datenmodells gebührend zu berücksichtigen sein.

Das folgende Beispiel zeigt, dass sich mit der Überlagerung von Entitätsmengen zwecks Verdichtung von Entitäten unter Umständen auch Redundanz vermeiden lässt.

2. Beispiel:

Abb. 2.2.9 zeigt linker Hand die Entitätsmenge KURSANGEBOT. Sie enthält als Entitäten Kursangebote unterschiedlichen Typs. So wird der Kurstyp *Informatik* als Kurs im Frühling, Sommer und Herbst angeboten. Für den Kurstyp *Mathematik* finden Kurse im Sommer und im Winter statt, während für den Kurstyp *Englisch* Kurse im Frühling und im Herbst zu besuchen sind. Stünde nur die Entitätsmenge KURSANGEBOT zur Verfügung, so wären die Bezeichnungen der Kurse für jede Kursdurchführung festzuhalten. Überlagert man aber entsprechend Abb. 2.2.9 (rechter Teil) der Entitätsmenge KURSANGEBOT eine Entitätsmenge KURSTYP, so sind die Beschreibungen der Kursangebote pro Kurstyp nur einmal zu berücksichtigen.

Konstellationen der in Abb. 2.2.9 gezeigten Art kommen in der Praxis recht häufig vor. So könnte man sich beispielsweise für eine Fertigungsunternehmung anstelle der Kurstypen *Produkte* und anstelle der Kursangebote *Produktaufma-*

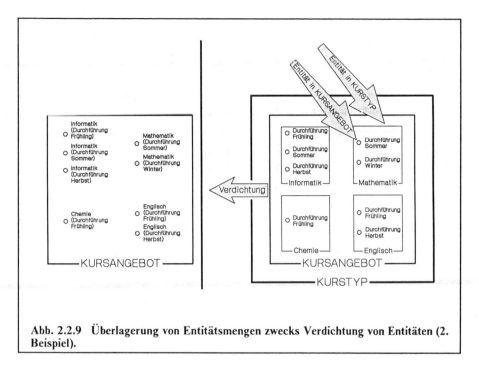

Abb. 2.2.9 Überlagerung von Entitätsmengen zwecks Verdichtung von Entitäten (2. Beispiel).

chungen wie flüssig, fest, pulverförmig, etc. vorstellen. Analog könnte man sich für eine Bankunternehmung anstelle der Kurstypen *Valoren* (z.B. Gold, Aktie der Firma X, etc.) und anstelle der Kursangebote *Subvaloren* (z.B. Barrengold, körniges Gold, ..., Namensaktie der Firma X, Inhaberaktie der Firma X, etc.) vorstellen.

Nun aber zum nächsten Konstruktionselement und damit zur Beantwortung der Frage:

B. Was ist eine Domäne (auch Wertebereich genannt)?

> Eine *Domäne* stellt eine eindeutig benannte Kollektion der zulässigen Eigenschaftswerte einer Eigenschaft dar.

Abb. 2.2.10 illustriert beispielsweise Domänen für die Eigenschaften NAME, WERT (Erklärung folgt), SPRACHE, KRANKHEIT sowie FACHGEBIET. Man beachte, dass ein bestimmter Name innerhalb der Domäne NAME nur

einmal erscheint, selbst wenn mehrere Personen denselben Namen aufweisen
sollten.

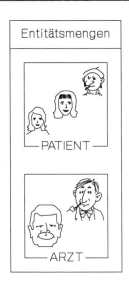

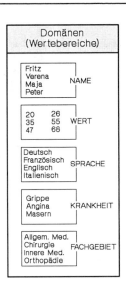

Entitätsmengen

Domänen
(Wertebereiche)

Fritz Verena Maja Peter	NAME
20 26 35 55 47 68	WERT
Deutsch Französisch Englisch Italienisch	SPRACHE
Grippe Angina Masern	KRANKHEIT
Allgem. Med. Chirurgie Innere Med. Orthopädie	FACHGEBIET

PATIENT

ARZT

Abb. 2.2.10 Arzt-Patienten-Beispiel: Domänen. Eine Domäne repräsentiert eine
eindeutig benannte Kollektion von Werten, die eine Eigenschaft annehmen kann.

Die zulässigen Werte einer Domäne sind entsprechend Abb. 2.2.10 in Form einer Liste, beispielsweise

$$< \text{Fritz, Verena, Maja, Peter} >$$

oder mittels Bereichsgrenzen, beispielsweise

$$0 \leq \text{WERT} \leq 100$$

zu definieren. Denkbar ist auch die Angabe einer Formel, welche die zulässigen
Werte zu generieren vermag, beispielsweise

$$\text{RABATT} = \text{BETRAG} \times 0.04$$

*Anmerkung: Wenngleich das Domänenprinzip von den heute verfügbaren Daten-
bankmanagementsystemen in der Regel nicht direkt unterstützt wird, sollten Domänen bei der Datenmodellierung unbedingt im Sinne der nachstehenden Ausführungen zur Anwendung gelangen. Nur so lässt sich nämlich gewährleisten, dass
die Gesamtzusammenhänge auch bei umfangreichen Modellen jederzeit sauber
darzustellen sind.*

C. Was ist ein Entitätsattribut?

Der obere Teil von Abb. 2.2.11 zeigt die vorstehend diskutierten, den Einzelfall betreffenden Konstruktionselemente. Diesen Konstruktionselementen sind im unteren Teil der gleichen Abbildung Konstruktionselemente gegenübergestellt, die stellvertretend für mehrere Einzelfälle in Erscheinung treten können. Zu erkennen ist:

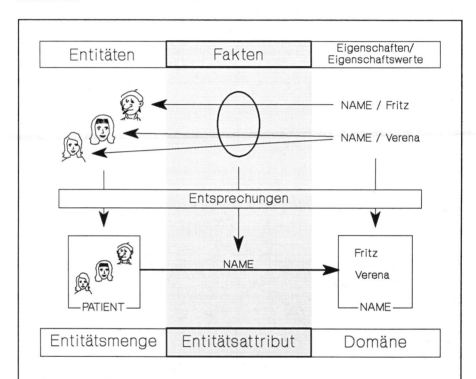

Abb. 2.2.11 Prinzip von Entitätsattributen. Ein Entitätsattribut stellt die Menge aller Fakten dar, die durch Zuordnung der Werte einer Eigenschaft zu den Entitäten einer Entitätsmenge zustande kommen.

Ein *Entitätsattribut* ist eine benannte Kollektion von Fakten, die allesamt aufgrund einer Zuordnung von Eigenschaftswerten einer bestimmten Domäne (möglicherweise mehrerer Domänen) zu den Entitäten einer Entitätsmenge zustande kommen.

Oder:

> Ein *Entitätsattribut* assoziiert die Entitäten einer Entitätsmenge mit Eigenschaftswerten, die einer (oder mehreren) Domäne(n) angehören.

Im folgenden wird gezeigt, dass einem Entitätsattribut verschiedene sogenannte *Assoziationstypen* zugrunde liegen können. J.R. Abrial [1] spricht in diesem Zusammenhang von *Zuordnungskardinalitäten* und unterscheidet im wesentlichen folgende vier Fälle:

- *Einfache* (man sagt auch: Typ 1) *Assoziationen*
- *Konditionelle* (Typ C) *Assoziationen*
- *Komplexe* (Typ M) *Assoziationen*
- *Komplex-konditionelle* (Typ MC) *Assoziationen*

Die vorstehenden Assoziationstypen werden im folgenden erläutert, wobei zusätzlich auch das Prinzip von

- *Abbildungen*

zur Sprache kommt.

a) Einfache (Typ 1) Assoziation

Weist ein Patient jederzeit exakt einen Namen auf (steht also entsprechend Abb. 2.2.12 jeder Patient jederzeit mit einem Namen in Beziehung), so liegt eine *einfache* (Typ 1) *Assoziation* von der Menge PATIENT zur Menge NAME vor. Demzufolge:

> Eine *einfache (Typ 1) Assoziation* namens N von einer Menge A zu einer Menge B, formal dargestellt mittels
>
> $$N: A \longrightarrow B$$
>
> bedeutet, dass jedes Element in A jederzeit mit einem Element in B in Beziehung steht.

Anstelle von *einfachen (Typ 1) Assoziationen* ist mitunter auch von *einfachen (Typ 1) Beziehungen* oder von *Funktionen* die Rede. Gebräuchlich ist auch die Formulierung *"Die Menge B ist von der Menge A funktional abhängig"*.

Der in Abb. 2.2.12 gezeigte Sachverhalt ist formal wie folgt festzuhalten:

$$NAME: PATIENT \longrightarrow NAME$$

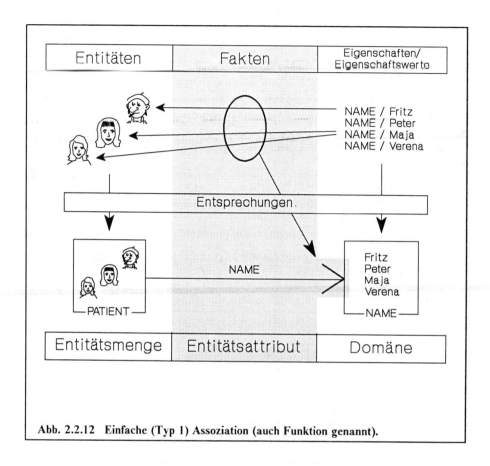

Abb. 2.2.12   Einfache (Typ 1) Assoziation (auch Funktion genannt).

b) Konditionelle (Typ C) Assoziation

Weist ein Patient jederzeit höchstens einen, möglicherweise auch keinen Namen auf (im Falle eines ohnmächtigen Patienten ist dessen Name unter Umständen nicht sofort festzustellen), steht also entsprechend Abb. 2.2.13 ein Patient höchstens mit einem, möglicherweise auch keinem Namen in Beziehung, so liegt eine *konditionelle* (Typ C) *Assoziation* von der Menge PATIENT zur Menge NAME vor. Demzufolge:

Eine *konditionelle (Typ C) Assoziation* namens N von einer Menge A
zu einer Menge B, formal dargestellt mittels

$$N: A \longrightarrow) B$$

bedeutet, dass ein Element in A höchstens mit einem, möglicherweise
auch keinem Element in B in Beziehung steht.

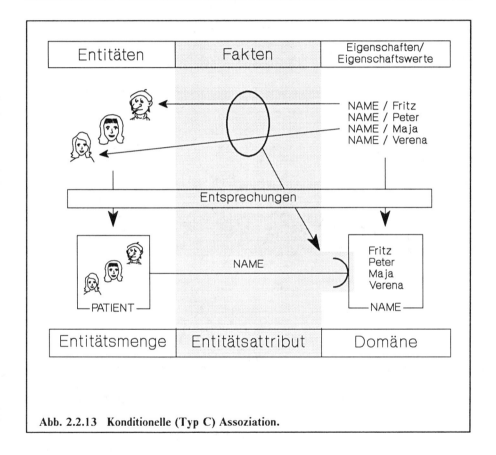

Abb. 2.2.13   Konditionelle (Typ C) Assoziation.

Der in Abb. 2.2.13 gezeigte Sachverhalt ist formal wie folgt festzuhalten:

$$\text{NAME: PATIENT} \longrightarrow) \text{NAME}$$

c) Komplexe (Typ M) Assoziation

Weist ein Patient mindestens einen, möglicherweise aber auch mehrere Namen auf (steht also entsprechend Abb. 2.2.14 ein Patient mit einem oder mehreren Namen in Beziehung), so liegt eine *komplexe (Typ M) Assoziation* von der Menge PATIENT zur Menge NAME vor. Demzufolge:

Eine *komplexe (Typ M) Assoziation* namens N von einer Menge A zu einer Menge B, formal dargestellt mittels

$$N: A \longrightarrow\!\!\!\!\rightarrow B$$

bedeutet, dass ein Element in A mit einem oder mehreren Element(en) in B in Beziehung stehen kann.

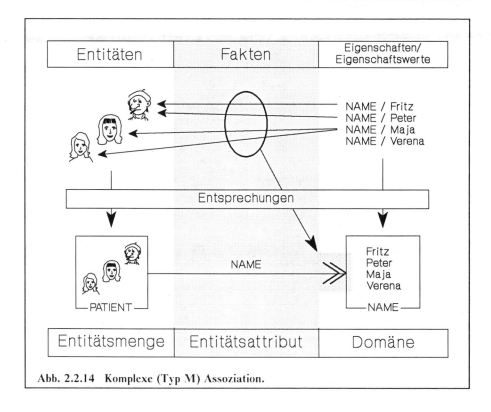

Abb. 2.2.14 Komplexe (Typ M) Assoziation.

Der in Abb. 2.2.14 gezeigte Sachverhalt ist formal wie folgt festzuhalten:

$$NAME: PATIENT \longrightarrow\!\!\!\!\rightarrow NAME$$

d) Komplex-konditionelle (Typ MC) Assoziation

Kann ein Patient beliebig viele Namen aufweisen (steht also entsprechend Abb. 2.2.15 ein Patient mit keinem, einem oder mehreren Namen in Beziehung), so liegt eine *komplex-konditionelle* (Typ MC) *Assoziation* von der Menge PATIENT zur Menge NAME vor. Demzufolge:

Eine *komplex-konditionelle (Typ MC) Assoziation* namens N von einer Menge A zu einer Menge B, formal dargestellt mittels

$$N: A \longrightarrow\!\!\!\!\twoheadrightarrow B$$

bedeutet, dass ein Element in A mit beliebig vielen (also auch null oder nur einem) Element(en) in B in Beziehung stehen kann.

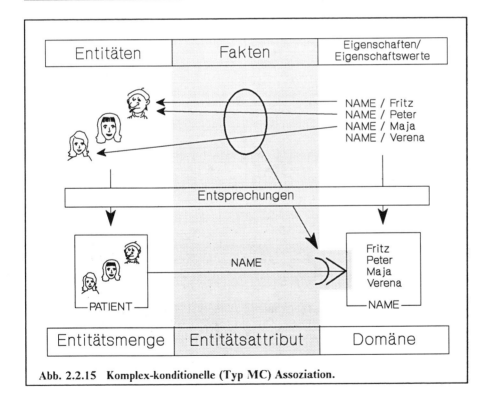

Abb. 2.2.15   Komplex-konditionelle (Typ MC) Assoziation.

Der in Abb. 2.2.15 gezeigte Sachverhalt ist formal wie folgt festzuhalten:

$$\text{NAME: PATIENT} \longrightarrow\!\!\!\!\twoheadrightarrow \text{NAME}$$

In Abb. 2.2.16 sind verschiedene Notationen für die vorstehenden Assoziationstypen vorzufinden. Im vorliegenden Buch wird allerdings ausschliesslich mit der schattiert gekennzeichneten Notation gearbeitet.

1 genau ein	C kein oder ein	M ein oder mehrere	MC kein, ein oder mehrere
→|	→)	→»	→»
⊣⊢	⊸⊢	⊣<	⊸<
⊣	⊸⊣	<	⊸<
→	→＼	→»	→＼
▶	⊸▶	▶▶	⊸▶▶
1	c	m	mc

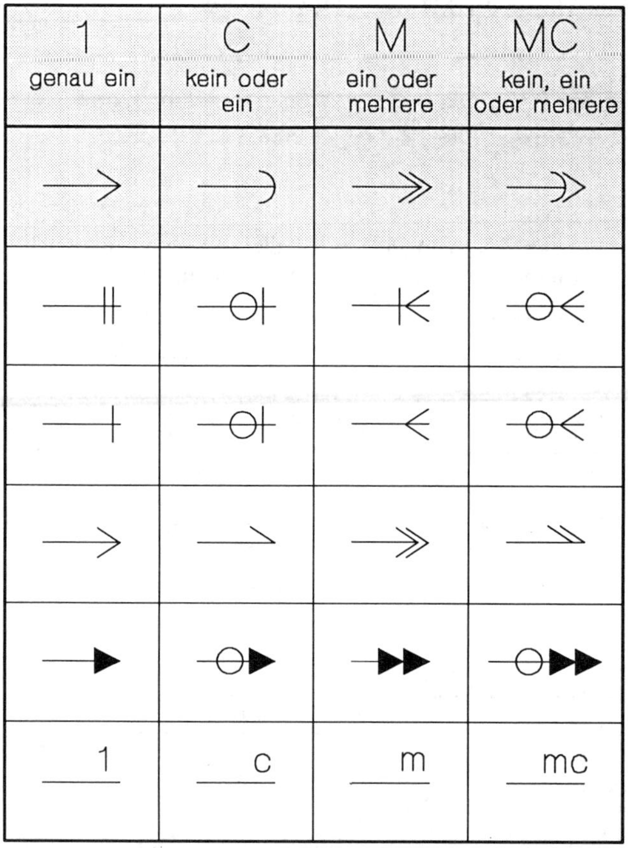

Abb. 2.2.16 Mögliche Notationen für Assoziationen. Im vorliegenden Buch wird ausschliesslich mit der schattiert gekennzeichneten Notation gearbeitet.

e) Abbildung

Sehr oft ist es vorteilhaft, nicht nur die Assoziation von der Menge A zur Menge B, sondern auch die dazu inverse Assoziation (also von der Menge B zur Menge A) zu berücksichtigen. Man sagt (siehe auch Abb. 2.2.17):

Eine die Mengen A und B involvierende *Abbildung* besteht aus einer Assoziation von A nach B und der dazu inversen Assoziation.

Ist die Assoziation von A nach B vom Typ T und jene von B nach A vom Typ T′, so hält man die entsprechende Abbildung formal wie folgt fest:

$$(T' : T)^1$$

Gebräuchlich ist auch eine Schreibweise, die neben den Assoziationsarten T und T′ auch den Namen der Abbildung (beispielsweise N) sowie die an der Abbildung beteiligten Mengen auszuweisen erlaubt. Man schreibt in diesem Fall:

$$N: A \quad T'\text{——}T \quad B$$

wobei T bzw. T′ im Falle einfacher Assoziationen durch das Zeichen ——→, im Falle konditioneller Assoziationen durch ——), im Falle komplexer Assoziationen durch ——→→ und im Falle komplex-konditioneller Assoziationen durch ——→→ darzustellen sind.

Nachdem die Assoziation von der Menge A zur Menge B einfach, konditionell, komplex oder komplex-konditionell sein kann und nachdem der gleiche Sachverhalt auch für die inverse Assoziation (also von der Menge B zur Menge A) zutrifft, unterscheidet man 4 × 4 = 16 verschiedene *Abbildungstypen*. Abb. 2.2.17 illustriert die formale Darstellung dieser Abbildungstypen.

Zu beachten ist, dass beispielsweise eine (1:M)-Abbildung durch eine Vertauschung der Mengen A und B in eine (M:1)-Abbildung umzufunktionieren ist. Man sagt, dass die Abbildungen (1:M) und (M:1) zueinander symmetrisch sind. Nachdem der gleiche Sachverhalt auch für die Abbildungen (1:C) und (C:1) bzw. (1:MC) und (MC:1) bzw. (C:M) und (M:C) bzw. (C:MC) und (MC:C) bzw. (M:MC) und (MC:M) zutrifft, hat man grundsätzlich zwischen zehn verschiedenen Abbildungstypen zu unterscheiden[2].

---

[1] In früheren Auflagen dieses Buches lautete die Definition: (T : T′).

[2] In der Praxis unterscheidet man sehr oft nicht zwischen M- und MC-Assoziationen. Vielmehr arbeitet man lediglich mit M-Assoziationen und misst diesen die Bedeutung von MC-Assoziationen bei (ein Element in A kann somit mit beliebig vielen (also auch null oder nur einem) Element(en) in B in Beziehung stehen). Damit ergeben sich nur 3 × 3 = 9 Abbildungstypen, von denen (ohne Symmetrien) 6 unter sich verschieden sind. Wir werden in der Folge auch in diesem Buche mit dieser Vereinfachung arbeiten.

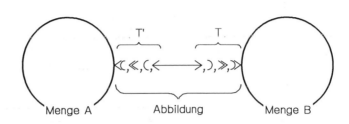

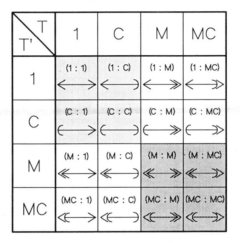

Abb. 2.2.17 Abbildungsprinzip. Die Abbildungstypen sind wie folgt zu klassieren:

- *einfach-einfache Beziehungen* (im hell schattierten Bereich vorzufinden)

- *einfach-komplexe Beziehungen* (im nicht schattierten Bereich vorzufinden)

- *komplex-komplexe Beziehungen* (im dunkel schattierten Bereich vorzufinden)

Abb. 2.2.18 zeigt weitere das Arzt-Patienten-Beispiel betreffende Entitätsattribute. Zu erkennen ist:

- Ein Entitätsattribut assoziiert eine Entitätsmenge in der Regel mit *einer* Domäne,

- Ein Entitätsattribut weist einen Namen auf, der in der Regel mit dem Domänennamen übereinstimmt (Beispiel: NAME),

- Der Name eines Entitätsattributes braucht nicht unbedingt mit dem Namen der Domäne übereinzustimmen (Beispiel: ALTER, GEWICHT, SPRACHK (für Sprachkenntnisse stehend), PRAKTIZIERT),

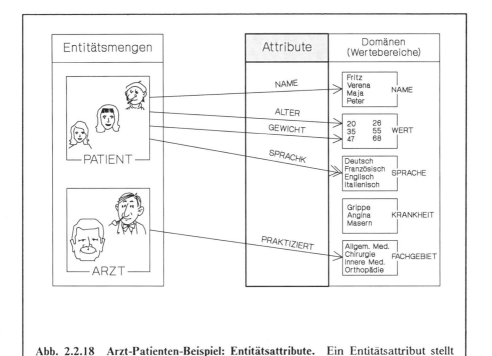

Abb. 2.2.18 Arzt-Patienten-Beispiel: Entitätsattribute. Ein Entitätsattribut stellt eine Beziehung zwischen einer Entitätsmenge und einer (allenfalls mehreren) Domäne(n) dar.

- Eine Entitätsmenge kann durchaus aufgrund mehrerer Attribute mit ein und derselben Domäne in Beziehung stehen (Beispiel: Die Entitätsmenge PATIENT steht aufgrund der Entitätsattribute ALTER und GEWICHT mit der Domäne WERT in Beziehung),

- Einem Entitätsattribut kann eine einfache (Typ 1) Assoziation (Beispiel: NAME, ALTER, GEWICHT, PRAKTIZIERT), eine konditionelle (Typ C) oder eine komplexe (Typ M) Assoziation (Beispiel: SPRACHK) zugrunde liegen,

- Eine Entitätsmenge kann aufgrund eines Attributs durchaus mit mehreren Domänen in Beziehung stehen. So wäre beispielsweise denkbar, dass mit dem Attribut SPRACHK neben den gesprochenen Sprachen auch die Qualität der Sprachkenntnisse auszuweisen ist. Abb. 2.2.19 zeigt, wie man sich in diesem Fall das entsprechende Entitätsattribut vorzustellen hat.

Anmerkung für mathematisch interessierte Leser: Im unteren Teil von Abb. 2.2.19 wird gezeigt, dass das Entitätsattribut SPRACHK die Entitätsmenge PATIENT streng genommen mit dem Cartesischen Produkt SPRACHE × QUALITAET (also wieder mit einer einzigen Domäne) in Beziehung setzt.

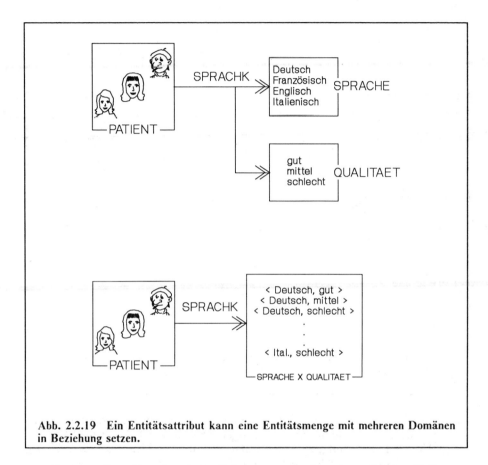

Abb. 2.2.19 Ein Entitätsattribut kann eine Entitätsmenge mit mehreren Domänen in Beziehung setzen.

An dieser Stelle sei nochmals in Erinnerung gerufen, dass sich im Falle von überlappenden Entitätsmengen mit der Überlagerung einer zusätzlichen, umfassenden Entitätsmenge Redundanz vermeiden lässt. Abb. 2.2.20 illustriert diesen Sachverhalt für das Arzt-Patienten-Beispiel. Offensichtlich ist die Entitätsmenge PERSON für alle Attribute zu verwenden, die sowohl für Ärzte wie auch für Patienten von Bedeutung sind. Demgegenüber sind die abhängigen Entitätsmengen ARZT und PATIENT an Attributen zu beteiligen, die nur gerade für Ärzte oder Patienten zutreffen.

Abb. 2.2.20 ist übrigens auch zu entnehmen, wie die Kernentitätsmenge PERSON mit den abhängigen Entitätsmengen PATIENT bzw. ARZT in Beziehung steht. So besagen die zwei ←——) Abbildungen, dass eine Person höchstens einem Patienten und/oder Arzt entsprechen kann, während umgekehrt ein Patient oder Arzt mit Sicherheit einer Person entsprechen muss.

Nun aber zum nächsten Konstruktionselement und damit zur Beantwortung der Frage:

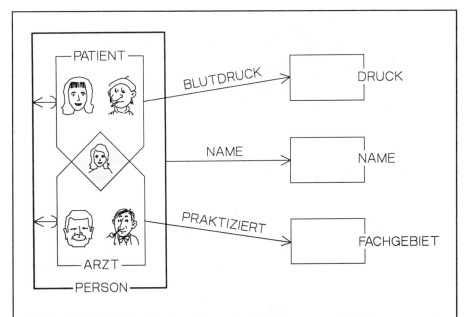

Abb. 2.2.20 Mögliche Entitätsattribute für Entitätsmengen mit Untermengen. In der Abbildung betrifft das Entitätsattribut NAME sowohl Ärzte wie auch Patienten, während das Entitätsattribut BLUTDRUCK (resp. PRAKTIZIERT) nur für die Untermenge PATIENT (resp. ARZT) zutrifft.

D. Was ist eine Beziehungsmenge?

Beziehungselemente, an denen jeweils Entitäten der gleichen Entitätsmenge(n) beteiligt sind, sind vom gleichen *Typ*, sofern sie allesamt ein und dieselbe Beziehungsart betreffen (beispielsweise: *Welche Ärzte behandeln welche Patienten* oder: *Welche Studenten besuchen welche Vorlesungen*). Damit lässt sich eine *Beziehungsmenge* wie folgt definieren:

> Eine *Beziehungsmenge* ist eine eindeutig benannte Kollektion von Beziehungselementen gleichen Typs.

Beispielsweise sind an den Beziehungselementen der in Abb. 2.2.21 gezeigten Beziehungsmenge BEHANDELT Entitäten der Entitätsmengen ARZT und PATIENT beteiligt, wobei in jedem Fall zum Ausdruck kommt, welcher Arzt welchen Patienten *behandelt*. Der von PATIENT (bzw. ARZT) nach BE-

HANDELT weisende Doppelpfeil ───↠ bedeutet, dass ein Patient (bzw. ein Arzt) mit einer beliebigen Anzahl von Beziehungselementen in BEHANDELT assoziiert sein kann. Auf die Realität übertragen bedeutet dies, dass ein Patient in der Regel von mehreren Ärzten behandelt wird (bzw. dass ein Arzt in der Regel mehrere Patienten behandelt). Der Beziehungsmenge BEHANDELT liegt also eine (M:M)-Abbildung zugrunde. Sie ermöglicht, sowohl die einen bestimmten Patienten behandelnden Ärzte, als auch die von einem bestimmten Arzt behandelten Patienten ausfindig zu machen.

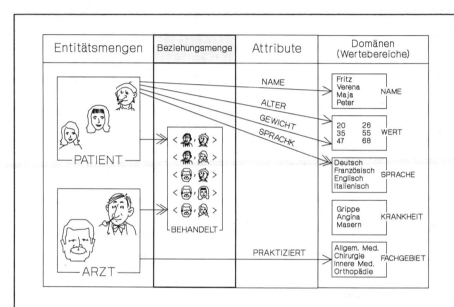

Abb. 2.2.21 Arzt-Patienten-Beispiel: Beziehungsmenge. Eine Beziehungsmenge stellt eine eindeutig benannte Kollektion von Beziehungselementen gleichen Typs dar.

Es versteht sich, dass die in Abb. 2.2.21 gezeigten Entitätsmengen nicht nur an der Beziehungsmenge BEHANDELT, sondern an beliebig vielen weiteren Beziehungsmengen beteiligt sein können.

Eine Beziehungsmenge, an der entsprechend Abb. 2.2.21 zwei Entitätsmengen beteiligt sind, repräsentiert den Normalfall. Grundsätzlich können aber an einer Beziehungsmenge beliebig viele Entitätsmengen beteiligt sein. Soll beispielsweise gezeigt werden, welche Ärzte welche Patienten in welchen Behandlungszimmern behandeln, so liesse sich dieser Sachverhalt mit einer die Entitätsmengen PATIENT, ARZT sowie BEHANDLUNGSZIMMER involvierenden Beziehungsmenge festhalten. Für die Praxis ausserordentlich bedeutsam sind aber auch Beziehungsmengen, an denen nur eine Entitätsmenge beteiligt ist. Zu realisieren sind damit sogenannte *Aggregationen*, also Gruppierungen von

Elementen gleichen Typs. Wir diskutieren im folgenden einige diesbezügliche Beispiele wie:

* Das *Stücklistenproblem*
* Das *Buchungsproblem*
* Die *zeitliche Abfolge von Ereignissen*
* Die *Unternehmungsstruktur*
* Den *Flugplan* einer Fluggesellschaft
* Das *Data-Dictionary-Problem*
* Die *Bewirtschaftung der festen Anlagen* bei den Schweizerischen Bundesbahnen

a) Das Stücklistenproblem

Abb. 2.2.22 zeigt eine Entitätsmenge PRODUKT mit den Produkten (d. h. Entitäten) P1, P2, P3, ... Zu erkennen ist, dass sich ein Produkt in der Regel aus mehreren anderweitigen Produkten (sogenannten Komponenten) zusammensetzt. So erfordert beispielsweise die Produktion des Produktes P1 die Komponenten P3, P4 sowie P5. Man nennt eine Operation, welche die für die Herstellung eines bestimmten Produktes erforderlichen Komponenten zu bestimmen erlaubt, eine *Auflösung* (englisch: *Explosion*). Offensichtlich stehen die Entitäten der Entitätsmenge PRODUKT aufgrund einer Auflösungsassoziation komplex mit Entitäten der gleichen Entitätsmenge in Beziehung. Formal lässt sich dieser Sachverhalt wie folgt festhalten:

$$\text{AUFLÖSUNG: PRODUKT} \longrightarrow\!\!\!\!\!\!\rightarrow \text{PRODUKT}$$

Abb. 2.2.22 ist weiter zu entnehmen, dass eine Komponente in der Regel in mehreren Produkten enthalten ist. So ist beispielsweise die Komponente P5 für die Produktion von P1 und P2 erforderlich. Ein *Verwendungsnachweis* (englisch: *Implosion*) ermöglicht die Ermittlung jener Produkte, deren Herstellung eine vorgegebene Komponente erfordert. Offensichtlich stehen die Entitäten der Entitätsmenge PRODUKT aufgrund einer Verwendungsassoziation komplex mit Entitäten der nämlichen Entitätsmenge in Beziehung. Formal lässt sich dieser Sachverhalt wie folgt festhalten:

$$\text{VERWENDUNG: PRODUKT} \longrightarrow\!\!\!\!\!\!\rightarrow \text{PRODUKT}$$

Die Auflösungsassoziation und die dazu inverse Verwendungsassoziation sind an folgender (M:M)-Abbildung beteiligt:

$$\text{A-V: PRODUKT} \leftarrow\!\!\!\leftarrow\!\!\!\longrightarrow\!\!\!\!\!\!\rightarrow \text{PRODUKT}$$

Die gleiche Abbildung liegt auch der in Abb. 2.2.22 gezeigten, die Entitätsmenge PRODUKT involvierenden Beziehungsmenge A-V (für *Auflösung - Verwendung* stehend) zugrunde. Die Beziehungselemente weisen jeweils an erster Stelle ein herzustellendes Produkt (ein sogenanntes *Masterprodukt*) und an zweiter Stelle ein für dessen Herstellung erforderliches *Komponentenprodukt* auf.

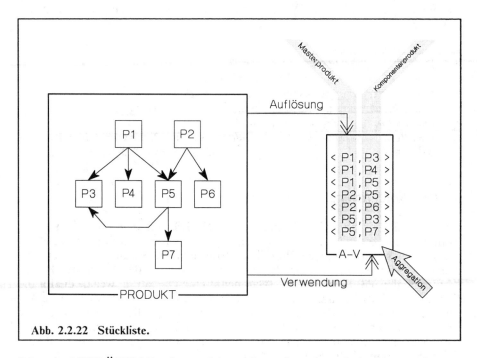

Abb. 2.2.22 Stückliste.

Die mit AUFLÖSUNG gekennzeichnete komplexe Assoziation ⟶≫ besagt, dass ein Masterprodukt (beispielsweise P5) mit mehreren Beziehungselementen assoziiert sein kann. Diese weisen an erster Stelle allesamt ein und dasselbe Masterprodukt auf (z.B. P5) und zeigen an zweiter Stelle jeweils auf ein für dessen Herstellung erforderliches Komponentenprodukt (z.B. P3 bzw. P7).

Umgekehrt besagt die mit VERWENDUNG gekennzeichnete komplexe Assoziation ⟶≫ , dass ein Komponentenprodukt (beispielsweise P5) mit mehreren Beziehungselementen assoziiert sein kann. Diese weisen an zweiter Stelle allesamt ein und dasselbe Komponentenprodukt auf (z.B. P5) und zeigen an erster Stelle jeweils auf ein Masterprodukt (z.B. P1 bzw. P2), für dessen Herstellung besagtes Komponentenprodukt erforderlich ist.

Im folgenden wird gezeigt, dass die im Zusammenhang mit Entitätsmengen geschilderte Überlagerungstechnik unter Umständen auch für Beziehungsmengen von Bedeutung sein kann.

Man unterstelle beispielsweise, dass für die Herstellung des Produktes P1 folgende *Varianten* möglich sind:

1. Variante: Für die Herstellung von P1 sind die Komponenten P3, P4 und P5 erforderlich.

2. Variante: Für die Herstellung von P1 sind die Komponenten P3, P4 und P6 erforderlich.

Abb. 2.2.23 illustriert, dass mit der überlagerten Menge VARIANTE die für eine Variante bedeutsamen Masterprodukt-Komponentenprodukt-Paare der Beziehungsmenge A-V zu einer Einheit − eben zu einer Variante − zu verdichten sind.

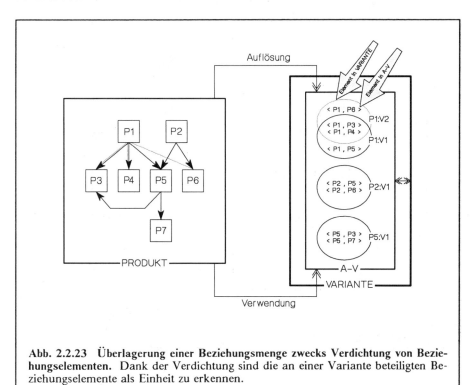

Abb. 2.2.23 Überlagerung einer Beziehungsmenge zwecks Verdichtung von Beziehungselementen. Dank der Verdichtung sind die an einer Variante beteiligten Beziehungselemente als Einheit zu erkennen.

Die nächsten Beispiele zeigen, dass stücklistenmässige Anordnungen keineswegs nur für Fertigungsunternehmungen von Bedeutung sind. Vielmehr lassen sich damit auch für ganz andere Branchen sehr elegante und effiziente Problemlösungen finden.

b) Das Buchungsproblem

(Das Beispiel ist dem Schweiz. Bankverein in Basel zu verdanken)

Abb. 2.2.24 zeigt eine Entitätsmenge KONTO mit den Konti Fritz, Emma, Sepp, Hans, Max, ... Zu erkennen ist, dass ein Konto aufgrund einer Sollbeziehung in der Regel mit mehreren anderweitigen Konti in Beziehung steht. So schuldet beispielsweise Fritz (Schuldner) dem Sepp, Hans und Max (Gläubiger) gewisse Beträge. Offensichtlich stehen die Entitäten der Entitätsmenge KONTO

aufgrund einer Sollassoziation komplex mit Entitäten der gleichen Entitätsmenge in Beziehung, formal:

$$\text{SOLL: KONTO} \longrightarrow\!\!\!\!\rightarrow \text{KONTO}$$

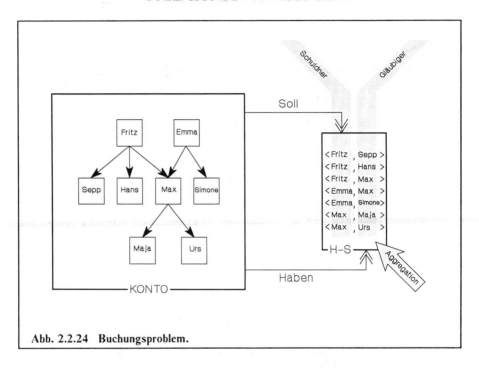

Abb. 2.2.24   Buchungsproblem.

Abb. 2.2.24 ist weiter zu entnehmen, dass ein Konto in der Regel aufgrund einer
Habenbeziehung mit mehreren anderweitigen Konti in Beziehung steht. So erhält beispielsweise Max (Gläubiger) von Fritz und Emma (Schuldner) gewisse
Beträge. Offensichtlich stehen die Entitäten der Entitätsmenge KONTO aufgrund einer Habenassoziation komplex mit Entitäten der nämlichen Entitätsmenge in Beziehung, formal:

$$\text{HABEN: KONTO} \longrightarrow\!\!\!\!\rightarrow \text{KONTO}$$

Die Habenassoziation und die dazu inverse Sollassoziation sind an folgender
(M:M)-Abbildung beteiligt:

$$\text{H-S: KONTO} \longleftarrow\!\!\!\!\longrightarrow\!\!\!\!\rightarrow \text{KONTO}$$

Diese Abbildung lässt sich entsprechend Abb. 2.2.24 mit einer die Entitätsmenge KONTO involvierenden Beziehungsmenge H-S darstellen. Die Beziehungselemente weisen jeweils an erster Stelle einen Schuldner und an zweiter
Stelle einen Gläubiger auf.

Die mit SOLL gekennzeichnete komplexe Assoziation ⟶↠ besagt, dass ein Schuldner (beispielsweise Max) mit mehreren Beziehungselementen assoziiert sein kann. Diese weisen an erster Stelle allesamt ein und denselben Schuldner auf (z.B. Max) und zeigen an zweiter Stelle jeweils auf einen seiner Gläubiger (z.B. Maja bzw. Urs).

Umgekehrt besagt die mit HABEN gekennzeichnete komplexe Assoziation ⟶↠ , dass ein Gläubiger (beispielsweise Max) mit mehreren Beziehungselementen assoziiert sein kann. Diese weisen an zweiter Stelle allesamt ein und denselben Gläubiger auf (z.B. Max) und zeigen an erster Stelle jeweils auf einen seiner Schuldner (z.B. Fritz bzw. Emma).

Den SOLL- und HABEN-Beziehungen im Buchungsproblem entsprechen also die Auflösungs- und Verwendungsbeziehungen im Stücklistenprinzip. Selbst für das Stücklisten-Variantenproblem findet sich eine Entsprechung. Überlagert man nämlich der Beziehungsmenge H-S eine Menge SAMMELBUCHUNG, so lassen sich jene Buchungen zusammenfassen, die im Rahmen einer Sammelbuchung von Bedeutung sind.

c) Zeitliche Abfolge von Ereignissen

Abb. 2.2.25 zeigt eine Entitätsmenge KURS mit den Kursen K1, K2, K3, ...

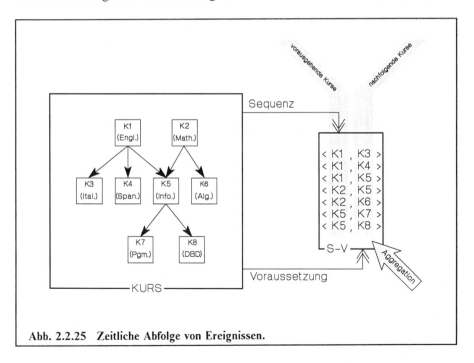

Abb. 2.2.25 Zeitliche Abfolge von Ereignissen.

Festzuhalten ist die Tatsache, dass einem Kurs in der Regel mehrere anderweitige Kurse folgen können, und dass einem Kurs mehrere anderweitige Kurse vorausgehen können. Die *zeitliche Abfolge* von Kursen (die Kurssequenz also) lässt sich wiederum durchaus mit einer *Stücklistenauflösung* vergleichen, während die *Kursvoraussetzung* einem *Stücklistenverwendungsnachweis* gleichzusetzen ist.

d) Unternehmungsstruktur

Abb. 2.2.26 zeigt eine Entitätsmenge PERSON mit den Personen P1, P2, P3, etc. Zu erkennen ist, dass die im Bilde festgehaltene Beziehungsmenge UN-BE sowohl die komplexe *Unterstellungsassoziation* (einem Vorgesetzten unterstehen in der Regel mehrere Mitarbeiter), als auch die dazu inverse konditionelle *Berichtsassoziation* (mit Ausnahme des Präsidenten berichtet ein Mitarbeiter immer an einen Vorgesetzten) reflektiert.

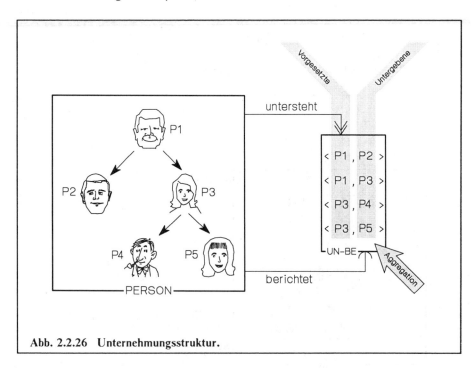

Abb. 2.2.26 Unternehmungsstruktur.

e) Flugplan

(Das Beispiel ist der SWISSAIR in Zürich zu verdanken)

Ein Flugplan besagt, welche Städte im Rahmen eines Fluges anzufliegen sind. So führt beispielsweise der Flug SR100 von Zürich nach New York, während mit dem Flug SR110 New York von Zürich via Genf angeflogen wird.

Abb. 2.2.27 zeigt eine mögliche Lösung für das Flugplanproblem. Zu erkennen ist eine Entitätsmenge STADT, in welcher die angeflogenen Städte vorzufinden sind. Die Beziehungsmenge HERKUNFT-ZIEL enthält Beziehungselemente, mit denen jeweils ein Herkunftsort und ein Zielort festzuhalten sind. Die der Beziehungsmenge überlagerte Menge FLUG ermöglicht schliesslich, alle für einen Flug bedeutsamen Beziehungselemente zusammenzufassen.

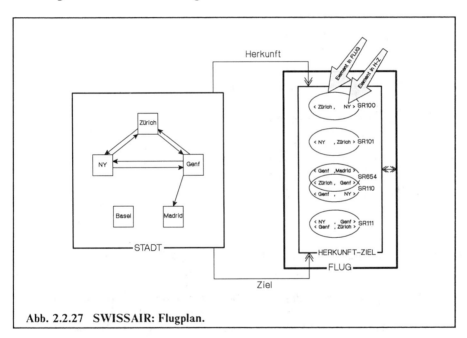

Abb. 2.2.27 SWISSAIR: Flugplan.

f) Das Data-Dictionary-Problem

Ein Data Dictionary wird nicht nur verwendet, um die Existenz von Objekten unterschiedlichen Typs festzuhalten (vgl. Abb. 2.2.7), sondern beinhaltet auch Angaben bezüglich der Beziehungen zwischen diesen Objekten.

Für das in Abb. 2.2.28 gezeigte Beispiel wurde unterstellt, dass im Rahmen der Anwendung A1 die Jobs J1 und J2 zur Ausführung gelangen − ein Sachverhalt, der sich durchaus mit der *Auflösung* eines Produktes in seine Komponenten vergleichen lässt. Zu erkennen ist ausserdem, dass der Job J1 nicht nur im Rahmen der Anwendung A1 sondern auch A3 zur Ausführung gelangt - ein Sachverhalt, der durchaus einem *Verwendungsnachweis* in einer Stückliste gleichkommt. Da analoge Aussagen für alle übrigen Objekte der Entitätsmenge DATA-DICTIONARY möglich sind, lässt sich das Data-Dictionary-Problem auf das Stücklistenproblem zurückführen.

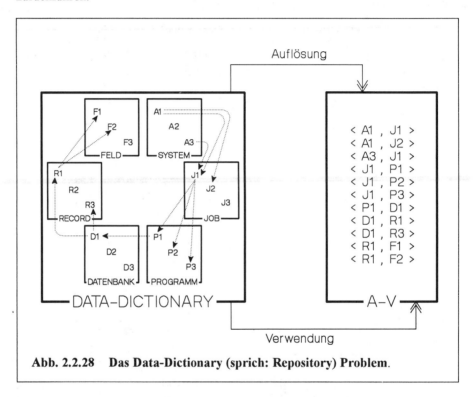

Abb. 2.2.28   Das Data-Dictionary (sprich: Repository) Problem.

Man beachte, dass sich das Data-Dictionary (sprich: Repository) Problem vorstehend nur deshalb auf ein einfaches Stücklistenproblem zurückführen lässt, weil den Entitätsmengen SYSTEM, JOB, PROGRAMM, DATENBANK, RECORD sowie FELD die zusätzliche Entitätsmenge DATA-DICTIONARY überlagert ist. Ohne Überlagerung erfordert das Data-Dictionary-Problem nicht nur die in Abb. 2.2.28 gezeigten acht Konstruktionselemente, sondern mindestens deren elf (vgl. Abb. 2.2.29). Aber nicht nur den Unterschied in der Anzahl der erforderlichen Konstruktionselemente gilt es zu beachten. Genauso bedeutsam ist nämlich, dass sich das komplexere Modell aus Abb. 2.2.29 gegenüber dem einfachen Modell aus Abb. 2.2.28 nur viel mühsamer neuen Gegebenheiten anpassen lässt. Ist beispielsweise zu einem späteren Zeitpunkt festzuhalten, welche welche Programme welche Module enthalten (bzw. welche Module in welchen Programmen enthalten sind), so wäre mit dem komplexeren Modell eine zusätzliche Beziehungsmenge erforderlich.

Wird hingegen mit der Überlagerungstechnik gearbeitet, so sind die zusätzlichen Program-Modul-Beziehungen ohne weiteres in der bereits vorhandenen Beziehungsmenge A-V zu berücksichtigen.

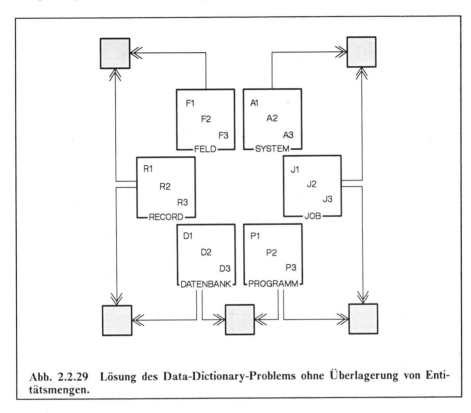

Abb. 2.2.29 **Lösung des Data-Dictionary-Problems ohne Überlagerung von Entitätsmengen.**

Das vorstehende Beispiel illustriert, dass die noch nicht ausdiskutierte Möglichkeit der *Überlagerung von Entitätsmengen zwecks Vereinfachung von Datenmodellen* tatsächlich zutrifft. Noch eindrücklicher kommt dieser Sachverhalt im folgenden Beispiel zum Ausdruck.

g) Die Bewirtschaftung der festen Anlagen bei den Schweizerischen Bundesbahnen

Bei den Schweizerischen Bundesbahnen sind ungefähr 250 verschiedene Objekttypen wie Signale, Weichen, Brücken, Bahnhöfe etc. zu bewirtschaften. Weil für besagte Objekttypen unterschiedliche Attribute von Bedeutung sind, ist pro Objekttyp eine Entitätsmenge erforderlich (in Abb. 2.2.30 mit TYP A, TYP B, ... bezeichnet).

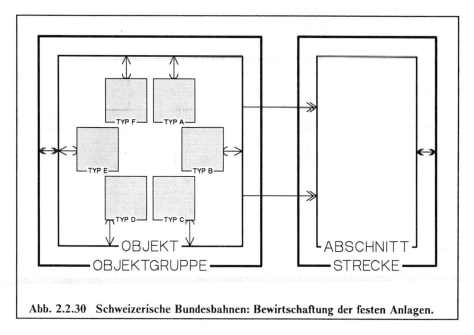

Abb. 2.2.30 Schweizerische Bundesbahnen: Bewirtschaftung der festen Anlagen.

Neben Objekten sind auch Abschnitte zu bewirtschaften, wobei ein Abschnitt aufgrund von zwei Objekten unterschiedlichen oder gleichen Typs festgelegt ist. Typische Abschnitte liegen also beispielsweise vor zwischen:

- Bahnhof B1 und Bahnhof B2
- Signal S1 und Weiche W1
- Weiche W1 und Brücke BR1

Für die Definition eines Abschnittes ist also eine Entität einer Entitätsmenge X mit einer anderweitigen Entität der gleichen oder einer andern Entitätsmenge in Beziehung zu setzen. Bei n Entitätsmengen erfordert dieser Sachverhalt

$$\frac{n\,(n-1)}{2} + n = \frac{n^2 + n}{2}$$

Beziehungsmengen, was im Falle der Schweizerischen Bundesbahnen (n = 250) 31'375 Beziehungsmengen ergibt. Überlagert man aber den 250 Entitätsmengen eine zusätzliche Entitätsmenge (in Abb. 2.2.30 OBJEKT genannt), so ist das Problem mit einer einzigen Beziehungsmenge zu lösen. Kommt dazu, dass der Entitätsmenge OBJEKT eine weitere Entitätsmenge OBJEKTGRUPPE zu überlagern ist, mit welcher mehrere Objekte zu einer Objektgruppe (Fläche) zu verdichten sind. Analog sind mit der der Beziehungsmenge ABSCHNITT überlagerten Menge STRECKE mehrere Abschnitte zu einer Strecke zu verdichten.

Abb. 2.2.31 zeigt verschiedene Notationen zur Darstellung von Beziehungs-mengen. In diesem Buche wird allerdings ausschliesslich mit der schattiert ge-kennzeichneten Notation gearbeitet, sind doch damit problemlos Beziehungs-mengen festzuhalten, an denen beliebig viele Entitätsmengen beteiligt sind. Kommt dazu, dass damit auch Überlagerungen von Beziehungsmengen ohne weiteres zum Ausdruck zu bringen sind.

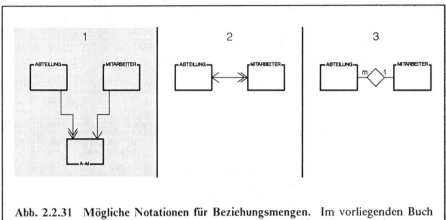

Abb. 2.2.31 Mögliche Notationen für Beziehungsmengen. Im vorliegenden Buch wird ausschliesslich mit der schattiert gekennzeichneten Notation gearbeitet.

Nun aber zum nächsten Konstruktionselement und damit zur Beantwortung der Frage:

E. Was ist ein Beziehungsattribut?

Das Prinzip eines Beziehungsattributes ist mit jenem eines Entitätsattributes vergleichbar. Demzufolge:

> Ein *Beziehungsattribut* ist eine benannte Kollektion von Fakten, die al-lesamt aufgrund einer Zuordnung von Eigenschaftswerten einer be-stimmten Domäne (möglicherweise mehrerer Domänen) zu den Bezie-hungselementen einer Beziehungsmenge zustande kommen.
>
> Oder:
>
> Ein *Beziehungsattribut* assoziiert die Beziehungselemente einer Bezie-hungsmenge mit Eigenschaftswerten, die einer (oder mehreren) Domäne(n) angehören.

Einem Beziehungsattribut kann eine einfache (Typ 1), konditionelle (Typ C) oder komplexe (Typ M) Assoziation zugrunde liegen. So basiert beispielsweise das in Abb. 2.2.32 gezeigte Beziehungsattribut DIAGNOSE auf einer einfachen Assoziation. Dies bedeutet, dass jedes Beziehungselement der Beziehungsmenge BEHANDELT jederzeit mit einer Krankheit in Beziehung steht. Dies würde darauf hinweisen, dass ein Arzt für einen Patienten nur eine Krankheit diagnostizieren kann. Der Leser wird mit Recht einwenden, dass ein Arzt für einen Patienten durchaus auch mehrere Krankheiten diagnostizieren kann, und dass dem Beziehungsattribut demzufolge eine komplexe Assoziation zugrunde liegen müsse. Im Interesse einer Vereinfachung nachfolgender Überlegungen wollen wir aber trotzdem davon ausgehen, dass dem Beziehungsattribut DIAGNOSE eine einfache Assoziation zugrunde liegt.

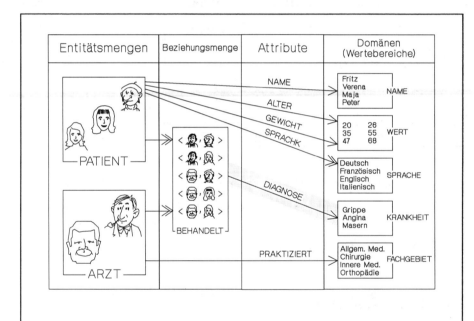

Abb. 2.2.32 Arzt-Patienten-Beispiel: Beziehungsattribut. Ein Beziehungsattribut stellt eine Beziehung zwischen einer Beziehungsmenge und einer (allenfalls mehreren) Domäne(n) dar.

Wir wollen im folgenden das Verständnis für das Konzept von Beziehungsattributen anhand von weiteren Beispielen vertiefen und diskutieren zu diesem Zwecke bereits bekannte Probleme wie:

- Das *Stücklistenproblem*
- Das *Buchungsproblem*

a) Das Stücklistenproblem

Abb. 2.2.33 zeigt nocheinmal das bereits von Abb. 2.2.22 her bekannte Stücklistenbeispiel. Allerdings wurde die Anordnung insofern ergänzt, als die in Klammern aufgeführten Zahlen die Einheitsmengen der Komponenten angeben, die für die Herstellung einer Einheitsmenge (beispielsweise 1 kg) eines bestimmten Produktes erforderlich sind. So ist zu erkennen, dass die Herstellung einer Einheitsmenge P1 zwei Einheitsmengen P3, drei Einheitsmengen P4 sowie zwei Einheitsmengen P5 erfordert.

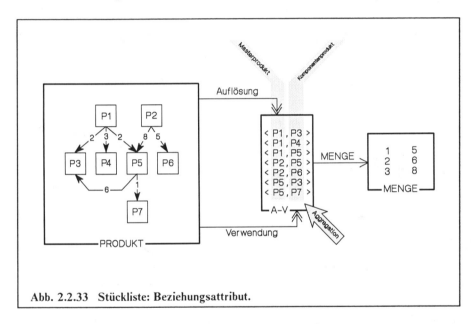

Abb. 2.2.33 Stückliste: Beziehungsattribut.

Die vorstehend beschriebenen Einheitsmengen charakterisieren also die Beziehung zwischen Produkten und den für deren Herstellung erforderlichen Komponenten. Demzufolge ist die Einheitsmenge im Sinne eines *Beziehungsattributes* (in Abb. 2.2.33 MENGE genannt) zu behandeln. Nachdem offenbar für eine bestimmte Produkt-Komponenten-Beziehung nur eine Einheitsmenge von Bedeutung ist, liegt diesem Beziehungsattribut eine einfache Assoziation zugrunde.

b) Das Buchungsproblem

Abb. 2.2.34 zeigt nochmals das bereits von Abb. 2.2.24 her bekannte Buchungsbeispiel. Allerdings wurde die Abbildung insofern ergänzt, als die in Klammern aufgeführten Zahlen die von den Schuldnern an die Gläubiger transferierten Beträge reflektieren. Die Beträge charakterisieren die Beziehungen zwischen Schuldnern und Gläubigern und sind daher wiederum im Sinne eines *Beziehungsattributes* (in Abb. 2.2.34 TRANSAKTION genannt) zu behandeln. Dem Beziehungsattribut liegt eine komplexe Assoziation zugrunde, weil ein Schuldner einem seiner Gläubiger durchaus mehrere Beträge schulden kann.

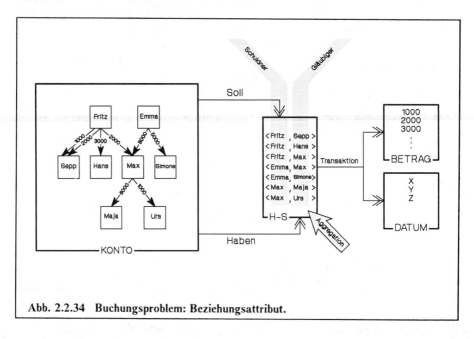

Abb. 2.2.34   Buchungsproblem: Beziehungsattribut.

Damit haben wir die Konstruktionselemente im einzelnen kennengelernt. Im nächsten Abschnitt wird zu zeigen sein, dass die in Abschnitt 2.2 diskutierten, mehrere Einzelfälle betreffenden Konstruktionselemente die Konstruktion von *anwendungsbezogenen* wie auch von *globalen* (d.h. anwendungsübergreifenden, im Idealfall: unternehmungsweiten) *konzeptionellen Datenmodellen* ermöglichen. Abb. 2.2.35 fasst die bisherigen Ausführungen dieses Kapitels zusammen.

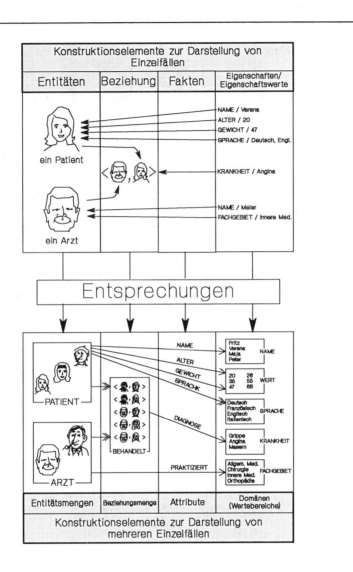

Abb. 2.2.35 Entsprechungen zwischen Konstruktionselementen, die den Einzelfall betreffen und jenen, die mehrere Einzelfälle vertreten.

2.3 Die datenorientierte Vorgehensweise

Mit den in Abschnitt 2.2 diskutierten Konstruktionselementen sind sowohl *anwendungsbezogene* wie auch *globale* (d.h. anwendungsübergreifende, im Idealfall unternehmungsweite) *konzeptionelle Datenmodelle* aufzubauen. So oder so empfiehlt es sich, diese Datenmodelle vom *Groben zum Detail* (englisch: *Topdown*) zu erarbeiten. Zu diesem Zwecke konzentriert man sich zunächst lediglich auf die *Entitätsmengen* und *Beziehungsmengen*, die im Rahmen einer Anwendung — bei umfassenderen Modellen bereichsweit oder eben unternehmungsweit — von Bedeutung sind. Das Ergebnis stellt, je nach Umfang der Studien, eine *anwendungsbezogene* oder eine *globale Datenarchitektur* dar. Was die Details (d.h. die *Entitätsattribute* und die *Beziehungsattribute*) anbelangt, so werden diese erst anschliessend im Rahmen einer sogenannten *Datenanalyse* erarbeitet und mit der Datenarchitektur vereinigt.

Abb. 2.3.1 illustriert den geschilderten Sachverhalt anhand einer Pyramide. Die pyramidenförmige Anordnung bringt zum Ausdruck, dass der Detaillierungsgrad des Modells in dem Masse zunimmt als man sich vom Pyramidenkopf dem Pyramidenboden zubewegt.

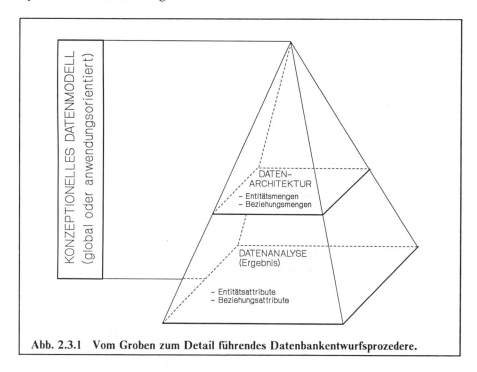

Abb. 2.3.1 Vom Groben zum Detail führendes Datenbankentwurfsprozedere.

Abb. 2.3.2 illustriert anhand des in Abschnitt 2.2 diskutierten Arzt-Patienten-Beispiels, wie man sich die Darstellung der Datenarchitektur in der Praxis vorzustellen hat. Zu erkennen ist, dass man die Entitätsmengen zuoberst anordnet und darunter die Beziehungsmengen in Erscheinung treten lässt (Entitätsattribute und Beziehungsattribute werden also nicht gezeigt). Damit ist zum Ausdruck zu bringen, dass man bei der Entwicklung von Datenarchitekturen von den Entitätsmengen ausgeht und daran gewissermassen alles übrige "aufhängt" (verankert).

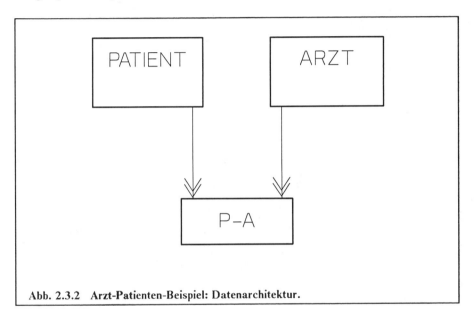

Abb. 2.3.2 Arzt-Patienten-Beispiel: Datenarchitektur.

Aus Abb. 2.3.3 geht hervor, wie man sich das Zustandekommen eines *globalen konzeptionellen Datenmodells* im Idealfall vorzustellen hat. Zu erkennen ist, dass zunächst eine möglichst umfassende (unternehmungsweite) *Datenarchitektur* festzulegen ist, welche als zentraler Bezugs- und Orientierungspunkt in Erscheinung zu treten vermag (obere, schattiert gekennzeichnete Ebene der im Bilde gezeigten Pyramide). Die im Verlaufe der Zeit anwendungsbezogen ermittelten Details (d.h. die Entitätsattribute und die Beziehungsattribute) werden mit der Datenarchitektur abgestimmt und − so keine Diskrepanzen vorliegen − mit letzterer vereinigt. Auf diese Weise kommt nach und nach ein *globales* (d.h. ein anwendungsübergreifendes oder gar unternehmungsweites) *Datenmodell* zustande, welches einen umfassenden Überblick bezüglich der datenspezifischen Aspekte einer Unternehmung zu gewährleisten vermag. Weil man sich beim geschilderten Vorgehen permanent an den Objekten der Realität orientiert und diese in Form eines Datenmodells abstrakt zum Ausdruck bringt, ist von einer *datenorientierten Vorgehensweise* die Rede. Grundsätzlich − die Ausführungen in Abschnitt 2.5 werden diese Aussage bestätigen − könnte aber auch von einer *objektorientierten Vorgehensweise* gesprochen werden.

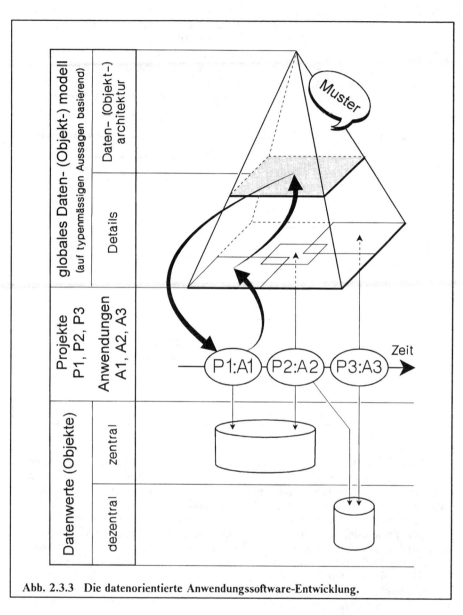

Abb. 2.3.3 **Die datenorientierte Anwendungssoftware-Entwicklung.**

Abb. 2.3.4 sind weitere Einzelheiten bezüglich der *datenorientierten Vorgehens-weise* zu entnehmen. Zu erkennen sind die im 1. Kapitel zur Sprache gekom-menen Analyse- und Designphasen, die bei der Entwicklung einer Anwendung zu durchschreiten sind. Wir erinnern uns: In der Analyse konzentriert sich das Interesse auf das *WAS* im Sinne von: *WAS* für Ergebnisse sind erwünscht und *WAS* ist hiefür an Input erforderlich. Zum Ausdruck zu bringen sind die ge-

wünschten Ergebnisse in Form von Anordnungen (Layouts) der zu produzie-
renden Benützersichten (d.h. Formulare, Listen, Bildschirmausgaben).

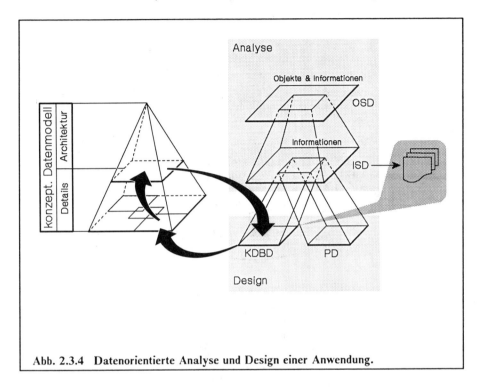

Abb. 2.3.4 Datenorientierte Analyse und Design einer Anwendung.

Damit sind die Voraussetzungen für die Inangriffnahme der Designphase gegeben. In letzterer konzentriert sich das Interesse bekanntlich auf das *WIE* im
Sinne von: *WIE* ist eine Anwendung zu realisieren, um zu den in der Analyse
festgelegten Ergebissen zu kommen. Anzustreben ist eine Lösung, die in ein
durch das globale Datenmodell festgelegtes Gesamtkonzept passt.

Abb. 2.3.4 illustriert, wie dieser Forderung zu genügen ist. So ist von den Benützersichten ein anwendungsorientiertes konzeptionelles Datenmodell abzuleiten, mit der Architektur abzustimmen und − so keine Diskrepanzen zu Tage
treten − mit letzterer zu vereinigen. Das Ergebnis ist für die Mitarbeiter nachfolgender Projekte, in denen man sich grundsätzlich analog verhält, verbindlich.
Auf diese Weise resultiert im Verlaufe der Zeit entsprechend Abb. 2.3.5 eine
Vernetzung, die teils − was die Anwendungen anbelangt − technischer, teils
aber auch − was die Menschen betrifft − geistig-ideologischer Art ist.

Zu beachten ist, dass bei der Definition des Modells Charakteristika hardware-
und softwaremässiger Art zunächst ausser acht zu lassen sind. Dadurch resultiert ein sogenanntes *konzeptionelles* (d.h. ein neutrales, hard- und softwareu-
nabhängiges) *Datenmodell*, das in Anlehung an [43] wie folgt zu umschreiben ist:

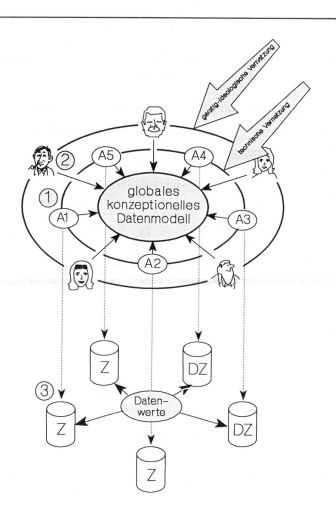

Abb. 2.3.5 Das globale konzeptionelle Datenmodell als Dreh- und Angelpunkt.
Bedeutung der eingekreisten Ziffern:

1. Die Anwendungen A_1, A_2, ... beziehen sich auf das globale konzeptionelle Datenmodell

2. Die Mitarbeiter orientieren sich am globalen konzeptionellen Datenmodell

3. Zentral (Z) und dezentral (DZ) geführte, in ein Gesamtkonzept passende Datenbestände

Ein konzeptionelles Datenmodell

- beinhaltet *typenmässige* (allgemein gültige) aber keine *exemplarspezifischen* (wertmässige, den Einzelfall betreffende) Aussagen über einen zu modellierenden Realitätsausschnitt.

- ist unabhängig von der technischen Implementierung der Daten auf Speichermedien

- ist neutral gegenüber Einzelanwendungen und deren lokaler Sicht auf die Daten

- basiert auf eindeutigen, mit den Fachabteilungen festgelegten Fachbegriffen. Diese sind für das weitere Vorgehen verbindlich

- stellt das Informationsangebot der Gesamtunternehmung auf begrifflicher (typenmässiger, allgemein gültiger) Ebene dar. Damit fungiert es als Schnittstelle zwischen Anwendungen und Anwender als Informationsnachfrager einerseits sowie Datenorganisation und Datenverwaltung als Informationsanbieter anderseits

- bildet entsprechend Abb. 2.3.6 die Grundlage für die Ableitung der bei der Datenspeicherung verwendeten *physischen Datenstrukturen* sowie der bei der Datenverarbeitung verwendeten *logischen Datenstrukturen* (auch *Views* genannt)

- ist die gemeinsame sprachliche Basis für die Kommunikation der an der Organisation von Datenverarbeitungsabläufen beteiligten Personen

Zusammengefasst: Ein konzeptionelles Datenmodell vermag im Sinne einer Gesamtschau als Dreh- und Angelpunkt in Erscheinung zu treten, auf den sich alles übrige beziehen lässt.

Noch einmal: Ein konzeptionelles Datenmodell basiert auf *Datentypen* und nicht auf *Datenwerten*. Was nun die *Datenwerte* anbelangt, so werden diese nach Massgabe des Verwendungsortes teils *zentral*, teils *dezentral* gespeichert. Es versteht sich, dass dabei die für die Datenspeicherung erforderlichen *physischen Datenstrukturen* entsprechend Abb. 2.3.6 idealerweise allesamt von ein und demselben konzeptionellen Datenmodell abzuleiten sind. Damit wird der Forderung nach *föderalistischen Lösungen* [63] vollumfänglich nachgelebt und gleichzeitig auch sichergestellt, dass individuell ermittelte Ergebnisse in ein *Gesamtkonzept* passen.

Die datenorientierte Vorgehensweise plädiert also keineswegs für einen Datenzentralismus. Vielmehr lautet die bereits in der Einleitung zur Sprache gekommene Devise:

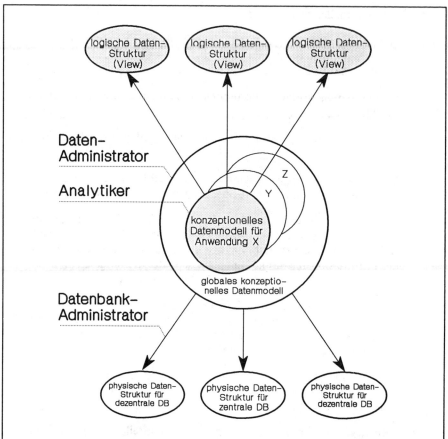

Abb. 2.3.6   Ein konzeptionelles Datenmodell ermöglicht unter anderem auch die Ableitung von logischen und physischen Datenstrukturen.

- *Zentralistische Verwaltung der Datentypen* zwecks Schaffung eines Gesamtkonzeptes und Gewährleistung eines umfassenden Überblicks bezüglich der verfügbaren Daten

- *Föderalistische Speicherung der Datenwerte* und damit Gewährleistung von grössen- und risikomässig begrenzten technischen Systemen

Abb. 2.3.6 deutet noch auf weitere, in späteren Kapiteln im Detail zu besprechende Sachverhalte hin. So ist zu erkennen, dass sich die für die Datenverarbeitung erforderlichen *logischen Datenstrukturen* (auch *Views* genannt) einer

Anwendung vom anwendungsbezogenen konzeptionellen Datenmodell ableiten lassen. Zudem ist ersichtlich, dass das globale konzeptionelle Datenmodell aufgrund einer Vereinigung der im Verlaufe der Zeit ermittelten anwendungsbezogenen konzeptionellen Datenmodelle zustande kommt.

Zahlreiche namhafte Unternehmungen haben mittlerweile eine globale Datenarchitektur konzipiert und im Sinne eines Leitbildes für verbindlich erklärt. Wenn wir im folgenden auf einige diesbezügliche Beispiele zu sprechen kommen, so geht es nicht sosehr um Einzelheiten als vielmehr um den Nachweis, dass globale Datenarchitekturen in unterschiedlichsten Branchen auch in komplexen Fällen zu realisieren sind, sofern man sich an die im Vorwort erwähnten Kriterien der konzeptionellen Arbeitsweise hält. Man muss also:

- Eine globale Datenarchitektur vom Groben zum Detail entwickeln

- Abstrahieren; das heisst, mit Begriffen arbeiten, die stellvertretend für sehr viele Einzelfälle in Erscheinung treten können

- Von hardware- und softwarespezifischen Überlegungen absehen

Hält man sich konsequent an die vorstehenden Punkte, so lassen sich selbst komplexeste globale Datenarchitekturen mit verblüffend einfachen Darstellungen festhalten. Man unterschätze aber angesichts dieser Einfachheit weder den zur Erstellung derartiger Bilder erforderlichen Aufwand noch die damit zu erzielenden positiven Effekte. Hinter jedem Bild verstecken sich intensive Diskussionen, die bei den Beteiligten (Spezialisten, Sachbearbeiter und Entscheidungsträger) sehr wichtige Erkenntnisprozesse in Gang zu setzen vermochten. Was besagte Erkenntnisprozesse anbelangt, so erheischen diese ein sorgfältiges Abtasten des Umfeldes, ein ständiges Erwägen, Hinterfragen, Akzeptieren und Verwerfen. *"In rasch wechselnder Folge"*, so ist einem Arbeitsbericht der Schweizerischen Bundesbahnen zu entnehmen, *"werden Generalisierungen, Spezialisierungen und Aggregierungen von Informationsobjekten durchgeführt, wobei eine prinzipielle Schwierigkeit darin besteht, den Untersuchungsbereich geeignet festzulegen."* Mit andern Worten: Der Erkenntnisprozess ist anspruchsvoll und verläuft nicht immer mühelos, zeitigt aber gerade deswegen eine ausserordentlich wertvolle Identifikation mit dem erzielten Ergebnis.

Nun aber zu den angekündigten Beispielen. Zur Sprache kommt die globale Datenarchitektur:

- Der *«Zürich» Versicherungs-Gesellschaft*
- Des *Schweizerischen Bankvereins*
- Der *Schweizerischen Bundesbahnen* (für den Bereich Personenverkehr)

Den genannten Unternehmungen sei für das Einverständnis, ihre globalen Datenarchitekturen wenigstens konzeptmässig bekanntzugeben, auch an dieser Stelle ganz herzlich gedankt.

Formmässig sind die nun folgenden Architekturdarstellungen insofern identisch, als zuoberst jeweils Kernentitätsmengen und darunter Beziehungsmengen vorzufinden sind. Damit soll zum Ausdruck gebracht werden, dass man bei der Entwicklung globaler Datenarchitekturen von den Kernentitätsmengen auszugehen und daran gewissermassen alles übrige "aufzuhängen" (zu verankern) hat. Man beachte auch, dass in allen diskutierten Architekturen die Informationsobjekte PARTNER, ANGEBOT sowie ORGANISATION (d.h. die funktionelle Gliederung der Unternehmung) in irgend einer Form in Erscheinung treten. Die genannten Informationsobjekte sind offenbar für sehr viele Branchen von Bedeutung und dürften demzufolge in den Datenarchitekturen fast aller Unternehmungen vorzufinden sein. A. Meier geht diesbezüglich noch etwas weiter, unterscheidet er doch in seinem lesenswerten Werk [39]:

- PARTNER

  "Natürliche und juristische Personen, an welchen die Unternehmung Interesse zeigt und über welche für die Abwicklung der Geschäfte Informationen benötigt werden. Insbesondere zählen Kunden, Mitarbeiter, Lieferanten, Aktionäre, öffentlichrechtliche Körperschaften, Institutionen und Firmen etc. zur Entitätsmenge PARTNER."

- ROHSTOFF

  "Rohwaren, Metalle, Devisen, Wertschriften oder Immobilien, die der Markt anbietet und welche in der Unternehmung eingekauft, gehandelt oder veredelt werden. Allgemein können sich solche Güter auf materielle wie auf immaterielle Werte beziehen. Beispielsweise könnte sich eine Beratungsfirma mit bestimmten Techniken und entsprechendem Know-How eindecken."

- PRODUKT

  "Produkte- oder Dienstleistungspalette einer Unternehmung. Auch hier können die produzierten Artikel je nach Branche materiell oder immateriell sein. Der Unterschied zur Entitätsmenge ROHSTOFF liegt darin, dass mit PRODUKT die unternehmensspezifische Entwicklung und Herstellung von Waren oder Dienstleistungen charakterisiert wird."

- KONTRAKT

  "Rechtlich verbindliche Vereinbarungen. Zu dieser Entitätsmenge zählen sowohl Versicherungs-, Verwaltungs- und Finanzierungsvereinbarungen wie auch Handels-, Beratungs-, Lizenz- und Verkaufsverträge."

- GESCHAEFTSFALL

  "Geschäftsrelevante Schritte und Vorkommnisse, die innerhalb von Kontraktabwicklungen von Bedeutung sind. Das kann zum Beispiel eine einzelne Zahlung, eine Buchung, eine Faktur oder eine Lieferung sein. Die Entitätsmenge GESCHAEFTSFALL ist deshalb von Bedeutung, weil sie die Bewegungen auf obigen Entitätsmengen festhält."

A. Die globale Datenarchitektur der «Zürich» Versicherungs-Gesellschaft[3]

Abb. 2.3.7 illustriert die globale Datenarchitektur der *«Zürich» Versicherungs-Gesellschaft* im Überblick. Als *Kernentitätsmengen* treten in Erscheinung:

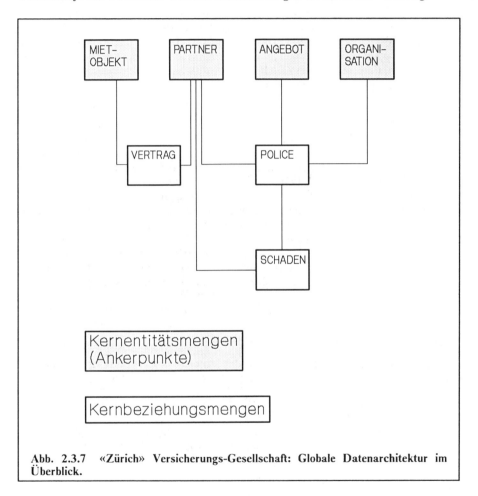

Abb. 2.3.7 **«Zürich» Versicherungs-Gesellschaft: Globale Datenarchitektur im Überblick.**

[3] Anmerkung: Es ist durchaus möglich, die folgenden Beispiele zu überspringen oder nur teilweise zur Kenntnis zu nehmen. Interessant ist aber ein Vergleich aller Beispiele, geht doch daraus hervor, dass hinsichtlich des Detaillierungsgrades globaler Datenarchitekturen wie auch bezüglich deren Darstellung unterschiedliche Auffassungen bestehen.

- MIETOBJEKT
- PARTNER
- ANGEBOT (Versicherungsleistungen)
- ORGANISATION (Funktionelle Gliederung der Gesellschaft)

Neben den Kernentitätsmengen sind auch die wichtigsten Beziehungen zwischen diesen Mengen — wir wollen sie im folgenden *Kernbeziehungsmengen* nennen — zu erkennen. So sieht man, dass die Kernentitätsmengen MIETOBJEKT und PARTNER durch die Kernbeziehungsmenge VERTRAG miteinander in Beziehung stehen. An der Kernbeziehungsmenge POLICE sind die Kernentitätsmengen PARTNER, ANGEBOT sowie ORGANISATION beteiligt. Die Kernbeziehungsmenge SCHADEN illustriert schliesslich, dass eine Beziehungsmenge neben Entitätsmengen (PARTNER) durchaus auch anderweitige Beziehungsmengen (POLICE) involvieren kann.

Verblüffend ist die Einfachheit und Kompaktheit des in Abb. 2.3.7 gezeigten Modells. Allerdings darf dieser Sachverhalt nicht zur Annahme verleiten, der Aufwand zur Erstellung eines derartigen Modells sei vernachlässigbar. Das Gegenteil ist der Fall! So stellt das gezeigte Modell das Ergebnis intensiver Studien und Diskussionen dar, die sich über Wochen hinzogen. Erst als ein allseitiger Konsens bezüglich des Modells vorlag, wurde dieses stufenweise verfeinert. Dabei wurde strikte darauf geachtet, die nächstfolgende Verfeinerungsstufe erst dann in Angriff zu nehmen, nachdem ein allseitiger Konsens bezüglich der eben bearbeiteten Stufe vorlag. An den Diskussionen waren neben Informatikern auch Sachbearbeiter und Entscheidungsträger beteiligt. Die sonst üblichen Kommunikationsprobleme liessen sich dank permanenter Visualisierung der erarbeiteten Entitäts- und Beziehungsmengen entscheidend entschärfen. Zugegeben: Der Erkenntnisprozess verlief harziger und mühsamer als die vorstehenden und nachfolgenden Ausführungen erahnen lassen. Aber, und das ist das Entscheidende, mit dem *solidarisch* zustande gekommenen Ergebnis vermochten sich schlussendlich nicht nur die Informatiker, sondern ebensosehr die Sachbearbeiter und Entscheidungsträger zu identifizieren.

Ergänzend sei nachstehend das Prinzip der stufenweisen Verfeinerungen anhand der Mengen ANGEBOT, POLICE sowie SCHADEN erläutert.

In Abb. 2.3.8 ist zu erkennen, dass sich für die Mengen ANGEBOT, POLICE sowie SCHADEN die Untermengen MF (Motorfahrzeuge), LUK (Leben, Unfall$_{einzel}$, Krankheit$_{einzel}$) sowie HUKS (Haft, Unfall$_{kollektiv}$, Krankheit$_{kollektiv}$, Sach) definieren lassen. Mit letzteren ist es möglich, differenzierte, auf die verschiedenen Versicherungstypen bezogene Daten zu berücksichtigen.

Abb. 2.3.9 zeigt eine weitere Verfeinerung, indem für die in Abb. 2.3.8 schattiert gekennzeichneten Mengen MF (Motorfahrzeuge) die Untermengen AM (Auto/Moto), LFZ (Luftfahrzeuge) sowie WFZ (Wasserfahrzeuge) ausgewiesen werden.

Schliesslich illustriert Abb. 2.3.10, dass sich die in Abb. 2.3.9 schattiert gekennzeichneten Mengen AM (Auto/Moto) in die Untermengen HAFT, KASKO sowie UNF (Unfall) gliedern lassen.

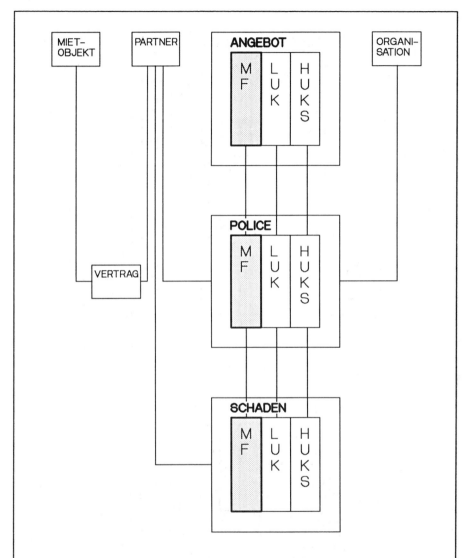

Abb. 2.3.8 «**Zürich**» **Versicherungs-Gesellschaft: Globale Datenarchitektur mit Verfeinerung bzgl. ANGEBOT, POLICE, SCHADEN.** Innerhalb der genannten Mengen werden die Untermengen

- MF = Motorfahrzeuge
- LUK = Leben, Unfall$_{einzel}$, Krankheit$_{einzel}$
- HUKS = Haft, Unfall$_{kollektiv}$, Krankheit$_{kollektiv}$, Sach

unterschieden.

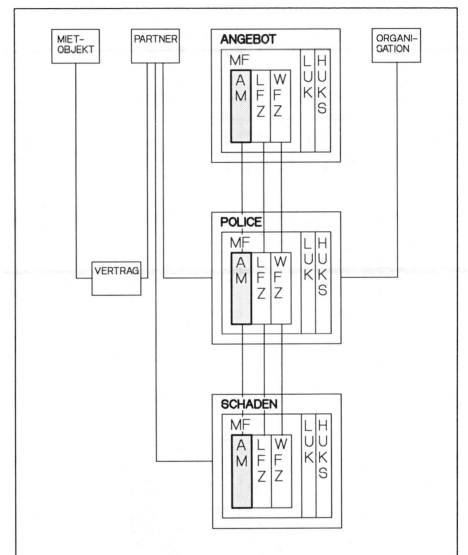

Abb. 2.3.9 **«Zürich» Versicherungs-Gesellschaft: Globale Datenarchitektur mit Verfeinerung bzgl. MF (Motorfahrzeuge).** Innerhalb der Mengen MF (Motorfahrzeuge) werden die Mengen

- AM = Auto/Moto
- LFZ = Luftfahrzeuge
- WFZ = Wasserfahrzeuge

unterschieden.

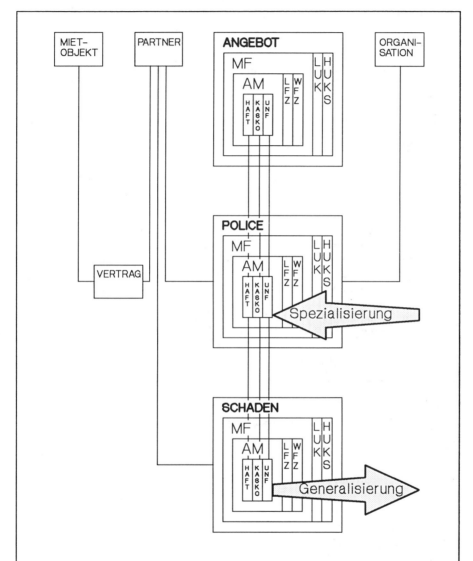

Abb. 2.3.10 **«Zürich» Versicherungs-Gesellschaft: Globale Datenarchitektur mit Verfeinerung bzgl. AM (Auto/Moto).** Innerhalb der Mengen AM (Auto/Moto) werden die Untermengen

- HAFT
- KASKO
- UNF = Unfall

unterschieden.

Es versteht sich, dass die in Abb. 2.3.10 nur grob in Erscheinung tretenden Mengen wie MIETOBJEKT, PARTNER, VERTRAG, ORGANISATION, aber auch die Untermengen LUK, HUKS, LFZ und WFZ ebenfalls zu verfeinern sind, falls diesbezüglich differenziertere Daten von Interesse sind.

Aus der vorstehenden Diskussion sind folgende Schlussfolgerungen zu ziehen:

1. Das systemtheoretische Vorgehensprinzip *Vom Groben zum Detail* (englisch: *Top-down*) gewährleistet, dass die Gesamtzusammenhänge auch bei fortschreitenden Verfeinerungen jederzeit ersichtlich bleiben. Diese Aussage trifft insbesondere dann zu, wenn man entsprechend Abb. 2.3.10 bei der Verfeinerung eines bestimmten Sachverhaltes dessen Umgebung weiterhin grob in Erscheinung treten lässt.

2. Das "zwiebelförmig" aufgebaute Modell kommt den unterschiedlichen datenspezifischen Bedürfnissen der *strategischen, taktischen* und *operationellen Ebene* in idealer Weise entgegen. So ermöglicht jeder Sprung von einer inneren "Schale" auf eine umfassendere "Schale" eine Generalisierung der Daten. Dies ist insofern von Bedeutung, als sich damit detaillierte Daten der operationellen Ebene in verdichteter Form der taktischen bzw. strategischen Ebene zur Verfügung stellen lassen. Umgekehrt kommt der Übergang von einer umfassenden "Schale" zu einer inneren "Schale" einer Spezialisierung von Daten gleich.

B. Die globale Datenarchitektur des Schweizerischen Bankvereins

Abb. 2.3.11 illustriert die globale Datenarchitektur des *Schweizerischen Bankvereins* im Überblick. Als Kernentitätsmengen treten in Erscheinung:

- ARTIKEL
- PARTNER
- DIENSTLEISTUNG
- KONTRAKT
- GESCHAEFTSFALL

Die übrigen Konstruktionselemente aus Abb. 2.3.11 repräsentieren Kernbeziehungsmengen. Man sieht, dass Aggregationen ermöglichende Beziehungsmengen (d.h. nur eine Entitätsmenge involvierende Beziehungsmengen) eine wichtige Rolle spielen.

Was die Konstruktionselemente im einzelnen zu bedeuten haben, ist separaten Darstellungen zu entnehmen. So zeigt Abb. 2.3.12 beispielsweise, dass in der

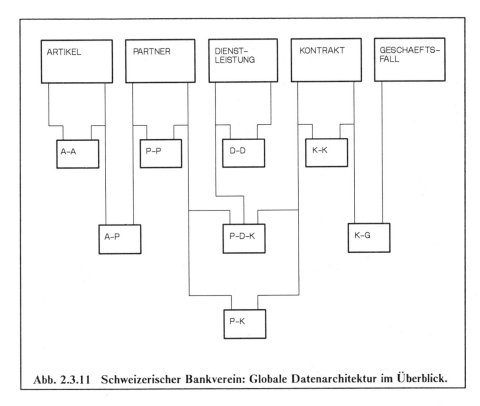

Abb. 2.3.11   Schweizerischer Bankverein: Globale Datenarchitektur im Überblick.

Kernentitätsmenge ARTIKEL bankrelevante Werte wie Wertschriften, Geld, Waren, Edelmetalle, Futures und Options zu unterscheiden sind. Was die Wertschriften anbelangt, so sind diese ihrerseits in Aktien und Obligationen zu unterteilen.

Abb. 2.3.13 zeigt die Gliederung der Kernentitätsmenge PARTNER. Partner sind offenbar alle natürlichen Personen (also Kunden, Konkurrenten, Mitarbeiter des Bankvereins) sowie Organisationen, an denen der Bankverein interessiert ist und über die Daten zu sammeln sind. Dies gilt auch für die Organisationseinheiten des Bankvereins.

In Abb. 2.3.14 sind die Attribute der Kernentitätsmenge PARTNER vorzufinden. Damit sind Attributswerte eines Partners zu berücksichtigen, unabhängig davon, ob dieser als Kunde, Konkurrent, Mitarbeiter, etc. von Bedeutung ist.

Grundsätzlich ist die in Abb. 2.3.14 gezeigte Attributsliste nicht mehr der Datenarchitektur zuzuzählen, basiert eine solche doch nur auf Entitätsmengen und Beziehungsmengen. Die Abbildung ist aber trotzdem interessant. Sie illustriert nämlich, wie ein auf Entitätsmengen, Beziehungsmengen *und* Attributen aufbauendes globales konzeptionelles Datenmodell zu dokumentieren ist. Was

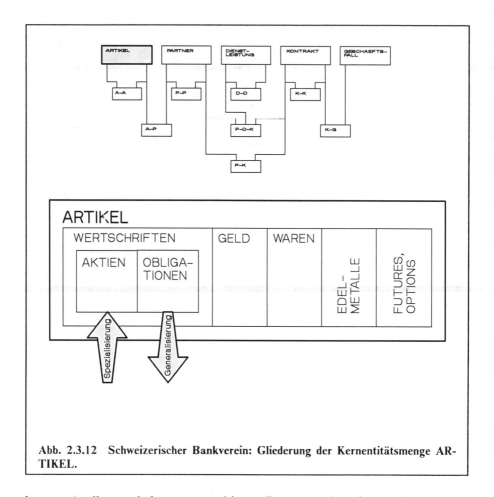

Abb. 2.3.12 Schweizerischer Bankverein: Gliederung der Kernentitätsmenge AR-TIKEL.

besagte Attribute anbelangt, so resultieren diese normalerweise erst im Rahmen der Entwicklung einzelner Anwendungen.

Abb. 2.3.15 sind die Attribute der abhängigen Entitätsmenge NATUERLICHE PERSON zu entnehmen. Die damit zu berücksichtigenden Attributswerte sind nur für natürliche Personen von Interesse. Für die vollständige Beschreibung einer natürlichen Person sind Attributswerte der Attributsliste PARTNER wie auch der Attributsliste NATUERLICHE PERSON erforderlich.

Aus Abb. 2.3.16 geht hervor, dass mit der Kernbeziehungsmenge P-P Partner miteinander in Beziehung zu setzen sind. Von Bedeutung sind folgende Beziehungsarten:

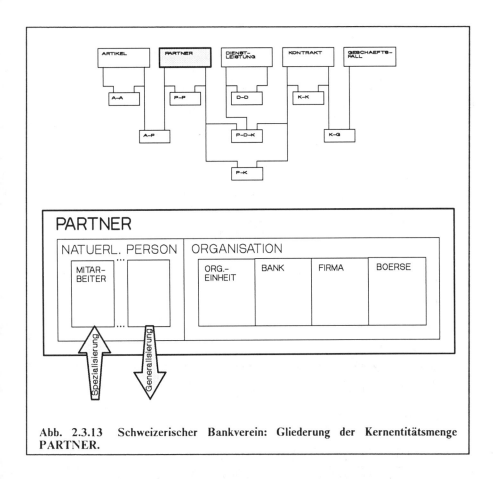

Abb. 2.3.13 Schweizerischer Bankverein: Gliederung der Kernentitätsmenge PARTNER.

- Die hierarchisch organisatorische Unterstellung der Mitarbeiter
- Die hierarchisch fachliche Unterstellung der Mitarbeiter
- Kundenberatung
- Kundenbetreuung
- etc.

Abb. 2.3.17 illustriert, wie die Beziehungsmenge aus Abb. 2.3.16 zu präzisieren und mit einer Attributsliste zu ergänzen ist.

Zum Abschluss dieses Beispiels noch ein Kommentar aus einem Arbeitsbericht des Schweizerischen Bankvereins: *"Obwohl die Bankumwelt als sehr dynamisch bezeichnet werden kann, sind die grundlegenden Informationszusammenhänge weitgehend stabil. Diese werden in der globalen Datenarchitektur dargestellt. Ziel der globalen Datenarchitektur ist keineswegs, ein total integriertes "Mammut-System" zu erreichen, wie dies ein Traum der 60er Jahre war. Es ist von elementarer Bedeutung, dass sich das unternehmungsweite Informationssystem*

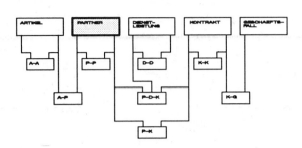

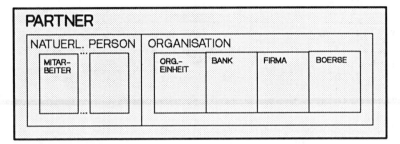

Attributliste: PARTNER
PNO (Partnernummer)
GUELTIGKEITSDATUM
PARTNERKURZBEZEICHNUNG (Name, Ort)
DOMIZIL
NATIONALITAET
PARTNERART (Mitarbeiter, Org.-Einheit, Bank, ...)
SPRACHE
PNO (Federführende Stelle)
...

Abb. 2.3.14   Schweizerischer Bankverein: Attributsliste für Kernentitätsmenge PARTNER.

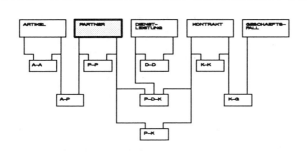

PARTNER

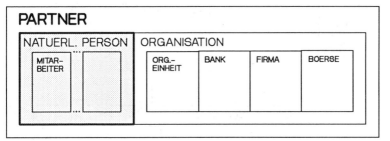

Attributliste: Natürliche Person
NONP (Nummer Natürliche Person)
PNO (Partnernummer)
ANREDE
TITEL
NAME
VORNAME
NAME LEDIG
GESCHLECHT
...

Abb. 2.3.15 **Schweizerischer Bankverein: Attributsliste für abhängige Entitätsmenge NATUERLICHE PERSON.**

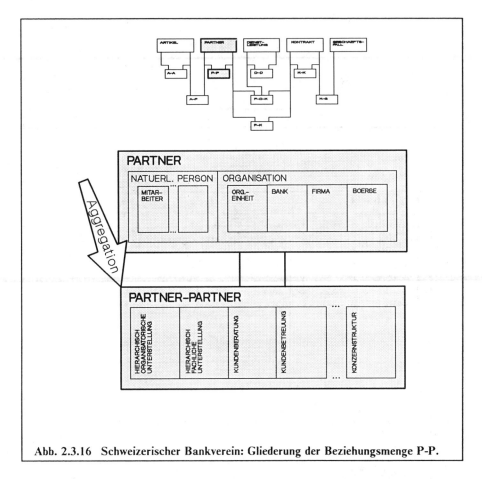

Abb. 2.3.16 Schweizerischer Bankverein: Gliederung der Beziehungsmenge P-P.

aus selbständigen und überschaubaren Einzelteilen zusammensetzt. Nur diese Subsysteme können die Anforderungen bezüglich Effizienz und Flexibilität überhaupt erfüllen. Auf der andern Seite müssen die Teilsysteme wechselseitig zusammenpassen, um ein sinnvolles Ganzes zu ergeben. Das Grundgerüst hierfür liefert die globale Datenarchitektur."

C. Die globale Datenarchitektur der Schweizerischen Bundesbahnen (für den Bereich Personenverkehr)

Die bei den *Schweizerischen Bundesbahnen* für den Bereich *Personenverkehr* entwickelte globale Datenarchitektur hat sowohl die Planung wie auch die Bewirtschaftung des für den Personenverkehrs eingesetzten Rollmaterials pro Sitzplatz, Streckenabschnitt und Kalendertag zu gewährleisten.

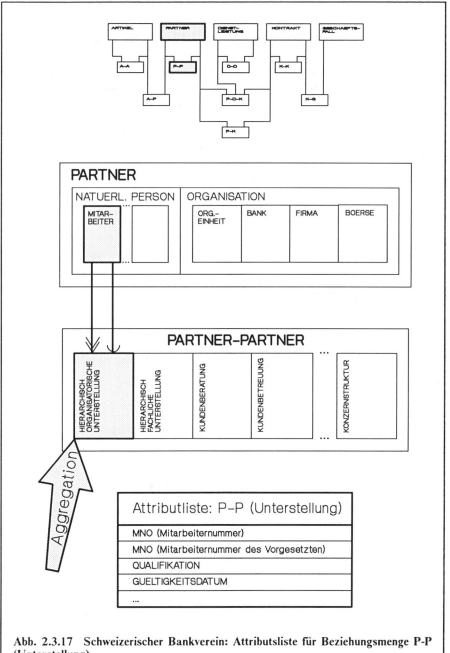

Abb. 2.3.17 **Schweizerischer Bankverein: Attributsliste für Beziehungsmenge P-P (Unterstellung).**

Das für die Entwicklung der Architektur gewählte Vorgehen unterscheidet sich von den vorstehend diskutierten Ansätzen insofern, als man nicht nur von Kernentitätsmengen und Kernbeziehungsmengen ausging, sondern auch *Sachgebiete* in die Überlegungen einfliessen liess. Grundsätzlich sind unter einem Sachgebiet mehrere, erst bei der Präzisierung des Sachgebiets festzulegende Entitätsmengen und Beziehungsmengen zu verstehen. Die Berücksichtigung von Sachgebieten ermöglicht Diskussionen, die sich − zumindest zu Beginn einer Studie − auf einer sehr hohen Abstraktionebene abspielen.

Abb. 2.3.18 illustriert die auch Sachgebiete involvierende globale Datenarchitektur der Schweizerischen Bundesbahnen für den Bereich *Personenverkehr* im Überblick. Folgende Sachgebiete bzw. Kernentitätsmengen sind von Bedeutung:

- INFRASTRUKTUR
- ZEIT
- ANGEBOT
- PARTNER

Abb. 2.3.19 sind Einzelheiten des Sachgebietes INFRASTRUKTUR zu entnehmen. Zu erkennen sind folgende Kernentitätsmengen:

- STATION

  Enthält als Entitäten Stationen wie *Bern, Brig, Interlaken, Spiez, ...*

- KURS

  Enthält als Entitäten Kurse wie *K1, K2, ...* Ein Kurs bezeichnet einen Block von Wagen, der beispielsweise von *Bern* nach *Brig* zu befördern ist.

- ZUG

  Enthält als Entitäten Züge wie *Z1, Z2, ...* Ein Zug ist ein Vehikel zur Beförderung von Kursen.

- WAGENTYP

  In WAGENTYP ist die abhängige Entitätsmenge WAGEN enthalten. Diese enthält ihrerseits die abhängige Entitätsmenge SITZPLATZ. Offenbar existieren für einen Wagentyp mehrere Wagenexemplare und entspricht jedes Wagenexemplar immer einem bestimmten Wagentyp. Ausserdem weist jedes Wagenexemplar mehrere Sitzplätze auf und ist ein Sitzplatz immer einem Wagenexemplar zuzuordnen.

Die übrigen Konstruktionselemente aus Abb. 2.3.19 repräsentieren Beziehungsmengen mit folgender Bedeutung:

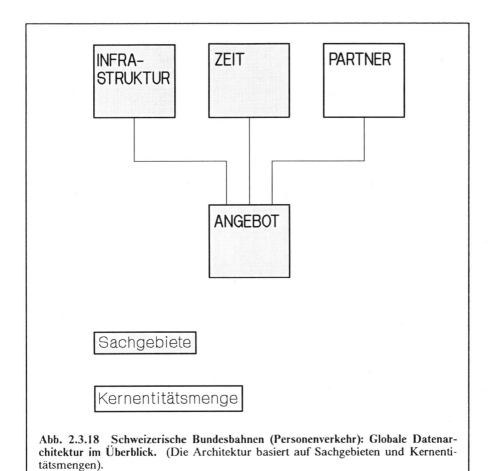

**Abb. 2.3.18 Schweizerische Bundesbahnen (Personenverkehr): Globale Datenar-
chitektur im Überblick.** (Die Architektur basiert auf Sachgebieten und Kernentitätsmengen).

- A: Abschnitt

  Enthält Beziehungselemente, die einen aufgrund von zwei Stationen festgelegten Abschnitt repräsentieren. Beispiele:

  $$< \text{ Bern, Spiez } >$$
  $$< \text{ Spiez, Brig } >$$
  $$< \text{ Spiez, Interlaken } >$$

- ZS: Zug-Strecke

  Enthält Beziehungselemente, mit denen die von einem Zug durchfahrenen
  Abschnitte festzuhalten sind. Beispiele:

  $$< \text{ Z1, Bern, Spiez } >$$

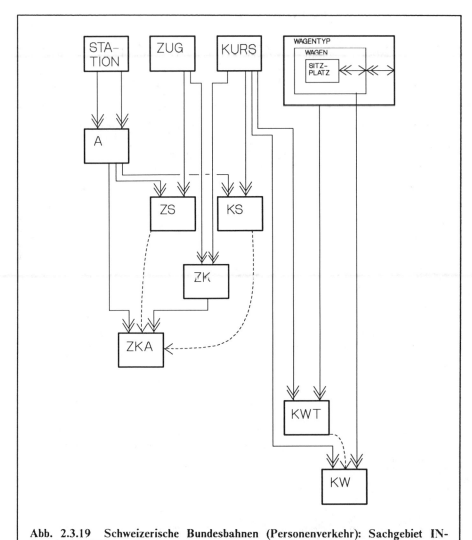

Abb. 2.3.19 Schweizerische Bundesbahnen (Personenverkehr): Sachgebiet IN-FRASTRUKTUR. (Die Notation - - -> deutet auf mögliche Integritätsprüfungen hin).

< Z1, Spiez, Brig >
< Z2, Bern, Spiez >
< Z2, Spiez, Interlaken >

- KS: Kurs-Strecke

Enthält Beziehungselemente, mit denen die für einen Kurs relevanten Abschnitte festzuhalten sind. Beispiele:

> $<$ *K1, Bern, Spiez* $>$
> $<$ *K1, Spiez, Brig* $>$
> $<$ *K2, Bern, Spiez* $>$
> $<$ *K2, Spiez, Interlaken* $>$

- ZK: Zug-Kurs

Enthält Beziehungselemente, mit denen die von einem Zug beförderten Kurse festzuhalten sind. Beispiele:

> $<$ *Z1, K1* $>$
> $<$ *Z1, K2* $>$
> $<$ *Z2, K2* $>$

- ZKA: Zug-Kurs-Abschnitt

Enthält Beziehungselemente, mit denen die von einem Zug beförderten Kurse pro Abschnitt festzuhalten sind. Beispiele:

> $<$ *Z1, K1, Bern, Spiez* $>$
> $<$ *Z1, K1, Spiez, Brig* $>$
> $<$ *Z1, K2, Bern, Spiez* $>$
> $<$ *Z2, K2, Spiez, Interlaken* $>$

Anmerkung: Ein Beziehungselement der Beziehungsmenge ZKA darf nur Zugs-Abschnitts-Kombinationen (bzw. Kurs-Abschnitts-Kombinationen) enthalten, die in der Beziehungsmenge ZS (bzw. KS) enthalten sind (ermöglicht Integritätsprüfungen).

- KWT: Geplante Kurskomposition

Enthält Beziehungselemente, mit denen festzuhalten ist, welche Wagentypen für einen Kurs vorzusehen sind.

- KW: Effektive Kurskomposition

Enthält Beziehungselemente, mit denen die effektiven Wagen eines Kurses festzuhalten sind.

Anmerkung: Ein Beziehungselement der Beziehungsmenge KW darf nur Kurs-Wagen-Kombinationen mit Wagentypen aufweisen, die in der Beziehungsmenge KWT (geplante Kurskomposition) vorgesehen sind.

Abb. 2.3.20 zeigt das vorstehend diskutierte Sachgebiet INFRASTRUKTUR zusammen mit den Sachgebieten ZEIT und ANGEBOT sowie der Kernentitätsmenge PARTNER.

Man sieht, dass das Sachgebiet ZEIT nur aus der Kernentitätsmenge VERKEHRSPERIODE und der abhängigen Entitätsmenge KALENDERTAG besteht. Was das Sachgebiet ANGEBOT betrifft, so sind darin forgende Beziehungsmengen zu erkennen:

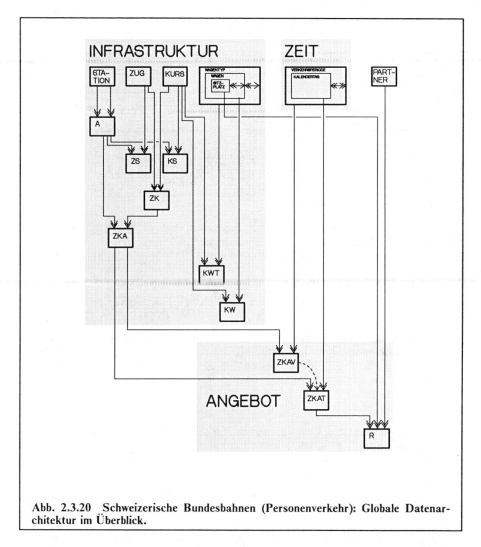

Abb. 2.3.20 Schweizerische Bundesbahnen (Personenverkehr): Globale Datenarchitektur im Überblick.

- ZKAV: Geplantes Angebot pro Zug-Kurs-Abschnitt und Verkehrsperiode

- ZKAT: Effektives Angebot pro Zug-Kurs-Abschnitt und Kalendertag

  Anmerkung: Ein Beziehungselement der Beziehungsmenge ZKAT darf nur Zugs-Kurs-Abschnitts-Kalendertags-Kombinationen aufweisen, die in der Beziehungsmenge für eine Verkehrsperiode vorgesehen sind (ermöglicht Integritätsprüfungen).

- R: Effektives Angebot mit eventueller Reservation pro Zug-Kurs-Abschnitt-Sitzplatz und Kalendertag.

Zum Abschluss dieses Beispiels wiederum ein Auszug aus einem Arbeitsbericht der Schweizerischen Bundesbahnen: *"Das Echo auf die Ergebnisse dieser Untersuchungen und vor allem auch auf die dadurch gewonnenen Einsichten in die betrieblichen Zusammenhänge ist im allgemeinen gerade seitens der beteiligten Benutzerkreise sehr positiv."* Und: *"Die Untersuchung weiterer Bereiche in derselben Art, wie sie für den Bereich Personenverkehr durchgeführt wurde, erscheint uns auf jeden Fall lohnend, wenn nicht unumgänglich. Mit der Durchführung sollte möglichst dann begonnen werden, wenn in einem Bereich grössere Systementwicklungsvorhaben anstehen."*

Gleicher Auffassung ist offenbar auch Helmut Thoma, meint er doch in einer Rezension[4] zur 6. Auflage des vorliegenden Werkes: *"Wenn die dargelegten globalen Datenarchitekturen auch den Anschein erwecken, dass lediglich Trivialitäten graphisch dokumentiert sind, so darf man nie vergessen, dass im Prozess des Erstellens solcher grober Modelle ein unbezahlbarer Wert liegen kann: Das Befassen des Managements der Benutzerbereiche mit Fragen der Modellierung ihres Unternehmens und das Erreichen eines langfristigen Konsens mit den Informatikern."*

Apropos Trivialitäten: Die Kunst der Datenmodellierung liegt gerade darin, komplexe Sachverhalte möglichst prägnat (trivial?) und in einer auch Nichtinformatikern verständlichen Form zu Papier zu bringen. Wichtig ist dabei, dass man sich an eine geistige Richtschnur hält, die von dem aus England stammenden Franziskaner und Philosophen Wilhelm von Ockham vor etwa 600 Jahren wie folgt formuliert wurde: *"Es ist sinnlos, mit mehr Annahmen zu arbeiten, wenn es auch mit weniger möglich ist."*

---

4 SI-Information der Schweizer Informatiker Gesellschaft, No. 31 (Mai 1991)

2.4   Die datenorientierte Vorgehensweise aus systemtheoretischer Sicht

Wir verdanken unsere wissenschaftlichen Fortschritte im wesentlichen einem kartesianisch-newtonschen Denkmuster. Danach wird das Universum als ein mechanistisches System aufgefasst, das aus getrennten Objekten besteht, die ihrerseits auf fundamentale Bausteine der Materie zu reduzieren sind.

Nach Auffassung vieler Autoren zeitgenössischer Werke (z.B. [6, 45, 50]) werden die wirklichen Probleme unseres Zeitalters wie *Ozonloch, Klimakatastrophe, Waldsterben, Treibhauseffekt, Hunger, Zerstörung der natürlichen Lebensgrundlagen,* etc. mit der angedeuteten Vorstellung vom Universum allerdings kaum zu lösen sein. Besagten Autoren zufolge erfordern die mit den angedeuteten Bedrohungen einhergehenden *biologischen, psychologischen, gesellschaftlichen* und *ökologischen Probleme* nämlich nicht so sehr ein analysierendes, zerlegendes Denkmuster kartesianisch-newtonscher Prägung als vielmehr eine *systemtheoretische Denkweise.* Dabei handelt es sich um:

- Ein ganzheitliches, den Menschen und die Auswirkungen seines Handelns miteinschliessendes Denken

- Ein Denken in Wirkungszusammenhängen, mit welchem Auswirkungen von Eingriffen in Gleichgewichtssystemen zu erklären sind

- Ein strukturiertes Denken, das zwar im kartesianisch-newtonschen Sinne ein Zerlegen vom Groben zum Detail vorsieht, die resultierenden Objekte aber nicht getrennt betrachtet, sondern *vernetzt*

Interessanterweise sind in vielen Wirtschaftsunternehmungen hinsichtlich der Informatik ähnliche Entwicklungen festzustellen. Auch hier zeigt sich nämlich, dass eine isolierte Betrachtung der Probleme immer mehr in die Sackgasse (ins Datenchaos) führt. Nur wenn wir lernen, ganzheitliche, in ein Gesamtkonzept passende Lösungen für Einzelprobleme zu entwickeln und alle Betroffenen an der Lösungsfindung beteiligen, werden wir im Sinne der *Systemtheorie* zu einer Integration, zu einem Zusammenspiel von Systemen, zu einer technischen wie auch geistig-ideologischen, den Menschen miteinschliessenden *Vernetzung* und damit letzten Endes zu einer für alle Beteiligten vorteilhaften Nutzung der Informatik kommen.

Wir wollen im folgenden die *datenorientierte Vorgehensweise* aus systemtheoretischer Sicht unter die Lupe nehmen und diskutieren zu diesem Zwecke zunächst einige wichtige Prinzipien der Systemtheorie. Dabei kommen wir nacheinander auf die Begriffe

- *System*
- *Subsystem* (auch *Untersystem* genannt)
- *Teilsystem*
- *Übersystem* (auch *Hypersystem* oder *Supersystem* genannt)

zu sprechen. Zugegeben: Die Systemtheorie wird damit in keiner Weise erschöpfend ausgeleuchtet; die dargelegten Punkte sind indes für unsere Überlegungen durchaus hinreichend[1].

Zunächst also zur Frage:

A. Was ist ein System?

Der Begriff *System* stammt aus dem Griechischen und bedeutet *Zusammenstellung*. Tatsächlich – so das Schweizer Lexikon – *"ist am System wesentlich, dass eine Mannigfaltigkeit zu einem einheitlichen Ganzen geordnet wird."* Und weiter: *"... als Arbeitshypothese ist das System ein unentbehrliches Erkenntnismittel. Aller Systematik (Ordnung) muss System zugrunde liegen."*

Die vorstehenden Ausführungen leuchten ein, wenn man etwa an das Periodische System in der Chemie oder an das Englersche System in der Biologie denkt. So gruppiert letzteres die Pflanzen in dreizehn Abteilungen, die ihrerseits in Unterabteilungen, Klassen, Reihen, Familien, Gattungen und Arten gegliedert sind.

Für die nachfolgenden Überlegungen halten wir uns an folgende, leicht modifizierte Systemdefinition von Daenzer [17] (siehe auch Abb. 2.4.1):

> Ein System stellt eine Gesamtheit von Elementen dar, die miteinander durch Beziehungen verbunden sind und gemeinsam einen bestimmten Zweck zu erfüllen haben.

Systeme sind entsprechend Abb. 2.4.1 üblicherweise in dem Sinne *offen*, als Systemelemente wie E_1, E_2, E_3 mit Umweltelementen wie E_6, E_7, E_8 in Beziehung stehen können. Was die Beziehungen zwischen den Systemelementen untereinander sowie zwischen den Systemelementen und den Umweltelementen anbelangt, so handelt es sich um *Strömungsgrössen*. Zu unterscheiden sind:

- *Strömungen materieller Natur (Materialflüsse)*
- *Strömungen informationeller Natur (Informationsflüsse)*
- *Strömungen energetischer Natur (Energieflüsse)*

---

[1] Weiterführende Darlegungen finden sich beispielsweise in [17] und [56].

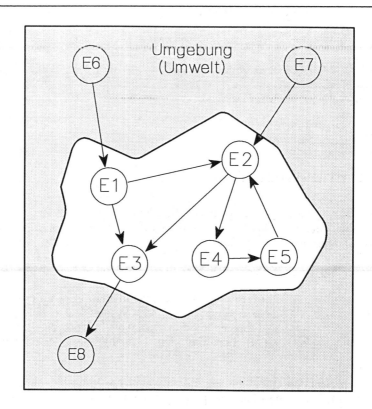

Abb. 2.4.1 Der Systembegriff. Ein System stellt eine Gesamtheit von Elementen (im Bilde E_1, E_2, E_3, E_4, E_5) dar, die miteinander durch Beziehungen verbunden sind und gemeinsam einen bestimmten Zweck zu erfüllen haben. Die dem System nicht angehörenden, mit letzterem aber in Beziehung stehenden Elemente (im Bilde E_6, E_7, E_8) repräsentieren die *Umgebung* (Umwelt) des Systems.

B. Was ist ein Subsystem (Untersystem)?

Systeme lassen sich unter Bildung von *Subsystemen* (auch *Untersysteme* genannt) nach innen gliedern. Üblicherweise ist in diesem Zusammenhang von einer *Systemauflösung* die Rede. Weil ein Subsystem seinerseits in Subsysteme zu unterteilen ist, sind Systemauflösungen im Prinzip über beliebig viele Stufen möglich. Für die *Auflösungstiefe* (d.h. für die Anzahl der Auflösungsstufen) ist allein die Zweckmässigkeit massgebend.

Fasst man beispielsweise den *Menschen* als System auf, so ist dieses nach innen in die Untersysteme *Gehirn, Herz, Augen, Lunge, Verdauungssystem*, etc. aufbrechbar. Die genannten Untersysteme basieren ihrerseit auf *Zellen*, denen *Moleküle* zugrunde liegen (siehe Abb. 2.4.2). Stafford Beer meint dazu: *"Das Universum scheint sich aufzubauen aus einem Gefüge von Systemen, wo jedes System von einem jeweils grösseren umfasst wird — wie ein Satz von hohlen Bauklötzen".*

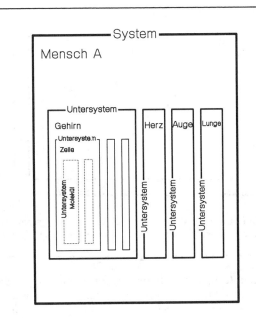

Abb. 2.4.2   Ein Mensch aufgefasst als System (1. Teil). Bei der Gliederung nach innen resultieren *Subsysteme* (Untersysteme) wie *Gehirn, Herz, Auge, Lunge*, etc. Diese sind ihrerseits unter Bildung von *Zellen* nach innen zu gliedern, usw.

Auch die *Entitätsmengen* und *Beziehungsmengen* aus Abschnitt 2.2 sind durchaus im Sinne eines Systems aufzufassen und nach innen zu gliedern. Die resultierenden Subsysteme repräsentieren *abhängige Entitätsmengen* bzw. *Beziehungsmengen*. Damit wird verständlich, dass unsere die Überlagerung von Entitätsmengen und Beziehungsmengen betreffenden Überlegungen in Abschnitt 2.2 durchaus mit der Gliederung von Systemen nach innen zu vergleichen sind.

Abb. 2.4.3 illustriert den vorstehenden Sachverhalt am Beispiel der Entitätsmenge PARTNER, die wir von der Datenarchitektur des Schweizerischen Bankvereins her kennen (siehe Abschnitt 2.3).

Es empfiehlt sich, bei der Gliederung nach innen die in Abb. 2.4.4 gezeigten Fälle zu unterscheiden. Zu erkennen ist (siehe Spalte 1):

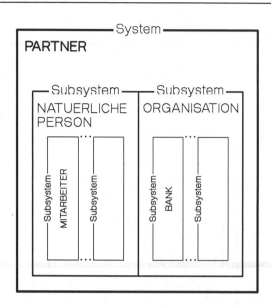

Abb. 2.4.3 Die Entitätsmenge PARTNER aufgefasst als System (1. Teil). Die bei der Gliederung nach innen resultierenden *Subsysteme* repräsentieren *abhängige Entitätsmengen*.

- Die Subsysteme (d.h. die abhängigen Entitätsmengen) EM2 und EM3 *überdecken* das System (d.h. die Entitätsmenge) EM1 entsprechend Zeile a und c *vollständig* oder entsprechend Zeile b und d *partiell*

- Die Subsysteme EM2 und EM3 sind entsprechend Zeile a und b *disjunkt* oder sie *überschneiden sich* entsprechend Zeile c und d

Daraus resultieren die auf den Zeilen a − d gezeigten Kombinationen, zu denen noch die auf der Zeile e gezeigte *Verdichtung* zu zählen ist. Die gezeigten Fälle sind beispielsweise wie folgt zu interpretieren:

Zeile a: EM1 entspricht der in Abschnitt 2.2 im Zusammenhang mit dem Arzt-Patienten-Beispiel diskutierten Entitätsmenge PERSON. EM2 und EM3 entsprechen den abhängigen Entitätsmengen PATIENT und ARZT. Eine Person ist entweder Patient oder Arzt, aber nicht beides.

Zeile b: Wie für Zeile a dargelegt, aber neben Patienten und Ärzten sind noch weitere Personen (beispielsweise das für die Administration zuständige Personal) von Bedeutung.

Zeile c: Wie für Zeile a dargelegt, aber eine Person kann (muss aber nicht) sowohl als Patient wie auch als Arzt in Erscheinung treten.

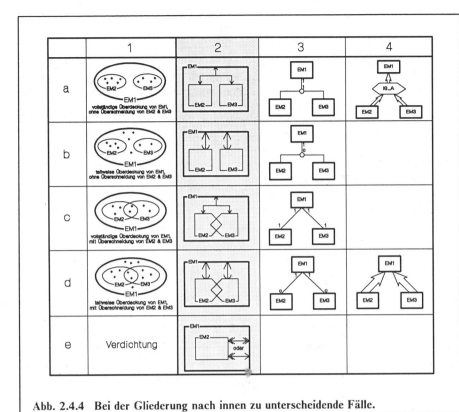

Abb. 2.4.4 Bei der Gliederung nach innen zu unterscheidende Fälle.

Zeile d: Wie für Zeile b dargelegt, aber eine Person kann (muss aber nicht) sowohl als Patient wie auch als Arzt in Erscheinung treten.

Zeile e: EM1 entspricht der in Abschnitt 2.2 diskutierten Entitätsmenge KLASSE, mit der die der Entitätsmenge STUDENT (EM2) angehörenden Studenten zu Klassen zu verdichten sind. Je nach dem, ob ein Student nur einer oder mehreren Klassen angehört, sind die Mengen an einer $\ll\!\!\longrightarrow$ oder $\ll\!\!\longrightarrow\!\!\gg$ Abbildung beteiligt.

Abb. 2.4.4 sind verschiedene Notationen für die in Spalte 1 gezeigten Fälle zu entnehmen. Die schattiert gekennzeichnete Notation in Spalte 2 wird im vorliegenden Buch verwendet, die Notation in Spalte 3 ist Prof. Zehnder [62] zu verdanken, während die Notation in Spalte 4 im *Extended Entity-Relationship Modell* [48] verwendet wird.

Im Lichte der vorstehenden Ausführungen wird verständlich, warum man gemeinhin zu sagen pflegt: *"Ein System ist mehr als die Summe seiner Einzelteile"*, oder wie sich F. Capra [6] auszudrücken beliebt: *"Ein System ist ein integriertes Ganzes, dessen Eigenschaften nicht mehr auf die seiner Teile zu reduzieren sind."*

C. Was ist ein Teilsystem?

Betrachtet man ein System gewissermassen durch einen Filter und stellt man die für einen bestimmten Zweck bedeutsamen Systemelemente in den Mittelpunkt der Betrachtung, so spricht man von einer *Teilsystembetrachtung*. F. Dänzer meint dazu: *"Die hierarchische Gliederung in Untersysteme und die Gliederung in Teilsysteme schliessen sich gegenseitig nicht aus, sondern ergänzen sich: Der hierarchische Gliederungsaspekt macht ein System überblickbar, indem er eine Zuordnung von Untersystemen zu übergeordneten Einheiten ermöglicht. Die Teilsystem-Betrachtung gestattet es, bestimmte Eigenschaften von Systemen, bzw. Elementen und Beziehungen, in den Vordergrund zu stellen, bzw. andere zu vernachlässigen"* [17].

Fasst man den *Menschen* wiederum als ein die Subsysteme *Gehirn, Herz, Augen*, etc. beinhaltendes System auf, so liessen sich beispielsweise die Aspekte Informationsübertragung − also *Nervensystem* − oder Energieversorgung − also *Blutkreislauf* − als Teilsysteme auffassen (siehe Abb. 2.4.5).

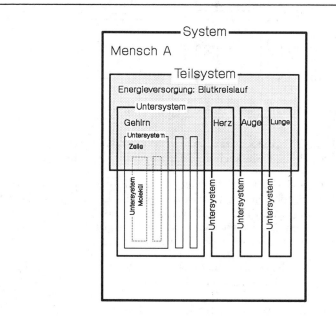

Abb. 2.4.5 Ein Mensch aufgefasst als System (2. Teil). Mit einem *Teilsystem* ist eine für einen bestimmten Zweck bedeutsame Auswahl von Systemelementen in den Vordergrund zu stellen.

Zu beachten ist, dass ein Teilsystem wie beispielsweise *Blutkreislauf* oder *Nervensystem* in der Regel mehrere Subsysteme tangiert.

Die Teilsystembetrachtung kann auch in einem Datenmodell von Bedeutung sein. So illustriert Abb. 2.4.6, dass mit dem Teilsystem AKTIONAER ganz bestimmte, in mehreren Subsystemen (abhängigen Entitätsmengen) vorzufinden de Entitäten in den Vordergrund zu stellen sind. Offensichtlich lässt sich damit zum Ausdruck bringen, dass ein Aktionär einer natürlichen Person (beispielsweise einem Mitarbeiter) oder einer Organisation (beispielsweise einer Bank) entsprechen kann. Die Bildung eines Teilsystems wie AKTIONAER wird sich immer dann aufdrängen, wenn für dessen Elemente (Aktionäre) spezifische Eigenschaften festzuhalten sind.

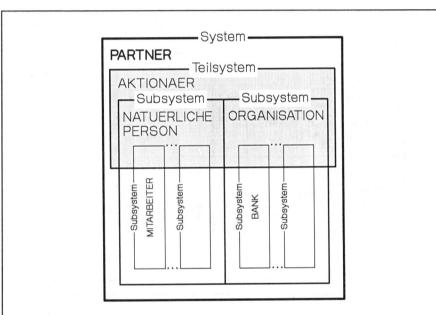

Abb. 2.4.6 Die Entitätsmenge PARTNER aufgefasst als System (2. Teil). Mit dem Teilsystem AKTIONAER sind ganz bestimmte, in mehreren Subsystemen (abhängigen Entitätsmengen) vorzufindende Entitäten herauszukristallisieren.

D. Was ist ein Übersystem (Hypersystem, Supersystem)?

Interessant ist, dass die hierarchische Anordnung von Systemen nicht nur nach *innen*, sondern auch nach *aussen* von Bedeutung ist. So ist es möglich, Systeme derselben Ebene zu einem System höherer Ordnung zusammenzukoppeln. Letzteres bezeichnet man als *Übersystem* (mitunter ist auch von *Hypersystem* oder *Supersystem* die Rede).

Fasst man den *Menschen* wiederum als System auf, so ist dieses bekanntlich nach *innen* in die Untersysteme *Gehirn, Herz, Augen, Lunge, Verdauungssystem* etc. aufzubrechen. Die genannten Untersysteme basieren ihrerseit auf *Zellen*, denen *Moleküle* zugrunde liegen. Umgekehrt führt eine nach *aussen* gerichtete Betrachtung zu einer auf Übersystemen basierenden Systemhierarchie, sind doch *Menschen* zu *Familien*, diese zu *Stämmen, Gesellschaften, Nationen* zusammen-zuschliessen (siehe Abb. 2.4.7).

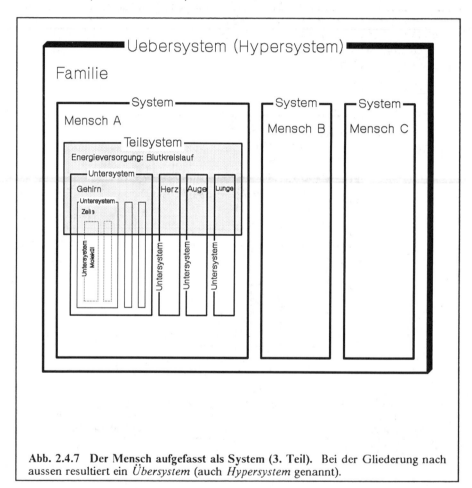

Abb. 2.4.7 Der Mensch aufgefasst als System (3. Teil). Bei der Gliederung nach aussen resultiert ein *Übersystem* (auch *Hypersystem* genannt).

Die Gliederung nach *aussen* ist auch in einem Datenmodell von Bedeutung. So illustriert Abb. 2.4.8, dass die im Sinne von Systemen interpretierten Entitäts-mengen wie PARTNER, ARTIKEL, KONTRAKT, etc. sowie Beziehungs-mengen (im Bilde nicht erkennbar) zu einem System höherer Ordnung − eben zu einem Übersystem − zusammenzukoppeln sind. Letzteres repräsentiert das *globale konzeptionelle Datenmodell* einer Unternehmung.

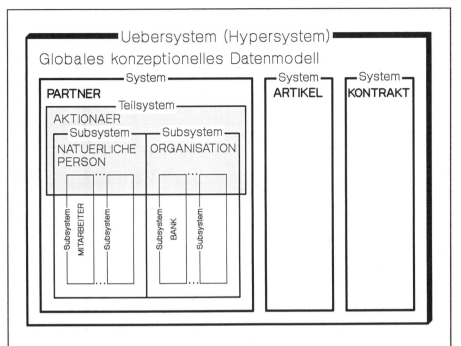

Abb. 2.4.8   Konstruktionselemente (Entitätsmengen und Beziehungsmengen) aufgefasst als Übersystem.

Im Lichte der vorstehenden Ausführungen wird Köstlers Auffassung [33] verständlich, derzufolge Teile und Ganzheiten im absoluten Sinne im einzelnen gar nicht existieren. Köstler arbeitet denn auch nicht sosehr mit dem Systembegriff, sondern nennt eine sowohl als Ganzes wie auch als Teil in Erscheinung tretende, abgrenzbare Gesamtheit von Elementen und deren Beziehungen ein *Holon*. Jedes Holon − so Köstler − verfolgt zwei entgegengesetzte Tendenzen: *"Eine integrierende Tendenz möchte als Teil des grösseren Ganzen fungieren, während eine Tendenz zur Selbstbehauptung die individuelle Autonomie zu bewahren strebt. In einem biologischen oder gesellschaftlichen System muss jedes Holon seine Individualität behaupten, um die geschichtete Ordnung des Systems aufrechtzuerhalten, doch muss es sich auch den Anforderungen des Ganzen unterwerfen, um das System lebensfähig zu machen. Diese beiden Tendenzen sind gegensätzlich und doch komplementär. In einem gesunden System halten sich Integration und Selbstbehauptung im Gleichgewicht."*

Abschliessend sei die in Abschnitt 2.3 diskutierte *datenorientierte Vorgehensweise* im Lichte der vorstehenden Überlegungen dargestellt. Abb. 2.4.9 illustriert diese Betrachtungsweise und verdeutlicht, dass man sich den Verbund der Anwendungssysteme, zusammen mit dem Datensystem, als ein die Unternehmung modellierendes Übersystem (Hypersystem) vorstellen kann. Die schattiert gekennzeichneten Bereiche entsprechen Teilsystemen und reflektieren jeweils die datenspezifischen Aspekte einer Anwendung bzw. die eine bestimmte Anwendung betreffenden Aspekte des Datensystems. Dieser Überlappung ist zu verdanken, dass der in Abschnitt 2.3 angedeutete, die Anwendungssysteme betreffende *Vernetzungseffekt* zustande kommt.

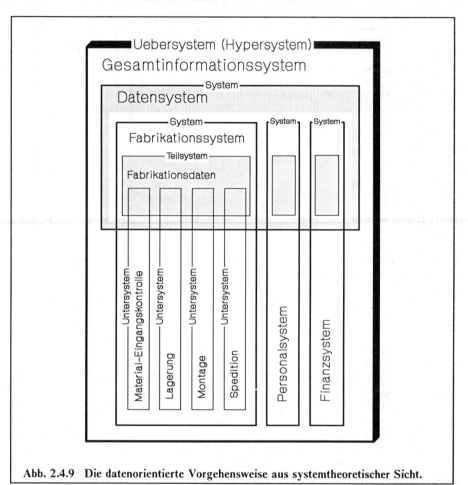

Abb. 2.4.9 **Die datenorientierte Vorgehensweise aus systemtheoretischer Sicht.**

"Als Arbeitshypothese ist das System ein unentbehrliches Erkenntnismittel. Aller Systematik muss System zugrunde liegen." So die dem Lexikon entnommenen Darlegungen zu Beginn dieses Abschnittes.

Die lexigraphischen Ausführungen sind für die Datenmodellierung, deren erklärtes Ziel darin besteht, *Systematik* (also Ordnung) in die ansonsten unübersehbare Datenfülle einer Unternehmung zu bringen, von ganz besonderer Bedeutung. Falls nämlich *Systematik* zwingend *System* erfordert, wird nur eine auf systemtheoretischen Prinzipien basierende Datenmodellierung ihren Zweck erfüllen. Diesen Sachverhalt hatten wir im Auge, als wir zu Beginn dieses Kapitels zum Ausdruck brachten, dass Chen's Entitäten-Beziehungs-Modellierung [9] für umfassende (z.B. unternehmungsweite) Datenmodelle nicht ganz unproblematisch sei. Nur wenn Chen's Ansatz im Zusammenhang mit systemtheoretischen Prinzipien zur Anwendung gelangt, kommen übersichtliche, auch Nichtinformatikern verständliche Modelle zustande. Den Ausführungen dieses Abschnittes zufolge ist dies aber für das bei der *datenorientierten Vorgehensweise* zum Einsatz gelangende Modellierungsprinzip tatsächlich der Fall. Wir wollen diesen Sachverhalt insofern verdeutlichen, als hinfort von einer *systembasierten* (oder *systemischen*) *Entitäten-Beziehungs-Modellierung* (englisch: *System based Entity-Relationship Modelling*, kurz *SERM*) die Rede sein soll.

2.5 Die objektorientierte Vorgehensweise

Mit dem *objektorientierten Ansatz* sind nach Auffassung zahlreicher Fachleute signifikante Verbesserungen bei Entwurf, Realisierung, Test und Wartung von Anwendungen zu erzielen. Viele prophezeien dem Ansatz eine grosse Zukunft und sprechen von der Methodik der 90er Jahre schlechthin. Was unterscheidet nun diesen so vielversprechenden Ansatz von der vorstehend diskutierten *datenorientierten Vorgehensweise?*

Wir erinnern uns: Bei der *datenorientierten Vorgehensweise* konzentriert sich das Interesse zunächst auf Objekte der Realität. Die Ermittlung von Funktionen (Tätigkeiten) wird erst dann in Angriff genommen, wenn besagte Objekte bestimmt sind und im Sinne eines Leitbildes modellmässig zur Verfügung stehen. Zu rechtfertigen ist dieses Vorgehen mit der kaum zu widerlegenden Tatsache, dass die für eine Unternehmung relevanten Objekte nicht nur leichter zu erkennen sind als Funktionen, sondern in der Regel auch eine längere Lebensdauer aufweisen als diese (für eine Unternehmung werden *Kunden, Lieferanten, Mitarbeiter, Produkte, Produktionsmittel* etc. mit Sicherheit auch in Zukunft von Bedeutung sein).

Genauso verhält es sich beim *objektorientierten Ansatz.* Wie erwähnt, erfreut sich letzterer einer zunehmenden Beachtung und hat aus gewichtigen Gründen einen kaum aufzuhaltenden Siegeszug angetreten. E. Denert [21] äussert sich dazu wie folgt: *"In der Vergangenheit war die Betrachtung eines DV-Systems sehr stark durch das Denken in Funktionen geprägt. Das rührt sicher auch daher, dass das Entwickeln von Software als Schreiben von Programmen gesehen wird, und ein Programm realisiert eben eine oder auch mehrere Funktionen. In den 80er Jahren haben die Daten zunehmend stärkere Beachtung erfahren. Indiz dafür ist die hohe Bedeutung, die man Datenmodellen, relationalen Datenbanken, Data Dictionaries, der Datenadministration u.ä.m. beimisst. Beide Sichten − die funktions- wie die datenorientierte − haben natürlich ihren Sinn, aber sie vermitteln jeweils nur einen einseitigen und somit unvollständigen Blick auf ein System. Von daher ist eine Methode, deren Wesen in einer organischen Verbindung von Daten und Funktionen liegt, genau das Richtige. Und so ist es bei der objektorientierten Methodik[2].*

Damit ist angedeutet, dass der *objektorientierte Ansatz* insofern über die *datenorientierte Vorgehensweise* hinausgeht, als Daten zusammen mit den darauf operierenden Funktionen als Modellierungskonstrukte aufzufassen sind. Aber noch einmal: Dies ändert nichts an der Tatsache, dass sich beide Ansätze zunächst an den Objekten der Realität und erst anschliessend an den Funktionen orientieren.

---

[2] In *Strategie der Anwendungssoftware-Entwicklung* [56] sind auch anderweitige Ansätze dargelegt, mit denen Daten und Funktionen zu verbinden sind.

Bevor wir uns weiter mit den Prinzipien des *objektorientierten Ansatzes* auseinandersetzen, seien die Faktoren dargelegt, die jenem zu seinem Siegeszug verhelfen werden. Inwiefern sich der *objektorientierte Ansatz* seinerseits auf besagte Faktoren auswirken wird, soll im letzten Teil dieses Abschnittes zur Sprache kommen.

A. Den objektorientierten Ansatz fördernde Faktoren

Folgende Faktoren werden dem *objektorientierten Ansatz* zum Durchbruch verhelfen:

* *MultiMedia Anwendungen*
* *Benützergesteuerte Datenverarbeitung*
* *Kooperative Anwendungen (Client/Server-Applikationen)*

Dazu folgende Erläuterungen:

a) MultiMedia Anwendungen

Für komplexe Anwendungen wie CIM (Computer Integrated Manufacturing), CAD (Computer Aided Design), CASE (Computer Aided Software Engineering), CAP (Computer Aided Publishing), CAL (Computer Aided Learning), etc. ist es sehr oft wünschenswert, neben Zahlen, Texten und Graphiken auch Stimmen, Musik sowie stehende und bewegte Bilder systemmässig erfassen und verarbeiten zu können. Einem Anwendungsentwicklungsteam der 90er Jahre werden daher neben Informatikern möglicherweise auch Graphiker, Musiker, Ton-Ingenieure und Cineasten angehören. Deren Arbeitsergebnisse sollten wie Konserven in MultiMedia Anwendungen einzubinden sein, ohne in diesen spezielle medienspezifische Vorkehrungen treffen zu müssen. Inwiefern gerade der *objektorientierte Ansatz* hiefür geeignet ist, wird Gegenstand der nachstehenden Überlegungen sein.

b) Benützergesteuerte Datenverarbeitung

In konventionellen Anwendungen ist der Dialog zwischen Mensch und Maschine sehr einseitig. Hat der Mensch ein Dialogprogramm einmal in Gang gesetzt, so liegt die Initiative für das weitere Geschehen eindeutig auf seiten der Maschine. Diese fordert den Menschen auf, in einem vom Programmierer festgelegten Rahmen zu reagieren. Entsprechend spricht man von einem *programmgesteuerten (program-driven) Ablauf*.

Demgegenüber beherrscht bei der *benützergesteuerten Datenverarbeitung* der Benützer mit Hilfe einer anschaulichen, Maus und Fenstertechnik nutzenden graphischen Benützerschnittstelle (Graphical User Interface) das Geschehen. Nicht nur kann er praktisch nach Belieben zwischen Anwendungen hin und her springen, sondern − falls erwünscht − auch die Schritte innerhalb einer Anwendung in fast beliebiger Reihenfolge in Gang setzen. Anstelle des programmgesteuerten Ablaufs tritt somit die Steuerung durch Ereignisse, denen normalerweise durch den Benützer zu treffende Entscheidungen vorausgehen. Entsprechend ist von einem *ereignisgesteuerten* (*event-driven*) *Ablauf* die Rede.

Inwiefern der *objektorientierte Ansatz* einen ereignisgesteuerten Ablauf zu ermöglichen vermag, wird wiederum nachstehend darzulegen sein. Dabei wird sich auch herausstellen, dass der *objektorientierte Ansatz* Komplexität in einer Art zu verstecken erlaubt, die nicht nur dem Anwendungsentwickler entgegenkommt, sondern möglicherweise sogar den Nichtinformatiker in die Lage versetzt, einfachere Anwendungen selbständig zu realisieren.

c) Kooperative Anwendungen (Client/Server-Applikationen)

Bei *kooperativen Anwendungen* gelangt ein Programm auf mehreren Rechnern zur Anwendung. Im einfachsten Fall verwaltet ein Grossrechner die Daten und stellt diese auf Anfrage einer Arbeitsstation (PC) zur Verfügung. Hier werden die Daten − die günstige Rechnerleistung vor Ort sowie die Stärken der graphischen Präsentation nutzend − aufbereitet und einem Benützer zur Verfügung gestellt.

Wiederum: Inwiefern der *objektorientierte Ansatz* kooperative Anwendungen zu unterstützen vermag, wird Gegenstand der nachfolgenden Überlegungen sein.

B. Prinzipien des objektorientierten Ansatzes

Zu den Grundprinzipien des *objektorientierten Ansatzes* zählt man:

* *Objekte*
* *Botschaften (Nachrichten, Messages)*
* *Klassen und Subklassen*
* *Vererbung*
* *Polymorphismus*

Dazu folgende Erläuterungen:

a) Was ist ein Objekt?

Beim *objektorientierten Ansatz* wird eine Entität − ein individuelles und identifizierbares Exemplar von Dingen, Personen oder Begriffen der realen oder der Vorstellungswelt also − im System als *Objekt* abgebildet. Wie bei einer Entität sind auch bei einem Objekt Eigenschaften (Daten) von Bedeutung. Wesentlich ist, dass besagte Daten nur mit Hilfe von objektrelevanten Funktionen − nor-

malerweise ist in diesem Zusammenhang von *Methoden*[3] oder *Services* die Rede
− anzusprechen sind.

Am besten stellt man sich entsprechend Abb. 2.5.1 ein Objekt als eine *Kapsel*
vor, welche objektrelevante Daten nach aussen abschirmt. Die Abschirmung ist
nur mit Hilfe von objektrelevanten Methoden zu durchbrechen. Aus dieser
Optik wird verständlich, warum ein Objekt mitunter auch als *Datenkapsel* bezeichnet wird und warum es mit einer Blackbox zu vergleichen ist (die innere
Struktur bleibt dem Anwender des Objekts verborgen).

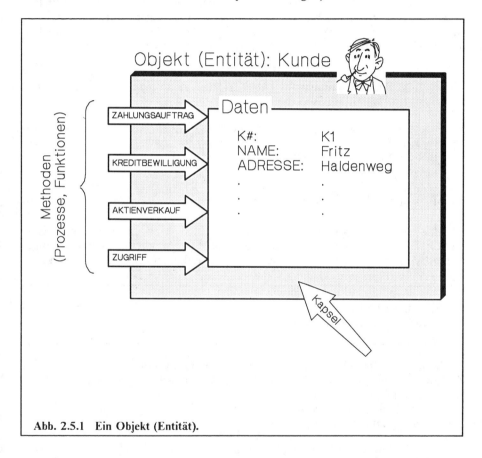

Abb. 2.5.1   Ein Objekt (Entität).

---

[3] Der Begriff *Methode* (griechisch: *methodos* = Weg zu etwas) umschreibt gemäss
Lexikon ein planmässiges Verfahren zur Erreichung eines bestimmten Zieles. Beim
objektorientierten Ansatz ist mit dem Begriff *Methode* aber eine Abfolge von Operationen − eine *Prozedur* mithin − gemeint. Wird der Begriff *Methode* in der objektorientierten Welt demnach falsch verwendet? Wir meinen nein, wird doch mit
einer *Methode* tatsächlich ein Weg festgelegt, um zu bestimmten Daten eines Objekts
zu gelangen.

Wir fassen zusammen:

> Ein *Objekt* (ist im System vorzufinden) repräsentiert eine Entität (ist in der Realität vorzufinden) und enthält abgeschirmte Daten sowie Methoden (Services) zu deren Verarbeitung.

Mitunter wird zwischen *passiven* und *aktiven Objekten* unterschieden. Erstere treten nur in Aktion, wenn sie von aussen (mittels einer Botschaft) aktiviert werden. Demgegenüber vermögen *aktive Objekte* das Geschehen zu überwachen und gegebenenfalls selbständig bestimmte Aktionen auszulösen.

Abb. 2.5.1 illustriert die vorstehenden Aussagen am Beispiel KUNDE. Zu erkennen sind die den Kunden K1 betreffenden Daten sowie die Methoden, mit denen besagte Daten anzusprechen sind.

Wichtig ist die Feststellung, dass innerhalb eines Objekts konventionelle Ansätze wie Zahlen, Tabellen, Zeichenketten, Records aber auch Funktionen, Instruktionen, Subroutinen usw. nach wie vor von Bedeutung sind.

b) Was sind Botschaften (Nachrichten, Messages)?

Objekte zeigen ein bestimmtes Verhalten − sie vermögen zu agieren. Eine Aktion wird in Gang gesetzt, sobald ein Objekt aufgrund einer *Botschaft* aufgefordert wird, sich entsprechend einer ihrer Methoden zu verhalten. Mithin gilt:

> Eine Botschaft richtet sich an ein Objekt und übermittelt diesem den Namen der auszuführenden Methode.

Ist die in einer Botschaft angesprochene Methode (in Abb. 2.5.1 beispielsweise ZUGRIFF) auf bestimmte Daten (beispielsweise K1) angewiesen, so ist die Botschaft mit geeigneten Argumenten zu ergänzen. Wichtig ist, dass der *Sender* einer Botschaft nicht zu wissen braucht, *wie* das angesprochene Objekt, der Aufforderung zu agieren, nachkommt.

Die Botschaften, auf die ein Objekt zu reagieren vermag, sind in einem *Objektprotokoll* zusammengefasst. Beispielsweise sind im Protokoll für das in Abb. 2.5.1 gezeigte Objekt die Botschaften ZAHLUNGSAUFTRAG, KREDITBEWILLIGUNG, etc. vorzufinden. Oder: Im Protokoll eines Bildchens (Ikons) sind Botschaften enthalten, die mit einem Mausklick nach erfolgter Positionierung eines Zeigers auszulösen sind. Es versteht sich, dass auch Methoden in der Lage sind, Botschaften zu versenden.

c) Was sind Klassen und Subklassen?

Bei der *datenorientierten Vorgehensweise* arbeitet man bekanntlich nicht mit Einzelfällen. Man abstrahiert vielmehr und verwendet anstelle einzelner Entitäten *Entitätsmengen*.

Genauso verhält es sich beim *objektorientierten Ansatz*. Man modelliert die Realität nicht mittels Objekten (Einzelfälle), sondern mittels *Klassen*. Dabei gilt:

> Eine *Klasse* repräsentiert das Muster für die Kreierung von Objekten gleichen Typs. In einer Klasse sind somit die Methoden und Variablen vorzufinden, die an die zu kreierenden Objekte gleichen Typs weiterzugeben sind.

Abb. 2.5.2 illustriert die vorstehenden Aussagen am Beispiel der Klasse (Entitätsmenge) KUNDE. Zu erkennen sind die der Klasse angehörenden Methoden VERWALTUNG, ZAHLUNGSAUFTRAG, etc. sowie diverse Variablen. Bei letzteren unterscheidet man *Instanzvariablen* (sind beim datenorientierten Ansatz *Attributen* gleichzusetzen) wie K#, NAME, ADRESSE, etc. sowie *Klassenvariablen* wie ANZAHL (gemeint ist die Anzahl der in der Klasse vorzufindenden Objekte).

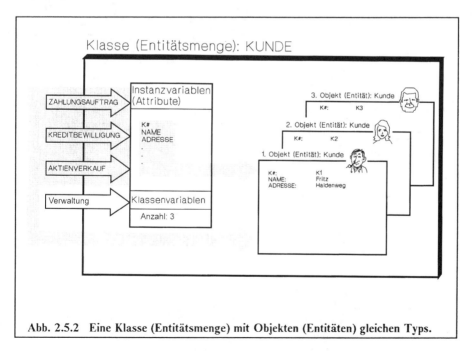

Abb. 2.5.2 Eine Klasse (Entitätsmenge) mit Objekten (Entitäten) gleichen Typs.

Wird eine Klasse aufgrund einer Botschaft aufgefordert, ein Objekt zu kreieren – man spricht in diesem Zusammenhang von der sogenannten *Instanziierung eines Objekts* – so sind im kreierten Objekt die Methoden und Variablen der Klasse ebenfalls vorzufinden.

Nun aber zu den *Subklassen*:

Beim *datenorientierten Ansatz* sind Entitätsmengen unter Bildung von *abhängigen Entitätsmengen* nach innen zu gliedern.

Genauso verhält es sich beim *objektorientierten Ansatz*, besteht doch hier die Möglichkeit, innerhalb einer Klasse *Subklassen* (*derived classes*) zu definieren.

Abb. 2.5.3 illustriert diese Aussage am Beispiel der Klasse (Entitätsmenge) PARTNER. Innerhalb PARTNER sind die Subklassen (abhängigen Entitätsmengen) NATUERL. PERSON sowie ORGANISATION zu erkennen. Erstere ist ihrerseits nach innen gegliedert und enthält die Subklassen MITARBEITER und X.

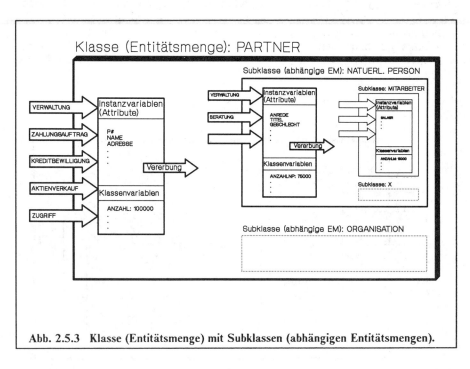

Abb. 2.5.3 Klasse (Entitätsmenge) mit Subklassen (abhängigen Entitätsmengen).

Wesentlich ist, dass die Variablen und Methoden einer Klasse vollumfänglich an ihre Subklassen und Objekte weitergegeben werden. Wir werden auf diesen Mechanismus – normalerweise ist in diesem Zusammenhang von *Vererbung* die Rede – nachstehend noch einmal zu sprechen kommen.

Abb. 2.5.4 zeigt am Beispiel der in Abschnitt 2.3 diskutierten globalen Datenarchitektur des Schweizerischen Bankvereins, wie die vorstehenden Überlegungen im konkreten Fall zum Ausdruck zu bringen sind.

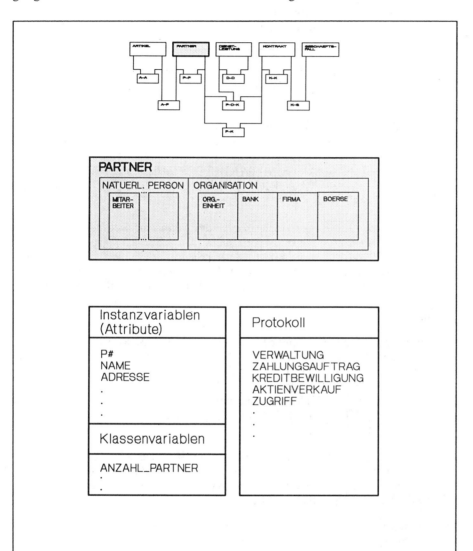

Abb. 2.5.4 Schweizerischer Bankverein: Klasse mit Subklassen, Instanz- und Klassenvariablen sowie Methoden.

d) Was ist Vererbung?

> Mit *Vererbung* bezeichnet man den Mechanismus, der Variablen und Methoden einer Klasse an Subklassen und Objekte weitergibt.

Normalerweise bezeichnet man die Klasse, von der geerbt wird, als *Superklasse* (oder *Basisklasse*), die erbende Klasse hingegen als *Subklasse* (oder *abgeleitete Klasse*).

Zu unterscheiden ist zwischen *einfacher Vererbung* und *mehrfacher Vererbung*. Bei *einfacher Vererbung* erbt eine Subklasse die Methoden und Variablen *einer* Superklasse. Beispielsweise zeigt Abb. 2.5.3 lauter Fälle einfacher Vererbung, übernimmt doch die Subklasse MITARBEITER lediglich Methoden und Variablen der Superklasse NATUERL. PERSON und diese wiederum jene der Superklasse PARTNER.

Von *mehrfacher Vererbung* ist dann die Rede, wenn eine Subklasse Methoden und Variablen *mehrerer* Klassen erben kann. In Abb. 2.5.5 werden der Subklasse AKTIONAER beispielsweise Methoden und Variablen sowohl der Superklasse NATUERL. PERSON wie auch ORGANISATION weitergegeben. Hingegen sind die Subklassen NATUERL. PERSON und ORGANISATION, zusammen mit der Superklasse PARTNER, je an einer *einfachen Vererbung* beteiligt.

Wichtig ist, dass das Erbgut einer Superklasse in der Subklasse zu ergänzen und gegebenenfalls zu überschreiben ist. In Abb. 2.5.3 ergänzen beispielsweise die Instanzvariablen ANREDE, TITEL, GESCHLECHT, ... der Subklasse NATUERL. PERSON die Instanzvariablen P#, NAME, ADRESSE, ... der Superklasse PARTNER. Anderseits überschreibt die Methode VERWALTUNG der Subklasse NATUERL. PERSON die gleichnamige Methode der Superklasse PARTNER.

Beim *objektorientierten Ansatz* ist also auf jeder Stufe der Klassenhierarchie nur die Differenz zur Superklasse auszuformulieren, während alles übrige unbesehen zu übernehmen ist. Dies hat zur Folge, dass sich Änderungen an einer Klasse automatisch auf alle Subklassen durchschlagen.

Die mit den vorstehenden Prinzipien einhergehenden Vorteile sind sehr bedeutsam. Prof. R. Marty äussert sich hiezu wie folgt: *"Mit dem objektorientierten Ansatz haben wir auf der Ebene der Programmstruktur einen Grad an Wiederverwendbarkeit erreicht, wie er in der Softwareentwicklung mit allen bisher bekannten Methoden klassischer Programmierung nicht erreichbar war. Softwaresysteme entstehen als Hierarchie von Klassen wobei von Hierarchiestufe zu Hierarchiestufe typischerweise nur sehr kleine Änderungen und Erweiterungen an den Klassen vorgenommen werden. Eine einzelne Klassendefinition und insbesondere die Definition einer Methode wird recht klein."*

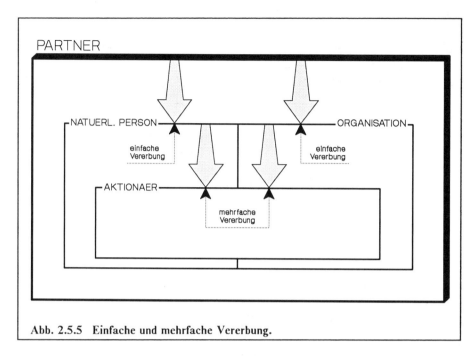

Abb. 2.5.5 Einfache und mehrfache Vererbung.

Bemerkenswert sodann der Hinweis auf die zentrale Bedeutung von Architekturen im Sinne der Ausführungen in Abschnitt 2.3. Prof. R. Marty spricht in diesem Zusammenhang von *Klassenhierarchien* und meint: *"Die Kunst der objektorientierten Programmierung besteht darin, kluge Klassenhierarchien aufzubauen, das heisst insbesondere, in Subklassen entstehende Gemeinsamkeiten und Doppelspurigkeiten zu erkennen, aus diesen Gemeinsamkeiten ein allgemeines, höheres Schema abzuleiten und dieses sodann in der richtigen Superklasse zu implementieren. Damit entsteht für alle Subklassen dieser Superklasse (nicht nur für diejenige, aus der die Gemeinsamkeiten herausfaktorisiert wurden) eine zusätzliche Funktionalität."* [38]

e) Polymorphismus

Der Begriff *Polymorphismus* stammt aus dem Griechischen und bedeutet *Vielgestaltigkeit*. Tatsächlich gewährleistet *Polymorphismus*, dass mit einer bestimmten Botschaft je nach Empfänger unterschiedlichste Aktionen auszulösen sind.

Polymorphismus ergibt sich eigentlich zwangsläufig aus dem *Vererbungsprinzip*. Letzteres bietet ja die Möglichkeit, einer Methode einen Namen zu geben, der in einer Klassenhierarchie überall gleich zu verwenden ist. Dessen ungeachtet kann die Methode aber für jede Subklasse der Hierarchie unterschiedlich implementiert werden (in Abb. 2.5.3 gilt dies beispielsweise für die Methode VER-

WALTUNG). In der Folge führt die Vererbung zwar zur Übernahme des Funktionsnamens, nicht aber zur Übernahme der exakten Funktionalität.

Abb. 2.5.6 illustriert, dass der *Polymorphismus* auch ohne Vererbung spielt. So ist mit der Botschaft VERWALTUNG zum einen beispielsweise die Instanziierung eines Partners, zum andern jene eines Artikels zu bewirken.

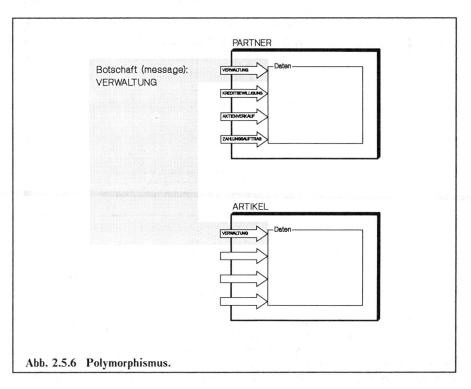

Abb. 2.5.6 Polymorphismus.

Soweit die Grundprinzipien des *objektorientierten Ansatzes*.

C. Die Auswirkungen des objektorientierten Ansatzes

Unter Punkt A. wurden die Faktoren dargelegt, die dem *objektorientierten Ansatz* zum Durchbruch verhelfen werden. Man zählt dazu:

- *MultiMedia Anwendungen*
- *Benützergesteuerte Datenverarbeitung*
- *Kooperative Anwendungen (Client/Server-Applikationen)*

Im folgenden ist dargelegt, wie sich der *objektorientierte Ansatz* seinerseits auf die genannten Faktoren auswirkt.

a) Auswirkungen auf MultiMedia Anwendungen

Wir haben zur Kenntnis genommen, dass der *Sender* einer Botschaft nicht zu wissen braucht, *wie* das angesprochene Objekt, der Aufforderung zu agieren, nachkommt. In [47] wird dieser Sachverhalt wie folgt umschrieben: *"Statt eine Lupe zu modellieren, die über Kreise gehalten wird und sie vergrössert, stellt man sich vor, dass Kreise intelligente Agenten sind, die man bitten kann, sich zu vergrössern."* Und weiter: *"Die Modellierung einer Lupe für beliebige geometrische Gebilde kann eine sehr komplexe Aufgabe sein, die von der Vielfalt der Gebilde abhängt. Die "Dezentralisierung" der Lupe in die Gebilde selbst ermöglicht einfachstes Vorgehen, weil es eng spezialisiert erfolgen kann."*

Genauso verhält es sich für eine MultiMedia Anwendung, lässt sich doch mit dem *objektorientierten Ansatz* medienspezifisches Verhalten in die Objekte – beispielsweise ein Bild, eine Sequenz von Tönen, eine Abfolge von Bildern, usw. – auslagern, während die Anwendung, mit welcher verschiedenartigste Objekte zu einem sinnvollen Ganzen zu kombinieren sind, medienneutral zu konzipieren ist.

b) Auswirkungen auf benützergesteuerte Datenverarbeitung

Bei der *benützergesteuerten Datenverarbeitung* beherrscht bekanntlich der Benützer mit Hilfe einer anschaulichen, Maus und Fenstertechnik nutzenden graphischen Benützerschnittstelle (Graphical User Interface) das Geschehen praktisch nach Belieben. Zu gewährleisten ist dieser Sachverhalt, indem die den Entitäten entsprechenden Objekte auf der Benützerschnittstelle in Form von Bildchen (Ikonen) oder textförmig präsentiert werden, so dass ein getreues Abbild einer vertrauten Umgebung zustande kommt. Die [29] entnommene Abb. 2.5.7 illustriert beispielsweise, wie man sich die vorstehenden Aussagen für eine Büroumgebung mit Karteien, Hängeregistraturen, Ordnern, Dokumenten, Papierkörben, Druckern, etc. vorzustellen hat.

Auf der Benützerschnittstelle lassen sich nun mit den gezeigten Objekten tatsächliche Aktionen nachvollziehen. Zu diesem Zwecke ist ein Objekt (oder eine Menge von Objekten) mausgesteuert zu erfassen und einem Objekt zuzuführen, das für eine Aktion wie Ausdruck (Printer) oder Löschung (Papierkorb), etc. vorgesehen ist. Den Vorgang bezeichnet man sinnigerweise als *direkte Manipulation (direct manipulation)*. Die [29] entnommene Abb. 2.5.8 illustriert, wie man sich das Erfassen eines Dokumentes und dessen zwecks Ausdruck erfolgte Übertragung auf den Drucker konkret vorzustellen hat.

c) Auswirkungen auf kooperative Anwendungen

Beim Ablauf eines objektorientierten Programms geschieht typischerweise folgendes:

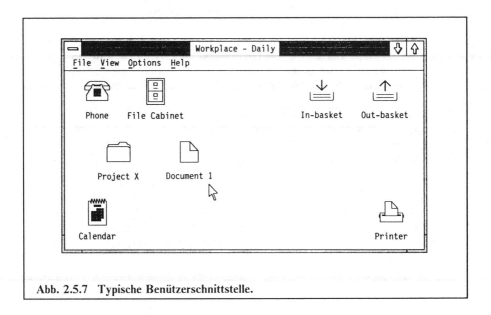

Abb. 2.5.7 Typische Benützerschnittstelle.

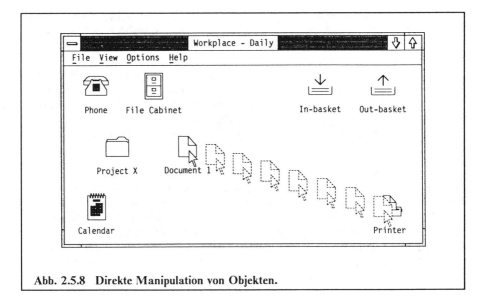

Abb. 2.5.8 Direkte Manipulation von Objekten.

1. Objekte werden kreiert
2. Botschaften fliessen von Objekt zu Objekt (oder vom Benützer zu Objekten), dabei Aktionen auslösend
3. Objekte werden gelöscht

Weil die Objekte die eigentlichen Handlungen gewissermassen mit sich selbst auszuführen in der Lage sind, lässt sich ein Programm aufspalten und auf verschiedenen Systemen betreiben. Naheliegend ist, den Präsentationsteil auf der Arbeitsstation zur Ausführung zu bringen, während die Daten nach wie vor auf Grossrechnern verwaltet werden.

Abb. 2.5.9 illustriert, wie man sich die systemmässige Etablierung der geschilderten Konzepte in einem Computerverbund in Verbindung mit einem *globalen konzeptionellen Datenmodell* − besser: einem *globalen konzeptionellen Objektmodell* − vorzustellen hat. Bezüglich des Computerverbunds ist zu erkennen:

- Vernetzte *Grossrechner* in den Zentralen

- Mit den Grossrechnern verknüpfte *mittelgrosse Rechner* in den Abteilungen

- Vor Ort beim Benützer betriebene *programmierbare Arbeitsstationen* (Personal Computer)

Im übrigen geht aus Abb. 2.5.9 hervor, dass vom *globalen konzeptionellen Daten-/Objektmodell* pro Rechner abzuleiten ist:

1. Welche Objekte (also Daten und Methoden) auf externen Speichermedien des Rechners zu speichern sind (in Abb. 2.5.9 mit dunkler Schattierung angedeutet)

2. Welche beliebigenorts gespeicherten Objekte mit einer Arbeitsstation insgesamt anzusprechen sind (in Abb. 2.5.9 mit heller, einer sogenannten *View* entsprechenden Schattierung angedeutet)[4]

Letzteres geht soweit, dass einem Benützer der Daten der Eindruck einer kompakten Datenbasis zu vermitteln ist, selbst wenn die zur Verfügung gestellten Daten aus verschiedenen Rechnern zusammenzutragen sind.

Man beachte, dass sich die Lokation der Objekte in der *View*, nicht aber in den auf einer Arbeitsstation zur Ausführung gelangenden Programmen niederschlägt. Dies bedeutet, dass gespeicherte Objekte ohne Programmänderungen praktisch nach Belieben zwischen Rechnern zu transferieren sind.

Wir haben vorstehend ein Prinzip angesprochen, das angesichts der steigenden Benützerzahlen und der exponentiell wachsenden Datenbestände zunehmende Bedeutung erlangt. Gemeint ist die *Dezentralisierung der Datenverarbeitung* und damit auch die Realisierung von *kooperativen Anwendungen (Client/Server-Ap-*

---

[4] Interessant ist, dass in Abb. 2.5.9 kein Rechner mit zentraler Kontrollfunktion auszumachen ist. Tatsächlich ist jeder Rechner insofern gleichberechtigt, als er die lokal gespeicherten aber global bedeutsamen Objekte autonom verwaltet. Eine entsprechende Berechtigung vorausgesetzt, ist zudem jeder Rechner in der Lage, andernorts gespeicherte Objekte selbständig anzufordern. Mit diesen Prinzipien − man spricht in diesem Zusammenhang einerseits von *local autonomy* und andererseits von *no reliance on a central site* − ist nicht nur eine hohe Verfügbarkeit zu gewährleisten, sondern auch die Wahrscheinlichkeit von Engpässen zu reduzieren.

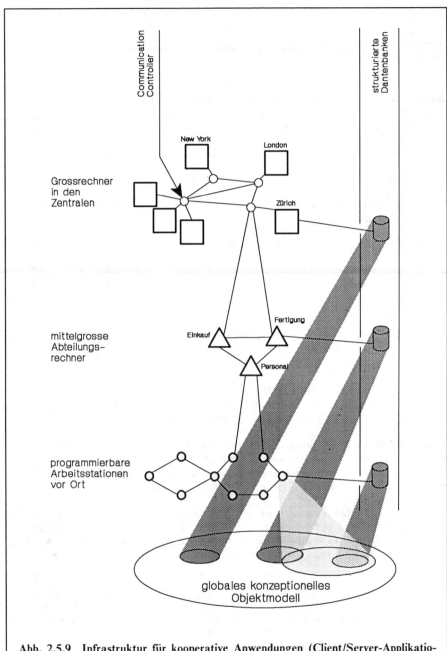

Abb. 2.5.9 Infrastruktur für kooperative Anwendungen (Client/Server-Applikationen).

plikationen). Dabei übernehmen entsprechend Abb. 2.5.9 vernetzte Grossrechner in den Zentralen, damit verknüpfte mittelgrosse Rechner in den Abteilungen sowie vor Ort beim Benützer betriebene Personal Computer ganz spezifische Aufgaben. Ziel ist:

• Objekte vorzugsweise dort zu speichern und zu verarbeiten, wo sie am häufigsten gebraucht werden

• Einem berechtigten Benützer unternehmungsrelevante Objekte jederzeit und beliebigenorts zur Verfügung zu stellen, ohne dass der Standort der Objekte bekanntzugeben ist

---

Zu gewährleisten ist diese Zielsetzung allerdings nur, wenn alle Objekte in ein durch das *globale konzeptionelle Daten-/Objektmodell* definiertes Gesamtkonzept passen. So ist nämlich die Verteilung der Objekte jederzeit scheinbar rückgängig zu machen und einem Benützer der Eindruck einer umfassenden, kompakten Objektbasis zu vermitteln.

Aber nicht nur im Zusammenhang mit kooperativen Anwendungen sind globale konzeptionelle Datenmodelle − oder eben: *globale konzeptionelle Objektmodelle* − interessant. So besteht die Möglichkeit, ein derartiges Modell bei der Anwendungsentwicklung im Sinne eines branchenspezifischen (unter Umständen sogar käuflichen) *Rahmenwerks* (*Framework*) zur Verfügung zu stellen. Die Tätigkeit eines Analytikers bzw. Programmierers besteht dann darin, im Rahmenwerk die für eine Anwendung relevanten Klassen und Methoden aufzufinden und nötigenfalls mit weiteren Subklassen und Methoden zu ergänzen. Aus dieser Optik wird verständlich, warum B.J. Cox [16] die im *objektorientierten Ansatz* zur Verfügung stehenden Modellierungskonstrukte als *integrierte Schaltkreise der Software* (*Software-IC's*) apostrophiert. Geeignete, das Zurechtfinden im Rahmenwerk unterstützende Hilfsmittel vorausgesetzt, dürfte der Aufwand für die Realisierung von Anwendungen mit den angesprochenen *Software-IC's* erheblich zu reduzieren sein. Ob damit − wie von Enthusiasten prognostiziert − Nichtinformatiker je in die Lage kommen, eigene Anwendungen "legomässig zusammenzustecken", wird die Zukunft zeigen.

Abb. 2.5.10 illustriert, wie die vorstehenden Prinzipien mit einem CASE-Tool zu unterstützen sind.

Zu erkennen ist, dass ein CASE-Tool die in Verbindung mit Entitätsmengen und Beziehungsmengen deklarierten Daten und Methoden in einem Repository abzulegen erlaubt[5]. Zudem gewährleistet das CASE-Tool, dass sich der Anwendungsentwickler im Repository zurechtfindet und die für eine Anwendung relevanten Methoden zur Verfügung gestellt bekommt.

---

[5] Wie man sich diesen Sachverhalt vorzustellen hat, wird in Abschnitt 4.9 anhand eines konkreten Beispiels dargelegt.

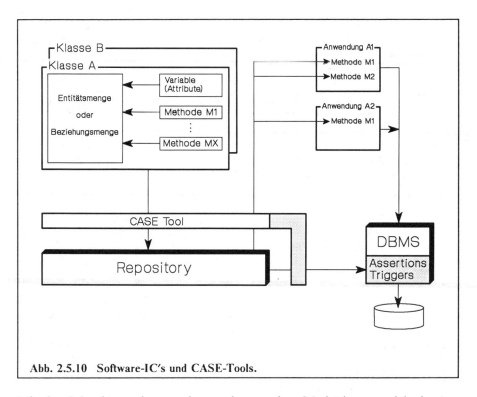

Abb. 2.5.10　Software-IC's und CASE-Tools.

Mit der Schattierung ist angedeutet, dass gewisse Methoden gar nicht in Anwendungen einzubauen sind, sondern einem Datenbankmanagementsystem (DBMS) in Form von *Assertions* und *Triggers* bekanntzugeben sind[6]. Mit einer *Assertion* (zu deutsch: *Erklärung*) ist ein DBMS in die Lage zu versetzen, die Korrektheit von Objekteigenschaften zu gewährleisten (beispielsweise darf das Salär eines Mitarbeiters einen gewissen Betrag nicht überschreiten). Demgegenüber ist ein *Trigger* (zu deutsch: *Auslöser*) eine Prozedur, die im Falle einer vordefinierten Bedingung automatisch zur Ausführung gelangt.

Interessant ist die Frage, wie die vorerwähnten Analytiker bzw. Programmierer die für eine Anwendung relevanten Klassen und Methoden überhaupt festzulegen in der Lage sind. Wenn bezüglich der objektorientierten Anwendungsentwicklung auch noch vieles im Fluss ist, so zeichnet sich doch ab, dass die Analyse im klassischen Sinne auch in Zukunft von Bedeutung sein wird (siehe Abb. 2.5.11).

Die Analyse stellt bekanntlich – wir haben im 1. Kapitel bereits darauf hingewiesen – einen Klärungsprozess dar und konzentriert sich grundsätzlich auf das *WAS* im Sinne von: *WAS* für Ergebnisse sind erwünscht und *WAS* ist hiefür

---

[6]　Dies setzt natürlich eine entsprechende Funktionalität im DBMS voraus.

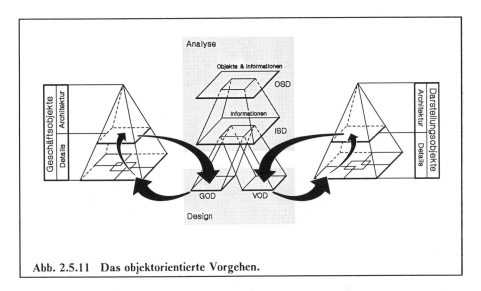

Abb. 2.5.11   Das objektorientierte Vorgehen.

an Input erforderlich. In der Regel wird die Analyse mit einer IST-Zustands-aufnahme eingeleitet und bezweckt zunächst die Ermittlung der Stärken und Schwächen eines bestehenden Anwendungsbereichs. Die Schwächen wird man normalerweise eliminieren wollen, was eine entsprechende Festsetzung der An-forderungen (d.h. Ziele) an die zu realisierende Anwendung erheischt. Der Be-stimmung der richtigen Ziele kommt auch im *objektorientierten Ansatz* eine fundamentale Bedeutung zu – schon deshalb, weil unbekannte Ziele nie zu er-reichen sind. Kommt dazu, dass einem Anwendungsentwickler ohne konkrete Ziele in der Regel ein ähnliches Schicksal widerfährt wie einem Treibholz im Meer! –

Sind die Anforderungen (Ziele) bekannt, so sind – und damit findet die Analyse ihren Abschluss – die zu erzielenden Ergebnisse in Form von Benützersichten (d.h. Listenanordnungen, Bildschirmoberflächen) festzulegen[7].

Im Anschluss an die Analyse ist die Designphase in Angriff zu nehmen. Diese konzentriert sich bekanntlich auf das *WIE* im Sinne von: *WIE* ist eine An-wendung zu realisieren, um zu den in der Analyse festgelegten Ergebnissen zu kommen. Im klassischen Vorgehen ermittelt man zu diesem Zwecke zunächst im Rahmen eines *konzeptionellen Datenbankdesigns (KDBD)* die anwendungs-relevanten Daten insgesamt, um anschliessend mittels eines *Prozessdesigns (PD)* die Logik der Programme festzulegen, mit denen die erforderlichen Daten zu erfassen bzw. in die gewünschten Ergebnisse umzusetzen sind. Damit sind die Voraussetzungen geschaffen, um die eigentliche Realisierung (d.h. Programmie-rung bzw. Generierung von Programmen) in die Wege zu leiten.

---

[7] In "Strategie der Anwendungssoftware-Entwicklung" [56] kommen die Tätigkeiten der Analyse, zusammen mit geeigneten Techniken, im Detail zur Sprache.

Beim *objektorientierten Ansatz* sind hinsichtlich der Design- und Realisierungsphase eklatante Unterschiede zum klassischen Vorgehen festzustellen. Weil Objekte isolierte Einheiten repräsentieren, sind sowohl Daten wie auch Methoden (in dieser Reihenfolge) pro Objekt[8] zu bestimmen, zu realisieren und auszutesten (Design- und Realisierungsphase fallen sozusagen zusammen). Erste Ergebnisse sind also sehr rasch zu erzielen, mit zukünftigen Benützern auszudiskutieren und gegebenenfalls zu bereinigen. Weil man sich, zusammen mit den Benützern, prototypmässig an die gewünschten Ergebnisse herantasten kann, sind letztere in der Analyse nicht bis in alle Einzelheiten festzulegen. Dies wirkt sich selbstverständlich in einer Beschleunigung der Analyse aus.

Abb. 2.5.11 illustriert weitere Unterschiede gegenüber dem klassischen Vorgehen. So kommt zum Ausdruck, dass grundsätzlich zwischen *Geschäftsobjekten* wie Kunden, Lieferanten, Artikel, etc. sowie *Darstellungsobjekten* wie Erfassungsmasken, Darstellungsmasken, Anordnungen für die Druckausgabe, etc. zu unterscheiden ist. Sowohl Geschäftsobjekte wie auch Darstellungsobjekte sind hinsichtlich ihrer Daten und Methoden in ein durch eine Architektur festgelegtes Rahmenwerk einzupassen. Was die Geschäftsobjekte im speziellen anbelangt, so sind diese zu *verwalten* (d.h. zu kreieren, zu mutieren, zu löschen) und zu *verarbeiten* (d.h. es sind in Anlehnung an Abb. 2.5.3 beispielsweise Zahlungsaufträge, Kreditbewilligungen, Aktienverkäufe, etc. zu tätigen). Die diesbezüglichen Daten und Methoden sind entsprechend den Darlegungen in Abschnitt 2.3 mit der Daten- (besser: Objekt-) Architektur abzustimmen und – so keine Diskrepanzen vorliegen – mit letzterer zu vereinigen. Diese Tätigkeit bezeichnen wir als *Geschäftsobjektdesign (GOD)* und das resultierende Modell als *Geschäftsobjektmodell*.

Genauso sind die Darstellungsobjekte mit einer Architektur abzustimmen. Vorzufinden sind darin universell gültige Hinweise bezüglich Schriftart, Helligkeit und Farbe von Feldern und ihren Bezeichnern sowie der Art, wie ein Benützer auf ausserordentliche Vorkommnisse – etwa Fehler – aufmerksam zu machen ist (Blinken, erhöhte Helligkeit, Farbwechsel, akustische Signale, etc.). Am besten orientiert man sich bei der Festlegung einer die Darstellung betreffenden Architektur an einem bestehenden Regelwerk wie etwa dem von der IBM entwickelten *Common User Access* [29][9]. Auf der Detailebene sind die eigentlichen Darstellungsobjekte wie Erfassungsmasken, Darstellungsmasken, Anordnungen für die Druckausgabe, etc. festzuhalten. Zudem empfiehlt es sich, für jedes Geschäftsobjekt ein für alle Programme verbindliches Erscheinungsbild (Ikone) festzulegen. Wir sprechen in diesem Zusammenhang von einem *Viewobjektdesign (VOD)* und bezeichnen das resultierende Modell als *Darstellungsobjektmodell*.

---

[8] Man pflegt salopperweise von *Objekten* zu sprechen, wo eigentlich von *Klassen* die Rede sein müsste.

[9] Fairerweise ist anzumerken, dass die IBM bei der Konzipierung ihres Regelwerkes auf bewährte Techniken (Windowing) aus dem Hause XEROX abstellen konnte.

Wichtig ist, dass eine Methode für ein Darstellungsobjekt mittels einer Botschaft durchaus Dienstleistungen einer Methode für ein Geschäftsobjekt in Anspruch nehmen darf, nicht aber umgekehrt. Diese Einschränkung leuchtet ein, wenn man sich die einen Computerverbund betreffenden Darlegungen in diesem Abschnitt in Erinnerung ruft (siehe auch Abb. 2.5.9). So wird eine Methode für ein Darstellungsobjekt in der Regel auf einer vor Ort beim Benützer betriebenen, *programmierbaren Arbeitsstation* zur Ausführung gelangen und dabei Dienstleistungen von auf *Zentralrechnern* betriebenen Methoden für Geschäftsobjekte in Anspruch nehmen. Der umgekehrte Vorgang macht wenig Sinn und ist daher tunlichst zu vermeiden.

Bliebe zu ergänzen, dass das *Geschäftsobjektdesign (GOD)* und das *Viewobjektdesign (VOD)* pro Objekt in Angriff zu nehmen sind; die genannten Phasen gelangen demzufolge im Rahmen eines Projektes wiederholt zur Abwicklung.

Wenn auch noch viel vom vorstehend Gesagten in den Kinderschuhen steckt, so dürfte doch ersichtlich geworden sein, dass die *datenorientierte Vorgehensweise* nicht in die Sackgasse führt, sondern im Gegenteil als integrierender Bestandteil des so viel versprechenden, in die Zukunft weisenden, *objektorientierten Ansatzes* aufzufassen ist. Eine Unternehmung ist gut beraten, die Weichen in Richtung *daten-/objektorientierte Vorgehensweise* zu stellen, schon darum, weil mit einem *globalen konzeptionellen Daten-/Objektmodell* − vorausgesetzt, es kommt solidarisch und kooperativ zustande − ein *Brennpunkt* zu schaffen ist, der als das kollektive und additive Produkt der Denktätigkeit einer ganzen Belegschaft aufzufassen ist. Erfahrungsgemäss gehen damit ordnende, klärende, divergierende Wünsche und Erfordernisse auf einen Nenner bringende, Kommunikationsprobleme entschärfende, der Wahrheitsfindung dienliche Effekte einher. Ein *konzeptionelles Daten-/Objektmodell* vermag als *Dreh- und Angelpunkt* in Erscheinung zu treten, auf den sich Anwendungen beziehen lassen, und an dem sich Mitarbeiter orientieren können. Damit gewährleistet es, systemtheoretisch gesprochen, eine Vernetzung, die teils − was die Anwendungen anbelangt − technischer, teils aber auch − was die Menschen betrifft − geistigideologischer Art ist. So besehen, ist die Schaffung eines *globalen konzeptionellen Daten-/Objektmodells* auch dann von Vorteil, wenn dessen Etablierung auf einem System gar nicht zur Debatte steht. Dies gilt umso mehr, als die überaus positiven Erfahrungen mit *globalen konzeptionellen Daten-/Objektmodellen* die Schlussfolgerung nahe legen, dass eine auf ein derartiges Modell verzichtende Unternehmung gegenüber der Konkurrenz, welche die vorteilhaften und günstigen Auswirkungen derartiger Modelle zu nutzen weiss, früher oder später in Rückstand geraten wird.

In Japan (und bis vor kurzem auch in namhaften westlichen Betrieben) versammelt sich die Belegschaft einer Unternehmung allmorgendlich, um singend einen neuen Arbeitstag in Angriff zu nehmen. Im Liede erinnert man sich der von der Geschäftsleitung vorgegebenen Marschrichtung − der Unité de doctrine − und fördert damit nicht nur das Zusammengehörigkeitsgefühl, sondern schafft auch eine positive Arbeitsatmosphäre. Zukunftsorientierte Unternehmungen bedürfen keiner Lieder − ihre solidarisch und kooperativ entwickelten *globalen konzeptionellen Daten-/Objektmodelle* erfüllen, permanent und nicht nur zu Beginn eines Arbeitstages wirksam, weit mehr als nur den vorerwähnten Zweck.

Im folgenden Abschnitt werden Übungen zum Thema *Konstruktionselemente* präsentiert. Dem Leser wird empfohlen, mindestens die Übung 2.1 zur Kenntnis zu nehmen, wird doch deren Lösung – sie ist in Anhang B vorzufinden – in späteren Kapiteln zur Illustration weiterer Sachverhalte verwendet.

2.6 Übungen Kapitel 2

2.1 (Die Übung ist dem International Education Center (IEC) der IBM in La Hulpe, Brüssel zu verdanken)

Man erstelle eine globale Datenarchitektur, mit welcher folgende Realitätsbeobachtungen zu berücksichtigen sind:

1. Eine Unternehmung organisiert firmeninterne Kurse unterschiedlichen Typs (beispielsweise Informatik, Betriebswirtschaftslehre, Branchenkunde, etc.). Für jeden Kurstyp gibt es pro Jahr mehrere Kursangebote (beispielsweise Informatik im Frühjahr, Sommer und Herbst).

2. Jedes Kursangebot erfordert einen Lehrer. Ein Lehrer ist in der Regel für mehrere Kursangebote zuständig.

3. Für jedes Kursangebot schreiben sich in der Regel mehrere Schüler ein. Ein Schüler kann sich für mehrere Kursangebote einschreiben.

4. Die Lehrer und Schüler sind Angestellte ein und derselben Firma. Ein Angestellter kann sowohl als Lehrer wie auch als Schüler in Erscheinung treten.

5. Jedes Kursangebot erfordert einen Klassenraum. Ein Klassenraum kann zu unterschiedlichen Zeiten von verschiedenen Kursangeboten belegt sein.

6. Jeder Lehrer und jeder Schüler braucht ein Schlafzimmer. Ein Schlafzimmer kann zu unterschiedlichen Zeiten von verschiedenen Personen belegt werden.

7. Kurstypen müssen in einer vorgegebenen Sequenz besucht werden. In der Regel können einem bestimmten Kurstyp mehrere anderweitige Kurstypen folgen. Umgekehrt erfordert ein bestimmter Kurstyp in der Regel vorgängig den Besuch von mehreren anderweitigen Kurstypen.

Hinweis: Die Übung lässt sich mit der Überlagerung von Mengen sehr elegant lösen.

2.2 (Die Übung ist der Schweizerischen Volksbank in Bern zu verdanken)

Eine Unternehmung beschliesst, die Verwaltung der Computerliteratur zu automatisieren. Es wird festgestellt:

1. Für ein Manual existieren in der Regel mehrere Exemplare mit unterschiedlichen Standorten.

2. Für ein Manual gibt es in der Regel Zusätze (Technical News Letters, Supplements, etc.), die allesamt am Standort des Manuals vorliegen müssen.

3. Jedes Manual lässt sich einer bestimmten Subjektgruppe zuordnen.

4. Manuale werden samt Zusätzen von Mitarbeitern ausgeliehen oder befinden sich in deren Besitz.

5. Manuale werden samt Zusätzen von Lieferanten geliefert. Allerdings treffen die Zusätze erst im Verlaufe der Zeit ein. Es ist zu gewährleisten, dass jedes Manual schliesslich alle erforderlichen Zusätze aufweist.

Man ermittle die Datenarchitektur für eine Anwendung, mit welcher die Lieferung, Ausleihe, Vollständigkeit der Manuale (alle Zusätze vorhanden), Standort der Manuale zu überwachen und diverse Statistiken zu erstellen sind.

2.3 Man definiere ein konzeptionelles Datenmodell, mit welchem genealogische Sachverhalte darzustellen sind. Mit den Daten des Modells sind Fragestellungen folgender Art zu beantworten:

- Eine Person ist (war) Gattin (Gatte) von wem?

- Eine Person ist Tochter (Sohn) von wem?

- Eine Person ist Grosskind, Urgrosskind, Ururgrosskind, etc. von wem?

- Eine Person ist Mutter (Vater) von wem?

- Eine Person ist Grossmutter (Grossvater), Urgrossmutter (Urgrossvater), Ururgrossmutter (Ururgrossvater), etc. von wem?

- Eine Person ist Tante (Onkel) von wem?

- Eine Person ist Nichte (Neffe) von wem?

- Eine Person ist Cousine (Cousin) von wem?

Usw.

3 Datenstrukturtypen

Ging es im vorangehenden Kapitel um Überlegungen, welche die Realität in einer dem menschlichen Verständnis möglichst entgegenkommenden Weise abzubilden erlauben, so konzentriert sich dieses Kapitel auf die bei der maschinengerechten Umsetzung der Abbildung zu berücksichtigenden Sachverhalte. Zu diesem Zwecke wird zunächst diskutiert, wie Entitäten mittels *Entitätsschlüsselwerten* maschinengerecht darzustellen sind (Abschnitt 3.1). Sodann wird gezeigt, wie ein mit Konstruktionselementen zur Darstellung mehrerer Einzelfälle festgehaltener Realitätsausschnitt mit verschiedenen *Datenstrukturtypen* zu definieren ist. Zur Sprache kommen die Prinzipien von *Relationen* (Abschnitt 3.2), *netzwerkartigen Datenstrukturtypen* (Abschnitt 3.3) sowie *hierarchischen Datenstrukturtypen* (Abschnitt 3.4). Dargelegt wird auch, dass Relationen ohne weiteres in Netzwerke und diese wiederum in Hierarchien zu transformieren sind. Dieser Sachverhalt ist dann bedeutsam, wenn ein relational definiertes konzeptionelles Datenmodell mit einem Datenbankmanagementsystem zu realisieren ist, welches nur Netzwerke und/oder Hierarchien unterstützt.

In Abschnitt 3.5 werden zwei gebräuchliche Typen von *Datenmanipulationssprachen* diskutiert. Zur Sprache kommen die Prinzipien von *Was-Sprachen* (auch *deskriptive Sprachen* genannt) sowie von *Wie-Sprachen* (*Prozedural-Sprachen*). Leser, die nur an der Datenmodellierung interessiert sind, können diesen Abschnitt überspringen, ohne befürchten zu müssen, den Anschluss zu verpassen.

In Abschnitt 3.6 wird abschliessend die *Architektur moderner Datenbankmanagementsysteme* dargelegt, wobei auch zur Sprache kommt, wann und wo welche Datenstrukturtypen zum Einsatz gelangen sollten.

3.1 Entitätsschlüssel

Wir beginnen mit der Entitätsschlüsseldefinition:

> Ein *Entitätsschlüssel* ist ein Entitätsattribut, mit dessen Werten die Entitäten einer Entitätsmenge eindeutig zu identifizieren sind.

Weil mit natürlichen Attributen wie NAME, WOHNORT etc. in der Regel keine eindeutige Identifikation zu erzielen ist, legt man einem Entitätsschlüssel normalerweise ein künstliches Attribut wie P# (Personalnummer) zugrunde. Dieses muss gemäss [62] folgenden Kriterien genügen:

- *Eindeutigkeit* (jeder Entität muss ein Schlüsselwert zuzuordnen sein, der anderweitig nie vorkommt. Der Schlüsselwert ist unveränderlich)

- *Laufende Zuteilbarkeit* (eine neuauftretende Entität erhält ihren Entitätsschlüsselwert sofort)

- *Kürze, Schreibbarkeit* (der Name eines Entitätsschlüssels soll einfach und mühelos zu schreiben sein)

Nachdem für das in Kapitel 2 diskutierte Arzt-Patienten-Beispiel keine den vorstehenden Kriterien genügenden Attribute vorliegen, erweitern wir unser Beispiel mit den Attributen A# (Arztnummer) und P# (Patientennummer). Damit lassen sich die bislang bildlich in Erscheinung getretenen Ärzte und Patienten in den Entitätsmengen und Beziehungsmengen aufgrund von A#- und P#-Werten darstellen. Abb. 3.1.1 illustriert das Ergebnis. Zu beachten ist, dass die Gesamtheit der A#- und P#-Werte jeweils in sogenannten *Entitätsschlüsseldomänen* vorzufinden ist.

Damit können wir uns den Prinzipien von *relationalartigen, netzwerkförmigen* sowie *hierarchischen Datenstrukturtypen* zuwenden.

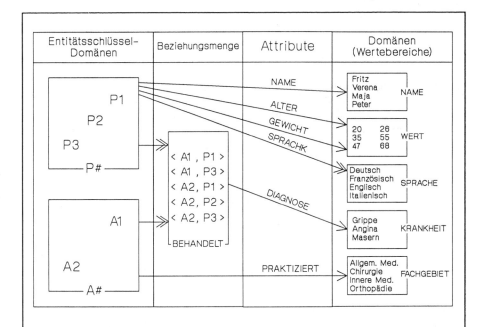

Abb. 3.1.1 Darstellung von Entitäten und Beziehungen mit Hilfe von geeigneten Entitätsschlüsselwerten. Die Abbildung bezieht sich auf das in Kapitel 2 diskutierte Arzt-Patienten-Beispiel.

3.2 Relationalartige Datenstrukturtypen

Im folgenden konzentrieren wir uns vorerst auf das *Tupelprinzip*, leiten davon das Prinzip von *Relationen* ab, behandeln sodann das Prinzip von *Relationsschlüsseln* und fassen abschliessend die erarbeiteten Ergebnisse zusammen. Zunächst also zur Frage:

A. Was ist ein Tupel?

> Ein *Tupel* ist eine *Liste* von Werten.

Anmerkung: In einer Liste kann ein und derselbe Wert durchaus mehrfach vorkommen (siehe Anhang A.1).

Abb. 3.2.1 zeigt, dass die Werte eines Tupels vorgegebenen Domänen entstammen. So enthält beispielsweise das Tupel

$$< 101, \text{Hans, Zürich, Basel, 26.1.38, 8.3.84} >$$

jeweils einen Wert aus den Domänen PE# und NAME sowie jeweils zwei Werte aus den Domänen ORT und DATUM.

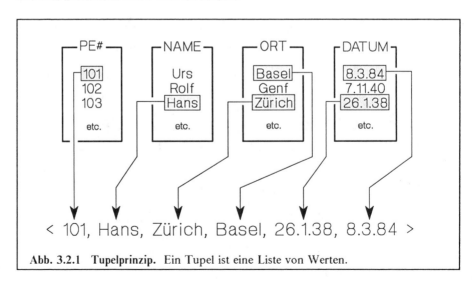

Abb. 3.2.1   Tupelprinzip. Ein Tupel ist eine Liste von Werten.

Das vorstehende Tupel bringt zum Ausdruck, dass die Person mit PE# = 101 *Hans* heisst, in *Zürich* wohnt, am *26. Januar 1938* in *Basel* geboren wurde und am *8. März 1984* eine Tätigkeit in unserer Unternehmung aufgenommen hat.

B. Was ist eine Relation?

Eine *Relation* ist eine *Menge* von Tupeln. Letztere werden üblicherweise tabellenförmig angeordnet, sodass jede Tabellenzeile einem Tupel entspricht und jede Kolonne Werte ein und derselben Domäne aufweist.

Anmerkung: In einer Menge kann ein und dasselbe Tupel nur einmal vorkommen (siehe Anhang A.1).

Eine Relation ist wie folgt charakterisiert (die nachstehenden Ziffern beziehen sich auf die eingekreisten Zahlen in Abb. 3.2.2):

1. Sie hat einen eindeutigen *Namen* (z.B. PERSON).

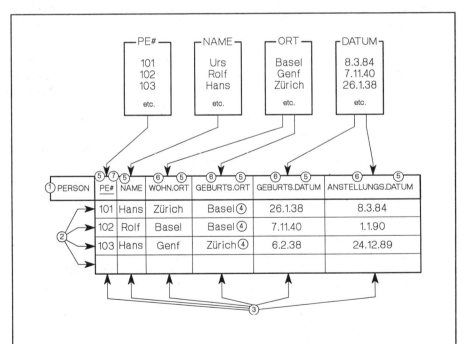

Abb. 3.2.2   Das Prinzip von Relationen (die umkreisten Zahlen beziehen sich auf Erklärungen im Text).

2. Sie hat 0 - n *Tupel* (d. h. Tabellenzeilen). Die Ordnung der Tupel ist bedeutungslos, weil ein Tupel nicht aufgrund einer Position, sondern aufgrund von *Werten* (d.h. symbolisch) anzusprechen ist.

3. Sie hat 1 - m Kolonnen, die *Attribute* genannt werden. Die Ordnung der Attribute ist bedeutungslos, weil ein Attribut nicht aufgrund einer Position, sondern aufgrund eines *Attributnamens* (d.h. symbolisch) anzusprechen ist.

4. Ein bestimmtes Attribut enthält *Attributswerte*, die allesamt ein und derselben Domäne entstammen. Dies bedeutet, dass alle Werte einer Kolonne vom gleichen Typ sind (d. h. numerisch, alphabetisch oder alphanumerisch).

5. Innerhalb einer Relation hat jedes Attribut einen *eindeutigen Namen*. Dieser muss mit dem Namen der Domäne übereinstimmen, welcher die Werte für das Attribut entstammen.

6. Beziehen mehrere Attribute ihre Werte aus ein und derselben Domäne (im Beispiel sind die Domänen ORT und DATUM an derartigen Attributen beteiligt), so setzt sich ein Attributsname aus einer *Rollenbezeichnung* und (abgetrennt durch einen Punkt oder ein anderweitiges Spezialzeichen) einem Domänennamen zusammen. Mit einer Rollenbezeichnung kann die Bedeutung der Werte eines Attributes umschrieben werden (im Beispiel stellen die Begriffe WOHN, GEBURTS sowie ANSTELLUNGS Rollenbezeichnungen dar).

7. Eine Relation hat mindestens einen *Schlüssel*. Ein Schlüssel ist ein Attribut (möglicherweise eine minimale Kombination von Attributen), mit dessen Werten die Tupel einer Relation eindeutig zu identifizieren sind. Dies bedeutet, dass ein bestimmter Schlüsselwert in einer Relation nur einmal anzutreffen ist. Es bedeutet aber auch, dass ein und dasselbe Tupel in einer Relation nur einmal auftreten kann (die Tupel unterscheiden sich ja zumindest im Schlüsselwert). Der Schlüssel einer Relation wird durch Unterstreichen des (der) Schlüsselattribute(s) kenntlich gemacht.

Soweit die Bedeutung der eingekreisten Zahlen in Abb. 3.2.2. Im übrigen sind bezüglich der Prinzipien von Relationen noch folgende Punkte zur Kenntnis zu nehmen:

• Ein Datenbankmanagementsystem verhindert, dass ein Tupel mit bereits existierendem Schlüsselwert in eine Relation einzubringen ist. Dies bedeutet für die in Abb. 3.2.2 gezeigte Relation, dass für eine aufgrund eines PE#-Wertes repräsentierte Person immer nur ein Name, ein Wohnort, ein Geburtsort, ein Geburtsdatum sowie ein Anstellungsdatum einzubringen ist. Die dem Schlüssel nicht angehörenden Attribute sind also allesamt vom Schlüssel einfach (funktional) abhängig.

• Eine Relation ist formal wie folgt festzuhalten:

RELATIONSNAME (1. Attribut, 2. Attribut, ..., n-tes Attribut)

Die in Abb. 3.2.2 gezeigte Relation ist also wie folgt zu spezifizieren:

```
PERSON ( PE#, NAME, WOHN.ORT, GEBURTS.ORT,

         GEBURTS.DATUM, ANSTELLUNGS.DATUM )
```

Die vorstehende Schreibweise ist im Sinne eines Tabellengerüstes zu interpretieren, wobei PERSON den Namen der Tabelle (Relation), PE#, NAME, etc. hingegen die Namen der Kolonnen (Attribute) repräsentieren.

Anmerkung für mathematisch interessierte Leser: Die in Abb. 3.2.2 gezeigte Relation PERSON ist eine Untermenge des Cartesischen Produktes (siehe Anhang A.2), appliziert auf die Mengen PE#, NAME, ORT (zweimal) sowie DATUM (zweimal); formal:

$$\text{PERSON} \subseteq \text{PE\#} \times \text{NAME} \times \text{ORT} \times \text{ORT} \times \text{DATUM} \times \text{DATUM}$$

Weil dem Schlüsselkonzept im Rahmen unserer Überlegungen eine fundamentale Bedeutung zukommt, wollen wir uns im folgenden noch detaillierter damit beschäftigen.

C. Was ist ein Relationsschlüssel?

Ein *Schlüssel* einer Relation R ist ein Attribut, mit dessen Werten die Tupel der Relation R eindeutig zu identifizieren sind. Unter Umständen lässt sich diese eindeutige Identifizierung nur mit einem *zusammengesetzten Schlüssel*, bestehend aus einer *minimalen* Attributskombination, erzielen. *Minimal* bedeutet, dass kein Attribut der Kombination zu vernachlässigen ist, ohne dass die eindeutige Identifizierbarkeit verloren geht. Ein zusammengesetzter Schlüssel ist immer dann minimal, wenn die Schlüsselkomponenten *wechselseitig komplex miteinander in Beziehung stehen* (Beispiel folgt).

Jede Relation weist einen sogenannten *Primärschlüssel* auf. Für den Einschub eines Tupels in eine Relation ist mindestens der Primärschlüsselwert vorzugeben. Alle übrigen Attributswerte brauchen im Moment des Einschubs nicht unbedingt bekannt zu sein; d. h. sie können durch sogenannte *Nullwerte* repräsentiert werden.

Anmerkung: Ein Nullwert (englisch: Null Value) bedeutet "nicht existent" und darf nicht mit einem numerischen 0-Wert (englisch: zero) verwechselt werden.

Neben dem Primärschlüssel kann eine Relation im Prinzip beliebig viele zusätzliche Schlüssel (sogenannte *Schlüsselkandidaten*) aufweisen. Dabei gilt, dass der Primärschlüssel und jeder beliebige Zusatzschlüssel wechselseitig einfach assoziiert sind (Beispiel folgt).

Wie bereits angedeutet, wird der Primärschlüssel einer Relation durch Unterstreichen des (der) Schlüsselattribute(s) kenntlich gemacht. Zusätzliche Schlüsselkandidaten werden mit einem vor dem (den) Schlüsselattribut(en) stehenden Spezialzeichen gekennzeichnet (in diesem Buche wird ein zusätzlicher Schlüssel mit dem Zeichen + kenntlich gemacht).

Man beachte, dass mit dem Begriff *Schlüssel* gemeinhin ganz unterschiedliche Sachverhalte bezeichnet werden. So verwendet man ein und denselben Begriff insbesondere auch dann, wenn eigentlich von

- *Identifikationsschlüssel*
- *Zugriffsschlüssel*
- *Sekundärschlüssel* (auch *Alternate Key* genannt)
- *Sortierschlüssel*

die Rede sein sollte. Zu beachten ist, dass ein Relationsschlüssel lediglich ein *Identifikationsschlüssel* ist und demzufolge keinerlei Aussagen bezüglich der Zugriffsmöglichkeiten impliziert. Für den Zugriff auf eine Relation kommt nämlich grundsätzlich jedes Attribut in Frage. Ebensowenig impliziert das Schlüsselprinzip eine Aussage bezüglich der Sequenz der Tupel, können letztere doch sowohl unsortiert als auch sortiert nach beliebigen Kriterien vorliegen.

Die vorstehenden Aussagen sollen im folgenden anhand von Beispielen verdeutlicht werden.

1. Beispiel: Relation mit zwei Schlüsseln

Abb. 3.2.3 zeigt die Relation PERSON mit den Attributen PE# (Personalnummer), SV# (Sozialversicherungsnummer), NAME, etc. Geht man davon aus, dass eine Person aufgrund einer Personalnummer oder aufgrund einer Sozialversicherungsnummer eindeutig zu identifizieren ist, so kommen für die Relation PERSON sowohl PE# wie auch SV# als Schlüssel in Frage. Man beachte, dass die beiden Schlüssel wechselseitig einfach assoziiert sind; formal:

$$PE\# \longleftrightarrow SV\#$$

2. Beispiel: Relation mit zusammengesetztem Schlüssel

Stellt man den Sachverhalt, demzufolge eine Person mehrere Sprachen sprechen kann und eine Sprache in der Regel von mehreren Personen gesprochen wird mittels der in Abb. 3.2.4 gezeigten Relation SPRACHK (für Sprachkenntnisse stehend) dar, so ist ein Tupel nur aufgrund eines zusammengesetzten Schlüssels, bestehend aus den Attributen PE# und SPRACHE, eindeutig zu identifizieren. Man beachte, dass die Komponenten des zusammengesetzten Schlüssels wechselseitig komplex assoziiert sind; formal:

$$PE\# \longleftleftarrow\longrightarrow\!\!\!\!\rightarrow SPRACHE$$

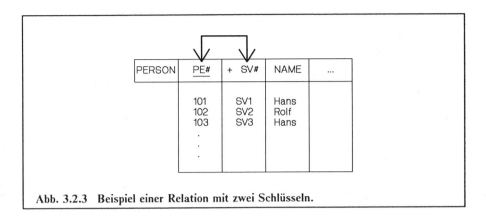

Abb. 3.2.3 Beispiel einer Relation mit zwei Schlüsseln.

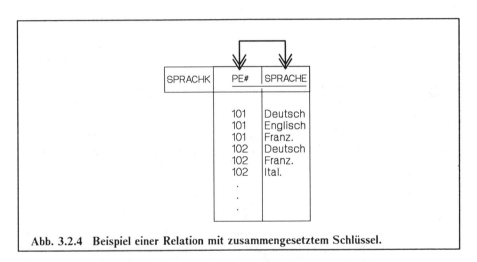

Abb. 3.2.4 Beispiel einer Relation mit zusammengesetztem Schlüssel.

Die vorangegangenen Beispiele illustrieren, dass mit einer Relation zumindest einige der in Abschnitt 2.2. diskutierten Abbildungstypen festzuhalten sind.

Abb. 3.2.5 zeigt zwei weitere diesbezügliche Beispiele. So besagt die Relation PERSON-1, dass eine Person (repräsentiert aufgrund einer PE#) immer in einer Abteilung (repräsentiert aufgrund einer A#) tätig ist, während in einer Abteilung durchaus mehrere Personen beschäftigt sein können. Mit andern Worten: die Relation PERSON-1 ermöglicht das Festhalten der (M:1)-Abbildung

$$PE\# \twoheadleftarrow\!\!\longrightarrow A\#$$

Demgegenüber ist mit der Relation PERSON-2 die (M:C)-Abbildung

$$PE\# \twoheadleftarrow\!\!\longrightarrow) A\#$$

PE# ⟨⟨⟶ A#

PERSON-1	PE#	A#
	101	A1
	102	A1
	103	A2
	.	
	.	
	.	

PE# ⟨⟨⟶ A#

PERSON-2	PE#	nw A#
	101	A1
	102	A1
	103	--
	.	
	.	
	.	

Abb. 3.2.5 Festhalten von Abbildungen mittels Relationen.

festzuhalten. Man beachte, dass der Sachverhalt, demzufolge eine Person in höchstens einer (möglicherweise auch in keiner) Abteilung tätig ist, in der Relation PERSON-2 dadurch zum Ausdruck kommt, dass für das Attribut A# sogenannte *Nullwerte* (in der Relation PERSON-2 mit der Abkürzung **nw** angedeutet) zugelassen sind.

Wir fassen zusammen: Sind die Mengen A und B an einer Abbildung beteiligt und ist diese Abbildung mit einer Relation festzuhalten, so sind in Abhängigkeit vom Abbildungstyp folgende Relationen zu definieren (zur Erinnerung: unterstrichene Attribute repräsentieren den *Primärschlüssel*, ein + Zeichen kennzeichnet einen *Schlüsselkandidaten* und die vor einem Attribut stehende Abkürzung *nw* deutet darauf hin, dass für das betreffende Attribut *Nullwerte* zulässig sind):

1. Die (1:1)-Abbildung A ⟵⟶ B erfordert:

```
R ( A,  + B )    oder    R ( + A,  B )
    a1    b1                  a1    b1
    a2    b2                  a2    b2
    a3    b3                  a3    b3
```

2. Die (C:1)-Abbildung A ⟨⟶ B erfordert:

```
R ( +/nw A,   B   )
          al   bl
          -    b2
          a2   b3
          -    b4
```

Anmerkung: Für das Attribut A kann ein echter A-Wert nur einmal (infolge A ⟶ B), ein Nullwert aber mehrmals (infolge B ⟶) A) in Erscheinung treten. Mit dem Attribut A lassen sich demzufolge nur jene Tupel eindeutig identifizieren, die einen echten A-Wert aufweisen. Im folgenden soll in einem solchen Fall von einem Pseudoschlüsselkandidaten die Rede sein. Zu beachten ist, dass nicht alle Datenbankmanagementsysteme das Prinzip des Pseudoschlüsselkandidaten unterstützen.

3.   *Die (M:1)-Abbildung A* ⟻⟶ *B erfordert:*

```
R ( A,   B   )
      al   bl
      a2   bl
      a3   b2
```

4.   *Die (1:C)-Abbildung A* ⟵) *B erfordert:*

```
R ( A,   +/nw B   )
      al        bl
      a2        -
      a3        b2
      a4        -
```

Anmerkung: Das Attribut B ist Pseudoschlüsselkandidat.

5.   *Die (C:C)-Abbildung A* (⟶) *B würde folgende Relationen erfordern:*

```
R ( nw A,   +/nw  B   )   oder   R ( +/nw  A,   nw B   )
       al          bl                      al        bl
       a2          -                       a2        -
       -           b2                      -         b2
```

Diese Relationen sind aber nicht korrekt, weil Nullwerte für den Primärschlüssel nicht zulässig sind. Die relationale Darstellung einer (C:C)-Abbildung erfordert zwei Relationen, nämlich:

```
R1 ( A,    +/nw   B   )         und        R2 ( B )
     a1           b1                             b1
     a2           -                              b2
```

Anmerkung: In R1 ist das Attribut B Pseudoschlüsselkandidat.

Denkbar ist auch folgende Lösung:

```
R1 ( A )          und        R2 ( B,    +/nw   A   )
     a1                            b1           a1
     a2                            b2           -
```

Anmerkung: In R2 ist das Attribut A Pseudoschlüsselkandidat.

6. *Die (M:C)-Abbildung A ◄◄───) B erfordert:*

```
R ( A,    nw B   )
    a1        b1
    a2        b1
    a3        -
    a4        b2
```

7. *Die (1:M)-Abbildung A ◄───►► B erfordert:*

```
R ( A,    B   )
    a1    b1
    a1    b2
    a2    b3
```

8. *Die (C:M)-Abbildung A (───►► B erfordert:*

```
R ( nw A,    B   )
       a1    b1
       a1    b2
       -     b3
       a2    b4
```

9. *Die (M:M)-Abbildung A ◄◄───►► B erfordert:*

```
R ( A,   B  )
     al   bl
     al   b2
     a2   b2
```

Nach diesen einführenden Bemerkungen soll nun mittels Abb. 3.2.6 gezeigt werden, wie eine Relation zustande kommt, mit welcher die Entitätsattribute NAME, ALTER sowie GEWICHT der in Abschnitt 2.2 eingeführten Entitätsmenge PATIENT festzuhalten sind.

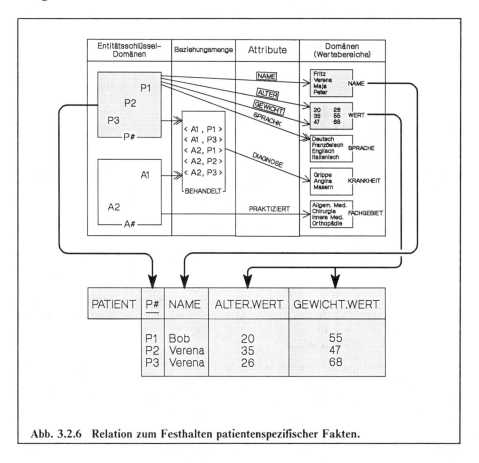

Abb. 3.2.6 Relation zum Festhalten patientenspezifischer Fakten.

Man sieht, dass in der Relation PATIENT die an einem Entitätsattribut beteiligten Domänen in Form von Attributen (Kolonnen) aufzuführen sind. Beispielsweise sind am Entitätsattribut NAME die Domänen P# und NAME beteiligt. Entsprechend müssen in der Relation PATIENT gleichnamige Attribute (Kolonnen) vorzufinden sein. Die Entitätsschlüsseldomäne P#, die für alle vorgenannten Entitätsattribute identisch ist, ist in der Relation PATIENT selbstverständlich nur einmal vorzusehen. Hingegen erfordert die an den Entitätsattributen ALTER und GEWICHT beteiligte Domäne WERT in der Relation PATIENT zwei Attribute. Die Namen besagter Attribute setzen sich aus einer Rollenbezeichnung und dem Namen der Domäne WERT zusammen. Für die Rollenbezeichnung wählt man zweckmässigerweise den Namen des relational darzustellenden Entitätsattributes.

Das unterstrichene Attribut P# repräsentiert den *Primärschlüssel* der Relation PATIENT. Dies bedeutet, dass in die Relation PATIENT pro P#-Wert nur ein Name, ein Alter und ein Gewicht einzubringen sind. Damit kommen aber die den Entitätsattributen zugrunde liegenden Funktionen

$$P\# \longrightarrow NAME$$

$$P\# \longrightarrow ALTER.WERT$$

$$P\# \longrightarrow GEWICHT.WERT$$

auch relational korrekt zum Ausdruck.

Die vorstehenden Funktionen bedeuten auf die Realität bezogen, dass ein Patient nur einen Namen, ein Alter und ein Gewicht aufweist. Zu beachten ist, dass diese Tatbestände mit der Relation PATIENT unter keinen Umständen zu verletzen sind. So würde beispielsweise ein Einschub des Tupels

$$< P1, Peter, 50, 100 >$$

(mit dem zu bewirken wäre, dass der Patient P1 plötzlich zwei Namen, zwei Alter und zwei Gewichte aufweist) nicht akzeptiert, vermag doch jedes vernünftig konzipierte Datenbankmanagementsystem zu erkennen, dass P1 als Schlüsselwert bereits existiert. Sozusagen beiläufig leistet damit das dem Relationenmodell zugrunde liegende tabellarische Konzept in Verbindung mit dem Schlüsselprinzip einen wesentlichen Beitrag zur Erhaltung der *Integrität* (das heisst Richtigkeit) einer Datenbank.

Abb. 3.2.7 illustriert die relationalartige Darstellung des Entitätsattributes SPRACHK. Wie bereits im Zusammenhang mit der Abb. 3.2.4 diskutiert, reflektiert der zusammengesetzte Schlüssel **P#, SPRACHE** die (M:M)-Abbildung

$$P\# \longleftrightarrow SPRACHE$$

In Kapitel 2 haben wir zur Kenntnis genommen, dass die Existenz einer Entität aufgrund eines Entitätsschlüsselwertes darstellbar sein muss. Dies bedeutet, dass pro Entitätsmenge eine Relation zu definieren ist, deren Primärschlüssel mit dem Schlüssel der Entitätsmenge übereinzustimmen hat. Nur so ist zu gewährleisten, dass die Existenz einer Entität relational aufgrund eines Entitätsschlüsselwertes zum Ausdruck zu bringen ist. Auf unser Beispiel bezogen bedeutet dies, dass für die Entitätsmenge ARZT eine weitere Relation zu definieren ist. Abb. 3.2.8 illustriert den Aufbau besagter Relation.

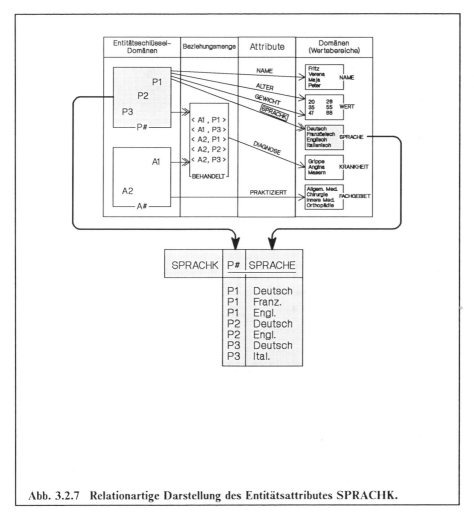

Abb. 3.2.7   Relationartige Darstellung des Entitätsattributes SPRACHK.

Wie die Beziehungsmenge BEHANDELT und das Beziehungsattribut DIA-
GNOSE relational darzustellen sind, ist Abb. 3.2.9 zu entnehmen. Nachdem
an der Beziehungsmenge BEHANDELT die Entitätsschlüsseldomänen A# und
P# beteiligt sind, ist es nicht erstaunlich, dass den genannten Domänen in der
Relation BEHANDELT je ein Attribut (eine Kolonne) entspricht. Das Beziehungsattribut DIAGNOSE erfordert ein weiteres Attribut, welches seine Werte
aus der Domäne KRANKHEIT bezieht (entsprechend heisst das Attribut
KRANKHEIT). Die Relation BEHANDELT ermöglicht, die von einem Arzt
betreuten Patienten, respektive die einen Patienten behandelnden Ärzte inklusive
deren Diagnose ausfindig zu machen. Der zusammengesetzte Schlüssel **A#, P#**
weist darauf hin, dass ein Arzt mehrere Patienten betreut und dass ein Patient
in der Regel von mehreren Ärzten behandelt wird. Hingegen ist mit der Rela-

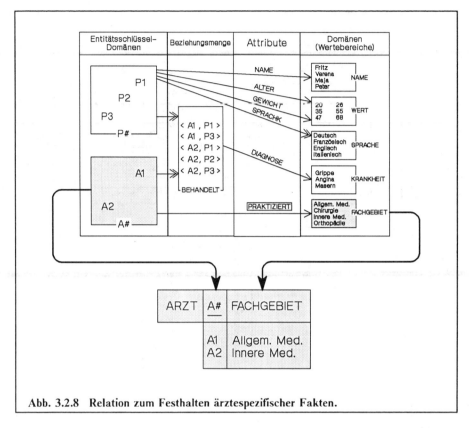

Abb. 3.2.8 **Relation zum Festhalten ärztespezifischer Fakten.**

tion BEHANDELT pro Arzt-Patienten-Beziehung jeweils nur eine Diagnose festzuhalten. Wären pro Arzt und Patient mehrere Diagnosen zu berücksichtigen, so könnte dieser Anforderung nur mit dem zusammengesetzten Schlüssel **A#, P#, KRANKHEIT** entsprochen werden. Je nach Schlüsseldefinition sind somit völlig unterschiedliche Realitätssachverhalte festzuhalten.

Abb. 3.2.10 illustriert zusammenfassend alle Relationen, die für das Festhalten der in Abb. 3.1.1 gezeigten Sachlage erforderlich sind.

D. Zusammenfassende Ergebnisse

1. Je Entitätsmenge ist immer und je Beziehungsmenge ist in der Regel (präzise Angaben folgen in späteren Kapiteln) eine Relation zu definieren.

2. Beziehungen zwischen Relationen (und damit im übertragenen Sinne zwischen Entitäten) kommen aufgrund von identischen Attributswerten zu-

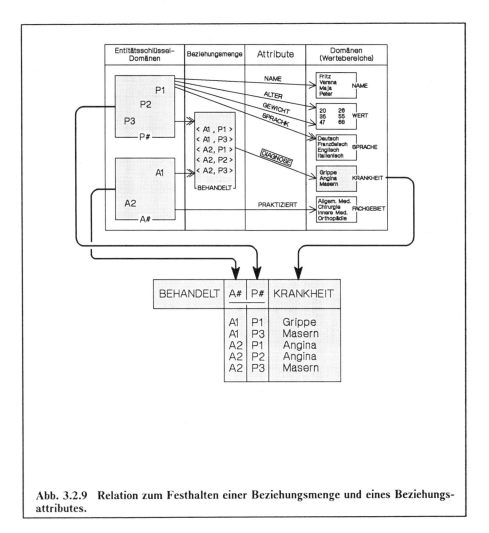

Abb. 3.2.9 **Relation zum Festhalten einer Beziehungsmenge und eines Beziehungsattributes.**

stande. Sind beispielsweise die den Patienten P1 behandelnden Ärzte gesucht, so werden zunächst in der Relation BEHANDELT alle Tabellenzeilen mit der Patientennummer P1 ausfindig gemacht (die Tabellenzeilen einer Relation lassen sich aufgrund beliebiger Attributswerte ansprechen). Dabei fallen − wie aus Abb. 3.2.11 hervorgeht − neben den diagnostizierten Krankheiten auch die Nummern der Ärzte an, die den Patienten P1 betreuen. Besagte Ärztenummern ermöglichen den Einstieg in die ARZT-Relation und damit das Auffinden aller die gesuchten Ärzte betreffenden Fakten.

Der vorstehende Prozess lässt sich auch umkehren. Dies bedeutet, dass eine sogenannt *symmetrische Fragestellung* (im vorliegenden Beispiel also die

PATIENT	P#	NAME	ALTER.WERT	GEWICHT.WERT
	P1	Bob	20	55
	P2	Maja	35	47
	P3	Maja	26	68

SPRACHK	P#	SPRACHE
	P1	Deutsch
	P1	Französisch
	P1	Englisch
	P2	Deutsch
	P2	Englisch
	P3	Deutsch
	P3	Italienisch

ARZT	A#	FACHGEBIET
	A1	Allgem. Medizin
	A2	Innere Medizin

BEHANDELT	A#	P#	KRANKHEIT
	A1	P1	Grippe
	A1	P3	Masern
	A2	P1	Angina
	A2	P2	Angina
	A2	P3	Masern

Abb. 3.2.10   Erforderliche Relationen für das Arzt-Patienten-Beispiel.

Frage nach den Patienten, die von einem bestimmten Arzt betreut werden) in analoger Weise zu behandeln ist.

3. Die Beziehungen zwischen Relationen sind − im Gegensatz zu konventionellen Strukturen (also Hierarchien und Netzwerken) − nicht statisch fixiert, sondern werden beim Aufruf *dynamisch* aufgebaut. Dies hat in Verbindung mit dem unter Punkt 2 geschilderten Beziehungsprinzip einen sehr hohen Flexibilitätsgrad zur Folge. Ein Beispiel möge diese Aussage illustrieren.

PATIENT	P#	NAME	ALTER.WERT	GEWICHT.WERT
	P1	Bob	20	55
	P2	Maja	35	47
	P3	Maja	26	68

SPRACHK	P#	SPRACHE
	P1	Deutsch
	P1	Französisch
	P1	Englisch
	P2	Deutsch
	P2	Englisch
	P3	Deutsch
	P3	Italienisch

ARZT	A#	FACHGEBIET
	A1	Allgem. Medizin
	A2	Innere Medizin

BEHANDELT	A#	P#	KRANKHEIT
	A1	P1	Grippe
	A1	P3	Masern
	A2	P1	Angina
	A2	P2	Angina
	A2	P3	Masern

Abb. 3.2.11 Beziehungen zwischen Relationen kommen aufgrund identischer Attributswerte zustande.

Man nehme an, dass in unserem Beispiel neben Ärzten und Patienten auch Schlafräume (man denke an ein Spital) von Interesse sind. Erwünscht ist das Festhalten von schlafraumspezifischen Fakten sowie ein Hinweis bezüglich des Schlafraumes eines Patienten. Abb. 3.2.12 illustriert die für die obgenannte Problemstellung erforderlichen Datenbankerweiterungen. Zu erkennen ist, dass die Relation RAUM das Festhalten von Fakten ermöglicht, die Schlafräume (Entitäten) betreffen. Anderseits etabliert die in der

Relation RAUM und in der erweiterten Relation PATIENT erscheinende R# eine *wechselseitige* Beziehung zwischen Patienten und Schlafräumen.

PATIENT	P#	NAME	ALTER.WERT	GEWICHT.WERT	R#
	P1	Bob	20	55	R1
	P2	Maja	35	47	R2
	P3	Maja	26	68	R1

SPRACHK	P#	SPRACHE
	P1	Deutsch
	P1	Französisch
	P1	Englisch
	P2	Deutsch
	P2	Englisch
	P3	Deutsch
	P3	Italienisch

ARZT	A#	FACHGEBIET
	A1	Allgem. Medizin
	A2	Innere Medizin

BEHANDELT	A#	P#	KRANKHEIT
	A1	P1	Grippe
	A1	P3	Masern
	A2	P1	Angina
	A2	P2	Angina
	A2	P3	Masern

RAUM	R#	GROESSE	FENSTER	...
	R1	2	3	
	R2	1	2	

Abb. 3.2.12 Neuen Realitätsausschnitt reflektierende Datenbankerweiterungen. Die Abbildung zeigt, dass für die Berücksichtigung von schlafraumspezifischen Fakten eine neue Relation RAUM zu definieren ist. Die wechselseitigen Beziehungen zwischen Patienten und Schlafräumen kommen aufgrund des Attributes R# zustande, das sowohl in der Relation RAUM wie auch PATIENT vorzufinden ist.

Zu beachten ist bei alledem, dass die geschilderten Erweiterungen – vorausgesetzt, dass mit einem echten relationalen Datenbankmanagementsystem gearbeitet wird — *dynamisch* (d. h. ohne Unterbruch des Datenbankbetriebs) einzubringen sind. Echte relationale Datenbankmanagementsysteme ermöglichen somit *dynamische Strukturanpassungen*, also nicht nur — wie bei konventionellen Datenbankmanagementsystemen ja auch der Fall — dynamische Anpassungen des Datenbank*inhalts*.

4. Mit Relationen ist ein Realitätsausschnitt *redundanzfrei* festzuhalten. Dies bedeutet, dass ein und dasselbe Faktum (nicht aber ein und derselbe Eigenschaftswert) nur einmal anzutreffen ist (in Abb. 3.2.6 ist der zweimal in Erscheinung tretende Eigenschaftswert *Verena* an zwei unterschiedlichen Fakten beteiligt).

Analoge Überlegungen gelten auch für die in Abb. 3.2.9 gezeigte Relation BEHANDELT. Hier bildet jedes A#-P#-Wertepaar ein spezifisches Beziehungselement. Wenn in der Relation BEHANDELT ein und dieselbe Ärzte- oder Patientennummer mehrmals vorzufinden ist, so liegt keine Redundanz vor, sondern werden völlig unterschiedliche Sachverhalte — eben individuelle Ärzte-Patienten-Beziehungen — zur Darstellung gebracht.

Zum Abschluss dieses Abschnittes noch ein wichtiger Hinweis.

Es wird immer wieder die fälschliche Meinung vertreten, dass das Relationenmodell nur im Zusammenhang mit einem Relationen unterstützenden Datenbankmanagementsystem von Bedeutung sei. Dass die dem Relationenkonzept zugrunde liegenden, auf mengentheoretischen Überlegungen basierenden Prinzipien sehr wohl auch für den Entwurf von konventionellen Datenbanken einzusetzen sind, wird späteren Ausführungen zu entnehmen sein. Ein relationenorientiertes Datenbankentwurfsprozedere führt — unabhängig davon, ob es im Zusammenhang mit konventionellen oder relationalartigen Datenbankmanagementsystemen zum Einsatz gelangt — in jedem Fall zu einer logisch korrekten Datenstruktur, mit der die *Integrität* (das heisst Richtigkeit) einer Datenbank jederzeit zu gewährleisten ist.

Einfachheit, Präzision (weil auf wohl definierten, mengentheoretischen Erkenntnissen aufbauend) und die oben geschilderte *Flexibilität* sind wohl die hervorstechendsten Merkmale, welche die relationalartige Arbeitsweise gegenüber der konventionellen Vorgehensweise auszeichnen.

3.3 Netzwerkförmige Datenstrukturtypen

Waren für die relationalartige Darstellung des Arzt-Patienten-Beispiels 4 Relationen erforderlich (vgl. Abb. 3.2.10), so ist für das gleiche Beispiel eine *einzige* Netzwerkstruktur erforderlich. Dieser Sachverhalt ist nicht etwa als Vorteil zu werten, sind doch innerhalb der Netzwerkstruktur nach wie vor den 4 Relationen entsprechende Komponenten vorzufinden. So enthält die Netzwerkstruktur pro Relation einen sogenannten *Recordtyp*, der nun allerdings *statisch* (das heisst gewissermassen fest verdrahtet) mit anderweitigen Recordtypen in Beziehung steht. Abb. 3.3.1 illustriert obige Aussage für das Arzt-Patienten-Beispiel (im Sinne einer Vereinfachung sollen hinfort die Sprachkenntnisse eines Patienten nicht mehr berücksichtigt werden).

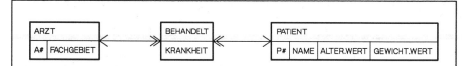

Abb. 3.3.1 Erforderliche Netzwerkstruktur für das Arzt-Patienten-Beispiel (ohne Berücksichtigung der Sprachkenntnisse). Die Abbildung zeigt einen sogenannten *Netzwerkstrukturtyp*, das heisst eine allgemeine, für alle Ärzte und alle Patienten gültige Anordnung. Der Anordnung entsprechen folgende Relationen:

```
ARZT ( A#, FACHGEBIET )

BEHANDELT ( A#, P#, KRANKHEIT )

PATIENT ( P#, NAME, ALTER.WERT, GEWICHT.WERT )
```

Vergleicht man den Aufbau der in Abb. 3.3.1 gezeigten Recordtypen mit den in Abb. 3.2.10 aufgeführten gleichnamigen Relationen, so stellt man fest, dass der Recordtyp BEHANDELT − im Gegensatz zur gleichnamigen Relation − ohne A# und P# auskommt. Diese Feststellung ist nicht erstaunlich, kommen doch die Beziehungen zwischen Recordtypen (und damit im übertragenen Sinne zwischen Entitäten) in einem Netzwerk nicht symbolisch, sondern aufgrund einer statischen, auf Adresshinweisen beruhenden Verkettung zustande. Es versteht sich, dass die der Verkettung dienlichen Adresshinweise Bestandteil der Recordtypen sind. Allerdings werden die Adresshinweise normalerweise zeichnerisch nicht ausgewiesen, sondern − wie in Abb. 3.3.1 der Fall − mit Linien und Pfeilen angedeutet.

Wie man sich die netzwerkartige Anordnung einzelner *Recordvorkommen* (ein Recordvorkommen entspricht einem Tupel in einer Relation) vorzustellen hat, geht aus Abb. 3.3.2 hervor. Nun wird aber auch der Unterschied zur relationalartigen Vorgehensweise offensichtlich: stehen bei dieser *Mengen* (sprich Relationen) im Vordergrund, so wird das Bild bei Netzwerken in erster Linie von *Elementen* (sprich Recordvorkommen) geprägt. Dass dieser Sachverhalt entscheidende Auswirkungen auf die Verarbeitung von Datenstrukturen hat, wird in Abschnitt 3.5 zu zeigen sein.

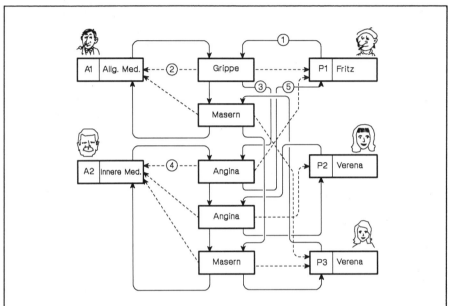

Abb. 3.3.2   Erforderliche Netzwerkstruktur für das Arzt-Patienten-Beispiel (ohne Berücksichtigung der Sprachkenntnisse).   Die Abbildung zeigt ein sogenanntes *Netzwerkstrukturvorkommen*, d. h. eine spezifische, nur für bestimmte Ärzte und Patienten gültige Anordnung.

Zusammenfassende Ergebnisse

1. Eine Netzwerkstruktur enthält je Entitätsmenge und in der Regel je Beziehungsmenge einen Recordtyp.

2. Die Beziehungen zwischen Recordtypen (und damit im übertragenen Sinne zwischen Entitäten) kommen aufgrund einer *statischen*, auf Adresshinweisen (Pointer) beruhenden Anordnung zustande.   Besagte Adresshinweise sind in den Records vorzufinden und sind im Falle von Datenstrukturänderungen zu überarbeiten.   Dies erfordert normalerweise folgende Aktionen:

    •   Abbruch des Datenbankbetriebs

- Entladen der alten Datenbank
- Definition der neuen Datenstruktur
- Laden der neu definierten Datenbank
- Wiederaufnahme des Datenbankbetriebs

Zu beachten ist, dass die Datenbank während all dieser Schritte *nicht* zur Verfügung steht.

3. In einem Strukturvorkommen sind die eine bestimmte Entität betreffenden Fakten aufgrund eines sogenannten *Navigationsprozesses* [4] (d. h. eines systematischen Suchvorganges) zusammenzutragen.

Sind − um obige Aussage mit einem Beispiel zu verdeutlichen − die den Patienten P1 behandelnden Ärzte gesucht, so sind nacheinander die in Abb. 3.3.2 numerierten Beziehungen 1 bis 5 zu durchschreiten. Offensichtlich charakterisieren die dabei angesteuerten Ärzte A1 und A2 den Patienten P1; das heisst, im Rahmen der obgenannten Problemstellung treten die genannten Ärzte im Grunde genommen als der Entität P1 zugeordnete Eigenschaftswerte in Erscheinung. Umgekehrt treten die Patienten P1 und P3 als der Entität A1 zugeordnete Eigenschaftswerte in Erscheinung, wenn von den durch den Arzt A1 betreuten Patienten die Rede ist. Ein Arzt (oder ein Patient) ist somit je nach Problemstellung einmal als Entität oder aber als Eigenschaftswert aufzufassen. Von diesem *Dualitätsprinzip* wird später im Zusammenhang mit hierarchischen Strukturen nocheinmal die Rede sein.

4. Netzwerkstrukturen ermöglichen eine redundanzfreie Modellierung eines Realitätsausschnittes (d. h. ein und dasselbe Faktum erscheint wie bei Relationen ein und nur einmal).

3.4 Hierarchische Datenstrukturtypen

Sind in einem Netzwerk alle Recordtypen gleichberechtigt, so zeichnet sich in einer Hierarchie ein Recordtyp speziell aus. Dieser stellt die *Wurzel* der Hierarchie dar und stimmt aufbaumässig mit einer Relation überein, deren Primärschlüssel dem Schlüssel einer *Kernentitätsmenge* entspricht. Auf unser Beispiel bezogen erfüllen zwei Relationen diese Bedingung, nämlich die Relation ARZT sowie die Relation PATIENT (siehe Abb. 3.2.10). Entsprechend ist für das hierarchische Festhalten des Arzt-Patienten-Beispiels sowohl für die Ärzte wie auch für die Patienten je eine Hierarchiewurzel zu definieren. Allgemein gilt, dass für das hierarchische Festhalten eines Realitätsausschnittes soviele *Wurzelrecordtypen* (und damit Hierarchien) zu definieren sind als *Kernentitätsmengen* vorliegen.

Die vorstehende Gesetzmässigkeit lässt sich unmittelbar von der in Kapitel 2 diskutierten Entitätsdefinition ableiten. Letztere besagt unter anderem, dass die Existenz einer Kernentität aufgrund eines Entitätsschlüsselwertes darstellbar sein muss und zwar *unabhängig von der Existenz anderweitiger Entitäten*. Dieser Forderung vermögen aber in einer hierarchischen Datenstruktur nur die Wurzelrecords zu genügen.

Der Wurzel sind in der Regel mehrere Recordtypen (sogenannte *Dependents*) − möglicherweise über mehrere Stufen hinweg − untergeordnet. Den einem Dependent übergeordneten Recordtyp nennt man *Parent*. Parents und Dependents sind an (1:M)-Abbildungen der Art

$$\text{PARENT} \longleftrightarrow\!\!\!\rightarrow \text{DEPENDENT}$$

beteiligt. Ein Parent kann also beliebig viele Dependents aufweisen, während für ein Dependent immer ein und nur ein Parent vorliegen muss.

Man kann sich das Zustandekommen von Dependents so vorstellen, dass man in einem Netzwerk − ausgehend von dem der Hierarchiewurzel entsprechenden Recordtyp − den in Abschnitt 3.3 erwähnten *Navigationsprozess* vollzieht. Wird dabei ein Recordtyp R1 und gleich anschliessend ein davon einfach (funktional) abhängiger Recordtyp R2 angesteuert, so werden besagte Recordtypen zusammengefasst und als Dependent in die Hierarchie eingebracht. Appliziert man obige Aussagen − ausgehend vom Recordtyp PATIENT − auf das in Abb. 3.3.1 gezeigte Netzwerk, so resultiert die in Abb. 3.4.1 gezeigte Hierarchie.

Eine weitere, in Abb. 3.4.2 gezeigte Hierarchie resultiert, wenn das vorstehende Prozedere ausgehend vom Recordtyp ARZT zur Anwendung gelangt.

Die in Abb. 3.4.1 und Abb. 3.4.2 gezeigten Anordnungen stellen *hierarchische Strukturtypen* dar und sind als solche für sämtliche Ärzte und Patienten gültig.

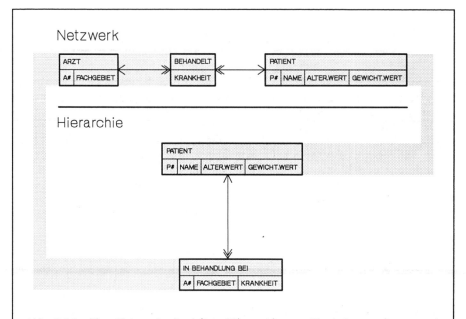

Abb. 3.4.1 Von Netzwerk abgeleitete Hierarchie zum Festhalten patientenspezifischer Fakten. Die Abbildung zeigt einen *hierarchischen Strukturtyp*, das heisst eine allgemeine, für alle Patienten gültige Anordnung.

Mit einem *hierarchischen Strukturvorkommen* sind demgegenüber Sachverhalte darzustellen, die nur für einen bestimmten Arzt oder einen bestimmten Patienten zutreffen. Abb. 3.4.3 sowie Abb. 3.4.4 illustrieren derartige Vorkommen für das Arzt-Patienten-Beispiel.

Zusammenfassende Ergebnisse

1. Für das Festhalten der einen Realitätsausschnitt betreffenden Sachverhalte ist je Kernentitätsmenge ein hierarchischer Strukturtyp zu definieren.

2. Die Hierarchiewurzel enthält mindestens den Schlüssel der Kernentitätsmenge.

3. Dependents enthalten die Schlüssel von anderweitigen Entitätsmengen, mit denen die unter Punkt 2 genannte Kernentitätsmenge direkt oder indirekt in Beziehung steht.

4. Die Beziehungen zwischen Records (und damit im übertragenen Sinne zwischen Entitäten) kommen aufgrund einer statischen, in der Regel auf Adresshinweisen (Pointer) beruhenden Anordnung zustande.

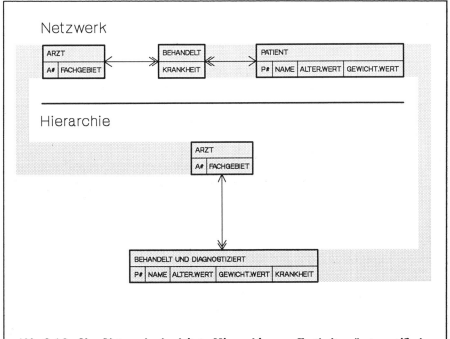

Abb. 3.4.2 Von Netzwerk abgeleitete Hierarchie zum Festhalten ärztespezifischer Fakten. Die Abbildung zeigt wiederum einen *hierarchischen Strukturtyp*, das heisst eine allgemeine, für alle Ärzte gültige Anordnung.

5. In einem hierarchischen Strukturvorkommen sind sämtliche Fakten einer Kernentität vorzufinden und zwar zusammen mit den Fakten jener Entitäten, mit denen die Kernentität direkt oder indirekt in Beziehung steht. Demgegenüber sind besagte Fakten in einem Netzwerk aufgrund eines Navigationsprozesses zusammenzutragen. Folge davon ist, dass hierarchische Datenstrukturen in der Regel einfacher zu verarbeiten sind als Netzwerkstrukturen.

Ein bereits zur Sprache gekommenes Beispiel möge die vorstehende Aussage illustrieren: Sind die den Patienten P1 behandelnden Ärzte gesucht, so sind entsprechend Abb. 3.4.3 mit einer hierarchischen Struktur lediglich zwei Beziehungen zu durchschreiten, während für das gleiche Problem im Falle eines Netzwerkes bekanntlich fünf Beziehungen von Bedeutung sind (vgl. Abb. 3.3.2).

Man erkennt jetzt auch, dass das im Zusammenhang mit Netzwerken geschilderte *Dualitätsprinzip* mit Hierarchien deutlicher zutage tritt als mit Netzwerken. So charakterisieren die in Dependents erscheinenden Patienten (bzw. Ärzte) unmittelbar den in der übergeordneten Wurzel aufgeführten Arzt (bzw. Patienten).

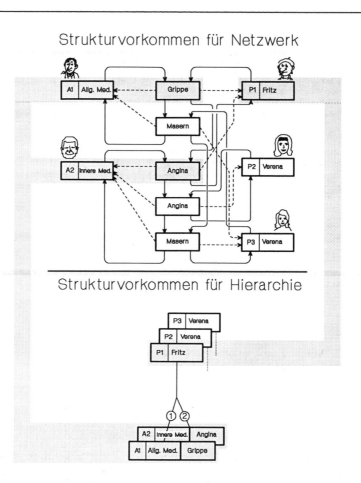

Abb. 3.4.3 **Von Netzwerkvorkommen abgeleitete Hierarchievorkommen zum Festhalten patientenspezifischer Fakten.** Gezeigt sind insgesamt drei *hierarchische Strukturvorkommen*, das heisst spezifische, nur für die Patienten P1, P2, P3 gültige Anordnungen.

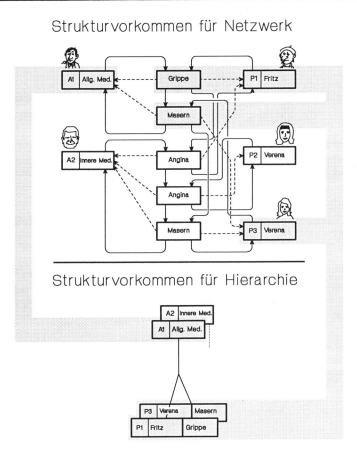

Abb. 3.4.4   Von Netzwerkvorkommen abgeleitete Hierarchievorkommen zum Festhalten ärztespezifischer Fakten.   Gezeigt sind insgesamt zwei *hierarchische Strukturvorkommen*, das heisst spezifische, nur für die Ärzte A1 und A2 gültige Anordnungen.

6.   Ein Realitätsausschnitt lässt sich mit hierarchischen Strukturen in der Regel *nicht* redundanzfrei modellieren. So ist in Abb. 3.4.3 zu erkennen, dass die Fakten eines Arztes bei allen Patienten in Erscheinung treten, die von besagtem Arzt behandelt werden. Dieser Sachverhalt wird verständlich, wenn man sich in Erinnerung ruft, dass in einer hierarchischen Struktur zwischen Dependent und Parent immer die einfache Assoziation

$$\text{DEPENDENT} \longrightarrow \text{PARENT}$$

vorliegt.

Namentlich Punkt 6. ist zuzuschreiben, dass Datenbankmanagementsysteme, die *ausschliesslich* auf dem hierarchischen Strukturierungsprinzip beruhen, heutzutage kaum mehr anzutreffen sind. Vielmehr macht man sich die Vorteile von Netzwerkstrukturen und von Hierarchien *gleichzeitig* zunutze, indem Netzwerke für die redundanzfreie *Speicherung* von Daten eingesetzt werden, während Hierarchien primär bei der *Verarbeitung* von Daten zur Anwendung gelangen. Dies bedeutet, dass das Datenbankmanagementsystem zum Zeitpunkt der Verarbeitung den oben erwähnten Navigationsprozess vollzieht und ein netzwerkartiges, die Datenspeicherung reflektierendes Strukturvorkommen in ein (allenfalls mehrere) Strukturvorkommen hierarchischer Art transformiert [24, 25]. Erklärtes Ziel dieser Vorgehensweise ist eine Arbeitserleichterung, sind doch − wie unter Punkt 5 erläutert − hierarchische Strukturen leichter zu handhaben als Netzwerkstrukturen.

3.5 Datenmanipulationssprachen

Der in Abschnitt 3.3 angedeutet Sachverhalt, demzufolge bei Relationen *Mengen* im Vordergrund stehen, während das Bild bei Netzwerken (und übrigens auch bei Hierarchien) in erster Linie von *Elementen* (sprich Recordvorkommen) geprägt wird, hat entscheidende Auswirkungen bei der Verarbeitung von Datenstrukturen. Diese Auswirkungen sollen im folgenden anhand der benützerfreundlichen Datenmanipulationssprachen

- *S*tructured *Q*uery *L*anguage SQL [26] sowie
- *Q*uery *by* *E*xample QBE [64]

verdeutlicht werden. Es geht nicht darum, alle Funktionen besagter Sprachen vorzustellen. Vielmehr sollen die Merkmale *mengenverarbeitender Sprachen* ganz allgemein erarbeitet und anhand folgender Problemstellung dargelegt werden:

"Gesucht sind alle Ärzte, die zurzeit Patienten behandeln".

Stehen die in Abb. 3.2.10 gezeigten Relationen zur Verfügung, so erfordert die vorstehende Problemstellung folgende SQL-Befehle:

SELECT A#

FROM BEHANDELT

Das verfügbare Befehlssortiment ermöglicht offenbar, eine Menge von Tupeln gesamthaft anzusprechen und zu verarbeiten. Abb. 3.5.1 zeigt das von der Maschine ermittelte, in Form einer Relation zur Verfügung gestellte Ergebnis.

A#
A1
A2

Abb. 3.5.1 Antwort auf eine mit SQL formulierte Fragestellung. Die Abbildung illustriert das auf die Fragestellung *"Welche Ärzte behandeln zurzeit Patienten?"* von der Maschine erarbeitete Ergebnis.

Ein wesentlich komplizierteres Vorgehen ist erforderlich, wenn das gleiche Problem mit einer konventionellen Programmiersprache und der in Abb. 3.4.2 gezeigten Hierarchie zu lösen ist. In diesem Falle sind nämlich nicht mehr Mengen, sondern nacheinander einzelne Recordvorkommen zu verarbeiten. Dies erfordert aber eine Programmlogik mit *Sprung-Anweisungen* (englisch: *Branch operations*), *Schleifen* (*Do Loops*) sowie *Iterationen* (vgl. Abb. 3.5.2). Tatsächlich unterscheiden sich konventionelle Programmiersprachen vor allem in dieser Hinsicht von einer mengen- (sprich: relationen-) orientierten Sprache, erübrigen sich doch bei letzterer in der Regel die oben erwähnten Operationen. Anders formuliert: Stehen bei der konventionellen Vorgehensweise im Zusammenhang mit dem *Auswahlverfahren* Sprachelemente wie bedingte und unbedingte Sprünge, Schleifen sowie Iterationen zur Beschreibung einer *Kontrollogik* im Vordergrund, so lässt sich mit einer mengenverarbeitenden Sprache das gewünschte Ergebnis unabhängig vom Ermittlungsverfahren *beschreiben*. Aus diesem Grunde spricht man bei konventionellen Sprachen auch etwa von *Prozedural-* oder *WIE-Sprachen* (d. h. *wie* ist ein Ergebnis zu ermitteln), während im Zusammenhang mit Relationen von *deskriptiven* oder *WAS-Sprachen* (d. h. *was* ist als Ergebnis erwünscht) die Rede ist.

Die vorstehend herauskristallisierten Unterschiede zwischen Was- und Wie-Sprachen haben weitreichende Konsequenzen. Zum einen erleichtert (oder ermöglicht gar erst) die mit deskriptiven Sprachen einhergehende Möglichkeit, das gewünschte Ergebnis unabhängig vom Ermittlungsverfahren zu beschreiben, eine maschinelle *Optimierung* des Auswahlprozesses. Zum andern kommen deskriptive Sprachen der natürlichen Sprache (bei der mit einer Fragestellung ja auch nicht ein Verfahren für die Ermittlung einer Antwort vorgegeben wird) bedeutend näher als die herkömmlichen Programmiersprachen. Tatsächlich zeichnen sich deskriptive Sprachen in der Regel durch einen hohen Grad an Benützerfreundlichkeit aus und sind aus diesem Grunde durchaus auch Nichtinformatikern zumutbar. Diese Aussage ist keineswegs aus der Luft gegriffen, wurden doch in den USA mit *Query by Example QBE* − einer weiteren deskriptiven Datenmanipulationssprache − hinsichtlich der Benützerfreundlichkeit ausserordentlich ermutigende Experimente durchgeführt [49]. So wurde einer Gruppe von Studenten *ohne* jegliche Informatikkenntnisse im Rahmen einer rund zweistündigen Lektion die Funktionsweise von QBE beigebracht. Hierauf wurden die Studenten mit einer Reihe mehr oder weniger komplexer Problemstellungen folgender Art konfrontiert:

- *Ermittle alle Mitarbeiter, die mehr verdienen als ihr Manager.*

- *Wer arbeitet in der gleichen Abteilung wie Herr X?*

- *Gesucht sind alle Firmen, deren gesamtes Angebot von der Firma X vertrieben wird.*

- *Ermittle alle Mitarbeiter, die mehr verdienen als der Manager von X, aber jünger sind als der Manager von Y.*

Dabei wurden im Mittel 67% aller Problemstellungen richtig gelöst, wobei für die Lösungsfindung je Aufgabenstellung durchschnittlich 1,6 Minuten erforderlich waren. Dieses Ergebnis ist insofern beachtenswert, als Fragestellungen der obgenannten Art erfahrungsgemäss selbst Fachkräften − zumindest bei kon-

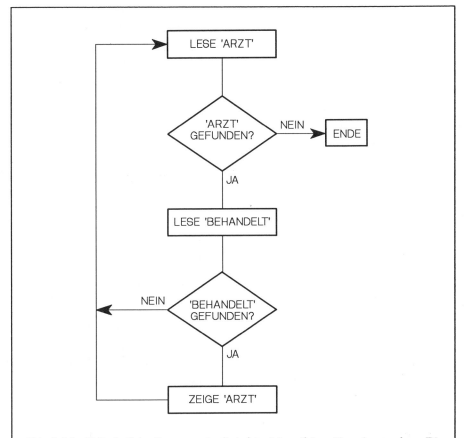

Abb. 3.5.2 Erforderliche Programmlogik bei herkömmlicher Vorgehensweise. Die Abbildung illustriert die zur Beantwortung der Fragestellung *"Welche Ärzte behandeln zurzeit Patienten?"* erforderliche Programmlogik, sofern die in Abb. 3.4.2 gezeigte Hierarchie mit einer konventionellen Programmiersprache angesprochen wird.

ventioneller Vorgehensweise — etwelche Schwierigkeiten bereiten. Eine Wiederholung des Experimentes nach zwei Wochen (*ohne* zusätzliche Lektion) ergab wieder ein ermutigendes Resultat, wurden doch im Mittel für 75% der — allerdings bereits bekannten — Problemstellungen korrekte Lösungen ermittelt.

Dieses mit Nichtinformatikern durchgeführte Experiment zeigt, dass mengenorientierte Sprachen wie folgt zu charakterisieren sind:

- *benützerfreundlich*
- *mit geringem Aufwand erlernbar*
- *gut merkbar*
- *auch Nichtinformatikern zumutbar*

Wie hat man sich nun aber die Arbeitsweise mit QBE vorzustellen? Abb. 3.5.3 illustriert die zur Beantwortung der bekannten Fragestellung *"Welche Ärzte behandeln zurzeit Patienten?"* erforderlichen Dialogschritte. Zu erkennen ist:

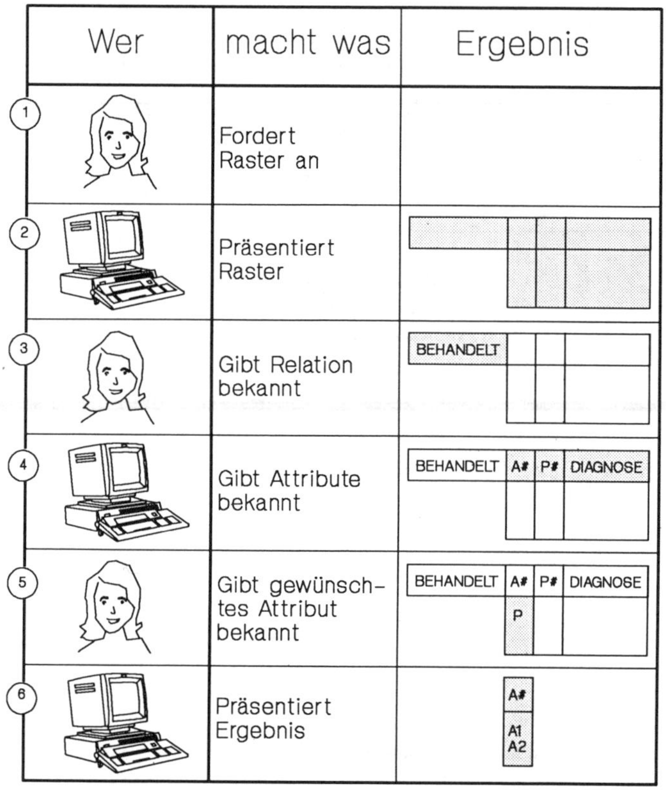

Wer	macht was	Ergebnis
①	Fordert Raster an	
②	Präsentiert Raster	
③	Gibt Relation bekannt	BEHANDELT
④	Gibt Attribute bekannt	BEHANDELT A# P# DIAGNOSE
⑤	Gibt gewünschtes Attribut bekannt	BEHANDELT A# P# DIAGNOSE / P
⑥	Präsentiert Ergebnis	A# A1 A2

Abb. 3.5.3 Dialogschritte bei Verwendung von Query by Example QBE. Die Abbildung illustriert den zur Beantwortung der Fragestellung *"Welche Ärzte behandeln zurzeit Patienten?"* ablaufenden Dialog zwischen Mensch und Maschine, wobei die in Abb. 3.2.10 gezeigten Relationen zur Anwendung gelangen.

1. Der Fragesteller fordert mit Hilfe eines speziellen Befehls eine Maske an

2. Das System präsentiert die dem Gerüst einer Relation entsprechende Maske

3. Der Fragesteller gibt die gewünschte Relation bekannt

4. Das System weist alle in der angeforderten Relation enthaltenen Attribute aus

5. Der Fragesteller gibt die gewünschten Attribute bekannt (P. steht für "Print")

6. Das System präsentiert das Ergebnis

Mit den vorstehend diskutierten Ansätzen sind die Grenzen denkbarer Verbesserungen in der Zusammenarbeit Mensch-Maschine noch längst nicht erreicht. Schon längst wird in Laboratorien mit Prototypen gearbeitet, die eine auf der natürlichen Sprache basierende Zusammenarbeit Mensch-Maschine ermöglichen. Effiziente, für die Praxis geeignete Systeme der letztgenannten Art dürften aber doch noch einige Zeit auf sich warten lassen.

3.6 Die Architektur von Datenbankmanagementsystemen

Im Jahre 1975 veröffentlichte das *American National Standard Institute (ANSI)* eine Studie bezüglich der Architektur eines Datenbankmanagementsystems [3]. Das vorgeschlagene Konzept sieht vor, in einem Datenbankmanagementsystem folgende Ebenen zu unterstützen (vgl. Abb. 3.6.1):

- *Eine konzeptionelle Ebene*
- *Eine interne Ebene*
- *Eine externe Ebene*

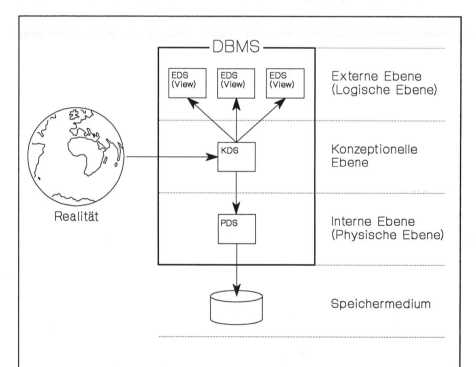

Abb. 3.6.1 Architektur eines Datenbankmanagementsystems. Die Abbildung bezieht sich auf einen vom American National Standard Institute (ANSI) veröffentlichten Vorschlag. Danach sollen in einem Datenbankmanagementsystem eine *konzeptionelle Ebene*, eine *interne Ebene* sowie eine *externe Ebene* unterstützt werden.

Jede Ebene hat unterschiedlichen Anforderungen zu genügen. So ist auf der *konzeptionellen Ebene* das Festhalten einer möglichst umfassenden *konzeptionellen* (d.h. hardware- und applikationsunabhängigen) *Datenstruktur* (in Abb. 3.6.1 KDS genannt) zu gewährleisten. Angestrebt wird die Schaffung eines *zentralen, stabilen Bezugspunktes*, der nur dann einer Änderung unterliegt, wenn der bislang berücksichtigte Realitätsausschnitt zu erweitern oder zu modifizieren ist.

Auf der *internen Ebene* ist mit einer sogenannten *physischen Datenstruktur* (PDS) festzuhalten, wie die Daten auf einem externen Speichermedium zu speichern sind. Es versteht sich, dass eine physische Datenstruktur unter Berücksichtigung der aktuellen Hardwaregegebenheiten von der konzeptionellen Datenstruktur abzuleiten ist.

Auf der *externen Ebene* ist schliesslich mit Hilfe von sogenannten *externen Datenstrukturen* (EDS, auch *logische Datenstrukturen* oder *Views* genannt) festzuhalten, wie die Daten einem Benützer der Datenbank (gemeint sind Nichtinformatiker und Spezialisten) zu präsentieren sind. Auch die externen Datenstrukturen sind — diesmal allerdings unter Berücksichtigung der applikatorischen Anforderungen — von der konzeptionellen Datenstruktur abzuleiten. Selbstverständlich können auf der externen Ebene *deskriptive* (oder: *WAS-*) *Sprachen* ohne weiteres neben konventionellen *Prozedural-* (oder: *WIE-*) *Sprachen* koexistieren.

Abschliessend sei noch die Frage nach den auf den verschiedenen Ebenen einzusetzenden Datenstrukturtypen beantwortet.

Auf der *internen Ebene* bestimmt in erster Linie die verfügbare Hardware die für die *Datenspeicherung* zu wählende Strukturart. Mit den heute zur Anwendung gelangenden Geräten sind — neben anderweitigen, in diesem Buche aber nicht diskutierten Möglichkeiten — *Relationen* und *Netzwerkstrukturen* angebracht, ermöglichen diese doch eine redunzfreie Speicherung von Daten.

Auf der *konzeptionellen Ebene* sind bezüglich der einzusetzenden Strukturart nach wie vor Kontroversen im Gange. Allerdings scheint sich das auf präzisen, mathematisch fundierten Grundlagen basierende *Relationenmodell* mehr und mehr durchzusetzen.

Was nun die *externe Ebene* anbelangt, so wäre es im Grunde genommen wünschbar, hierarchische, netzwerkförmige sowie relationalartige Datenstrukturen *gleichzeitig* zu unterstützen. Diese, mit *Strukturtypenkoexistenz* umschriebene Möglichkeit böte den unbestreitbaren Vorteil, dass konventionelle Datenstrukturen verarbeitende Programme praktisch unbesehen weiter zu betreiben wären. Mit andern Worten: die Probleme, die sich bei einer Migration auf ein neues Datenbankmanagementsystem ohne vorsorgliche Massnahmen fast zwangsläufig ergeben, kämen dank der *Strukturtypenkoexistenz* kaum zum Tragen. Wir meinen, dass allseits befriedigende Datenbankmanagementsysteme — jedenfalls was die auf der externen Ebene zu unterstützenden Strukturtypen anbelangt — langfristig auf der Basis einer uneingeschränkten ″Sowohl als auch″-Devise realisiert werden sollten. Die etwas engstirnige ″Entweder oder″-

Mentalität ist in diesem Zusammenhang nicht angebracht, weist doch − wie in diesem Kapitel wiederholt gezeigt − jede Strukturart ihre Vorteile auf − und wenn diese auch nur darin bestünden, dass weltweit bereits x-tausend Programme die eine oder andere Strukturart voraussetzen.

4 Die Normalisierung von Relationen

Im 2. Kapitel haben wir zur Kenntnis genommen, wie die Realität in einer dem menschlichen Verständnis möglichst entgegenkommenden Weise abzubilden ist. Die zu diesem Zwecke zur Anwendung gelangenden Bausteine − konkret: *Konstruktionselemente zur Darstellung mehrerer Einzelfälle* − ermöglichen die Konstruktion von *konzeptionellen* (d.h. hardware- und softwareunabhängigen) *Datenmodellen*.

Im 3. Kapitel wurde dargelegt, wie konzeptionelle Datenmodelle mit Hilfe von *Datenstrukturen* − zur Sprache kamen Relationen, Netzwerke sowie Hierarchien − in maschinengerechter Form darzustellen sind. Im vorliegenden Kapitel wollen wir uns nun mit *Gesetzmässigkeiten* beschäftigen, die bei der Definition von Datenstrukturen zu berücksichtigen sind. Besagte Gesetzmässigkeiten − sie sind unter dem Begriff *Normalisierung* bekanntgeworden − wurden erstmals von E.F. Codd [12, 14] für Relationen vorgestellt, sind aber auch für die übrigen Datenstrukturen von Bedeutung.

Wir halten uns im folgenden ebenfalls an die Codd'sche Vorgehensweise und erläutern die Normalisierungsregeln am Relationenmodell. Allerdings kommen die anderswo als mathematischer Formalismus auf der Ebene der Daten abstrakt behandelten Regeln anhand eines Beispiels − es wird in Abschnitt 4.1 vorgestellt − in einer auch dem Nichtmathematiker verständlichen, pragmatischen Weise zur Sprache. Wir beginnen die Darlegungen, indem wir einen mit Konstruktionselementen zur Darstellung mehrerer Einzelfälle abgebildeten Realitätsausschnitt zunächst mit einer einzigen Relation festhalten. Dabei werden bewusst zahlreiche Ungereimtheiten in Kauf genommen, soll doch anschliessend am Beispiel illustriert werden, wie eine problembehaftete Relation mit Hilfe der vorerwähnten Normalisierungsregeln schrittweise zu verbessern ist. Besagte Verbesserung sieht die Zerlegung einer problembehafteten Relation vor und führt über verschiedene Stufen zu einer Kollektion von ordnungsgemässen, einfacheren Relationen. An Stufen − man spricht in diesem Zusammenhang von den *Normalformen* − werden unterschieden:

- *Unnormalisierte Relationen* (diskutiert in Abschnitt 4.2)
- In *erster Normalform* befindliche *Relationen*, abgekürzt: *1NF-Relationen* (Abschnitt 4.3)
- *2NF-Relationen* (Abschnitt 4.4)
- *3NF-Relationen* (Abschnitt 4.5)
- *4NF-Relationen* (Abschnitt 4.6)
- *5NF-Relationen* (Abschnitt 4.7)

Die Zusammenhänge zwischen den vorstehenden Normalformen werden in Abb. 4.1 anhand von ineinandergeschachtelten Rechtecken illustriert. Zum Ausdruck kommt, dass eine in einer höheren Normalform befindliche Relation immer auch die Kriterien der unteren Normalformen respektiert.

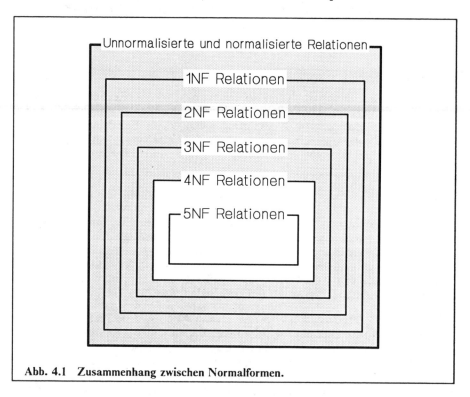

Abb. 4.1 Zusammenhang zwischen Normalformen.

Werden bei der Definition einer Relation alle Normalisierungsregeln beachtet, so spricht man von einer *voll normalisierten Relation*. In der Praxis gibt man sich aus Gründen, die in den Abschnitten 4.6 und 4.7 zur Sprache kommen, mit 3NF-Relationen zufrieden und spricht daher auch dann von voll normalisierten Relationen, wenn letztere bereits die dritte Normalform respektieren. Dies bedeutet aber, dass Leser, die nur an praktischen Überlegungen interessiert sind, die Abschnitte 4.6 und 4.7 überspringen können, ohne befürchten zu müssen, den Anschluss zu verpassen.

Voll normalisierte Relationen sind wie folgt charakterisiert:

- Sie weisen keine *Redundanz* auf

- Sie weisen keine *Anomalien in Speicheroperationen* auf (Anomalien sind Schwierigkeiten, die bei Einschub-, Lösch- und Modifikationsoperationen auftreten können)

- Sie halten einen Realitätsausschnitt einwandfrei entsprechend der vom Designer getätigten Beobachtungen fest und zwar dergestalt, dass besagte Beobachtungen keinesfalls aufgrund von Speicheroperationen zu verletzen sind

- Sie lassen sich wie eine präzise, verbale Realitätsbeschreibung interpretieren

- Sie sind nur definierbar, wenn der Designer der Relationen den zu definierenden Realitätsausschnitt *systematisch hinterfrägt*. Dies hat zur Folge, dass verschiedenenorts definierte, den gleichen Realitätsausschnitt betreffende Relationen weitgehend übereinstimmen

---

In Abschnitt 4.8 diskutieren wir, ob es ratsam ist, die Normalisierungsregeln immer und überall konsequent einzuhalten, oder ob man sich gegebenenfalls auch mit einer partiellen Normalisierung zufrieden geben darf. Schliesslich wird in Abschnitt 4.9 gezeigt, dass mit den Normalisierungsregeln zwar die *Integrität* (d.h. Korrektheit) einer Relation zu gewährleisten ist, nicht aber jene einer Datenbank. Eine solche besteht ja bekanntlich aus mehreren vernetzten Relationen. Dies erfordert aber Regelungen, mit denen festzulegen ist, was im Falle einer für eine Relation durchgeführten Speicheroperation anderswo zu geschehen hat. Die mit diesen Regelungen zusammenhängenden Überlegungen − sie sind unter dem Begriff *Beziehungsintegrität* bekannt geworden − kommen in Abschnitt 4.9 zur Sprache.

4.1 Die Problemstellung

Abb. 4.1.1 zeigt die Problemstellung, anhand welcher die verschiedenen Normalformen diskutiert werden sollen.

Für die Entitätsmengen

- **PERSON** (im Sinne von Mitarbeiter)
- **ABTEILUNG**
- **PRODUKT**

sind Relationen zu definieren.

Realitätsbeobachtungen ergeben:

1. Ein Mitarbeiter hat einen Namen.

2. Ein Mitarbeiter hat einen Wohnort.

3. Ein Mitarbeiter arbeitet in einer Abteilung.

4. Ein Mitarbeiter produziert mehrere Produkte.

5. Die Produktion erfordert pro Produkt und Mitarbeiter eine bestimmte Zeit.

6. Eine Abteilung hat einen Namen.

7. Ein Produkt hat einen Namen.

8. In einer Abteilung sind mehrere Mitarbeiter tätig.

9. Die Herstellung eines Produktes erfordert mehrere Mitarbeiter.

Abb. 4.1.1   Problemstellung zur Illustration der Normalformen (leicht modifiziert aus [62]).

An der Problemstellung sind beteiligt (vgl. auch Abb. 4.1.2):

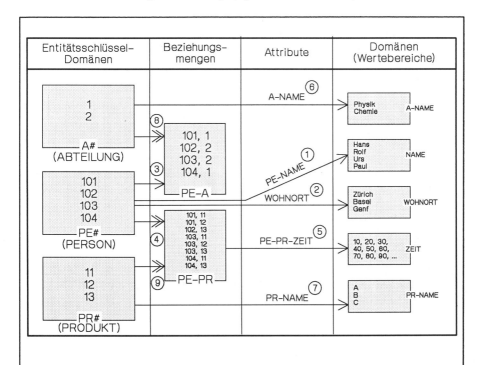

Abb. 4.1.2 Abteilungen-Personen-Produkte-Beispiel: Konstruktionselemente. Die umkreisten Zahlen beziehen sich auf die in Abb. 4.1.1 aufgeführten Feststellungen.

● *Entitätsmengen*

Berücksichtigt wird je eine Entitätsmenge für Personen, Abteilungen sowie Produkte.

● *Beziehungsmengen*

Die Feststellungen 3 und 8 besagen, dass Personen und Abteilungen wechselseitig miteinander in Beziehung stehen. Dieser Sachverhalt erfordert eine Beziehungsmenge, an welcher die Entitätsmengen PERSON und ABTEILUNG beteiligt sind (in Abb. 4.1.2 PE-A genannt).

Die Feststellungen 4 und 9 besagen, dass Personen und Produkte wechselseitig miteinander in Beziehung stehen. Dieser Sachverhalt erfordert wiederum eine Beziehungsmenge, an welcher die Entitätsmengen PERSON und PRODUKT beteiligt sind (in Abb. 4.1.2 PE-PR genannt).

- *Entitätsattribute*

    Mit den Feststellungen 1, 2, 6 und 7 werden Entitäten der vorgegebenen Entitätsmengen charakterisiert. Die genannten Feststellungen erfordern daher je ein Entitätsattribut.

- *Ein Beziehungsattribut*

    Mit der Feststellung 5 werden Beziehungen zwischen Personen und Produkten charakterisiert. Die Feststellung erfordert daher ein Beziehungsattribut.

Die dem Abteilungen-Personen-Produkte-Beispiel zugrunde liegenden Konstruktionselemente sind Abb. 4.1.2 zu entnehmen. Zu erkennen sind ausserdem die zur Anwendung gelangenden Entitätsschlüssel. Man sieht, dass Abteilungen aufgrund von A#-Werten, Personen aufgrund von PE#-Werten und Produkte aufgrund von PR#-Werten zu identifizieren sind.

Im nun folgenden Abschnitt soll der in Abb. 4.1.2 gezeigte Sachverhalt zunächst mit einer einzigen *unnormalisierten Relation* festgehalten werden. Die dabei in Kauf zu nehmenden Schwierigkeiten werden sodann schrittweise eliminiert, was uns Gelegenheit gibt, die Kriterien der verschiedenen Normalformen direkt am Beispiel zu illustrieren.

4.2 Die unnormalisierte Form

Im folgenden konzentrieren wir uns zunächst auf das Prinzip von *unnormalisierten Relationen*, halten sodann das in Abschnitt 4.1 vorgestellte Beispiel mit einer derartigen Relation fest und diskutieren abschliessend deren Nachteile. Zunächst also zur Frage:

A. Was kennzeichnet eine unnormalisierte Relation?

> In einer *unnormalisierten Relation* sind Mengen als Attributswerte zulässig. Dies bedeutet, dass am Kreuzungspunkt einer Kolonne (Attribut) und einer Zeile (Tupel) unter Umständen eine Menge von Elementen vorzufinden ist.

Wir wollen im folgenden mit einer unnormalisierten Relation sämtliche Feststellungen des in Abschnitt 4.1 vorgestellten Abteilungen-Personen-Produkte-Beispiels berücksichtigen. Besagte Relation lässt sich unterschiedlich definieren, je nachdem, ob Mitarbeiter, Abteilungen oder Produkte im Vordergrund stehen. Sind wir primär an Mitarbeitern interessiert, so definieren wir entsprechend Abb. 4.2.1:

```
PERSON-UN ( PE#, NAME, WOHNORT, A#, A-NAME, PR#, PR-NAME,

          ZEIT )
```

Falls Abteilungen zu bevorzugen sind, so definieren wir:

```
ABTEILUNG-UN ( A#, A-NAME, PE#, NAME, WOHNORT, PR#,

             PR-NAME, ZEIT )
```

Schliesslich: falls die Betonung auf den Produkten liegen soll, so definieren wir:

```
PRODUKT-UN ( PR#, PR-NAME, ZEIT, PE#, NAME, WOHNORT, A#,

           A-NAME )
```

Welche der vorstehenden Versionen zu bevorzugen ist, ist nicht so wichtig, resultiert doch aufgrund des nachstehend zur Sprache kommenden Normalisierungsprozesses in jedem Fall schlussendlich ein und dasselbe Ergebnis.

PERSON-UN	PE#	NAME	WOHNORT	A#	A-NAME	PR#	PR-NAME	ZEIT
	101	Hans	Zürich	1	Physik	11	A	60'
						12	B	40'
	102	Rolf	Basel	2	Chemie	13	C	100'
	103	Urs	Genf	2	Chemie	11	A	20'
						12	B	50'
						13	C	30'
	104	Paul	Zürich	1	Physik	11	A	80'
						13	C	20'

Abb. 4.2.1 Abteilungen-Personen-Produkte-Beispiel: Unnormalisierte Relation.
Eine unnormalisierte Relation ist dadurch gekennzeichnet, dass sie Attribute mit
Attributswerten aufweist, die sich aus mehreren Elementen zusammensetzen kön-
nen.

Das erste Tupel der Relation PERSON-UN, also

$$< 101, \text{Hans, Zürich, 1, Physik, } \{11, 12\}, \{A, B\}, \{60, 40\} >$$

besagt, dass der Mitarbeiter mit der Personalnummer *101 Hans* heisst, in *Zürich*
wohnt und in der Abteilung *1* namens *Physik* tätig ist. Für die Herstellung des
Produktes mit der Nummer *11* und dem Produktnamen *A* hat der Mitarbeiter
60 Minuten aufgewendet, während für das Produkt mit der Nummer *12* und
dem Produktnamen *B 40* Minuten erforderlich waren.

Primärschlüssel ist das Attribut PE#, lassen sich doch mit dessen Werten alle
Tupel der Relation eindeutig identifizieren.

Nachdem in der Relation PERSON-UN mengenmässige Attributswerte vorzufinden sind, handelt es sich um eine unnormalisierte Relation. Beispielsweise
enthält das mit PE# = *101* zu identifizerende Tupel für das Attribut PR# den
Attributswert *{11, 12}*. Zu beachten ist ausserdem, dass die Relation PER-
SON-UN bezüglich der Attribute A-NAME und PR-NAME Redundanz aufweist. Als Folge davon resultieren die nachstehend aufgeführten Nachteile:

B. Die Nachteile unnormalisierter Relationen

Unnormalisierte Relationen weisen folgende Nachteile auf:

1. Die Handhabung von unnormalisierten Relationen ist umständlich, weil
    die Anzahl der Elemente von Zeile zu Zeile variiert. Zugegeben: Informa-
    tiker dürften mit derartigen Relationen kaum in Verlegenheit zu bringen
    sein. Nachdem informationsspezifische Probleme aber je länger je mehr
    auch von Nichtinformatikern zu lösen sind, ist man an Relationen interes-

siert, die mit geringem Aufwand und möglichst einfachen Datenmanipulationssprachen zu bearbeiten sind. Eine Datenmanipulationssprache ist aber
mit Sicherheit einfacher zu konzipieren (und damit auch eher einem
Nichtinformatiker zuzumuten), wenn davon auszugehen ist, dass die Anzahl der Elemente für alle Tupel einer Relation identisch ist. Gerade das
ist aber in einer unnormalisierten Relation nicht der Fall.

2. Unnormalisierte Relationen weisen in der Regel *Datenredundanz* auf. Für
    das Attribut A-NAME resultiert letztere aus folgenden Gründen:

    a. Die Feststellung, derzufolge in einer Abteilung in der Regel mehrere
        Personen beschäftigt sind, zwingt uns, eine spezifische Abteilungs-
        nummer in *mehreren* Tupeln aufzuführen.

    b. Die Feststellung, derzufolge eine Abteilung nur *einen* Namen hat,
        zwingt uns, im Zusammenhang mit einer bestimmten Abteilungs-
        nummer immer denselben Abteilungsnamen aufzuführen.

    Analoge Gründe bewirken zudem eine Redundanz bezüglich des Attributes
    PR-NAME.

3. Datenredundanz verursacht nicht nur eine höhere Speicherbelegung, son-
    dern führt auch zu sogenannten *Anomalien in Speicheroperationen*.

Wir definieren:

Anomalien in Speicheroperationen sind Schwierigkeiten, die im Zusammenhang mit Einschub-, Modifikations- sowie Löschoperationen auftreten können. "Schwierigkeit" bedeutet, dass Relationen mit den genannten Speicheroperationen in Zustände überzuführen sind, die den
getätigten Realitätsbeobachtungen nicht mehr entsprechen.

Was den letztgenannten Nachteil anbelangt, so illustriert Abb. 4.2.2 mögliche
Verletzungen einiger Feststellungen der in Abb. 4.1.1 festgehaltenen Problemstellung. So ist die Feststellung 6 (jede Abteilung hat einen Abteilungsnamen)
mit einer Modifikationsoperation ohne weiteres zu verletzen. Die in Abb. 4.2.2
angedeutete Überschreibung des Abteilungsnamens *Physik* mit dem neuen Abteilungsnamen *Personal* ist nämlich vom Relationsprinzip aus betrachtet legal,
obschon damit zu bewirken ist, dass die Abteilung mit A# = *1* im Falle des
Mitarbeiters mit PE# = *101 Personal* und im Falle des Mitarbeiters mit PE#
= *104 Physik* heisst. Ähnliches lässt sich auch für eine Einschuboperation sagen. So illustriert Abb. 4.2.2 einen denkbaren, die Feststellungen 6 und 7 (jede
Abteilung und jedes Produkt weist nur einen Namen auf) verletzenden Einschub. Obschon dieser Einschub realitätswidrige Aussagen impliziert, ist er vom
Relationsprinzip aus betrachtet akzeptierbar, weil mit einem *nicht existierenden
Schlüsselwert* (d.h. PE# = *105*) gearbeitet wird.

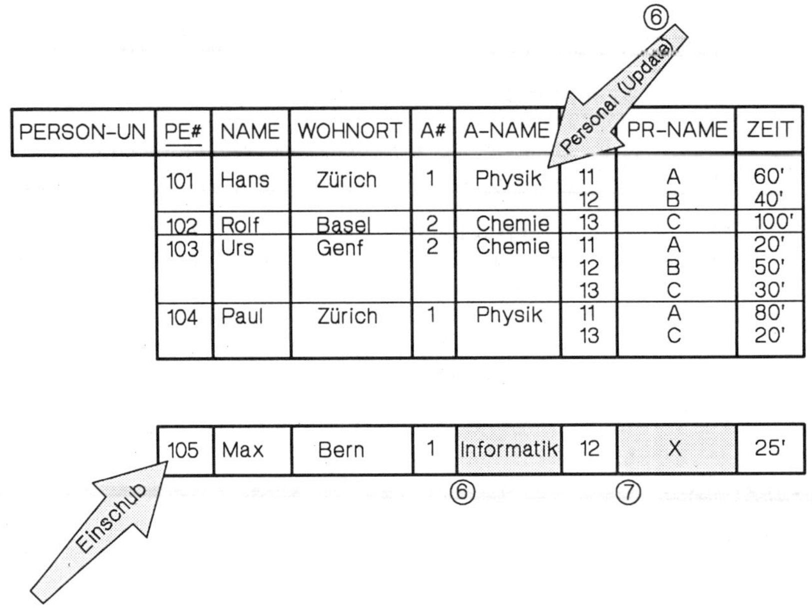

PERSON-UN	PE#	NAME	WOHNORT	A#	A-NAME		PR-NAME	ZEIT
	101	Hans	Zürich	1	Physik	11	A	60'
						12	B	40'
	102	Rolf	Basel	2	Chemie	13	C	100'
	103	Urs	Genf	2	Chemie	11	A	20'
						12	B	50'
						13	C	30'
	104	Paul	Zürich	1	Physik	11	A	80'
						13	C	20'

| | 105 | Max | Bern | 1 | Informatik | 12 | X | 25' |

Ⓢ Personal (Update)

Einschub

Ⓖ Ⓗ

Abb. 4.2.2 Unnormalisierte Relation PERSON-UN: Speicheranomalien. Die eingekreisten Zahlen beziehen sich auf Feststellungen aus Abb. 4.1.1, die mit den gezeigten Speicheroperationen zu verletzen sind.

Sollen fehlerbehaftete Modifikations- und Einschuboperationen verhindert werden, so sind komplexe Verifikationsprogramme erforderlich, die sicherstellen müssen, dass redundant auftretende Fakten auch nach erfolgten Speicheroperationen durchgehend den gleichen Wert aufweisen. Viel einfacher ist der gleiche Effekt allerdings zu erzielen, wenn bei der Definition von Relationen die in den folgenden Abschnitten diskutierten Normalisierungskriterien beachtet werden.

4.3 Die 1. Normalform

Wir diskutieren im folgenden zunächst das Prinzip der *ersten Normalform* und illustrieren anschliessend anhand des Abteilungen-Personen-Produkte-Beispiels, dass damit noch längst nicht alle Probleme zu bereinigen sind. Den diesbezüglichen Gründen nachspürend, kommen wir alsdann zwangsläufig auf das Prinzip der *vollen funktionalen Abhängigkeit* zu sprechen. Zunächst also zur Frage:

A. Was kennzeichnet eine 1NF-Relation?

> In einer in 1. Normalform befindlichen Relation (abgekürzt: 1NF-Relation) sind nur einfache (also keine mengenmässigen) Attributswerte zulässig. Dies bedeutet, dass am Kreuzungspunkt einer Kolonne (Attribut) und einer Zeile (Tupel) jederzeit höchstens ein Element vorzufinden ist.

Abb. 4.3.1 zeigt eine etwas formalere Definition der 1. Normalform. Zu erkennen ist:

> Eine Relation
>
> $$R (\underline{S} , A, B, C, ...)$$
>
> mit dem einfachen Schlüssel **S** oder eine Relation
>
> $$R (\underline{S1, S2} , A, B, C, ...)$$
>
> mit dem zusammengesetzten Schlüssel **S1, S2** ist in 1NF, wenn alle nicht dem Schlüssel angehörenden Attribute vom Schlüssel einfach (funktional) oder konditionell abhängig sind. Es gilt also:
>
> $$S \longrightarrow A, \quad S \longrightarrow B, ... \quad \text{oder} \quad S \longrightarrow) A, ...$$
>
> Beziehungsweise:
>
> $$S1, S2 \longrightarrow A, \quad S1, S2 \longrightarrow B, ... \quad \text{oder} \quad S1, S2 \longrightarrow) A, ...$$

Die Erklärung für die vorstehende Definition ist einfach. Zunächst: Ein Schlüsselwert erscheint in einer Relation mit Sicherheit nur einmal. Weil die

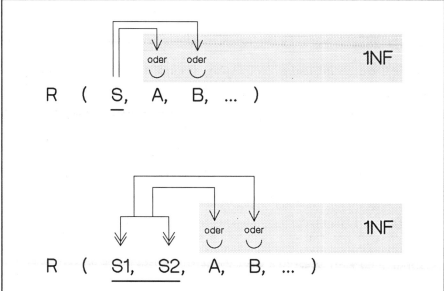

Abb. 4.3.1 1NF-Kriterium. In einer in 1. Normalform befindlichen Relation sind alle nicht dem Schlüssel angehörenden Attribute vom Gesamtschlüssel funktional abhängig.

einfachen (funktionalen) bzw. konditionellen Abhängigkeiten gelten, erscheint ein bestimmter Schlüsselwert immer nur in Verbindung mit einem einzigen A-, B-, ... Wert (im Falle konditioneller Abhängigkeiten sind auch Nullwerte denkbar). Dies führt aber dazu, dass am Kreuzungspunkt einer Kolonne (Attribut) und einer Zeile (Tupel) zwangsläufig nur ein Wert vorzufinden ist.

Was nun unser Beispiel anbelangt, so sind die Feststellungen der in Abb. 4.1.1 verbal und in Abb. 4.1.2 graphisch dargestellten Problemstellung mit Hilfe einer in 1. Normalform befindlichen Relation gemäss Abb. 4.3.2 festzuhalten. Primärschlüssel ist die Attributskombination **PE#, PR#**. Tatsächlich stehen die Komponenten des Primärschlüssels gemäss

$$\text{FESTSTELLUNG-4:} \quad PE\# \longrightarrow\!\!\!\!\rightarrow PR\#$$

sowie

$$\text{FESTSTELLUNG-9:} \quad PR\# \longrightarrow\!\!\!\!\rightarrow PE\#$$

wechselseitig komplex miteinander in Beziehung, was bekanntlich für einen korrekten zusammengesetzten Primärschlüssel der Fall sein muss.

Vergleicht man die unnormalisierte Relation PERSON-UN aus Abb. 4.2.1 mit der 1NF-Relation aus Abb. 4.3.2 so stellt man fest:

PERSON-1NF	PE#	NAME	WOHNORT	A#	A-NAME	PR#	PR-NAME	ZEIT
	101	Hans	Zürich	1	Physik	11	A	60'
	101	Hans	Zürich	1	Physik	12	B	40'
	102	Rolf	Basel	2	Chemie	13	C	100'
	103	Urs	Genf	2	Chemie	11	A	20'
	103	Urs	Genf	2	Chemie	12	B	50'
	103	Urs	Genf	2	Chemie	13	C	30'
	104	Paul	Zürich	1	Physik	11	A	80'
	104	Paul	Zürich	1	Physik	13	C	20'

Abb. 4.3.2 Abteilungen-Personen-Produkte-Beispiel: 1NF-Relation. Eine in 1. Normalform befindliche Relation weist nur einfache (also keine mengenmässigen) Attributswerte auf.

1. Die Relationen PERSON-UN und PERSON-1NF weisen den gleichen Informationsgehalt auf.

2. Die Anzahl der Elemente ist für jedes Tupel der Relation PERSON-1NF identisch, während sie in der Relation PERSON-UN von Tupel zu Tupel variiert. Als Folge davon ist die Relation PERSON-1NF leichter zu handhaben als die Relation PERSON-UN.

3. Beide Relationen weisen Datenredundanz auf und ermöglichen damit die bekannten Speicheranomalien.

Was die letzte Aussage anbelangt, so illustriert Abb. 4.3.3 für die Relation PERSON-1NF das Einbringen von Aussagen, die allesamt Feststellungen der in Abb. 4.1.1 aufgeführten Problemstellung verletzen. Zu erkennen ist, dass es aufgrund von Modifikations- und Einschuboperationen möglich ist, für eine Person mehrere Namen, mehrere Wohnorte und mehrere Abteilungen einzubringen. Desgleichen sind für eine Abteilung und ein Produkt mehrere Namen zu vergeben.

Im folgenden sei gezeigt, warum die Attribute NAME, WOHNORT, A#, A-NAME sowie PR-NAME Datenredundanz und damit die in Abb. 4.3.3 gezeigten Speicheranomalien bewirken. Dabei werden wir als Überleitung auf die 2. Normalform auch die Frage beantworten:

B. Was versteht man unter voller funktionaler Abhängigkeit?

Zunächst zu den Gründen, die in der Relation PERSON-1NF zu Redundanz Anlass geben:

1. Die dem zusammengesetzten Schlüssel **PE#, PR#** zugrunde liegenden komplexen Assoziationen

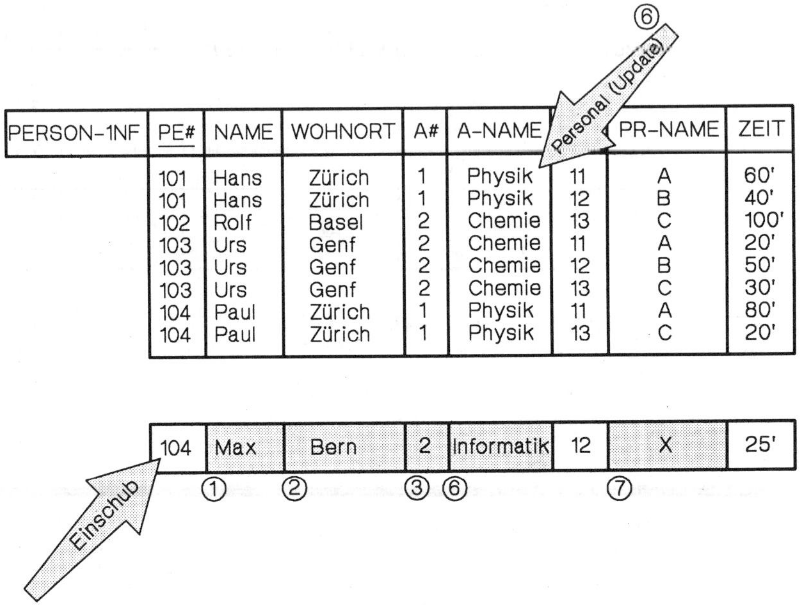

PERSON-1NF	PE#	NAME	WOHNORT	A#	A-NAME		PR-NAME	ZEIT
	101	Hans	Zürich	1	Physik	11	A	60'
	101	Hans	Zürich	1	Physik	12	B	40'
	102	Rolf	Basel	2	Chemie	13	C	100'
	103	Urs	Genf	2	Chemie	11	A	20'
	103	Urs	Genf	2	Chemie	12	B	50'
	103	Urs	Genf	2	Chemie	13	C	30'
	104	Paul	Zürich	1	Physik	11	A	80'
	104	Paul	Zürich	1	Physik	13	C	20'

Personal (Update) ⑥

	104	Max	Bern	2	Informatik	12	X	25'
		①	②	③ ⑥			⑦	

Einschub

Abb. 4.3.3 Relation PERSON-1NF: Speicheranomalien. Die eingekreisten Zahlen beziehen sich auf Feststellungen der Problemstellung, welche mit den gezeigten Speicheroperationen zu verletzen sind.

FESTSTELLUNG-4: PE# $\longrightarrow\!\!\!\rightarrow$ PR#

FESTSTELLUNG-9: PR# $\longrightarrow\!\!\!\rightarrow$ PE#

zwingen uns, sowohl einen bestimmten PE#-Wert als auch einen bestimmten PR#-Wert in der Regel in mehreren Tupeln aufzuführen.

2. Die Funktionen:

FESTSTELLUNG-1: PE# $\longrightarrow$ NAME

FESTSTELLUNG-2: PE# $\longrightarrow$ WOHNORT

FESTSTELLUNG-3: PE# $\longrightarrow$ A#

zwingen uns, zusammen mit einem bestimmten PE#-Wert (der aus den in Punkt 1 aufgeführten Gründen in der Regel mehrmals auszuweisen ist) immer den gleichen Namen, den gleichen Wohnort sowie die gleiche Abteilungsnummer aufzuführen.

Übrigens ist auch das Attribut A-NAME vom Attribut PE# funktional abhängig, formal:

$$PE\# \longrightarrow A\text{-NAME}$$

Diese Funktion – sie hat auf die Realität bezogen selbstverständlich keine Bedeutung – ergibt sich aufgrund der sogenannten *Produktfunktionsregel* (siehe auch Anhang A.2). Letztere besagt:

Sind die Mengen A, B, C an folgenden Funktionen F1 und F2 beteiligt

$$F1: A \longrightarrow B$$

$$F2: B \longrightarrow C$$

so liegt auch eine Funktion F3 von A nach C vor, formal:

$$F3: A \longrightarrow C$$

Die Funktion F3 ist die *Produktfunktion* der Funktionen F1 und F2.

Nachdem für unser Beispiel gilt:

$$\text{FESTSTELLUNG-3:} \quad PE\# \longrightarrow A\#$$

$$\text{FESTSTELLUNG-6:} \quad A\# \longrightarrow A\text{-NAME}$$

so gilt aufgrund der Produktfunktionsregel eben auch

$$PE\# \longrightarrow A\text{-NAME}$$

Wir sind somit auch gezwungen, zusammen mit einem bestimmten PE#-Wert immer den gleichen Abteilungsnamen aufzuführen.

3. Die Funktion

$$\text{FESTSTELLUNG-7:} \quad PR\# \longrightarrow PR\text{-NAME}$$

zwingt uns, zusammen mit einem bestimmten PR#-Wert (der aus den in Punkt 1 aufgeführten Gründen in der Regel mehrmals auszuweisen ist) immer den gleichen Produktnamen aufzuführen.

Das zu keinen Problemen Anlass gebende Attribut ZEIT ist weder von PE# noch von PR# funktional abhängig. Es gilt also:

$$PE\# \xrightarrow{\;\;\;/\;\;\;} ZEIT$$

(mit der Bedeutung, dass eine Person für die von ihr produzierten Produkte in der Regel unterschiedliche Zeiten benötigt) und

$$PR\# \not\longrightarrow ZEIT$$

(mit der Bedeutung, dass für ein von verschiedenen Personen produziertes Produkt in der Regel unterschiedliche Zeiten benötigt werden).

Ist ein Attribut von keiner Schlüsselkomponente funktional abhängig, so ist besagtes Attribut vom Schlüssel *voll funktional abhängig*.

Allgemein gilt:

In einer Relation

$$R (\underline{S1, S2} , A, ...)$$

ist das Attribut A vom Schlüssel **S1, S2** voll funktional abhängig, formal dargestellt mittels

$$S1, S2 \Longrightarrow A$$

falls gilt:

$$S1, S2 \longrightarrow A \quad \text{und}$$

$$S1 \quad \not\longrightarrow A \quad \text{und}$$

$$S2 \quad \not\longrightarrow A$$

In Worten: Ein Attribut A einer Relation R ist *voll funktional abhängig* vom zusammengesetzten Schlüssel der Relation R, falls A funktional abhängig ist vom Gesamtschlüssel, nicht aber von Schlüsselteilen.

Es wurde bereits gezeigt, dass die zu Problemen Anlass gebenden Attribute NAME, WOHNORT, A#, A-NAME sowie PR-NAME entweder von PE# oder PR# (also von der einen oder andern Schlüsselkomponente) funktional abhängig sind. Demzufolge sind die genannten Attribute vom Primärschlüssel **PE#, PR#** nicht voll funktional abhängig. Hingegen ist das zu keinen Problemen Anlass gebende Attribut ZEIT vom Primärschlüssel **PE#, PR#** voll funktional abhängig.

Mit diesen Erkenntnissen können wir uns jetzt mit der 2. Normalform befassen.

4.4 Die 2. Normalform

Wir diskutieren nachstehend zunächst das Prinzip der *zweiten Normalform* und illustrieren anschliessend anhand des Abteilungen-Personen-Produkte-Beispiels, wie eine 1NF-Relation in eine Kollektion von 2NF-Relationen aufzuspalten ist. Dabei werden wir das *Primärschlüssel-Fremdschlüssel-Prinzip* kennenlernen, dank welchem Relationen miteinander in Beziehung zu setzen sind. Im weitern wird zu zeigen sein, dass mit 2NF-Relationen immer noch nicht alle Probleme zu bereinigen sind. Den diesbezüglichen Gründen nachspürend, kommen wir alsdann zwangsläufig auf das Prinzip der *transitiven Abhängigkeit* zu sprechen. Zunächst also zur Frage:

A. Was kennzeichnet eine 2NF-Relation?

Eine in 2. Normalform befindliche Relation (abgekürzt: eine 2NF-Relation) ist dadurch gekennzeichnet, dass jedes nicht dem Schlüssel angehörende Attribut funktional abhängig ist vom Gesamtschlüssel (1NF-Kriterium), nicht aber von Schlüsselteilen.

Mit andern Worten:

Eine Relation ist in 2NF, falls sie die 1NF respektiert und jedes nicht dem Schlüssel angehörende Attribut vom Schlüssel voll funktional abhängig ist.

Zu beachten ist, dass die 2NF nur dann zu verletzen ist, wenn eine Relation einen *zusammengesetzten Schlüssel* sowie mindestens ein nicht dem Schlüssel angehörendes Attribut aufweist.

Abb. 4.4.1 illustriert das vorstehend diskutierte 2NF-Kriterium in graphischer Weise.

Analysiert man die in Abb. 4.3.2 gezeigte Relation PERSON-1NF hinsichtlich der Einhaltung des 2NF-Kriteriums (das Ergebnis der Analyse ist Abb. 4.4.2 zu entnehmen), so stellt man fest, dass alle nicht dem Schlüssel **PE#**, **PR#** angehörenden Attribute von letzterem funktional abhängig sind (das 1NF-Kriterium wird also respektiert). Einige dem Schlüssel nicht angehörende Attribute sind zudem von Schlüsselteilen funktional abhängig (das 2NF-Kriterium wird von diesen Attributen also nicht respektiert). So gilt beispielsweise:

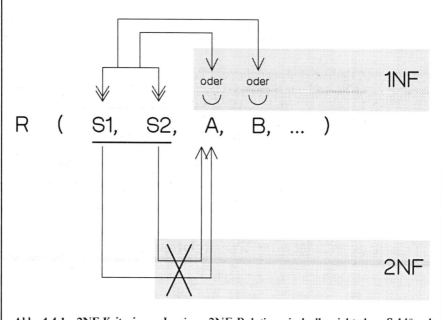

Abb. 4.4.1 2NF-Kriterium. In einer 2NF-Relation sind alle nicht dem Schlüssel angehörenden Attribute funktional abhängig vom Gesamtschlüssel, nicht aber von Schlüsselteilen.

1. NAME, WOHNORT, A# sowie A-NAME sind entsprechend der in Abb. 4.1.1 aufgeführten Feststellungen 1, 2, 3 und 6 vom Schlüsselteil PE# funktional abhängig.

2. PR-NAME ist entsprechend Feststellung 7 vom Schlüsselteil PR# funktional abhängig ist. Hingegen ist

3. ZEIT weder vom Schlüsselteil PE# noch vom Schlüsselteil PR# funktional abhängig – sofern man unterstellt, dass eine Person an mehreren Produkten unterschiedlich lange arbeitet und ein Produkt von mehreren Personen unterschiedlich lange bearbeitet wird. Mit andern Worten: In der Relation PERSON-1NF respektiert nur ZEIT das 2NF-Kriterium.

Es ist nicht zu verkennen: Offensichtlich verletzen just die mit Speicheranomalien in Zusammenhang stehenden Attribute aus Abb. 4.3.3 das 2NF-Kriterium. Analysiert man also eine Relation hinsichtlich des 2NF-Kriteriums, so können die zu Speicheranomalien Anlass gebenden Attribute erkannt und der problembehafteten Relation entnommen werden. Zu diesem Zwecke ist es üblich, die Abhängigkeiten in einer Relation graphisch auszuweisen, was für die Relation PERSON-1NF in Abb. 4.4.3 geschehen ist. Man sieht, dass jedes Attribut aufgrund eines Rechteckes darzustellen ist. Ein zusammengesetzter Schlüssel

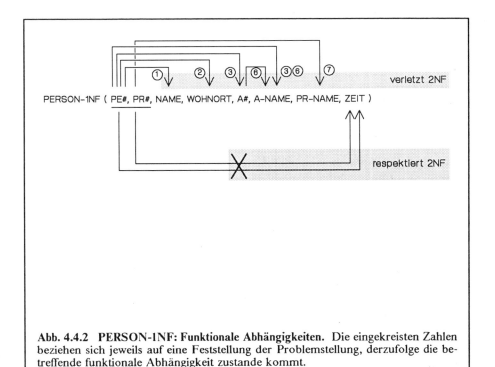

Abb. 4.4.2 PERSON-1NF: Funktionale Abhängigkeiten. Die eingekreisten Zahlen beziehen sich jeweils auf eine Feststellung der Problemstellung, derzufolge die betreffende funktionale Abhängigkeit zustande kommt.

erfordert ein die Schlüsselkomponenten umfassendes Rechteck, während funktionale Abhängigkeiten mittels Pfeilen der Art $\longrightarrow$ und volle funktionale Abhängigkeiten mittels Pfeilen der Art $\Longrightarrow$ zum Ausdruck kommen.

Abb. 4.4.4 illustriert, wie die in Abb. 4.4.3 gezeigte Graphik zu interpretieren ist, um jene 2NF-Relationen zu erkennen, welche die zu Problemen Anlass gebende 1NF-Relation zu ersetzen vermögen. Es sind folgende Relationen abzuleiten:

```
PERSON-2NF ( PE#, NAME, WOHNORT, A#, A-NAME )

PRODUKT ( PR#, PR-NAME )

PE-PR ( PE#, PR#, ZEIT )
```

Die Relationen PERSON-2NF und PRODUKT sind in 2NF, weil sie in 1NF sind und − einen einfachen Schlüssel aufweisend − die 2. Normalform gar nicht verletzen können. Die Relation PE-PR ist in 2NF, weil ZEIT vom Schlüssel **PE#, PR#** voll funktional abhängig ist.

Abb. 4.4.5 zeigt die oben erwähnten Relationen zusammen mit den für unser Beispiel erforderlichen Tupeln.

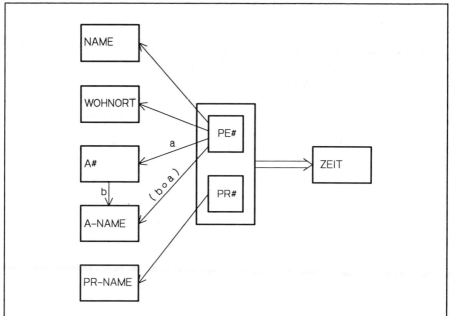

Abb. 4.4.3 Relation PERSON-1NF: Graphische Darstellung der Abhängigkeiten.
Pfeile der Art ⟶ kennzeichnen funktionale Abhängigkeiten, während volle funktionale Abhängigkeiten mit Pfeilen der Art ⟹ zum Ausdruck kommen.

Die drei Relationen in Abb. 4.4.5 weisen insgesamt den gleichen Informationsgehalt auf wie die ursprüngliche Relation PERSON-1NF. Diese Aussage trifft deshalb zu, weil identische Attribute in mehreren Relationen auftreten. Dadurch ist es möglich, Relationen aufgrund von identischen Attributswerten miteinander in Beziehung zu setzen. Konkret: das in der Relation PERSON-2NF und PE-PR auftretende Attribut PE# bzw. das in der Relation PRODUKT und PE-PR auftretende Attribut PR# gestatten es, aus verschiedenen Relationen stammende, identische PE#- (bzw. PR#-) Werte aufweisende Tupel zu kombinieren. Dadurch entstehen Tupel, die jenen in der aufgespaltenen Relation PERSON-1NF entsprechen; das heisst, es ist jederzeit möglich, die 2NF-Relationen aufgrund von *natürlichen Verbundoperationen* (siehe Anhang A.3) wieder in die ursprüngliche 1NF-Relation zurückzuführen. Wäre diese Rückführung nicht möglich, so hätte der Normalisierungsprozess einen Verlust von Informationen zur Folge.

Man beachte, dass das Attribut PE# in der Relation PERSON-2NF den *Primärschlüssel* repräsentiert, während das nämliche Attribut in der Relation PE-PR − für sich alleine betrachtet − kein Schlüssel ist. Wir wollen diesen Sachverhalt, mit dem die genannten Relationen miteinander in Beziehung zu setzen sind, genauer analysieren und beantworten zu diesem Zwecke die Frage:

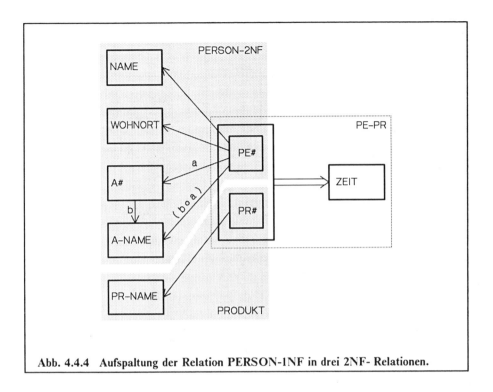

Abb. 4.4.4 Aufspaltung der Relation PERSON-1NF in drei 2NF- Relationen.

B. Was ist ein Fremdschlüssel?

Ein nicht als Primärschlüssel qualifizierendes Attribut (auch eine Attributskombination ist möglich) einer Relation R ist ein *Fremdschlüssel* besagter Relation, falls das gleiche Attribut (bzw. die gleiche Attributskombination) als *Primärschlüssel* einer anderweitigen Relation in Erscheinung tritt. In seltenen Fällen ist sowohl der Primärschlüssel wie auch der Fremdschlüssel in ein und derselben Relation vorzufinden.

Fremdschlüsselwerte müssen immer mit Primärschlüsselwerten übereinstimmen, es sei denn, man lasse als Fremdschlüsselwerte auch Nullwerte zu (Erklärung folgt).

Der vorstehenden Definition entsprechend, stellen die Attribute PE# und PR# in der Relation PE-PR je einen Fremdschlüssel dar, sind doch beide Attribute in der genannten Relation für sich alleine genommen nicht Primärschlüssel, während sie anderswo aber als Primärschlüssel in Erscheinung treten.

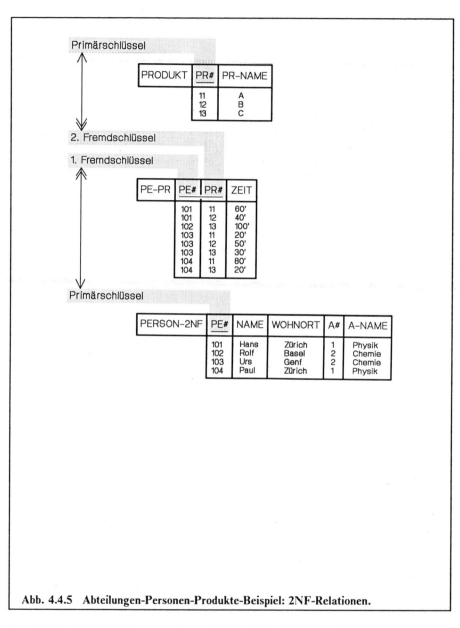

Abb. 4.4.5 Abteilungen-Personen-Produkte-Beispiel: 2NF-Relationen.

Aus Abb. 4.4.5 geht hervor, dass ein Tupel der Relation PERSON-2NF aufgrund eines bestimmten PE#-Wertes in der Regel mit mehreren Tupeln der Relation PE-PR in Beziehung steht. Von der Relation mit dem Primärschlüssel (PERSON-2NF) zur Relation mit dem Fremdschlüssel (PE-PR) liegt somit eine komplexe (Typ M) Assoziation vor, formal:

PERSON-2NF $\longrightarrow\!\!\!\!\rightarrow$ PE-PR

Umgekehrt steht ein Tupel der Relation PE-PR aufgrund eines PE#-Wertes immer nur mit einem Tupel der Relation PERSON-2NF in Beziehung. Von der Relation mit dem Fremdschlüssel (PE-PR) zur Relation mit dem Primärschlüssel (PERSON-2NF) liegt somit eine einfache (Typ 1) Assoziation vor, formal:

PE-PR $\longrightarrow$ PERSON-2NF

Allgemein gilt:

> Die Tupel einer Relation mit einem Fremdschlüssel und die Tupel der Relation mit dem entsprechenden Primärschlüssel sind an einer (1:M)-Abbildung beteiligt. Die einfache (Typ 1) Assoziation zeigt von der Relation mit dem Fremdschlüssel zur Relation mit dem Primärschlüssel, während von der Relation mit dem Primärschlüssel zur Relation mit dem Fremdschlüssel eine komplexe (Typ M) Assoziation vorliegt, formal:
>
> Primärschlüsselrelation $\longleftrightarrow\!\!\!\!\rightarrow$ Fremdschlüsselrelation

Die vorstehende Erkenntnis ist von derart fundamentaler Bedeutung, dass wir uns im folgenden noch eingehender mit diesem *Primärschlüssel-Fremdschlüssel-Prinzip* auseinandersetzen wollen.

Abb. 4.4.6 rekapituliert auf der linken Seite die Überführung der Relation PERSON-1NF in eine Kollektion von 2NF-Relationen. Zu erkennen ist, dass die Relation PE-PR die beiden Fremdschlüssel PE# (Primärschlüssel in der Relation PERSON-2NF) sowie PR# (Primärschlüssel in der Relation PRO-DUKT) enthält. Demzufolge sind die Relationen PERSON-2NF und PE-PR bzw. PRODUKT und PE-PR je an einer (1:M)-Abbildung beteiligt, formal:

PERSON-2NF $\longleftrightarrow\!\!\!\!\rightarrow$ PE-PR $\longleftrightarrow\!\!\!\!\longrightarrow$ PRODUKT

Die rechte Seite von Abb. 4.4.6 illustriert die vorerwähnten Abbildungen anhand eines konkreten Beispiels. Zu erkennen ist, dass Personen (repräsentiert aufgrund von PE#-Werten) und Produkte (repräsentiert aufgrund von PR#-Werten) in der ursprünglichen Relation PERSON-1NF an einer (M:M)-Abbildung beteiligt sind. Nach erfolgter Überführung in die 2. Normalform sind die Tupel der Relation PERSON-2NF und die Tupel der Relation PE-PR an einer (1:M)-Abbildung beteiligt. Eine analoge Sachlage liegt auch für die Tupel der Relation PRODUKT sowie der Relation PE-PR vor.

Allgemein gilt:

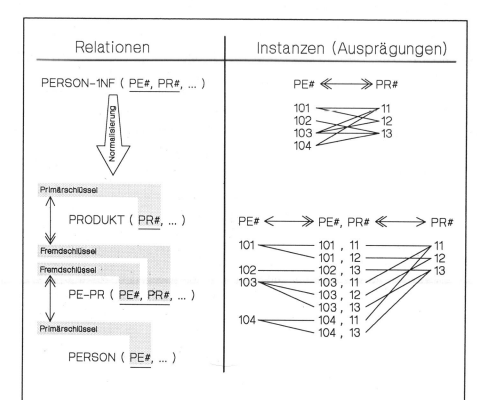

Abb. 4.4.6 Auswirkung des Normalisierungsprozesses auf (M:M)-Abbildungen.
Eine (M:M)-Abbildung wird durch den Normalisierungsprozess in zwei (M:1)-Abbildungen zerlegt.

Hält eine Relation den Sachverhalt fest, demzufolge Entitäten (zusammen mit ihren Attributen) an einer (M:M)-Abbildung beteiligt sind, so bewirkt der Normalisierungsprozess, dass besagte (M:M)-Abbildung in zwei (M:1)-Abbildungen aufgespalten wird.

Im Zusammenhang mit der später zur Sprache kommenden Transformation eines Relationenmodells in eine konventionelle Datenstruktur werden die vorstehend geschilderten Gesetzmässigkeiten von grosser Bedeutung sein.

Vorerst wenden wir uns aber wieder den in Abb. 4.4.5 gezeigten 2NF-Relationen zu und überlegen uns, ob der Normalisierungsprozess zu einer gänzlichen Beseitigung der Datenredundanz (und damit zu einer Elimination der Speicheranomalien) geführt hat.

Wir stellen fest, dass in der Relation PRODUKT das Attribut PR-NAME vom Schlüssel **PR#** funktional abhängig ist. Nachdem ein bestimmter PR#-Wert als Schlüssel nur einmal in Erscheinung treten kann, bewirkt die vorgenannte Funktion, dass für ein Produkt jederzeit nur ein Produktname einzubringen ist, was aber die in Abb. 4.1.1 aufgeführte Feststellung 7 korrekt reflektiert. Mit andern Worten: die in der Relation PERSON-1NF durch das Attribut PR-NAME verursachte Datenredundanz kommt in der Relation PRODUKT nicht mehr zum Tragen. Abb. 4.4.7 illustriert, dass es mit der Relation PRODUKT tatsächlich nicht möglich ist, mittels Speicheroperationen für ein Produkt mehrere Namen einzubringen.

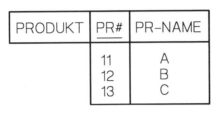

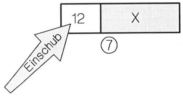

Abb. 4.4.7 Die 2NF-Relation PRODUKT weist keine Speicheranomalien auf. Die eingekreiste Zahl 7 bezieht sich auf die in Abb. 4.1.1 aufgeführte Feststellung, derzufolge ein Produkt immer nur einen Namen aufweist. Die Relation PRO-DUKT ermöglicht also *keine* Verletzung der Tatsache, derzufolge ein Produkt nur *einen* Namen hat.

Was die Relation PERSON-2NF anbelangt, so sind in besagter Relation die Attribute NAME, WOHNORT, A# und A-NAME vom Schlüssel **PE#** funktional abhängig. Nachdem ein bestimmter PE#-Wert als Schlüssel nur einmal in Erscheinung treten kann, bewirken die vorgenannten Funktionen, dass für eine Person jederzeit nur ein Name, ein Wohnort sowie eine Abteilung einzubringen ist, was aber die in Abb. 4.1.1 aufgeführten Feststellungen 1, 2 und 3 korrekt reflektiert. Mit andern Worten: die in der Relation PERSON-1NF durch die Attribute NAME, WOHNORT und A# verursachte Datenredundanz kommt in der Relation PERSON-2NF nicht mehr zum Tragen. Hingegen verursacht das Attribut A-NAME in der Relation PERSON-2NF nach wie vor Datenredundanz und damit die unerwünschten Anomalien in Speicheroperationen. Abb. 4.4.8 illustriert, dass es mit der Relation PERSON-2NF tatsächlich möglich ist, mittels Modifikations- und Einschuboperationen für eine Abteilung mehrere Namen einzubringen, was aber der Feststellung 6 eindeutig zuwiderläuft.

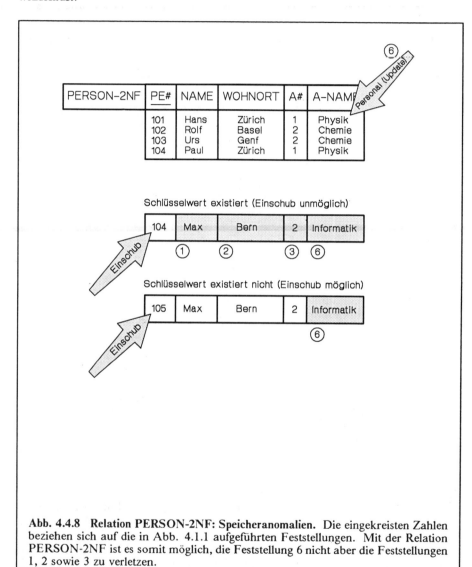

Abb. 4.4.8 Relation PERSON-2NF: Speicheranomalien. Die eingekreisten Zahlen beziehen sich auf die in Abb. 4.1.1 aufgeführten Feststellungen. Mit der Relation PERSON-2NF ist es somit möglich, die Feststellung 6 nicht aber die Feststellungen 1, 2 sowie 3 zu verletzen.

Im folgenden sei gezeigt, warum die Relation PERSON-2NF bezüglich des Attributes A-NAME Redundanz aufweist. Dabei werden wir als Überleitung auf die 3. Normalform auch die Frage beantworten:

C. Was versteht man unter transitiver Abhängigkeit?

Zunächst zu den Gründen, die in der Relation PERSON-2NF zu Redundanz Anlass geben:

1. In der Relation PERSON-2NF wird ein bestimmter Mitarbeiter aufgrund eines Tupels repräsentiert. Dieses enthält unter anderem die Nummer der Abteilung, in der besagter Mitarbeiter tätig ist.

2. Nachdem entsprechend Feststellung 8 in einer Abteilung mehrere Personen tätig sein können, ist eine bestimmte Abteilungsnummer in der Regel in mehreren Tupeln aufzuführen.

3. Nachdem entsprechend der Feststellung 6 jede Abteilung nur einen Namen aufweist, sind wir gezwungen, zusammen mit einem bestimmten A#-Wert (der aus den in Punkt 2 genannten Gründen in der Regel mehrmals auszuweisen ist), immer den gleichen Abteilungsnamen aufzuführen.

Formal lassen sich die vorgenannten, zu Datenredundanz führenden Gründe wie folgt festhalten:

$$\text{FESTSTELLUNG-3:} \quad \text{PE\#} \longrightarrow \text{A\#}$$

$$\text{FESTSTELLUNG-8:} \quad \text{A\#} \; \not\longrightarrow \; \text{PE\#}$$

$$\text{FESTSTELLUNG-6:} \quad \text{A\#} \longrightarrow \text{A-NAME}$$

Falls die vorgenannten Bedingungen jederzeit zutreffen, so ist das Attribut A-NAME vom Attribut PE# *transitiv abhängig*.

Allgemein gilt:

In einer Relation

$$R (\underline{S} , A, B, \dots)$$

ist das Attribut B vom Schlüssel **S** (auch ein zusammengesetzter Schlüssel ist möglich) *transitiv abhängig*, falls gilt:

1. $S \longrightarrow A$ und

2. $A \not\longrightarrow S$ und

3. $A \longrightarrow B$

Die vorstehende Definition erfordert einige Erläuterungen:

- Wir erinnern uns, dass die beiden Funktionen

$$1. \quad S \longrightarrow A \quad \text{und}$$

$$3. \quad A \longrightarrow B$$

die *Produktfunktion*

$$S \longrightarrow B$$

implizieren (siehe Anhang A.2).

- Die Bedingung

$$2. \quad A \not\longrightarrow S$$

bewirkt, dass das Attribut A *nicht* als Schlüsselkandidat der Relation R in Frage kommt (zur Erinnerung: wenn sowohl das Attribut S wie auch das Attribut A als Schlüssel in Frage kommen, so muss folgende Abbildung vorliegen:

$$S \longleftrightarrow A$$

Als Folge des unter Punkt 2 aufgeführten Sachverhaltes kann ein bestimmter A-Wert durchaus mehrfach auftreten. Dies führt aber zusammen mit der Funktion

$$3. \quad A \longrightarrow B$$

zu Datenredundanz, sind wir doch gezwungen, einen bestimmten, in der Regel mehrmals auftretenden A-Wert, immer mit demselben B-Wert zu kombinieren. Abb. 4.4.9 fasst die vorstehenden Überlegungen zusammen.

Eine Relation, in welcher sowohl S als auch A Schlüsselkandidaten sind, weist keine Datenredundanz auf und führt auch nicht zu Anomalien in Speicheroperationen. Ein Beispiel möge diese Aussage illustrieren.

Mit der in Abb. 4.4.10 gezeigten Relation ABTEILUNG seien folgende Funktionen festzuhalten:

- A# $\longrightarrow$ CHEF.PE#

  (Bedeutung: jede Abteilung hat einen Chef)

- CHEF.PE# $\longrightarrow$ A#

  (Bedeutung: jeder Chef leitet eine Abteilung)

- CHEF.PE# $\longrightarrow$ NAME

(Bedeutung: jeder Chef hat einen Namen)

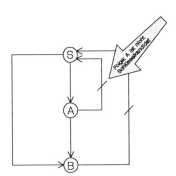

Abb. 4.4.9 Transitive Abhängigkeit: in der gezeigten Anordnung ist B von S transitiv abhängig.

Die Relation ABTEILUNG weist zwei Schlüsselkandidaten auf, nämlich A# und PE#. Dies bedeutet, dass sowohl ein bestimmter A#-Wert als auch ein bestimmter PE#-Wert nur einmal in Erscheinung treten kann. Damit wird aber auch verunmöglicht, dass der Name eines bestimmten Vorgesetzten mehrmals einzubringen ist; das heisst, die Relation ABTEILUNG wird unter keinen Umständen Datenredundanz aufweisen.

ABTEILUNG	A#	+ CHEF.PE#	NAME
	A1	101	Hans
	A2	102	Rolf
	A3	103	Urs
	A4	104	Urs

Abb. 4.4.10 Die gezeigte Relation weist keine transitive Abhängigkeit auf.

- Eine Relation weist nur dann eine *transitive Abhängigkeit* auf, wenn sie neben dem Schlüssel mindestens zwei zusätzliche, nicht als Schlüsselkandidaten qualifizierende Attribute enthält. Zudem muss zwischen diesen Attributen eine Funktion vorliegen.

Wir fassen zusammen:

Durch die Überführung der Relation PERSON-1NF in eine Kollektion von 2NF-Relationen konnte die durch die Attribute NAME, WOHNORT, A# sowie PR-NAME verursachte Datenredundanz beseitigt werden. In der Relation PERSON-2NF bewirkt hingegen das vom Schlüssel **PE#** transitiv abhängige Attribut A-NAME nach wie vor Datenredundanz und damit unerwünschte Anomalien in Speicheroperationen. Im folgenden wird gezeigt, dass die damit einhergehenden Probleme mit der 3. Normalform zu beseitigen sind.

4.5 Die 3. Normalform

Wir diskutieren nachstehend zunächst das Prinzip der *dritten Normalform* und illustrieren anschliessend anhand des Abteilungen-Personen-Produkte-Beispiels, wie eine 2NF-Relation in eine Kollektion von 3NF-Relationen aufzuspalten ist. Zunächst also zur Frage:

A. Was kennzeichnet eine 3NF-Relation?

> Eine in 3. Normalform befindliche Relation (abgekürzt: eine 3NF-Relation) ist dadurch gekennzeichnet, dass jedes nicht dem Schlüssel angehörende Attribut funktional abhängig ist vom Gesamtschlüssel (1NF-Kriterium), nicht aber von einzelnen Schlüsselteilen (2NF-Kriterium). Ferner sind keine funktionalen Abhängigkeiten zwischen Attributen erlaubt, die nicht als Schlüsselkandidaten in Frage kommen.
>
> Mit andern Worten:
>
> Eine Relation ist in 3NF, falls sie in 2NF ist und keine transitiven Abhängigkeiten aufweist.

Zu beachten ist, dass die 3. Normalform nur dann zu verletzen ist, wenn eine Relation neben dem Schlüssel (einfach oder zusammengesetzt) mindestens *zwei* zusätzliche, nicht als Schlüsselkandidaten qualifizierende Attribute enthält.

Abb. 4.5.1 illustriert das vorstehend diskutierte 3NF-Kriterium in graphischer Weise.

Analysiert man die in Abb. 4.4.5 festgehaltene Relation PERSON-2NF hinsichtlich der Einhaltung des 3NF-Kriteriums (das Ergebnis der Analyse wird in Abb. 4.5.2 gezeigt), so stellt man fest, dass das Attribut A-NAME vom nicht als Schlüsselkandidaten qualifizierenden Attribut A# funktional abhängig ist. Die Relation PERSON-2NF weist somit eine *transitive Abhängigkeit* auf und verletzt damit die 3NF.

Verletzt eine Relation die 3NF, so ist das transitiv abhängige Attribut aus der Relation zu entfernen. Abb. 4.5.3 illustriert, wie die ein 3NF-Kriterium verletzende Relation PERSON-2NF in die 3NF-Relationen PERSON und ABTEILUNG aufzuspalten ist.

Man beachte, dass das Attribut A# in der Relation ABTEILUNG als *Primärschlüssel*, in der Relation PERSON aber als *Fremdschlüssel* erscheint. Damit

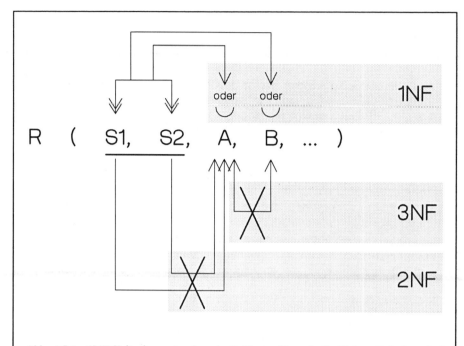

Abb. 4.5.1 3NF-Kriterium. In einer in 3. Normalform befindlichen Relation sind alle nicht dem Schlüssel angehörenden Attribute funktional abhängig vom Gesamtschlüssel, nicht aber von Schlüsselteilen. Ferner sind keine funktionalen Abhängigkeiten zwischen Attributen erlaubt, die nicht als Schlüsselkandidaten qualifizieren.

sind die Tupel der Relation PERSON und jene der Relation ABTEILUNG wie folgt an einer (1:M)-Abbildung beteiligt:

$$\text{ABTEILUNG} \longleftrightarrow\!\!\!\!\rightarrow \text{PERSON}$$

Dies entspricht aber vollumfänglich den unserer Problemstellung zugrunde liegenden Feststellungen 3 (eine Person ist in einer Abteilung tätig) sowie 8 (in einer Abteilung sind mehrere Personen beschäftigt).

Was die mit der Relation PERSON-2NF noch möglich gewesenen Speicheranomalien anbelangt, so illustriert Abb. 4.5.4, dass die 3NF-Relation ABTEILUNG die Feststellung, derzufolge eine Abteilung immer nur *einen* Namen aufweist, nicht zu verletzen erlaubt.

Abb. 4.5.5 zeigt zusammenfassend alle 3NF-Relationen, die für das Abteilungen-Personen-Produkte-Beispiel erforderlich sind.

In der Regel ist es naheliegend, wie eine die 3. Normalform verletzende Relation aufzuspalten ist. Es kann aber Fälle geben, bei denen man versucht sein könnte,

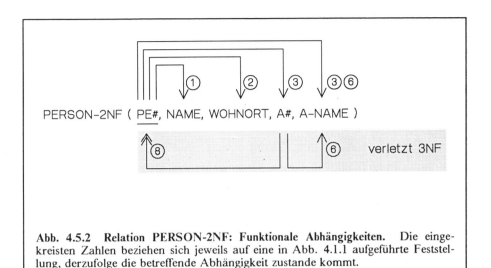

Abb. 4.5.2 Relation PERSON-2NF: Funktionale Abhängigkeiten. Die eingekreisten Zahlen beziehen sich jeweils auf eine in Abb. 4.1.1 aufgeführte Feststellung, derzufolge die betreffende Abhängigkeit zustande kommt.

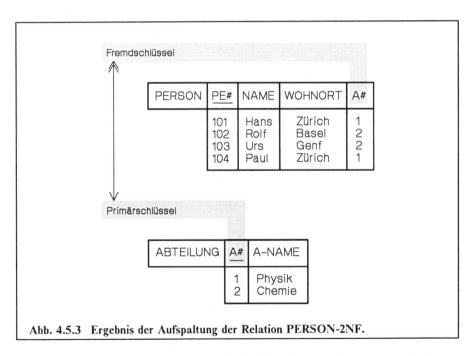

Abb. 4.5.3 Ergebnis der Aufspaltung der Relation PERSON-2NF.

für die Aufspaltung verschiedene Möglichkeiten in Betracht zu ziehen. Ein derartiger Fall soll im folgenden diskutiert werden.

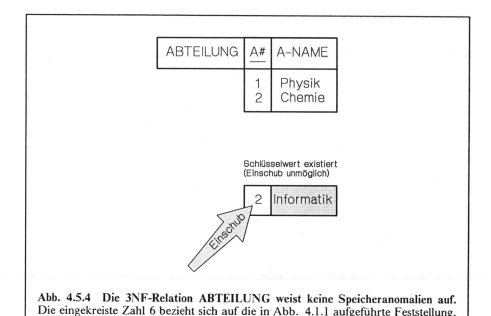

Abb. 4.5.4 Die 3NF-Relation ABTEILUNG weist keine Speicheranomalien auf. Die eingekreiste Zahl 6 bezieht sich auf die in Abb. 4.1.1 aufgeführte Feststellung, derzufolge eine Abteilung nur *einen* Namen aufweist.

B. Wie ist eine die 3NF verletzende Relation aufzuspalten?

Gegeben sei die Relation:

```
PRODUKTION ( PR#, MA#, MI# )
              p1   ma1   mi1
              p2   ma1   mi1
              p3   ma2   mi1
```

Das Tupel

$$< p1, ma1, mi1 >$$

besagt, dass das Produkt *p1* auf der Maschine *ma1* vom Mitarbeiter *mi1* hergestellt wird. Bezüglich der Realität wird festgestellt:

1. Die Herstellung eines Produktes erfordert immer nur eine Maschine, aber mit einer Maschine sind mehrere Produkte herzustellen, formal:

$$\text{P-MA:} \quad \text{PR\#} \longleftrightarrow \text{MA\#}$$

2. Die Herstellung eines Produktes erfordert immer nur einen Mitarbeiter, aber ein Mitarbeiter kann mehrere Produkte herstellen, formal:

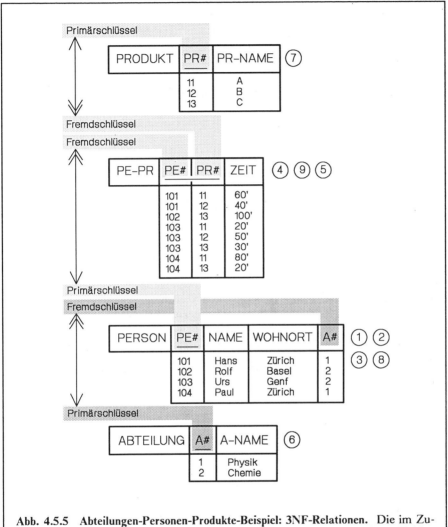

Abb. 4.5.5 Abteilungen-Personen-Produkte-Beispiel: 3NF-Relationen. Die im Zusammenhang mit einer Relation in Erscheinung tretenden eingekreisten Zahlen deuten an, welche der in Abb. 4.1.1 aufgeführten Feststellungen mit der betreffenden Relation problemlos festzuhalten sind.

$$\text{P-MI:} \quad \text{PR\#} \longleftrightarrow \text{MI\#}$$

3. Die Bedienung einer Maschine erfordert immer nur einen Mitarbeiter, aber ein Mitarbeiter kann mehrere Maschinen bedienen, formal:

$$\text{MA-MI:} \quad \text{MA\#} \longleftrightarrow \text{MI\#}$$

Man beachte, dass die Tupel der Relation PRODUKTION die vorerwähnten Abbildungen im Moment respektieren.

Die Relation PRODUKTION verletzt die 3. Normalform, bewirken doch die oben erwähnten Realitätsbeobachtungen, dass zwischen den Attributen der Relation folgende Abhängigkeiten vorliegen:

$$PR\# \longrightarrow MA\# \quad \text{(1. Realitätsbeobachtung)}$$

$$MA\# \not\longrightarrow PR\# \quad \text{(1. Realitätsbeobachtung)}$$

$$MA\# \longrightarrow MI\# \quad \text{(3. Realitätsbeobachtung)}$$

Damit ist aber das Attribut MI# vom Attribut PR# *transitiv abhängig*. Tatsächlich lässt sich die Relation PRODUKTION aufgrund von Speicheroperationen in einen Zustand überführen, der nicht mehr mit den getätigten Realitätsbeobachtungen übereinstimmt. So würde beispielsweise ein Einschub des Tupels

$$< p4, ma2, mi2 >$$

bewirken, dass die Maschine *ma2* plötzlich von mehreren Mitarbeitern bedient wird, was aber der 3. Realitätsbeobachtung zuwiderläuft. Der Einschub besagten Tupels ist durchaus legal, weist doch das eingeschobene Tupel mit *p4* einen noch nicht existierenden Schlüsselwert auf.

Für die Normalisierung der Relation PRODUKTION könnte man nun grundsätzlich versucht sein, folgende Möglichkeiten in Betracht zu ziehen:

1. Version

```
P-MA ( PR#, MA# )              MA-MI ( MA#, MI# )
        pl    mal                      mal   mil
        p2    mal                      ma2   mil
        p3    ma2
```

2. Version

```
P-MA ( PR#, MA# )              P-MI  ( PR#, MI# )
        pl    mal                      pl    mil
        p2    mal                      p2    mil
        p3    ma2                      p3    mil
```

3. Version

```
P-MI ( PR#, MI# )              MA-MI ( MA#, MI# )
        pl    mil                      mal   mil
        p2    mil                      ma2   mil
        p3    mil
```

Offensichtlich sind die vorerwähnten Relationen allesamt in 3. Normalform. Trotzdem sind mit der 2. und der 3. Version gewisse Realitätsbeobachtungen zu verletzen. So wäre es beispielsweise mit der 2. Version möglich, in die Relation P-MA das Tupel

$$< p4, ma2 >$$

und in die Relation P-MI das Tupel

$$< p4, mi2 >$$

einzuschieben. Diese Einschübe hätten aber zur Folge, dass die Maschine *ma2* bei der Herstellung des Produktes *p3* vom Mitarbeiter *mi1* und bei der Herstellung des Produktes *p4* vom Mitarbeiter *mi2* bedient wird, was wiederum eine Verletzung der 3. Realitätsbeobachtung zur Folge hätte.

Die 3. Version ist insofern problematisch, als die beiden Relationen P-MI und MA-MI nicht den gleichen Informationsgehalt aufweisen wie die ursprüngliche Relation PRODUKTION. Würde man nämlich die genannten Relationen verschmelzen, so kämen folgende Tupel zustande:

```
      < pl, mal, mil >
  →   < pl, ma2, mil >
      < p2, mal, mil >
  →   < p2, ma2, mil >
  →   < p3, mal, mil >
      < p3, ma2, mil >
```

Nachdem die mit → gekennzeichneten Tupel in der ursprünglichen Relation nicht enthalten sind, weisen die der 3. Version angehörenden Tupel einen Informationsgehalt auf, der eben *nicht* jenem der Relation PRODUKTION entspricht.

Die für die 2. und 3. Version diskutierten Probleme treten bei der 1. Version nicht auf. So lässt sich leicht nachweisen, dass die der 1. Version angehörenden Relationen den gleichen Informationsgehalt aufweisen wie die ursprüngliche Relation PRODUKTION. Desgleichen lässt sich zeigen, dass keine Speicheroperationen denkbar sind, mit denen zu bewirken ist, dass eine Maschine plötzlich von mehreren Mitarbeitern bedient wird.

Anmerkung für mathematisch interessierte Leser: In der 1. Version werden mit den Relationen P-MA und MA-MI die Funktionen

$$F1: \quad PR\# \longrightarrow MA\#$$

$$F2: \quad MA\# \longrightarrow MI\#$$

festgehalten. Daraus lässt sich aber die der 3. Realitätsbeobachtung zugrunde liegende Funktion

$$\text{F3:} \quad PR\# \longrightarrow MI\#$$

ableiten, stellt letztere doch die Produktfunktion von F1 und F2 dar.

Worin unterscheiden sich nun aber die zu Problemen Anlass gebenden Versionen 2 und 3 von der korrekten Version 1? Die Antwort lautet, dass die problembehafteten Versionen die Relation

```
P-MI ( PR#, MI# )
```

enthalten, also eine Relation mit Attributen, die in der ursprünglichen Relation transitiv voneinander abhängig sind. (Zur Erinnerung: in der Relation PRODUKTION ist das Attribut MI# vom Attribut PR# transitiv abhängig.)

Man beachte daher:

Bei der Normalisierung einer die 3. Normalform verletzenden Relation ist darauf zu achten, dass bei der Aufspaltung keine Relationen mit Attributen entstehen, die in der ursprünglichen Relation transitiv voneinander abhängig sind (siehe Abb. 4.5.6).

Normalerweise geht man davon aus, dass eine 3NF-Relation keine Datenredundanz aufweist und damit auch keine Anomalien in Speicheroperationen zulässt. Diese Annahme trifft für die Praxis weitgehend zu, obschon es grundsätzlich möglich ist, Relationen zu definieren, welche die 3. Normalform respektieren und trotzdem zu Anomalien in Speicheroperationen Anlass geben. Derartige Relationen verletzen die *4.* oder allenfalls die *5. Normalform* [2, 22, 42].

Wir zeigen im folgenden anhand eines Beispiels, welche Annahmen zu treffen sind, damit eine Relation die Kriterien der 3., nicht aber jene der 4. oder 5. Normalform respektiert. In der Einleitung zu diesem Kapitel haben wir bereits darauf hingewiesen, dass die diesbezüglichen Überlegungen zwar theoretisch interessant, für die Praxis aber kaum von Bedeutung sind. Dies gilt vor allem dann, wenn man sich an das Prinzip der *Relationssynthese* hält, welches in Kapitel 5 zur Sprache kommt. Dies bedeutet aber, dass Leser, die nur an praktischen Überlegungen interessiert sind, die Abschnitte 4.6 (4. Normalform) und 4.7 (5. Normalform) überspringen können, ohne befürchten zu müssen, den Anschluss zu verpassen. Die Abschnitte 4.8 und 4.9 sollten aber so oder so zur Kenntnis genommen werden.

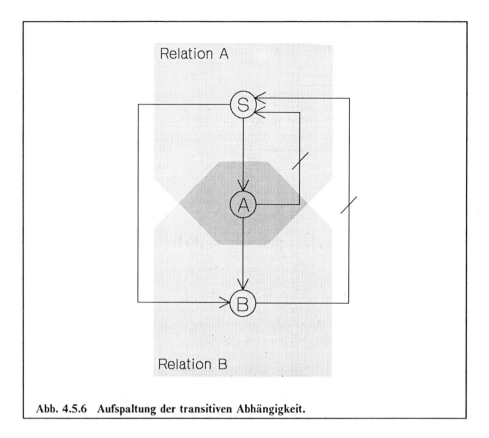

Abb. 4.5.6 Aufspaltung der transitiven Abhängigkeit.

4.6 Die 4. Normalform

Wir wollen im folgenden zunächst eine Relation kreieren, welche die 3. Normalform respektiert, aber trotzdem zu Problemen Anlass gibt. Anschliessend kommen wir auf das Prinzip der *mehrwertigen Abhängigkeit* zu sprechen und diskutieren die damit einhergehenden Probleme. Schliesslich wird das Prinzip der *vierten Normalform* dargelegt, mit welcher die angedeuteten Probleme zu bereinigen sind. Zunächst also zu einer 3NF-Relation, die immer noch zu Problemen Anlass gibt:

A. Zu Problemen Anlass gebende 3NF-Relation

Für die Konstruktion einer zu Problemen Anlass gebenden 3NF-Relation gehen wir von den im oberen Teil von Abb. 4.6.1 gezeigten Relationen SPRICHT und PRODUZIERT aus. Die Relation SPRICHT sagt aus, dass eine Person (repräsentiert aufgrund einer PE#) in der Regel mehrere Sprachen spricht, und dass eine Sprache in der Regel von mehreren Personen gesprochen wird. Die Relation reflektiert also die (M:M)-Abbildung

$$PE\# \twoheadleftarrow\!\!\longrightarrow\!\!\twoheadrightarrow SPRACHE$$

Demgegenüber sagt die Relation PRODUZIERT aus, dass eine Person in der Regel mehrere Produkte produziert, und dass ein Produkt in der Regel von mehreren Personen produziert wird. Die Relation reflektiert also die (M:M)-Abbildung

$$PE\# \twoheadleftarrow\!\!\longrightarrow\!\!\twoheadrightarrow PR\#$$

Wesentlich ist, dass PE# in beiden Relationen komplex mit einem anderweitigen Begriff assoziiert ist, und dass beide Assoziationen voneinander unabhängig sind.

Im unteren Teil von Abb. 4.6.1 ist eine Relation PERSON zu erkennen, die aus einer Verschmelzung der Relationen SPRICHT und PRODUZIERT hervorgegangen ist. Jedes Tupel der Relation PERSON kommt aufgrund einer Kombination eines Tupels in SPRICHT und eines die gleiche PE# aufweisenden Tupels in PRODUZIERT zustande. Man spricht in diesem Zusammenhang von einer *natürlichen Verbundoperation* oder englisch von einem *Natural Join* (siehe Anhang A.3). Die Relation PERSON reflektiert damit den gleichen Informationsgehalt wie die beiden Relationen SPRICHT und PRODUZIERT.

Man beachte, dass die Tupel der Relation PERSON nur dann eindeutig zu identifizieren sind, wenn mit einem Schlüssel gearbeitet wird, der sich aus allen

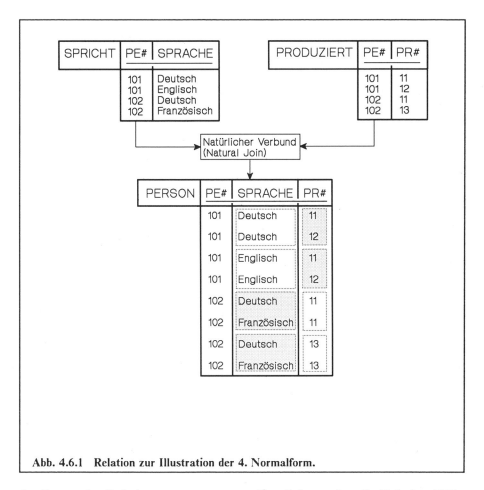

Abb. 4.6.1 Relation zur Illustration der 4. Normalform.

Attributen der Relation zusammensetzt. Damit kann aber die Relation PER-SON die 3. Normalform unter keinen Umständen verletzen.

Ferner ist zu beachten, dass für jede von einer bestimmten Person (z.B. *101*) gesprochenen Sprache eine identische Menge von PR#-Werten (im Falle der Person *101* nämlich die Menge {*11, 12*}) erscheint. Trifft diese Bedingung jederzeit für alle Personen zu, so sagt man, dass das Attribut PR# vom Attribut PE# *mehrwertig abhängig* ist (englisch: PR# is *multi valued dependent* on PE# oder: PE# *multi determines* PR#). Formal ist diese mehrwertige Abhängigkeit wie folgt festzuhalten:

$$PE\# \to \to PR\#$$

Wir wollen im folgenden das Prinzip der mehrwertigen Abhängigkeit allgemeiner formulieren und anschliessend die damit einhergehenden Probleme diskutieren.

B. Was versteht man unter mehrwertiger Abhängigkeit?

In einer Relation

$$R\ (\ \underline{A,\ B,\ C}\ )$$

ist das Attribut C vom Attribut A *mehrwertig abhängig*, falls zu einem A-Wert, für jede Kombination dieses A-Wertes mit einem B-Wert, eine identische Menge von C-Werten erscheint.

Was die in Abb. 4.6.1 gezeigte Relation PERSON betrifft, so weist diese neben der bereits diskutierten mehrwertigen Abhängigkeit

$$PE\# \twoheadrightarrow \twoheadrightarrow PR\#$$

eine zweite mehrwertige Abhängigkeit auf. Dies, weil für jedes von einer bestimmten Person (z.B. *102*) produzierte Produkt eine identische Menge von Sprachen (im Falle der Person *102* nämlich die Menge {*Deutsch, Französisch*}) zu erkennen ist. Demzufolge gilt:

$$PE\# \twoheadrightarrow \twoheadrightarrow SPRACHE.$$

Mehrwertige Abhängigkeiten erscheinen in einer Relation übrigens immer paarweise.

Fest steht: die beiden Relationen SPRICHT und PRODUZIERT ermöglichen eine individuelle Behandlung der *unabhängigen* komplexen Assoziationen

$$PE\# \longrightarrow\!\!\!\!\rightarrow SPRACHE$$

$$PE\# \longrightarrow\!\!\!\!\rightarrow PR\#$$

Die Relation PERSON reflektiert die Unabhängigkeit dieser Assoziationen solange, als sie das Ergebnis einer die Relationen SPRICHT und PRODUZIERT involvierenden Verbundoperation darstellt. Mit andern Worten: Die Relation PERSON reflektiert die Unabhängigkeit der komplexen Assoziationen solange, als die oben erwähnten mehrwertigen Abhängigkeiten zutreffen. Gerade das ist aber mit der Relation PERSON nicht zu gewährleisten. Zwei Beispiele mögen diese Aussage illustrieren:

Man nehme an, dass die Person *101* das Produkt *11* nicht mehr produziert. Eine korrekte Berücksichtigung dieses Sachverhaltes würde bedingen, dass in der Relation PERSON die Tupel

< 101, Deutsch, 11 >

< 101, Engl.,   11 >

gelöscht würden. Jede partielle (aber durchaus mögliche) Löschung der obgenannten Tupel hätte zur Folge, dass die mehrwertigen Abhängigkeiten nicht mehr zutreffen.

Ein zweites Beispiel: Man nehme an, die Person *102* habe sich englische Sprachkenntnisse angeeignet. Eine korrekte Berücksichtigung dieses Sachverhaltes erfordert, dass die Tupel

< 102, Engl., 11 >

< 102, Engl., 13 >

in die Relation PERSON einzubringen sind. Jede partielle (aber durchaus mögliche) Einbringung der obgenannten Tupel hätte zur Folge, dass die mehrwertigen Abhängigkeiten in PERSON nicht mehr zutreffen.

Die Relation PERSON lässt sich demzufolge in einen Zustand überführen, der die beiden unabhängigen, den gleichen Entitätstyp betreffenden komplexen Assoziationen

$$PE\# \longrightarrow\hspace{-0.5em}\rightarrow SPRACHE$$

$$PE\# \longrightarrow\hspace{-0.5em}\rightarrow PR\#$$

nicht mehr korrekt reflektiert.

Doch nun zur Frage:

C. Was kennzeichnet eine 4NF-Relation?

Eine Relation ist in 4NF, falls sie in 3NF ist und für einen Entitätstyp nicht zwei (oder mehr) unabhängige komplexe Assoziationen festhält.

Mit andern Worten:

Eine Relation ist in 4NF, falls sie in 3NF ist und keine mehrwertigen Abhängigkeiten aufweist.

Zu beachten ist, dass die 4. Normalform nur dann zu verletzen ist, wenn eine Relation mindestens zwei unabhängige, den gleichen Entitätstyp betreffende komplexe Assoziationen festhält.

Verletzt eine Relation die 4. Normalform, so sind die paarweise auftretenden mehrwertigen Abhängigkeiten aufzuspalten. Die Relation

$$\text{PERSON (} \underline{\text{PE\#, SPRACHE, PR\#}} \text{)}$$

müsste demzufolge durch die beiden Relationen

$$\text{SPRICHT (} \underline{\text{PE\#, SPRACHE}} \text{)}$$

$$\text{PRODUZIERT (} \underline{\text{PE\#, PR\#}} \text{)}$$

ersetzt werden.

Es ist hier mit Nachdruck darauf hinzuweisen, dass die Relation PERSON nur dann zu Problemen Anlass gibt, wenn die oben erwähnten *unabhängigen*, den gleichen Entitätstyp betreffenden komplexen Assoziationen festzuhalten sind. Unterstellen wir beispielsweise, dass eine Person für die Herstellung eines Produktes gewisser Sprachkenntnisse bedarf (würde es sich also bei den vorerwähnten komplexen Assoziationen nicht um *unabhängige* Assoziationen handeln), so wäre dieser Sachverhalt im Normalfall nur mit einer Relation festzuhalten, die der in Abb. 4.6.1 gezeigten Relation PERSON entspricht − es sei denn, es handle sich zufälligerweise um eine Relation, welche die 5. Normalform verletzt.

4.7 Die 5. Normalform

Anmerkung: es empfiehlt sich, die Ausführungen dieses Kapitels erst dann zur Kenntnis zu nehmen, nachdem man sich mit der übrigen Materie etwas vertraut gemacht hat.

Abb. 4.7.1 zeigt eine Relation PERSON-MOD, die sich von der in Abb. 4.6.1 aufgeführten Relation PERSON nur insofern unterscheidet, als das Tupel

$$< 102, \text{Französisch}, 13 >$$

fehlt. Wir unterstellen, dass die Relation PERSON-MOD in Ordnung ist; d.h. es geht — anders als bei der in Abb. 4.6.1 gezeigten Relation PERSON — *nicht* darum, zwei unabhängige, den gleichen Entitätstyp betreffende komplexe Assoziationen festzuhalten. Damit respektiert die Relation PERSON-MOD aber die 4NF.

PERSON-MOD	PE#	SPRACHE	PR#
	101	Deutsch	11
	101	Deutsch	12
	101	Englisch	11
	101	Englisch	12
	102	Deutsch	11
	102	Französisch	11
	102	Deutsch	13

Abb. 4.7.1   Relation zur Illustration der 5. Normalform.

Abb. 4.7.2 verdeutlicht, dass mit einer Zerlegung der Relation PERSON-MOD in die *zwei* Relationen

SPRICHT (<u>PE#, SPRACHE</u>)   und

PRODUZIERT (<u>PE#, PR#</u>)

die ursprüngliche Relation PERSON-MOD nicht mehr zu rekonstruieren ist, ergibt doch eine Verschmelzung (also der *natürliche Verbund*) der Relationen

SPRICHT und PRODUZIERT ein Tupel, das in der ursprünglichen Relation
PERSON-MOD nicht enthalten ist.

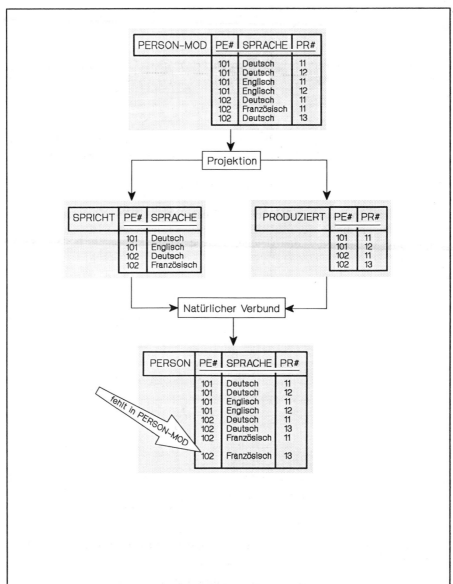

Abb. 4.7.2 Relation zur Illustration der 5. Normalform. Die Abbildung illustriert,
dass bei einer Zerlegung der Relation PERSON-MOD in die *zwei* Relationen
SPRICHT und PRODUZIERT die ursprüngliche Relation nicht mehr zu rekonstruieren ist.

Wird hingegen − wie in Abb. 4.7.3 gezeigt − die Relation PERSON-MOD in die *drei* Relationen

```
SPRICHT ( PE#, SPRACHE )

PRODUZIERT ( PE#, PR# )

SP-PR ( SPRACHE, PR# )
```

zerlegt, so ist die ursprüngliche Relation aufgrund einer Verschmelzung der drei obgenannten Relationen ohne weiteres rekonstruierbar.

Die Abb. 4.7.2 und Abb. 4.7.3 beweisen, dass es Relationen gibt, die sich ohne Informationsverlust nur in *drei* (nicht aber *zwei*) Relationen zerlegen lassen. Dieser Sachverhalt wurde erstmals von Aho, Beeri, Ullman [2] sowie Nicolas [32] beschrieben. In der Folge wurden die dem vorstehend geschilderten Phänomen zugrunde liegenden Gesetzmässigkeiten wie folgt zu Papier gebracht:

Die Tatsache, derzufolge die Relation PERSON-MOD nur aufgrund einer Verschmelzung der Relationen SPRICHT, PRODUZIERT sowie SP-PR rekonstruierbar ist, bedeutet:

Falls die Tupel

```
< 101, Deutsch >          in SPRICHT

< 101,          11 >      in PRODUZIERT

      < Deutsch, 11 >     in SP-PR
```

enthalten sind, dann *muss* das Tupel

```
< 101, Deutsch, 11 >      in PERSON-MOD
```

vorzufinden sein.

Die geschilderte Gesetzmässigkeit lässt sich wie folgt auf die Relation PERSON-MOD umsetzen (das nachstehend verwendete Zeichen * bedeutet: an dieser Stelle ist ein beliebiger Wert denkbar):

Falls die Tupel

```
< 101, Deutsch, * >       und

< 101,    *  , 11 >       und

<  * , Deutsch, 11 >      in PERSON-MOD
```

enthalten sind, dann *muss* auch das Tupel

```
< 101, Deutsch, 11 >      in PERSON-MOD
```

enthalten sein.

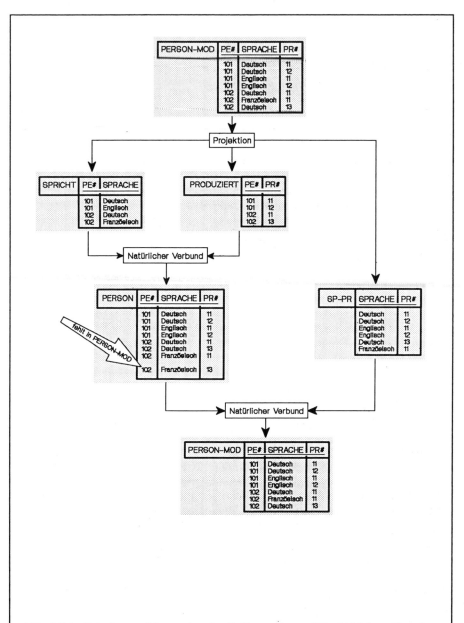

Abb. 4.7.3 Relation zur Illustration der 5. Normalform. Die Abbildung illustriert, dass bei einer Zerlegung der Relation PERSON-MOD in die *drei* Relationen SPRICHT, PRODUZIERT und SP-PR die ursprüngliche Relation zu rekonstruieren ist.

Die vorstehend geschilderte Gestzmässigkeit wird *Verbundabhängigkeit* (englisch: *Join Dependency*) genannt. Auf die Relation PERSON-MOD bezogen würde man sagen: Die Relation PERSON-MOD erfüllt die Verbundabhängigkeit (Join Dependency)

JD * (SPRICHT, PRODUZIERT, SP-PR)

Die Verbundabhängigkeit besagt, dass die Relation PERSON-MOD mittels einer Verschmelzung der Relationen SPRICHT, PRODUZIERT und SP-PR zu konstruieren ist. Wesentlich ist dabei, dass die an der Verschmelzung beteiligten Relationen allesamt *unterschiedliche Schlüssel* aufweisen.

Ist es ratsam, mit einer Relation zu arbeiten, welche eine Verbundabhängigkeit zu gewährleisten hat? Die nachfolgenden Beispiele illustrieren, dass derartige Relationen mittels Speicheroperationen in Zustände zu überführen sind, welche die Verbundabhängigkeit nicht mehr respektieren.

1. Beispiel

Aufgrund einer Verschmelzung der Relationen

```
SPRICHT(PE#, SPRACHE)    PROD(PE#, PR#)    SP-PR(SPRACHE, PR#)
        101  Deutsch          101  11          Deutsch  12
        101  Engl.            101  12          Engl.    11
```

erhalten wir folgende, die Verbundabhängigkeit respektierende Relation:

```
        PERSON-MOD ( PE#, SPRACHE, PR# )
                     101  Deutsch  12
                     101  Engl.    11
```

Nun werde das Tupel

```
        < 102, Deutsch, 11 >
```

eingebracht. Soll die Verbundabhängigkeit erhalten bleiben, so bedingt die geschilderte Operation auch den Einschub des Tupels

```
        < 101, Deutsch, 11 >
```

2. Beispiel

Aufgrund einer Verschmelzung der Relationen

```
SPRICHT(PE#, SPRACHE)    PROD(PE#, PR#)    SP-PR(SPRACHE, PR#)
        101  Deutsch          101  11          Deutsch  11
        101  Engl.            101  12          Deutsch  12
        102  Deutsch          102  11          Engl.    11
```

erhalten wir folgende, die Verbundabhängigkeit respektierende Relation:

```
PERSON-MOD ( PE#, SPRACHE, PR# )
           101   Deutsch   12
           101   Engl.     11
           102   Deutsch   11
           101   Deutsch   11
```

Nun werde das Tupel

```
< 101, Deutsch, 11 >
```

gelöscht. Soll die Verbundabhängigkeit erhalten bleiben, so bedingt der geschilderte Vorgang auch die Löschung des Tupels

```
< 101, Deutsch, 12 >    oder

< 101, Engl.,   11 >    oder

< 102, Deutsch, 11 >
```

Die in 4. Normalform befindliche Relation PERSON-MOD ist also aufgrund von Speicheroperationen in einen Zustand zu überführen, der die Verbundabhängigkeit

$$JD * (SPRICHT, PRODUZIERT, SP-PR)$$

verletzt. Ist die Erhaltung der vorstehenden Verbundabhängigkeit erwünscht, so sollte die Relation PERSON-MOD in die den gleichen Informationsgehalt aufweisenden Relationen

```
SPRICHT ( PE#, SPRACHE )

PRODUZIERT ( PE#, PR# )

SP-PR ( SPRACHE, PR# )
```

zerlegt werden. Damit ergibt sich aber auch die Berechtigung für die nachstehend definierte 5. Normalform:

Eine Relation ist in 5NF, wenn sie unter keinen Umständen aufgrund einer Verschmelzung einfacherer (d.h. weniger Attribute aufweisender) Relationen mit *unterschiedlichen* Schlüsseln konstruierbar ist.

Wir wollen im folgenden einige der Relationen, denen wir im Verlaufe unserer Normalisierungsüberlegungen begegnet sind, hinsichtlich der Einhaltung der 5. Normalform analysieren.

● Die im vorliegenden Abschnitt diskutierte Relation

> PERSON-MOD (<u>PE#, SPRACHE, PR#</u>)

ist aufgrund einer Verschmelzung der einfacheren Relationen

> SPRICHT (<u>PE#, SPRACHE</u>)
>
> PRODUZIERT (<u>PE#, PR#</u>)
>
> SP-PR (<u>SPRACHE, PR#</u>)

zu konstruieren. Nachdem diese einfacheren Relationen *unterschiedliche* Schlüssel aufweisen, verletzt die Relation PERSON-MOD die 5. Normalform.

● Die in Abschnitt 4.4. diskutierte Relation

> PERSON-2NF (<u>PE#</u>, NAME, WOHNORT, A#, A-NAME)

(siehe auch Abb. 4.4.5) ist aufgrund einer Verschmelzung der einfacheren Relationen

> R1 (<u>PE#</u>, NAME)
>
> R2 (<u>PE#</u>, WOHNORT)
>
> R3 (<u>PE#</u>, A#)
>
> R4 (<u>A#</u>, A-NAME)

zu konstruieren. Nachdem diese einfacheren Relationen mindestens z.T. *unterschiedliche* Schlüssel aufweisen, verletzt die Relation PERSON-2NF die 5. Normalform.

Nun aber zu den in Abschnitt 4.5 erhaltenen 3NF-Relationen (siehe auch Abb. 4.5.5).

● Die Relationen

> PRODUKT (<u>PR#</u>, PR-NAME)
>
> PE-PR (<u>PE#, PR#</u>, ZEIT)
>
> ABTEILUNG (<u>A#</u>, A-NAME)

lassen sich *nicht* aufgrund einer Verschmelzung einfacherer Relationen konstruieren. Demzufolge sind die genannten Relationen in 5. Normalform.

● Die Relation

> PERSON (<u>PE#</u>, NAME, WOHNORT, A#)

ist aufgrund einer Verschmelzung der einfacheren Relationen

```
R1 ( PE#, NAME )

R2 ( PE#, WOHNORT )

R3 ( PE#, A# )
```

zu konstruieren. Nachdem diese Relationen *identische* Schlüssel aufweisen, ist die Relation PERSON in 5NF.

Damit steht fest, dass die in Abb. 4.5.5 gezeigten Relationen allesamt nicht nur die 3. sondern auch die 5. Normalform respektieren.

Allerdings: wie in der Praxis ausfindig zu machen ist, ob eine Relation die 5NF verletzt, ist selbst den Erfindern besagter Normalform unklar. Der Grund dafür ist im Umstand zu suchen, dass es schwer fällt, den der 5. Normalform zugrunde liegenden Gesetzmässigkeiten eine *realitätsbezogene Interpretation* zu geben. Date [19] formuliert es so: "... discovering all join dependencies is a nontrivial operation. That is, whereas it is relatively easy to find functional dependencies and multi valued dependencies (because they have a fairly straightforward real-world interpretation), the same cannot be said for a join dependency (because the intuitive meaning of such a join dependency is far from straightforward). Hence the process of determining when a given relation is 4NF but not 5NF (and so could probably be decomposed to advantage) is still unclear. It is tempting to suggest that such relations are pathological cases and likely to be rare in practice."

4.8 Volle oder partielle Normalisierung?

Es wird in der Praxis immer wieder der Einwand vorgebracht, dass eine voll normalisierte Datenstruktur gegenüber einer nur partiell normalisierten

- mehr Speicherplatz erfordert

- umständlicher zu handhaben ist

- eine erhöhte Maschinenbelastung zur Folge hat

Wir wollen diesen Einwänden im folgenden nachgehen und konzentrieren uns zu diesem Zweck zunächst auf den Aspekt:

A. Speicherbedarf bei voller Normalisierung

Erfordern voll normalisierte Datenstrukturen tatsächlich mehr Speicher als partiell normalisierte? Wir beantworten die Frage pragmatisch und ermitteln zu diesem Zweck den Platzbedarf der in Abb. 4.3.2 gezeigten 1NF-Relation und jenen der in Abb. 4.5.5 aufgeführten, den gleichen Informationsgehalt reflektierenden voll normalisierten Relationen. Für unsere Berechnungen unterstellen wir beispielshalber, dass die Entitätsschlüssel PE#, PR# und A# wie auch das Attribut ZEIT jeweils 5 Bytes erfordern, während für alle übrigen Attribute (also NAME, WOHNORT, PR-NAME und A-NAME) jeweils 20 Bytes vorzusehen sind. Mit diesen Annahmen ergibt sich für die in Abb. 4.3.2 gezeigte 1NF-Relation ein Platzbedarf von insgesamt 800 Bytes, während für die in Abb. 4.5.5 aufgeführten voll normalisierten Relationen lediglich 445 Bytes erforderlich sind. Zugegeben: Unsere Berechnungen sind mit Vorsicht zu geniessen, haben wir doch insbesondere vernachlässigt, dass neben den eigentlichen Datenstrukturen auch eine Hilfsorganisation (Indices, Eintragungen im Katalog, etc.) erforderlich ist. Immerhin ist deutlich geworden, dass eine volle Normalisierung in der Regel eher weniger als mehr Speicherplatz erfordert.

Damit aber zum nächsten Aspekt:

B. Datenmanipulationsaufwand bei voller Normalisierung

Echte relationale Datenbankmanagementsysteme bieten die Möglichkeit, für einen Benützer der Datenbank mehrere Relationen zusammenzufassen und in Form einer sogenannten *View* zur Verfügung zu stellen (siehe auch Anhang A.3). Auf unser Beispiel bezogen wäre es also durchaus denkbar, dass ein Benützer der Datenbank mit der in Abb. 4.3.2 gezeigten 1NF-Relation arbeitet, während dem System für die Speicherung der Daten die in Abb. 4.5.5 gezeigten, die Datenintegrität gewährleistenden voll normalisierten Relationen zur Verfügung stehen. Demzufolge ist der Einwand, voll normalisierte Relationen seien aufwendiger zu handhaben, nur dann berechtigt, wenn das zur Verfügung stehende relationale Datenbankmanagementsystem das View-Konzept nicht unterstützt.

Und damit zum letzten Aspekt:

C. Maschinenbelastung bei voller Normalisierung

Die Ermittlung einer View erfolgt in der Regel dynamisch (d.h. zur Ausführungszeit) und belastet die Maschine. Der Einwand, voll normalisierte Datenstrukturen hätten eine erhöhte Maschinenbelastung zur Folge, ist also nicht von der Hand zu weisen. Nun sind wir aber der Meinung, dass man − zumindest bei langfristiger Disponierung − einer erhöhten Maschinenbelastung wegen nicht auf die Vorteile einer voll normalisierten Datenstruktur verzichten sollte. Dies, weil man mit Sicherheit davon ausgehen darf, dass sich das Preis-Leistungsverhältnis informationstechnologischer Produkte noch einige Zeit im gewohnten Ausmass verbessern wird.

Zur Erinnerung: Voll normalisierte Datenstrukturen weisen folgende Vorteile auf:

- Sie weisen keine *Redundanz* auf

- Sie weisen keine *Anomalien in Speicheroperationen* auf (Anomalien sind Schwierigkeiten, die bei Einschub-, Lösch- und Modifikationsoperationen auftreten können)

- Sie halten einen Realitätsausschnitt einwandfrei entsprechend der vom Designer getätigten Beobachtungen fest und zwar dergestalt, dass besagte Beobachtungen keinesfalls aufgrund von Speicheroperationen zu verletzen sind

- Sie lassen sich wie eine präzise, verbale Realitätsbeschreibung interpretieren

- Sie sind nur definierbar, wenn der Designer der Relationen den zu definierenden Realitätsausschnitt *systematisch hinterfrägt*. Dies hat zur Folge, dass verschiedenenorts definierte, den gleichen Realitätsausschnitt betreffende Datenstrukturen weitgehend übereinstimmen

---

Kann der vorstehenden Argumentation nicht zugestimmt werden, sollte man in der Entwurfsphase trotz allem eine voll normalisierte Datenstruktur anstreben. Entschliesst man sich bei der Implementierung − aus was für Gründen auch immer − Kompromisse einzugehen, so weiss man wenigstens, wo man im Betrieb mit Schwierigkeiten wird rechnen müssen.

Damit wollen wir die Diskussion bezüglich der Normalisierungskriterien abschliessen, nicht ohne allerdings darauf hinzuweisen, dass Verletzungen der 4.
Normalform mit der im 5. Kapitel diskutierten *Relationssynthese* nicht möglich
sind. Dies, weil das zur Diskussion stehende Verfahren niemals dazu verleitet,
Relationen zu definieren, die für einen Entitätstyp zwei (oder mehr) *unabhängige
komplexe Assoziationen* festzuhalten haben. Was die 5. Normalform anbelangt,
so meinen wir, dass die diesbezüglichen Überlegungen theoretisch zwar interessant, für die Praxis aber mangels geeigneter Interpretationsmöglichkeiten kaum
von Bedeutung sind. Das in Abb. 4.5.1 gezeigte Schema (gelegentlich wird in
diesem Zusammenhang von einem *"Kochrezept"* gesprochen) genügt also voll-
auf, um in der Praxis zu problemlosen Relationen zu kommen. Wenn hinfort
von *voll normalisierten Relationen* die Rede ist, dann sind Relationen gemeint,
welche die in Abb. 4.5.1 festgehaltenen Kriterien respektieren. In den allermei-
sten Fällen werden diese Relationen aber auch die Kriterien der 4. und der 5.
Normalform respektieren.

4.9 Die Beziehungsintegrität

Obschon die in Abb. 4.5.5 gezeigten Relationen alle Normalisierungskriterien respektieren, können immer noch gravierende Probleme auftreten. Allerdings lassen sich diese Probleme nicht mit weiteren Normalisierungsregeln beheben. Insofern gehören die vorliegenden Überlegungen eigentlich nicht dem Kapitel *Normalisierung von Relationen* an. Nachdem aber die nachfolgenden Ausführungen − wie die Normalisierungsregeln auch − die Integrität (d.h. Korrektheit) der Datenbank betreffen, ist es zumindest nicht abwegig, den Abschnitt *Beziehungsintegrität* an dieser Stelle folgen zu lassen.

Nun aber zu einigen Problemen, die mit den in Abb. 4.5.5 gezeigten voll normalisierten Relationen immer noch auftreten können.

Offensichtlich ist es möglich, in die Relation

```
PERSON ( PE#, NAME, WOHNORT, A# )
```

für das Attribut A# Werte einzubringen, die auf nicht existierende Abteilungen verweisen (die Existenz einer Abteilung kommt aufgrund eines Tupels in der Relation

```
ABTEILUNG ( A#, A-NAME )
```

zum Ausdruck). Analog ist es möglich, in die Relation

```
PE-PR ( PE#, PR#, ZEIT )
```

für das Attribut PE# bzw. PR# Werte für nicht existierende Mitarbeiter bzw. nicht existierende Produkte einzubringen.

Zu Problemen Anlass geben die *Fremdschlüssel*, also das Attribut A# in der Relation PERSON bzw. die Attribute PE# und PR# in der Relation PE-PR. Offenbar ist sicherzustellen, dass besagte Fremdschlüssel nur Werte annehmen, die auch als Primärschlüsselwerte in Erscheinung treten. Diese Forderung lässt sich mit sogenannten *Beziehungsintegritäts-Spezifikationen* (englisch: *Referential Integrity Constraints*) festhalten. Demzufolge:

Mit einer *Beziehungsintegritäts-Spezifikation* (englisch: Referential Integrity Constraint) ist unter anderem zu bewirken, dass ein Fremdschlüsselwert immer einem Primärschlüsselwert entspricht.

Damit die Integrität einer Datenbank zu gewährleisten ist, muss entweder das Datenbankmanagementsystem geeignete *Beziehungsintegritäts-Spezifikationen* akzeptieren, oder es müssen Prozeduren erstellt werden, welche die Funktion besagter Spezifikationen übernehmen.

Ohne auf Einzelheiten einzugehen, wäre eine Beziehungsintegritäts-Spezifikation, mit der zu verhindern ist, dass die Relation PERSON nicht existierende A#-Werte akzeptiert, mittels SEQUEL [8] wie folgt zu formulieren:

ASSERT   KORREKTE-A#:

(SELECT   A#

FROM   PERSON)   IS   IN

(SELECT   A#

FROM   ABTEILUNG)

Die vorstehende Spezifikation stellt eine einmalig bekanntzugebende Anweisung an ein Datenbankmanagementsystem dar und bedeutet sinngemäss:

"Gewährleiste (englisch: *ASSERT*), dass die Menge der A#-Werte in der Relation PERSON jederzeit eine Untermenge der A#-Werte in der Relation ABTEILUNG repräsentiert."

Anmerkung für mathematisch interessierte Leser: Die vorstehende Beziehungsintegritäts-Spezifikation entspricht der Formulierung:

$$\{ \text{PERSON.A\#} \} \subseteq \{ \text{ABTEILUNG.A\#} \}$$

Eine weitere Möglichkeit − wir werden im folgenden davon Gebrauch machen − wird in [20] beschrieben. Danach muss ein Fremdschlüsselwert grundsätzlich einem Primärschlüsselwert entsprechen − es sei denn, man lasse als Fremdschlüsselwerte auch Nullwerte zu (zur Erinnerung: ein Nullwert bedeutet grundsätzlich *"nicht existent"* und darf nicht mit einem numerischen Nullwert verwechselt werden). Neben dieser Regelung ist sodann zu entscheiden:

1.   Ob für den untersuchten Fremdschlüssel Nullwerte zulässig sind.

2.   Was mit einem Fremdschlüsselwert zu geschehen hat, wenn der entsprechende Primärschlüsselwert gelöscht wird.

3.   Was mit einem Fremdschlüsselwert zu geschehen hat, wenn der entsprechende Primärschlüsselwert modifiziert wird (sollte nur in Ausnahmefällen gestattet sein).

Im folgenden wollen wir uns mit diesen Punkten etwas eingehender befassen. Zunächst also zur Frage:

A. Sind Nullwerte als Fremdschlüsselwerte sinnvoll?

Lässt man für einen Fremdschlüssel Nullwerte zu, dann sind Tupel möglich, die solange gewissermassen in der Luft hängen, als der Fremdschlüsselwert einem Nullwert entspricht. Das kann in gewissen Fällen durchaus sinnvoll sein, in andern hingegen nicht. Ist in einer Relation wie

```
PERSON ( PE#, NAME, WOHNORT, A# )
```

beispielsweise zuzulassen, dass ein Mitarbeiter – wenn auch nur zeitweise – keiner Abteilung angehört, dann sollte der Fremdschlüssel A# in der Relation PERSON Nullwerte akzeptieren. Anderseits ist es vermutlich nicht sehr sinnvoll, für die Fremdschlüssel PE# und PR# der Relation

```
PE-PR ( PE#, PR#, ZEIT )
```

Nullwerte zuzulassen, weil damit unsinnige Personen-Produkte-Beziehungen zustandekämen.

B. Einfluss der Löschung von Primärschlüsselwerten auf entsprechende Fremdschlüsselwerte

Wenn ein Primärschlüsselwert *gelöscht* wird, so kann mit entsprechenden Fremdschlüsselwerten folgendes geschehen:

CASCADES: WEITERGABE der LÖSCHUNG (abgekürzt: *wl*)

Alle Tupel, deren Fremdschlüsselwerte dem gelöschten Primärschlüsselwert entsprechen, werden ebenfalls gelöscht.

RESTRICTED: BEDINGTE LÖSCHUNG (abgekürzt: *bl*)

Solange Fremdschlüsselwerte existieren, die dem zu löschenden Primärschlüsselwert entsprechen, wird die Löschoperation nicht akzeptiert.

NULLIFIES: NULLSETZUNG bei LÖSCHUNG (abgekürzt: *nl*)

Alle Fremdschlüsselwerte, die dem gelöschten Primärschlüsselwert entsprechen, werden auf Null gesetzt. Dies bedingt allerdings, dass für den Fremdschlüssel Nullwerte zugelassen sind.

C. Einfluss der Modifikation von Primärschlüsselwerten auf entsprechende Fremdschlüsselwerte

Wenn ein Primärschlüsselwert *modifiziert* wird, so kann mit entsprechenden Fremdschlüsselwerten folgendes geschehen:

CASCADES: WEITERGABE der MODIFIKATION (abgekürzt: *wm*)

Alle Fremdschlüsselwerte, die dem modifizierten Primärschlüsselwert entsprechen, werden ebenfalls modifiziert.

RESTRICTED: BEDINGTE MODIFIKATION (abgekürzt: *bm*)

Solange Fremdschlüsselwerte existieren, die dem zu modifizierenden Primärschlüsselwert entsprechen, wird die Modifikationsoperation nicht akzeptiert.

NULLIFIES: NULLSETZUNG bei MODIFIKATION (abgekürzt: *nm*)

Alle Fremdschlüsselwerte, die dem modifizierten Primärschlüsselwert entsprechen, werden auf Null gesetzt. Dies bedingt wiederum, dass für den Fremdschlüssel Nullwerte zugelassen sind.

Interessanterweise sind mit Beziehungsintegritäts-Spezifikationen auch Bedingungen zu formulieren, die weit über den vorstehend diskutierten Sachverhalt hinausgehen, demzufolge ein Fremdschlüsselwert jederzeit einem Primärschlüsselwert zu entsprechen hat. Die Mächtigkeit des Prinzips sei nachstehend am Beispiel des in Abschnitt 2.2 diskutierten Buchungsproblems dargelegt.

Abb. 4.9.1 zeigt die bekannten, das Buchungsproblem betreffenden Konstruktionselemente, zusammen mit den dafür erforderlichen Relationen (Einzelheiten bezüglich der gezeigten Relationen kommen in einem späteren Kapitel zur Sprache). Zu gewährleisten ist, dass der in der Relation

```
KONTO ( KONTO#, SALDO, ... )
```

enthaltene Saldo eines Kunden jederzeit der Differenz der aufsummierten Gutschriften und der aufsummierten Belastungen entspricht. Was die einzelnen Gutschriften bzw. Belastungen eines Kunden betrifft, so sind diese in der Relation

```
H-S ( SOLL.KONTO#, HABEN.KONTO#, BETRAG, ... )
```

vorzufinden. Einem Tupel der Relation H-S ist also jeweils der Auftraggeber (Schuldner) und der Empfänger (Gläubiger) einer Überweisung, zusammen mit dem überwiesenen Betrag zu entnehmen. Wird nun ein neues Tupel in die Re-

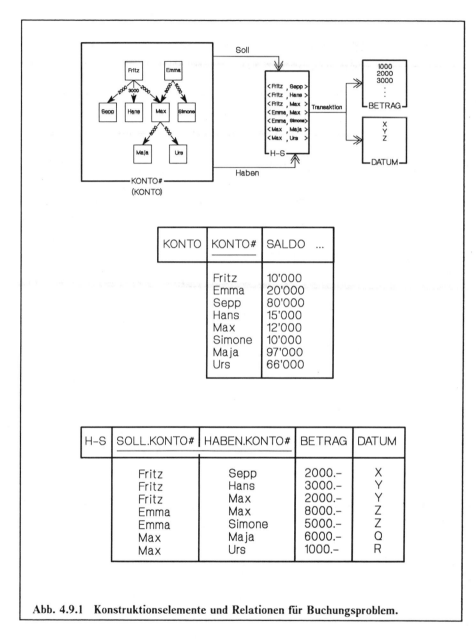

Abb. 4.9.1 Konstruktionselemente und Relationen für Buchungsproblem.

lation H-S eingebracht, so ist der ausgewiesene Betrag in der Relation KONTO dem Schuldner zu belasten und dem Gläubiger gutzuschreiben. Das Problem ist mit SEQUEL [8] wie folgt zu lösen:

```
ASSERT KORREKTER-SALDO

ON INSERTION OF H-S:

    ( UPDATE KONTO

      SET SALDO = SALDO - BETRAG

      WHERE KONTO# = NEW SOLL.KONTO#

      UPDATE KONTO

      SET SALDO = SALDO + BETRAG

      WHERE KONTO# = NEW HABEN.KONTO# )
```

Die vorstehende Spezifikation stellt wiederum eine einmalig an ein Datenbankmanagementsystem bekanntzugebende Anweisung dar und bedeutet sinngemäss:

"Gewährleiste, dass der von einem SOLL.KONTO auf ein HABEN.KONTO transferierte Betrag dem Saldo des Schuldners belastet und dem Saldo des Gläubigers gutgeschrieben wird."

Zugegeben: Die vorstehende Lösung erfordert ein Datenbankmanagementsystem mit ASSERTION-Funktionalität. Steht ein derartiges Datenbankmanagementsystem nicht zur Verfügung, so ist in jedem die Relation H-S verändernden Programm eine Routine vorzusehen, welche die Funktion der vorstehenden ASSERTION zu gewährleisten vermag.

Interessant ist, das Problem im Sinne des in Abschnitt 2.5 diskutierten *objektorientierten Ansatzes* zu lösen. Mit dem CASE-Tool BACHMAN/Analyst[1] wären zu diesem Zwecke folgende Methoden zu spezifizieren:

Für die Beziehungsmenge H-S:

```
METHOD 'H-S'.'BUCHUNG'

(INPUT 'SOLL_KONTO#', 'HABEN_KONTO#', 'BETRAG')

   INSERT 'H-S' 'H-S'.'SOLL_KONTO#',

      'H-S'.'HABEN_KONTO#', 'H-S'.'BETRAG'

      VALUES 'SOLL_KONTO#', 'HABEN_KONTO#', 'BETRAG'

   END INSERT

   RETURN

END
```

---

[1] Trademark von *Bachman Information Systems, Inc.*

Für die Entitätsmenge KONTO:

```
METHOD 'KONTO'.'KORREKTER-SALDO'
(INPUT 'SOLL_KONTO#', 'HABEN_KONTO#', 'BETRAG'
 OUTPUT 'MSG')
   SELECT 'KONTO'.'SALDO' FROM 'KONTO'
     WHERE 'KONTO'.'KONTO#' = 'SOLL_KONTO#'
   END SELECT
   IF 'KONTO'.'SALDO' >= 'BETRAG'
     THEN
       UPDATE 'KONTO'
         SET 'KONTO'.'SALDO' = 'KONTO'.'SALDO' - 'BETRAG'
         WHERE 'KONTO'.'KONTO#' = 'SOLL_KONTO#'
       END UPDATE
       UPDATE 'KONTO'
         SET 'KONTO'.'SALDO' = 'KONTO'.'SALDO' + 'BETRAG'
         WHERE 'KONTO'.'KONTO#' = 'HABEN.KONTO#'
       END UPDATE
       DO 'H-S'.'BUCHUNG'
       (INPUT 'SOLL_KONTO#', 'HABEN_KONTO#', 'BETRAG')
       END DO
     ELSE
       SET 'MSG' = 'Saldo ungenuegend'
   END IF
   RETURN
END
```

Die für die Entitätsmenge KONTO spezifizierte Methode KORREKTER-SALDO kann nun in jedem die Relation H-S verändernden Programm angesprochen werden. Dabei gelangen die in Abb. 4.9.2 gezeigten Aktionen zur Ausführung.

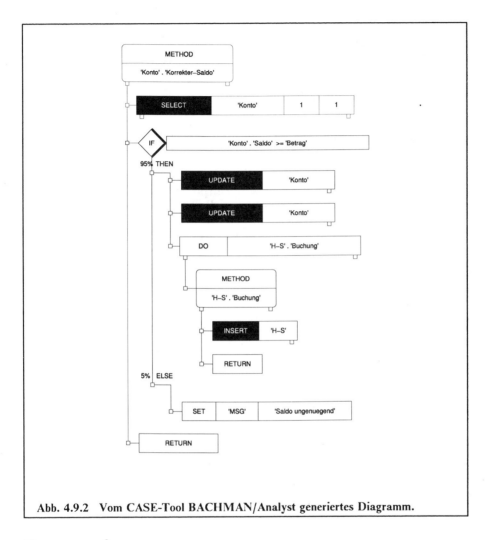

Abb. 4.9.2   Vom CASE-Tool BACHMAN/Analyst generiertes Diagramm.

Zusammenfassung

Im vorliegenden Kapitel haben wir über die Normalisierung von Relationen gesprochen und dabei erkannt, dass dem Normalisierungsprozess folgende Zielsetzungen zugrunde liegen:

- Die Elimination von Redundanz (wobei wir unter Redundanz das mehrmalige Festhalten ein und desselben *Faktums* verstehen wollen).

- Die Elimination von Schwierigkeiten (man sagt auch *Anomalien*), die im Zusammenhang mit Speicheroperationen wie Einschüben, Löschungen und Modifikationen auftreten können.

- Das eindeutige Festhalten realitätskonformer Sachverhalte. Mit andern Worten: Das Ermitteln von Datenstrukturen, die keine Möglichkeit bieten, einmal getroffene Annahmen bezüglich der Realität verletzen zu können. Damit ist eine fundamentale Bedingung zur Erhaltung der *Integrität* (d.h. Korrektheit) einer Datenbank zu gewährleisten.

Von besonderer Bedeutung ist aber:

- Voll normalisierte Relationen weisen einen ausserordentlich hohen Aussagegehalt auf und sind wie eine präzise, verbale Realitätsbeschreibung zu interpretieren.

Neben den vorerwähnten Punkten sollte ersichtlich geworden sein, dass die Normalisierung einem *Zerlegungsprozess* entspricht. Man geht also entsprechend Abb. 4.9.3 von einer umfangreichen Relation aus, die man sukzessive aufspaltet, sofern man Verletzungen der Normalisierungskriterien feststellt. Bei der Aufspaltung ist mit dem *Primärschlüssel-Fremdschlüssel-Prinzip* dafür zu sorgen, dass die aufgespaltene Relation jederzeit wieder herzustellen ist. Ist die besagte Wiederherstellung nicht möglich, so resultiert bei der Aufspaltung ein Informationsverlust.

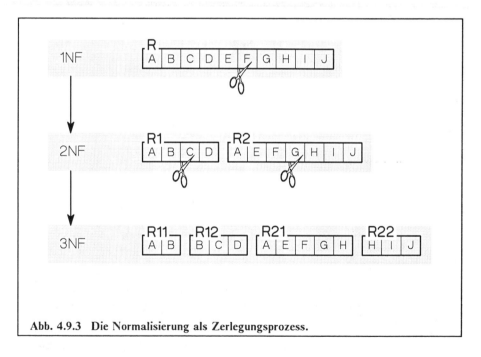

Abb. 4.9.3 Die Normalisierung als Zerlegungsprozess.

Für die Praxis ist der vorstehend beschriebene Zerlegungsprozess weniger bedeutsam als der im nächsten Kapitel zur Sprache kommende *Syntheseprozess*. Dieser sieht vor, Feststellungen bezüglich der Realität mittels sogenannter *Elementarrelationen* zu definieren und letztere anschliessend aufgrund wohldefinierter Gesetzmässigkeiten zusammenzufassen. Selbstverständlich ist bei der Synthese dafür zu sorgen, dass das Resultat der Kombination keine Normalisierungskriterien verletzt. Die Normalisierungsüberlegungen als solche − zumindest bis hin zur 3NF (die 4. Normalform wird bei der Synthese nicht verletzt, und die 5. Normalform vernachlässigen wir mangels geeigneter Interpretationsmöglichkeiten) − bleiben also auch beim Syntheseprozess von Bedeutung.

Abb. 4.9.4 illustriert, wie man sich den im 5. Kapitel dargelegten *Syntheseprozess* vorzustellen hat.

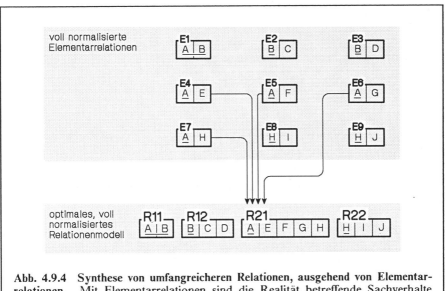

Abb. 4.9.4   Synthese von umfangreicheren Relationen, ausgehend von Elementarrelationen.   Mit Elementarrelationen sind die Realität betreffende Sachverhalte festzuhalten.

Schliesslich sollte ersichtlich geworden sein: Die Normalisierungskriterien betreffen lediglich die Integrität *innerhalb* einer Relation. Eine *globale* (d.h. mehrere Relationen umfassende) Integrität erfordert neben dem Normalisierungsprinzip auch Überlegungen bezüglich der *Beziehungsintegrität.*

4.10 Übungen Kapitel 4

4.1   Man definiere mit Hilfe der Relation

$$R (A, B)$$

folgende Abbildungstypen:

$$A \longleftrightarrow B$$

$$A \longleftarrow) B$$

$$A \twoheadleftarrow \longrightarrow B$$

$$A \twoheadleftarrow) B$$

$$A \twoheadleftarrow \twoheadrightarrow B$$

4.2   Gegeben sei die Relation

```
LIEFERUNG ( L#, NAME, P#, BEZEICHNUNG, MENGE )
```

Falls das Tupel

$$< L1, Peter, P1, Nagel, 15 >$$

in der Relation LIEFERUNG enthalten ist, so wird damit zum Ausdruck gebracht, dass der Lieferant mit der Lieferantennummer (L#) *L1* und dem Namen *Peter* das Produkt mit der Produktnummer (P#) *P1* und der Bezeichnung *Nagel* in einer Menge von *15* Einheiten liefert.

Realitätsbeobachtungen ergeben:

```
L#        ←←⟶   NAME
P#        ←←⟶   BEZEICHNUNG
L#        ←←⟶⟶  P#
L#, P#  ←←⟶   MENGE
```

Die Abbildung

```
L#, P#  ←←⟶   MENGE
```

besagt, dass ein Lieferant ein Produkt nur in einer Menge liefert, und dass eine bestimmte Menge für verschiedene Lieferanten-Produkt-Kombinationen in Frage kommt.

Man bestimme den Primärschlüssel der Relation LIEFERUNG, weise allfällige Schwierigkeiten nach und normalisiere die Relation.

4.3   Gegeben sei die Relation

```
STUDENT ( S#, S.NAME, GEBURT.DATUM, K#, BZNG, NOTE,

          P#, P.NAME )
```

Falls das Tupel

< S1, Peter, 700206, K1, Informatik, gut, P1, Fritz >

in der Relation STUDENT enthalten ist, so wird damit zum Ausdruck gebracht, dass der Student mit der Studentennummer (S#) *S1* und dem Namen *Peter* am *6. Februar 1970* geboren wurde. Besagter Student besucht den Kurs mit der Kursnummer (K#) *K1* und der Bezeichnung (BZNG) *Informatik*. Nach Abschluss des Kurses erhält der Student die Note *gut*. Studienleiter des Studenten *S1* ist der Professor mit der Professornummer (P#) *P1* namens *Fritz*.

Realitätsbeobachtungen ergeben:

$$S\# \quad \longleftrightarrow \quad S.NAME$$

$$S\# \quad \longleftrightarrow \quad GEBURT.DATUM$$

$$S\# \quad \longleftrightarrow\!\!\!\!\rightarrow \quad K\#$$

$$K\# \quad \longleftrightarrow \quad BZNG$$

$$S\#, K\# \quad \longleftrightarrow \quad NOTE$$

$$S\# \quad \longleftrightarrow \quad P\#$$

$$P\# \quad \longleftrightarrow \quad P.NAME$$

Die Abbildung

$$S\#, K\# \quad \longleftrightarrow \quad NOTE$$

besagt, dass ein Student für einen Kurs jeweils nur eine Note erhält, dass aber eine bestimmte Note für verschiedene Studenten-Kurs-Kombinationen möglich ist.

Man bestimme den Primärschlüssel der Relation, weise allfällige Schwierigkeiten nach und normalisiere die Relation.

4.4   Gegeben sei die Relation

```
      ORGANISATION ( M#, A#, V.M#, P# )
```

Falls das Tupel

$$< \text{M1, A1, M5, P1} >$$

in der Relation ORGANISATION enthalten ist, so wird damit zum Ausdruck gebracht, dass der Mitarbeiter mit der Mitarbeiternummer (M#) *M1* in der Abteilung mit der Abteilungsnummer (A#) *A1* tätig ist. Besagte Abteilung wird von einem Vorgesetzten mit der Mitarbeiternummer (V.M#) *M5* geleitet. Schliesslich besagt das Tupel, dass ein Projekt mit der Projektnummer (P#) *P1* bearbeitet wird.

Realitätsbeobachtungen ergeben:

$$M\# \twoheadleftarrow\!\!\!\longrightarrow A\#$$

$$A\# \longleftarrow\!\!\!\longrightarrow V.M\#$$

$$A\# \twoheadleftarrow\!\!\!\longrightarrow P\#$$

Man bestimme den Primärschlüssel der Relation, weise allfällige Schwierigkeiten nach und normalisiere die Relation.

Hinweis: Man beachte, dass sich aus den obigen Realitätsbeobachtungen aufgrund der *Produktfunktionsregel* zusätzliche Funktionen ableiten lassen. So ergeben die Funktionen

$$M\# \longrightarrow A\#$$

$$A\# \longrightarrow V.M\#$$

die Funktion

$$M\# \longrightarrow V.M\#.$$

Die Funktionen

$$M\# \longrightarrow A\#$$

$$A\# \longrightarrow P\#$$

ergeben die Funktion

$$M\# \longrightarrow P\#$$

und die Funktionen

$$V.M\# \longrightarrow A\#$$

$$A\# \longrightarrow P\#$$

ergeben die Funktion

$$V.M\# \longrightarrow P\#.$$

Mit den vorgegebenen und den aufgrund der Produktfunktionsregel gefundenen Funktionen lassen sich für die Relation ORGANISATION vier verschiedene transitive Abhängigkeiten bestimmen. Je nachdem, in welcher Reihenfolge besagte transitive Abhängigkeiten aus der Relation ORGANISATION eliminiert werden, ergeben sich verschiedene Lösungen. Das Beispiel illustriert damit, dass der Normalisierungsprozess unter Umständen zu mehreren, logisch gleichwertigen Lösungen führen kann.

4.5   Gegeben sei die Relation

```
STUECKLISTE ( MASTER.P#, BEZEICHNUNG, KOMPONENTE.P#,

        MENGE )
```

Falls das Tupel

$$< P1, Auto, P3, 4 >$$

der Relation STUECKLISTE angehört, so wird damit zum Ausdruck gebracht, dass für die Herstellung einer Einheitsmenge des Produktes mit der Produktnummer (MASTER.P#) *P1* und der Bezeichnung *Auto* das Produkt mit der Produktnummer (KOMPONENTE.P#) *P3* in einer Menge von *4* Einheiten erforderlich ist.

Realitätsbeobachtungen ergeben:

```
    MASTER:P#                   ←←—→ BEZEICHNUNG

    MASTER.P#                   ←←→→ KOMPONENTE.P#

    MASTER.P#, KOMPONENTE.P# ←←—→ MENGE
```

Die Abbildung

```
    MASTER.P#, KOMPONENTE.P# ←←—→ MENGE
```

besagt, dass für die Herstellung eines Produktes ein Komponentenprodukt in *einer* Menge erforderlich ist.

Man bestimme den Primärschlüssel der Relation, weise allfällige Schwierigkeiten nach und normalisiere die Relation.

4.6   Gegeben sei die Relation

```
    ABTEILUNG ( A#, ..., + V.M#, NAME )
```

Falls das Tupel

$$< A1, ..., M1, Peter >$$

der Relation ABTEILUNG angehört, so wird damit zum Ausdruck gebracht, dass die Abteilung mit der Abteilungsnummer (A#) *A1* von einem Vorgesetzten mit der Mitarbeiternummer (M#) *M1* namens *Peter* geleitet wird.

Realitätsbeobachtungen ergeben:

$$A\# \quad \longleftrightarrow \quad V.M\#$$

$$V.M\# \quad \twoheadleftarrow\!\!\longleftrightarrow \quad NAME$$

Man überlege sich, ob die Relation ABTEILUNG ein Normalisierungskriterium verletzt.

4.7 Gegeben sei die Relation

$$MITARBEITER \ (\ \underline{M\#}, \ ..., \ PLZ, \ ORT \ )$$

Falls das Tupel

$$< M1, \ ..., \ 8000, \ Zürich >$$

der Relation MITARBEITER angehört, so wird damit zum Ausdruck gebracht, dass der Mitarbeiter mit der Mitarbeiternummer (M#) *M1* in *Zürich* wohnt. Postleitzahl (PLZ) von *Zürich* ist *8000*.

Realitätsbeobachtungen ergeben:

$$M\# \quad \twoheadleftarrow\!\!\longleftrightarrow \quad PLZ$$

$$PLZ \quad \twoheadleftarrow\!\!\longleftrightarrow \quad ORT$$

Man überlege sich, ob die Relation MITARBEITER ein Normalisierungskriterium verletzt. Trifft dies zu, so überlege man sich, welche Gründe für eine Normalisierung der Relation sprechen, bzw. warum man allenfalls eine Verletzung der Normalisierungskriterien in Kauf nehmen sollte.

4.8 Gegeben sei die Relation

$$R \ (\ \underline{A}, \ B, \ C \ )$$

mit

$$A \twoheadleftarrow\!\!\longrightarrow B$$

$$A \twoheadleftarrow\!\!\longrightarrow C$$

$$B \twoheadleftarrow\!\!\longrightarrow C$$

Man beachte, dass die Relation R die 3NF verletzt, ist doch das Attribut C vom Schlüsselattribut A transitiv abhängig. Ein Analysator normalisiert die Relation R und erhält die nachstehend aufgeführten "Lösungen" a), b) und c):

a) R1 (A, B)   b) R1 (A, B)   c) R2 (A, C)

    R2 (A, C)   R3 (B, C)   R3 (B, C)

Die obgenannten Relationen sind offensichtlich allesamt in 3NF. Trotzdem ist nur eine Version korrekt — welche?

4.9   Gegeben sei die Relation

         LIEFERUNG (L#, P#, FARBE)

Falls das Tupel

              < L1, P1, rot >

der Relation LIEFERUNG angehört, so wird damit zum Ausdruck gebracht, dass der Lieferant mit der Lieferantennummer (L#) *L1* das Produkt mit der Produktnummer (P#) *P1* in der Farbe *rot* liefert.

Realitätsbeobachtungen ergeben:

              P# ⟨⟨→→ L#

              P# ⟨⟨→→ FARBE

Man unterstelle, dass die den gleichen Entitätstyp betreffenden komplexen Assoziationen

              P# ——→→ L#

              P# ——→→ FARBE

unabhängig sind.

Man weise allfällige Schwierigkeiten nach und normalisiere die Relation.

4.10   Man unterstelle, dass die Entitätsmengen MITARBEITER (Entitätsschlüssel MI#), MASCHINE (MA#) sowie PRODUKT (P#) an der Beziehungsmenge PRODUKTION beteiligt sind. Für die Beziehungsmenge PRODUKTION sei folgende Relation definiert worden:

         PRODUKTION (MI#, MA#, P#)

Realitätsbeobachtungen ergeben:

Übung a)   MI# ⟨⟨—→ MA#

$$\text{MI\#} \quad \twoheadleftarrow\!\!\longleftrightarrow \quad \text{P\#}$$

$$\text{MA\#} \quad \twoheadleftarrow\!\!\longleftrightarrow \quad \text{P\#}$$

Übung b) $\quad$ MI\# $\quad \twoheadleftarrow\!\!\longleftrightarrow \quad$ MA\#

$$\text{MI\#} \quad \twoheadleftarrow\!\!\longleftrightarrow \quad \text{P\#}$$

$$\text{MA\#} \quad \longleftrightarrow \quad \text{P\#}$$

Übung c) $\quad$ MI\# $\quad \twoheadleftarrow\!\!\longleftrightarrow\!\!\twoheadrightarrow \quad$ MA\#

$$\text{MI\#} \quad \twoheadleftarrow\!\!\longleftrightarrow\!\!\twoheadrightarrow \quad \text{P\#}$$

$$\text{MA\#} \quad \twoheadleftarrow\!\!\longleftrightarrow\!\!\twoheadrightarrow \quad \text{P\#}$$

Übung d) $\quad$ MI\# $\quad \twoheadleftarrow\!\!\longleftrightarrow\!\!\twoheadrightarrow \quad$ P\#

$$\text{MA\#} \quad \longleftrightarrow\!\!\twoheadrightarrow \quad \text{MI\#, P\#}$$

Die Abbildung

$$\text{MI\#, P\#} \quad \twoheadleftarrow\!\!\longleftrightarrow \quad \text{MA\#}$$

besagt, dass ein Mitarbeiter für die Herstellung eines Produktes *einer* Maschine bedarf, während eine Maschine für verschiedene Mitarbeiter-Produkt-Kombinationen in Frage kommt.

Man bestimme für jede Übung den Primärschlüssel der Relation, weise allfällige Schwierigkeiten nach und normalisiere (falls erforderlich) die Relation.

Anmerkung: Das Beispiel illustriert, dass eine Beziehungsmenge aus Normalisierungsgründen unter Umständen mehrere Relationen erfordert.

4.11 Man unterstelle, dass die Relation

SPRACHKENNTNIS (<u>PERSON, SPRACHE</u>, KENNTNISGRAD)

voll normalisiert ist. Man nenne die mit der Relation SPRACH-KENNTNIS festgehaltenen fünf Realitätsbeobachtungen.

5 Relationssynthese

In Abschnitt 2.2 wurde dargelegt, wie die Realität mittels *Konstruktionselementen zur Darstellung mehrerer Einzelfälle* abzubilden ist. Zur Sprache kamen:

- *Entitätsmengen*
- *Entitätsattribute*
- *Beziehungsmengen*
- *Beziehungsattribute*

Ging es in Abschnitt 2.2 vor allem darum, die vorstehenden Konstruktionselemente in einer dem menschlichen Verständnis möglichst entgegenkommenden Weise darzustellen, so wird im nun folgenden Abschnitt 5.1 gezeigt, wie besagte Konstruktionselemente mit Hilfe von sogenannten *Elementarrelationen* maschinengerecht zu definieren sind.

Wir nehmen zur Kenntnis:

- Eine Elementarrelation respektiert alle Normalisierungskriterien

- Eine Elementarrelation entspricht exakt einem Konstruktionselement

Das Festhalten von Konstruktionselementen mit Hilfe von voll normalisierten Elementarrelationen hat zur Folge:

- Einzelne Beobachtungen bezüglich der Realität sind präzis und maschinengerecht festzuhalten

- Die Definition einer Elementarrelation erfordert eine systematische Hinterfragung der Realität. Dies hat zur Folge, dass verschiedenenorts definierte, den gleichen Sachverhalt betreffende Elementarrelationen weitgehend übereinstimmen

- Eine Elementarrelation weist nur wenige Attribute auf, was die Normalisierungsüberlegungen stark vereinfacht

* Zwei unabhängige, den gleichen Entitätstyp betreffende komplexe Assoziationen werden zum vornherein mit zwei Elementarrelationen definiert. Dies bedeutet aber, dass die 4. Normalform zu vernachlässigen ist (zur Erinnerung: eine Relation ist in 4NF falls sie in 3NF ist und für einen Entitätstyp nicht zwei (oder mehr) unabhängige komplexe Assoziationen festhält).

Allerdings: Die Verwendung von Elementarrelationen wird dann problematisch, wenn es darum geht, Daten auf externen Speichermedien festzuhalten. Dies, weil eine auf Elementarrelationen basierende Speicherung − der vielen Eingabe- und Ausgabeoperationen wegen − einen ausserordentlich schlechten Wirkungsgrad zur Folge hätte. Aus diesem Grunde wird in Abschnitt 5.2 gezeigt, wie Elementarrelationen im Interesse einer effizienten Implementierung zu umfangreichen Relationen zusammenzufassen sind. Das Ergebnis besagter Zusammenfassung − wir sprechen in diesem Zusammenhang von der *Relationssynthese* − stellt ein *optimales, voll normalisiertes Relationenmodell* dar. *Optimal* bedeutet, dass es nicht möglich ist, ein den gleichen Aussagegehalt aufweisendes Modell mit einer geringeren Anzahl von Relationen zu definieren.

Damit können wir auf einen weiteren Vorteil hinweisen:

* Bei der Relationssysnthese werden Elementarrelationen mit *identischen Primärschlüsseln* zusammengefasst. Dies bedeutet aber, dass mit der Relationssynthese keine die 5. Normalform verletzende Relation resultieren kann (zur Erinnerung: eine Relation verletzt die 5NF, wenn sie aufgrund einer Verschmelzung einfacherer Relationen mit *unterschiedlichen Primärschlüsseln* konstruierbar ist).

In Abschnitt 5.3 wird dargelegt, wie das Problem der *Historisierung von Daten* zu lösen ist. Das Problem ergibt sich dann, wenn Datenmodelle zu konzipieren sind, mit welchen Veränderungen von Attributswerten über die Zeit darzustellen sind.

Erfahrungsgemäss rufen die Ausführungen des vorliegenden Kapitels beim Leser immer wieder Bedenken bezüglich des erforderlichen Aufwandes wach. Nicht zu Unrecht wird befürchtet, dass das explizite Festhalten von Elementarrelationen viel Zeit erfordert.

Diese Befürchtungen sind deshalb nicht berechtigt, weil Elementarrelationen in der Praxis nicht einzeln zu dokumentieren sind. Vielmehr stellen wir uns besagte Elementarrelationen im Geiste vor und dokumentieren lediglich das Ergebnis der Zusammenfassung (das optimale, voll normalisierte Relationenmodell also). Wie man sich dieses praxisorientierte Vorgehen vorzustellen hat, kommt im zweiten Teil dieses Buches zur Sprache.

5.1 Elementarrelationen zur Darstellung von Konstruktionselementen

Wir diskutieren im folgenden die Darstellung von

* *Entitätsmengen*
* *Entitätsattributen*
* *Beziehungsmengen*
* *Beziehungsattributen*

mittels voll normalisierter Elementarrelationen. Zunächst also zur:

A. Darstellung von Entitätsmengen mittels Elementarrelationen

In Abschnitt 2.2 wurde bezüglich einer Entität unter anderem festgestellt:

> Eine Entität (gemeint sind sowohl *Kernentitäten* wie auch *abhängige Entitäten*) ist eine identifizierbare Einheit, deren Existenz auf einem geeigneten Speichermedium aufgrund eines Identifikationsmerkmals (eines Schlüsselwertes also) festzuhalten ist.

Diese Definition erfordert, dass für eine Entitätsmenge eine Relation zur Verfügung steht, deren Primärschlüssel dem Schlüssel der Entitätsmenge entspricht. Nur so lässt sich die Existenz einer Entität auf einem geeigneten Speichermedium aufgrund eines Schlüsselwertes darstellen.

Abb. 5.1.1 illustriert anhand des in Abschnitt 4.1 eingeführten Abteilungen-Personen-Produkte-Beispiels, wie die Entitätsmenge PERSON mit Hilfe einer Elementarrelation darzustellen ist. Zu erkennen ist, dass der Relationsname mit dem Namen der Entitätsmenge übereinstimmt und die Relation ein der Entitätsschlüsseldomäne PE# entsprechendes Attribut enthält. Letzteres repräsentiert selbstverständlich den Primärschlüssel der Relation. Es leuchtet ein, dass mit der Relation

PERSON (PE#)

die Existenz einer Person festzuhalten ist, sobald deren Schlüsselwert PE# bekannt ist.

Im folgenden sei gezeigt, wie die *Überlagerung* von Entitätsmengen mit Hilfe von Elementarrelationen darzustellen ist. Abb. 5.1.2 erinnert an die in Ab-

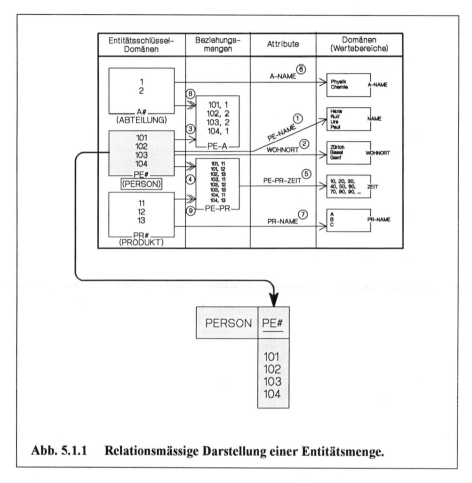

Abb. 5.1.1   Relationsmässige Darstellung einer Entitätsmenge.

schnitt 2.4 diskutierten Fälle, die bei der Überlagerung von Mengen bzw. deren Gliederung nach innen zu unterscheiden sind. Zudem ist die Notation zu erkennen, die im Falle eines Einsatzes des CASE-Tools BACHMAN/Analyst[1] bzw. KEY[2] (vormals ADW) zu verwenden ist. Anhand bekannter Beispiele aus Abschnitt 2.2 gelangen in folgender Reihenfolge zur Diskussion:

Fall d: Teilweise Überdeckung von EM1 mit Überschneidung von EM2 und EM3

Fall a: Vollständige Überdeckung von EM1 ohne Überschneidung von EM2 und EM3

Fall e: Verdichtung

[1]   Trademark von *Bachman Information Systems, Inc.*

[2]   Trademark von *Sterling Software GmbH* (vormals: *Knowledge Ware, Inc.*)

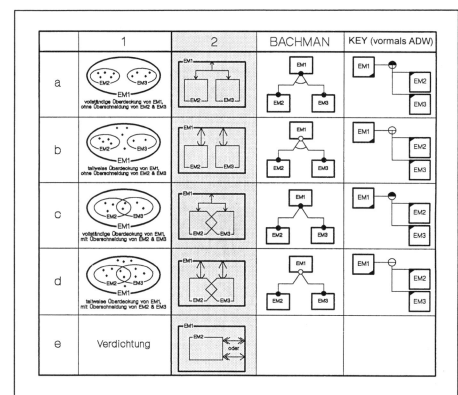

Abb. 5.1.2 Bei der Überlagerung von Mengen bzw. deren Gliederung nach innen zu unterscheidende Fälle.

a) Teilweise Überdeckung von EM1 mit Überschneidung von EM2 und EM3

Abb. 5.1.3 zeigt den bereits in Abschnitt 2.2 diskutierten Sachverhalt, demzufolge eine Person sowohl als Arzt wie auch als Patient in Erscheinung treten kann. Wir erinnern uns, dass Informationen für einen Arzt oder einen Patienten nur dann akzeptierbar sind, wenn besagter Arzt oder Patient als Person bekannt ist. Entsprechend stellen die Ärzte und Patienten *abhängige Entitäten* dar, während bezüglich der Personen von *Kernentitäten* die Rede ist.

Wie lässt sich die vorstehend geschilderte Sachlage relationsmässig definieren?

Wie aus Abb. 5.1.3 hervorgeht, wird zunächst für jede Menge ein geeigneter Entitätsschlüssel definiert; konkret: PE# für die Menge PERSON, A# für die

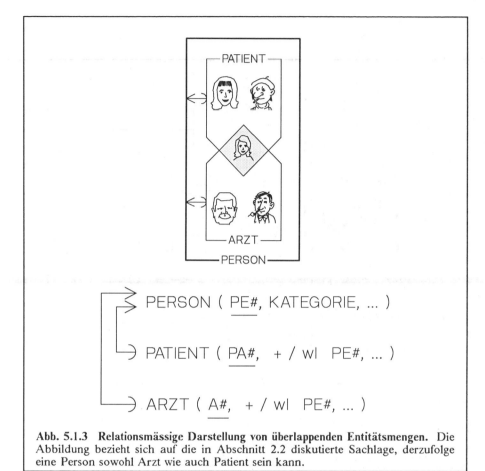

Abb. 5.1.3 Relationsmässige Darstellung von überlappenden Entitätsmengen. Die Abbildung bezieht sich auf die in Abschnitt 2.2 diskutierte Sachlage, derzufolge eine Person sowohl Arzt wie auch Patient sein kann.

Menge ARZT sowie PA# für die Menge PATIENT. Sodann sind folgende Relationen zu definieren[2]:

```
PERSON ( PE#, KATEGORIE, ... )

PATIENT ( PA#,  +/wl  PE#, ... )

ARZT ( A#,  +/wl  PE#, ... )
```

Zu den vorgenannten Relationen folgende Erläuterungen:

---

[2] Zur Erinnerung: Ein unterstrichenes Attribut repräsentiert den *Primärschlüssel* der Relation, ein + Zeichen kennzeichnet einen *Schlüsselkandidaten* und die Abkürzung *wl* besagt, dass eine Löschung in der Relation mit dem Primärschlüssel an die Relation mit dem entsprechenden Fremdschlüssel weiterzugeben ist.

1. Das Attribut PE# erscheint in der Relation PERSON als *Primärschlüssel*, in den Relationen ARZT und PATIENT hingegen als *Fremdschlüssel*. Damit kommt grundsätzlich eine komplexe Assoziation von der Relation PERSON zur Relation ARZT bzw. PATIENT zustande. (Zur Erinnerung (siehe Abschnitt 4.4): Primärschlüsselrelationen und Fremdschlüsselrelationen sind wie folgt an (1:M)-Abbildungen beteiligt:

   Primärschlüsselrelation ←—→ Fremdschlüsselrelation

   Der vorstehende Sachverhalt bedeutet aber, dass eine Person mehrmals als Arzt und mehrmals als Patient in Erscheinung treten kann. Nachdem eine bestimmte Person aber höchstens einem Arzt und höchstens einem Patienten entsprechen kann, ist mit geeigneten Massnahmen sicherzustellen, dass folgende (1:C)-Abbildungen zustande kommen:

   PERSON ←——) PATIENT

   PERSON ←——) ARZT

   Abb. 5.1.3 ist zu entnehmen, wie die vorstehenden (1:C)-Abbildungen mittels Elementarrelationen zu definieren sind. Das in den Relationen PATIENT und ARZT als Fremdschlüssel auftretende Attribut PE# ist zugleich auch *Schlüsselkandidat*, was aufgrund des + -Zeichens zum Ausdruck kommt. Damit ist sichergestellt, dass ein bestimmter PE#-Wert in den Relationen PATIENT bzw. ARZT jeweils höchstens einmal erscheinen kann. Ein Tupel der Relation PERSON steht also aufgrund eines bestimmten PE#-Wertes höchstens mit einem Tupel der Relation PATIENT (bzw. ARZT) in Beziehung; das heisst, von der Relation mit dem Primärschlüssel (PERSON) zur Relation mit dem Fremdschlüssel (PATIENT bzw. ARZT) liegt nunmehr die vorstehend geforderte konditionelle Assoziation vor.

2. Nachdem sowohl Patienten als auch Ärzte *abhängige Entitäten* darstellen, ist mit Hilfe einer Beziehungsintegritäts-Spezifikation sicherzustellen, dass die Relationen PATIENT und ARZT nur Tupel akzeptieren können, deren Fremdschlüsselwerte PE# mit einem in der Relation PERSON auftretenden Primärschlüsselwert PE# übereinstimmen. Ausserdem ist zu gewährleisten, dass bei einer Löschung eines Primärschlüsselwertes in PERSON die Tupel mit entsprechenden Fremdschlüsselwerten in PATIENT und ARZT ebenfalls verschwinden. Auf diesen Sachverhalt weist der vor dem Fremdschlüsselwert stehende Parameter *wl* (für WEITERGABE der LOESCHUNG stehend) hin, wird doch damit angedeutet, dass eine Löschung eines Tupels in der Relation PERSON an die Relationen PATIENT und ARZT weiterzugeben ist.

3. Mit dem Attribut KATEGORIE ist in der Relation PERSON zum Ausdruck zu bringen, ob für eine Person in der Relation PATIENT und/oder ARZT weitere Informationen vorzufinden sind. Damit lassen sich unnötige Suchoperationen vermeiden.

Das vorliegende Beispiel zeigt:

Eine für eine Kernentitätsmenge definierte Relation RK ist mit einer für eine abhängige Entitätsmenge definierten Relation RA wechselseitig in Beziehung zu setzen, indem der Primärschlüssel der Relation RK als Fremdschlüssel in der Relation RA aufzuführen ist. Damit sind die Relationen RK und RA wie folgt an einer (1:M)-Abbildung beteiligt:

$$RK \longleftrightarrow\!\!\!\!\rightarrow RA$$

Falls eine (1:C)-Abbildung der Art

$$RK \longleftarrow\!\!\!) RA$$

erwünscht ist, so ist der Fremdschlüssel in der Relation RA als Schlüsselkandidat zu deklarieren.

Mitunter wird für die vorstehende Problemstellung auch folgende Lösung vorgeschlagen:

```
PERSON ( PE#, KATEGORIE, ... )

PATIENT ( wl PE#, ... )

ARZT ( wl PE#, ... )
```

Obschon mit dem in allen Relationen als Primärschlüssel erscheinenden Attribut PE# zu gewährleisten ist, dass eine Person nur einem Arzt und/oder einem Patienten entspricht, ist die Lösung nicht befriedigend. So ist in keiner Weise zu erkennen, dass die Relation PERSON einer Kernentitätsmenge entspricht, während die Relationen PATIENT und ARZT abhängige Entitätsmengen repräsentieren.

Eine weitere Schwierigkeit ergibt sich, wenn zu bestimmen ist, mit welcher der vorstehenden Relationen eine anderweitige, das Attribut PE# als Fremdschlüssel aufweisende Relation tatsächlich in Beziehung steht. Man stelle sich beispielsweise vor, dass die täglich gemessenen Blutdrucke der Patienten mit der Relation

```
BLUTDRUCK ( PE#, DATUM, DRUCK )
```

über einen gewissen Zeitraum festzuhalten sind. Steht nun die Relation BLUTDRUCK aufgrund des Primärschlüssel-Fremdschlüssel-Prinzips mit der Relation PERSON oder PATIENT oder ARZT in Beziehung? Die Frage ist solange nicht zu beantworten als man mehrere Relationen mit identischen Primärschlüsseln zulässt.

Zu umgehen ist die vorstehende Problematik nur, wenn entweder mit Primärschlüssel-Fremdschlüssel-Beziehungen entsprechend Abb. 5.1.3 gearbeitet wird, oder aber Rollen wie folgt zur Anwendung gelangen:

```
PERSON ( PE#, KATEGORIE, ... )

PATIENT ( wl PATIENT.PE#, ... )

ARZT ( wl ARZT.PE#, ... )

BLUTDRUCK ( wl PATIENT.PE#, DATUM, DRUCK )
```

Allerdings erfordert die vorstehende Lösung, dass das zur Verfügung stehende Datenbankmanagementsystem Attribute (wie beispielsweise PATIENT.PE#) zulässt, die in ein und derselben Relation zugleich als Primärschlüssel wie auch als Fremdschlüssel in Erscheinung treten können. Da vermutlich nicht alle Datenbankmanagementsysteme dieser Forderung zu genügen vermögen, werden wir Überlagerungen von Entitätsmengen in diesem Buche konsequent entsprechend Abb. 5.1.3 dokumentieren. Wir verhindern damit auch eine etwas umständlich zu handhabende Aufblähung von Attributsnamen, die mit der Rollenlösung bei mehrstufigen Überlagerungen von Entitätsmengen zwangsläufig resultieren. Ein Beispiel möge diese Aussage illustrieren. Man stelle sich eine weitere abhängige Entitätsmenge CHEFARZT vor, die der abhängigen Entitätsmenge ARZT überlagert ist. Mit der Rollenlösung arbeitend, erfordert die Entitätsmenge CHEFARZT folgende Relation:

```
CHEFARZT ( wl CHEFARZT.ARZT.PE#, ... )
```

Wird hingegen mit dem Primärschlüssel-Fremdschlüssel-Prinzip entsprechend Abb. 5.1.3 gearbeitet, so ist die Relation CHEFARZT wie folgt zu spezifizieren:

```
CHEFARZT ( CA#, +/wl A#, ... )
```

Wir fassen zusammen: Damit die in Abschnitt 4.9 gemachte Aussage

---

Voll normalisierte Relationen weisen einen ausserordentlich hohen Aussagegehalt auf und sind wie eine präzise, verbale Realitätsbeschreibung zu interpretieren

---

voll zum Tragen kommt, sind Relationen entweder aufgrund des *Primärschlüssel-Fremdschlüssel-Prinzips* entsprechend Abb. 5.1.3 oder aber mit der vorstehend diskutierten *Rollenlösung* miteinander in Beziehung zu setzen. Letzteres führt zu einer Aufblähung von Attributsnamen und erfordert ein Datenbankmanagementsystem, welches Attribute zulässt, die in ein und derselben Relation zugleich als Primärschlüssel wie auch als Fremdschlüssel in Erscheinung treten können.

b) Vollständige Überdeckung von EM1 ohne Überschneidung von EM2 und EM3

Abb. 5.1.4 zeigt, wie die in Abschnitt 2.2 diskutierte Sachlage, derzufolge eine Turbine einer bestimmten Turbinenart angehört und verschiedene Lebensphasen durchläuft, mittels Elementarrelationen zu definieren ist.

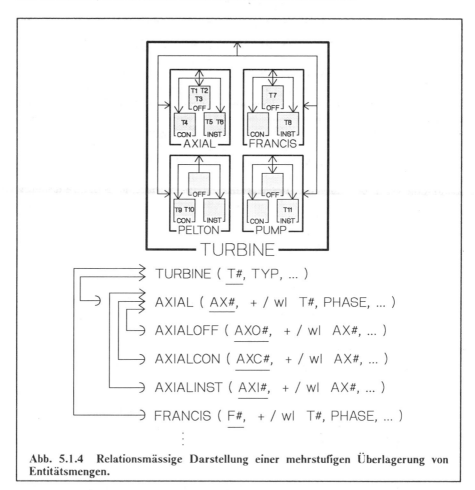

Abb. 5.1.4 Relationsmässige Darstellung einer mehrstufigen Überlagerung von Entitätsmengen.

Zu erkennen ist:

1. Der in den Relationen AXIAL, FRANCIS, PELTON sowie PUMP zum Schlüsselkandidaten deklarierte Fremdschlüssel T# bewirkt, dass besagte Relationen mit der Relation TURBINE je an einer (1:C)-Abbildung beteiligt sind. Damit ist sichergestellt, dass eine Turbine nur einmal einer bestimmten Turbinenart entsprechen kann.

2. Der in den Relationen AXIALOFF, AXIALCON sowie AXIALINST zum Schlüsselkandidaten deklarierte Fremdschlüssel AX# bewirkt, dass besagte Relationen mit der Relation AXIAL je an einer (1:C)-Abbildung beteiligt sind. Damit ist sichergestellt, dass eine Axialturbine nur einmal in ein und derselben Lebensphase auftreten kann.

3. Nachdem alle überlagerten Entitätsmengen *abhängige Entitäten* beinhalten, ist mittels Beziehungsintegritäts-Spezifikationen zu gewährleisten, dass alle Fremdschlüsselwerte jederzeit Primärschlüsselwerten entsprechen. Ausserdem ist sicherzustellen, dass bei einer Elimination einer Entität durch Löschung des entsprechenden T#-Wertes sämtliche davon abhängigen Entitäten ebenfalls von der Bildfläche verschwinden, was mit der Beziehungsintegritäts-Spezifikation *wl* (Weitergabe der Löschung) zu gewährleisten ist.

Soweit stimmen die Spezifikationen mit den für das vorstehende Beispiel diskutierten überein. Im Unterschied zum Personen-Patienten-Arzt-Beispiel, in dem eine Person sowohl Patient wie auch Arzt sein kann, darf eine Turbine nur *einer* Turbinenart entsprechen. Zudem befindet sich jede Turbine jederzeit in nur *einer* Lebensphase. Dieser Sachverhalt ist einem Datenbankmanagementsystem in Form einer ASSERTION (siehe Abschnitt 2.5 und 4.9) bekanntzugeben, deren Logik Abb. 5.1.5 zu entnehmen ist. Unterstützt das zur Verfügung stehende Datenbankmanagementsystem das ASSERTION-Prinzip nicht, so ist in den die Turbinendaten ändernden Anwendungsprogrammen mit geeigneten Routinen für eine Einhaltung der genannten Bedingungen zu sorgen.

Interessant ist, dass die in Abb. 5.1.2 gezeigten Fälle a) bis d) allesamt mit ein und demselben Relationenmodell darzustellen sind. Die Unterschiede kommen erst in ASSERTIONS bzw. geeigneten Routinen in Anwendungsprogrammen zum Ausdruck, die immer dann zu spezifizieren sind, wenn bezüglich der Zugehörigkeit der Elemente zu Untermengen Konditionen der Art zu formulieren sind:

*   Ein Element in EM1 darf nur in einer Untermenge vorzufinden sein (Fälle a und b)

*   Ein Element in EM1 muss in einer Untermenge vorzufinden sein (Fälle a und c)

Es versteht sich, dass die Formulierung der vorstehenden Konditionen mit den in Abschnitt 2.5 diskutierten Möglichkeiten des *objektorientierten Ansatzes* durchaus möglich ist.

c) Verdichtung

Abb. 5.1.6 zeigt, wie die in Abschnitt 2.2 diskutierte Sachlage, derzufolge in einer Schulklasse mehrere Schüler vorzufinden sind, mit Hilfe von Elementarrelationen zu definieren ist.

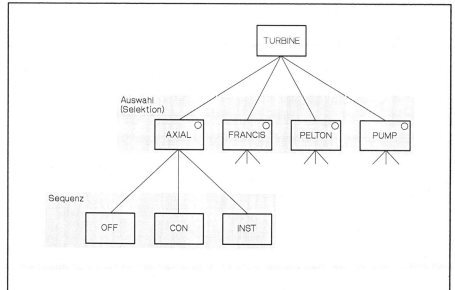

Abb. 5.1.5 Logik für ASSERTION. Die Abbildung wurde bereits in Abschnitt 2.2 für die Darstellung der Lebensphasen einer Entität verwendet.

Zu erkennen ist:

1. Das in der Relation KLASSE als Primärschlüssel und in der Relation STUDENT als Fremdschlüssel auftretende Attribut K# bewirkt, dass besagte Relationen wie folgt an einer (1:M)-Abbildung beteiligt sind:

$$\text{KLASSE} \longleftrightarrow\!\!\!\rightarrow \text{STUDENT}$$

    Dies entspricht dem tatsächlichen Sachverhalt, demzufolge ein Student nur einer Klasse angehört, eine Klasse aber mehrere Studenten aufweisen kann.

2. Falls die Studenten als *Kernentitäten* in Erscheinung treten sollen, so sind für den Fremdschlüssel K# in der Relation STUDENT Nullwerte zuzulassen (andernfalls ist die Existenz eines Studenten nur dann festzuhalten, wenn seine Klassenzugehörigkeit bekannt ist). Formal erfordert dies:

    STUDENT (<u>S#</u>, nw/nl K#, ...)

    Dabei bedeuten die dem Fremdschlüssel vorgelagerten Zeichen:

    nw   Nullwerte sind zugelassen

    nl   Nullsetzung bei Löschung (sofern ein Primärschlüsselwert gelöscht wird, ist ein gleichlautender Fremdschlüsselwert auf Null zu setzen).

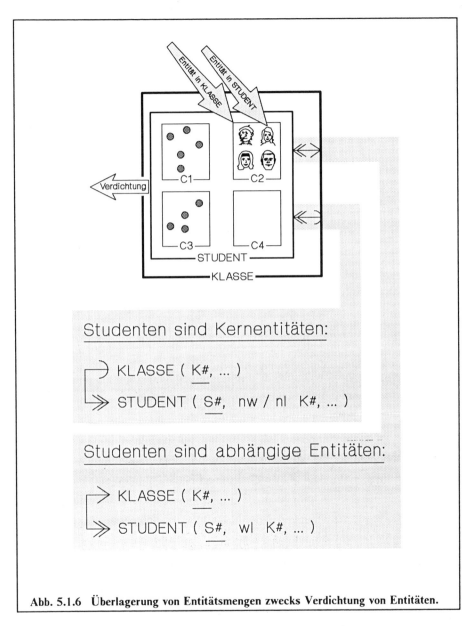

Studenten sind Kernentitäten:

$\quad$ KLASSE (<u>K#</u>, ...)

$\quad$ STUDENT (<u>S#</u>, nw / nl K#, ...)

Studenten sind abhängige Entitäten:

$\quad$ KLASSE (<u>K#</u>, ...)

$\quad$ STUDENT (<u>S#</u>, wl K#, ...)

Abb. 5.1.6 **Überlagerung von Entitätsmengen zwecks Verdichtung von Entitäten.**

3. $\quad$ Falls die Studenten als *abhängige Entitäten* in Erscheinung treten sollen (d.h. die Existenz eines Studenten darf nur dann bekanntzugeben sein, wenn auch dessen Klassenzugehörigkeit ausgewiesen wird), so sind für den Fremdschlüssel K# in der Relation STUDENT keine Nullwerte zuzulassen. Ausserdem ist sicherzustellen, dass bei einer Löschung einer Klasse

sämtliche besagter Klasse angehörenden Studenten ebenfalls gelöscht werden. Formal erfordert dies:

```
STUDENT ( S#, wl K#, ... )
```

Dabei bedeutet das dem Fremdschlüssel vorgelagerte Zeichen:

wl   Weitergabe der Löschung (sofern ein Primärschlüsselwert gelöscht wird, sind alle Tupel mit einem gleichlautenden Fremdschlüsselwert ebenfalls zu löschen).

B. Darstellung von Entitätsattributen mittels Elementarrelationen

In Abschnitt 2.2 wurde definiert:

> Ein *Entitätsattribut* assoziiert die Entitäten einer Entitätsmenge mit Eigenschaftswerten, die einer (allenfalls mehreren) Domäne(n) angehören.

Wir diskutieren einige Beispiele.

Unterstellen wir, dass dem in Abb. 5.1.7 gezeigten Entitätsattribut PE-NAME die (M:1)-Abbildung

$$PE\# \twoheadleftarrow\!\!\longrightarrow NAME$$

zugrunde liegt, so ist besagtes Entitätsattribut mit folgender Elementarrelation zu definieren:

```
PE-NAME ( PE#, NAME )
```

Offenbar entspricht der Name der Elementarrelation dem Namen des Entitätsattributes und enthält die Relation für jede am Entitätsattribut beteiligte Domäne ein Attribut. Primärschlüssel der Relation ist PE#, was zur Folge hat, dass je Mitarbeiter (d. h. je PE#-Wert) nur *ein* Name einzubringen ist.

Stellen wir demgegenüber bezüglich der Realität fest, dass eine Person höchstens einen (möglicherweise auch keinen) Namen aufweist und ein Name mehreren Personen zuzuordnen ist, dann erfordert die dem Entitätsattribut zugrunde liegende (M:C)-Abbildung

$$PE\# \twoheadleftarrow\!\!\longrightarrow) NAME$$

die Definition folgender Elementarrelation:

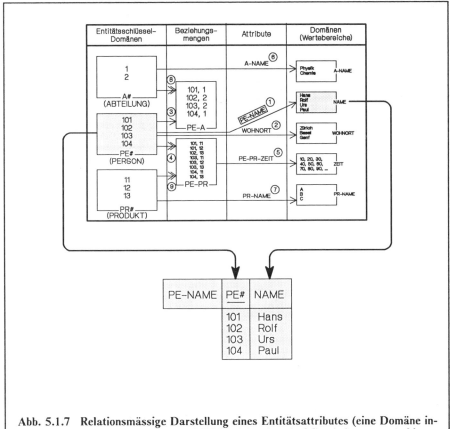

Abb. 5.1.7 **Relationsmässige Darstellung eines Entitätsattributes (eine Domäne involvierend).** Der Primärschlüssel *PE#* bewirkt, dass je Mitarbeiter nur *ein* Name einzubringen ist.

```
PE-NAME ( PE#, nw NAME )
```

Die Relation

```
PE-NAME ( PE#, NAME )
```

ermöglicht gemäss Abb. 5.1.8 die Berücksichtigung der (M:M)-Abbildung

$$PE\# \leftleftarrows\rightrightarrows NAME$$

Die vorstehende (M:M)-Abbildung besagt aber, dass eine Person mehrere Namen aufweisen kann und ein Name mehreren Personen zuzuordnen ist.

Im Prinzip wären für das Entitätsattribut PE-NAME auch folgende Relationen denkbar:

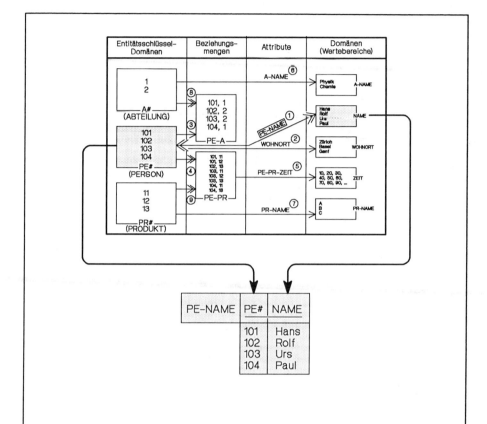

Abb. 5.1.8 Je nach Relationsschlüsseldefinition sind unterschiedliche Sachverhalte zum Ausdruck zu bringen. Der Primärschlüssel *PE#, NAME* bewirkt, dass je Mitarbeiter (d.h. je PE#-Wert) mehrere Namen einzubringen sind und ein Name mehreren Mitarbeitern zuzuordnen ist.

$$\text{PE-NAME (PE\#, } \underline{\text{NAME}} \text{)}$$

$$\text{PE-NAME (} \underline{\text{PE\#}} \text{, + NAME)}$$

Mit ersterer ist die (1:M)-Abbildung

$$PE\# \longleftrightarrow\!\!\!\!\!\!\gg NAME$$

festzuhalten, welche zum Ausdruck bringt, dass eine Person mehrere Namen aufweisen kann und ein Name nur einer Person zuzuordnen ist.

Mit der zweiten Relation ist die (1:1)-Abbildung

$$PE\# \longleftrightarrow NAME$$

festzuhalten, welche zum Ausdruck bringt, dass eine Person nur einen Namen aufweist und ein Name nur einer Person zuzuordnen ist.

Die vorstehenden Ausführungen zeigen, dass bei der relationsmässigen Definition eines Entitätsattributes das der Entitätsschlüsseldomäne entsprechende Attribut nicht unbedingt den Primärschlüssel der Relation zu repräsentieren hat. In Abhängigkeit von der Primärschlüsseldefinition sind vielmehr völlig unterschiedliche Sachverhalte festzuhalten.

Ein Entitätsattribut kann bekanntlich auch mehrere Domänen involvieren. Ein entsprechendes Beispiel, das keiner weiteren Erläuterung bedarf, ist Abb. 5.1.9 zu entnehmen.

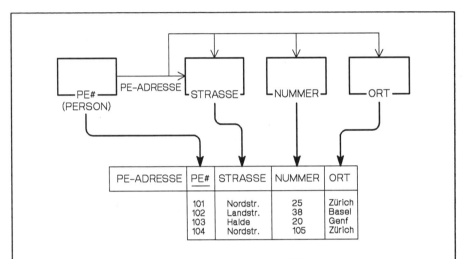

Abb. 5.1.9 Relationsmässige Darstellung eines Entitätsattributes (mehrere Domänen involvierend). Der Primärschlüssel *PE#* bewirkt, dass je Mitarbeiter nur *eine* Adresse, bestehend aus einer Strasse, einer Nummer sowie einem Ort, einzubringen ist.

C. Darstellung von Beziehungsmengen mittels Elementarrelationen

In Abschnitt 2.2 wurde definiert:

> Eine *Beziehungsmenge* ist eine eindeutig benannte Kollektion von Beziehungselementen gleichen Typs.

Wir beginnen mit dem Normalfall und diskutieren zunächst:

a) Erforderliche Elementarrelationen zur Darstellung von Beziehungsmengen, an denen zwei Entitätsmengen beteiligt sind

Abb. 5.1.10 zeigt die Beziehungsmenge PE-A des Abteilungen-Personen-Produkte-Beispiels.

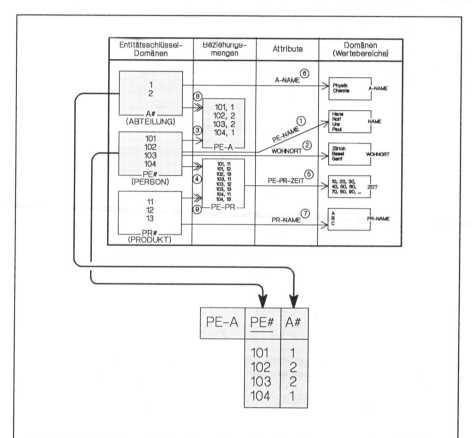

Abb. 5.1.10 Relationsmässige Darstellung einer Beziehungsmenge (zwei Entitätsmengen involvierend). Der Primärschlüssel *PE#* bewirkt, dass je Mitarbeiter (d.h. je PE#-Wert) nur ein A#-Wert einzubringen ist. Anderseits ist ein A#-Wert − zusammen mit unterschiedlichen PE#-Werten − mehrmals einzubringen.

Nachdem bezüglich der Realität festgestellt wurde, dass eine Person in nur einer Abteilung tätig ist, eine Abteilung aber mehrere Personen beschäftigen kann, ist für die Festhaltung der (M:1)-Abbildung

$$PE\# \; \longleftrightarrow \; A\#$$

die Relation

$$\texttt{PE-A (\underline{PE\#}, A\#)}$$

zu definieren. Offenbar entspricht der Name der Relation dem Namen der Beziehungsmenge und enthält die Relation für jede an der Beziehungsmenge beteiligte Domäne ein Attribut.

Wir diskutieren ein zweites Beispiel.

Die Beziehungsmenge PE-PR, welcher die (M:M)-Abbildung

$$PE\# \twoheadleftarrow\twoheadrightarrow PR\#$$

zugrunde liegt, ist mit der Relation

$$\texttt{PE-PR (\underline{PE\#}, \underline{PR\#})}$$

zu definieren.

b) Erforderliche Elementarrelationen zur Darstellung von Beziehungsmengen, an denen nur eine Entitätsmenge beteiligt ist

Abb. 5.1.11 zeigt, wie die in Abschnitt 2.2 diskutierte, eine Stücklistenanordnung repräsentierende Beziehungsmenge A-V relationsmässig zu definieren ist. Wiederum entspricht der Name der Relation dem Namen der Beziehungsmenge und enthält die Relation für jede an der Beziehungsmenge beteiligte Domäne ein Attribut. Zu beachten ist, dass die Domäne PR# zweimal an der Beziehungsmenge A-V beteiligt ist. Entsprechend ist das Attribut PR# zweimal in der Relation A-V vorzufinden. Dies erfordert aber die Verwendung der Rollen MASTER und KOMPONENTE, mit denen die Bedeutung des wiederholt in Erscheinung tretenden Attributes PR# zu umschreiben ist. Primärschlüssel der Relation ist der zusammengesetzte Schlüssel **MASTER.PR#, KOMPONENTE.PR#**, womit zum Ausdruck kommt, dass sich ein Master Produkt in der Regel aus mehreren Komponenten zusammensetzt und eine Komponente in der Regel für die Produktion von mehreren Masterprodukten verwendet wird, formal:

$$MASTER.PR\# \twoheadleftarrow\twoheadrightarrow KOMPONENTE.PR\#$$

Ist mit der in Abb. 5.1.11 gezeigten Relation eine Auflösungsoperation durchzuführen, so ist gemäss Abb. 5.1.12 mit dem PR#-Wert des aufzulösenden Produktes via das Attribut MASTER.PR# auf die Relation A-V zuzugreifen. Dabei fallen die PR#-Werte der Komponenten an, die im aufzulösenden Produkt enthalten sind. Umgekehrt ist im Falle eines Verwendungsnachweises mit dem PR#-Wert einer Komponente via das Attribut KOMPONENTE.PR# auf die Relation A-V zuzugreifen. Dabei fallen die PR#-Werte der Masterprodukte an, in denen die vorgegebene Komponente enthalten ist.

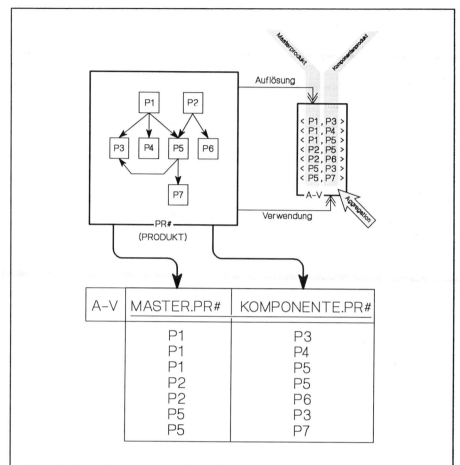

Abb. 5.1.11 Relationsmässige Darstellung einer Beziehungsmenge (eine Entitäts-menge involvierend). Mit der gezeigten Beziehungsmenge ist eine Stücklistenan-ordnung festzuhalten.

Abb. 5.1.13 zeigt, wie das in Abschnitt 2.2 diskutierte Stücklistenvariantenpro-blem relationsmässig zu definieren ist. Mit der Relation VARIANTEN-SL ist insofern eine Verdichtung zu erzielen, als die einer Variante angehörenden Ma-ster-Komponenten-Paare als Einheit anzusprechen sind.

Wir diskutieren ein weiteres Beispiel.

Abb. 5.1.14 zeigt, wie die in Abschnitt 2.2 diskutierte, eine Unternehmungs-struktur repräsentierende Beziehungsmenge UN-BE relationsmässig zu definie-ren ist. Nachdem die Domäne PE# zweimal an der Beziehungsmenge UN-BE beteiligt ist, ist in der Relation UN-BE zweimal ein entsprechend benanntes Attribut aufzuführen. Die Existenz eines Mitarbeiters kommt aufgrund eines

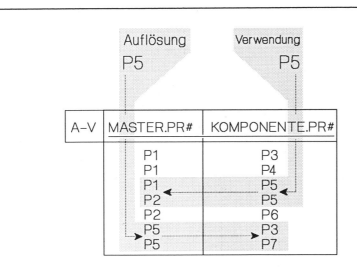

Abb. 5.1.12 Auflösung und Verwendungsnachweis. Die Abbildung illustriert, dass eine Auflösung des Produktes P5 die Komponenten P3 und P7 ergibt. Umgekehrt führt ein Verwendungsnachweis für die Komponente P5 zu den Produkten P1 und P2.

PE#-Wertes zum Ausdruck, der an erster Stelle eines Tupels vorzufinden ist. Der zweite PE#-Wert eines Tupels repräsentiert jeweils den Vorgesetzten eines Mitarbeiters – ein Umstand, der aufgrund der Rollenbezeichnung MANAGER zum Ausdruck kommt.

Zu beachten ist, dass die Tupel der Relation UN-BE an einer (M:C)-Abbildung der Art

$$PE\# \twoheadleftarrow\!\!-) \; MANAGER.PE\#$$

beteiligt sind, weil ein Mitarbeiter bekanntlich höchstens einen Vorgesetzten aufweist (der Präsident hat keinen) und ein Vorgesetzter in der Regel mehreren Mitarbeitern vorsteht. Die (M:C)-Abbildung erfordert, dass das Attribut PE# Primärschlüssel ist und für das Attribut MANAGER.PE# Nullwerte einzubringen sind. Formal:

$$\texttt{UN-BE (\underline{PE\#}, nw MANAGER.PE\#)}$$

Und noch ein Hinweis:

Die Relation UN-BE ist insofern interessant, als sie ein Beispiel einer Relation darstellt, die sowohl den Primärschlüssel (PE#) als auch einen entsprechenden Fremschlüssel (MANAGER.PE#) aufweist.

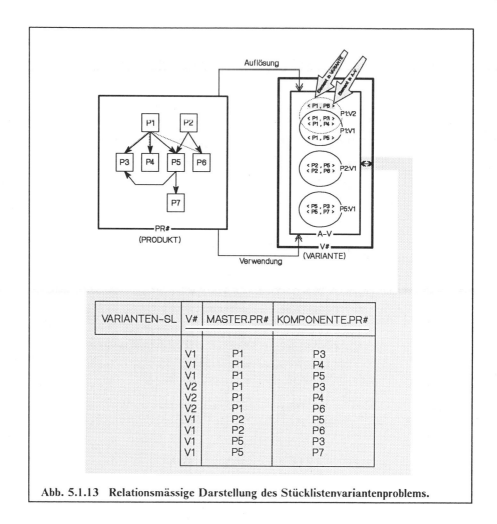

Abb. 5.1.13 Relationsmässige Darstellung des Stücklistenvariantenproblems.

D. Darstellung von Beziehungsattributen mittels Elementar-relationen

In Abschnitt 2.2 wurde definiert:

> Ein *Beziehungsattribut* assoziiert die Beziehungselemente einer Beziehungsmenge mit Eigenschaftswerten, die einer (oder mehreren) Domäne(n) angehören.

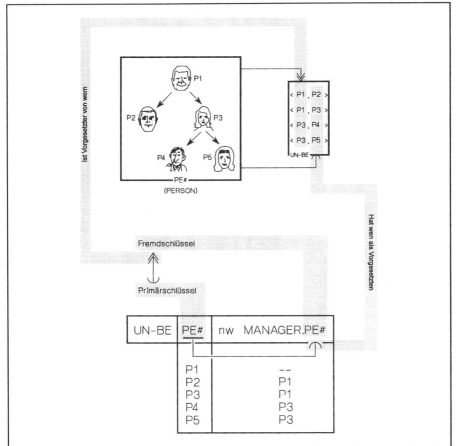

Abb. 5.1.14 Unternehmungsstruktur (Beziehungsmenge, eine Entitätsmenge involvierend). Man beachte, dass die Tupel der Relation PERSON an einer durch das Primärschlüssel-Fremdschlüssel-Prinzip verursachten (M:C)-Abbildung beteiligt sind. Dies entspricht dem tatsächlichen Sachverhalt, demzufolge ein Vorgesetzter mehreren Mitarbeitern vorsteht, ein Mitarbeiter aber höchstens an einen Vorgesetzten berichtet.

Wir diskutieren zwei Beispiele.

Abb. 5.1.15 zeigt das Beziehungsattribut PE-PR-ZEIT des Abteilungen-Personen-Produkte-Beispiels. Das Beziehungsattribut involviert auf der einen Seite die Domäne ZEIT und auf der andern Seite die Beziehungsmenge PE-PR, für deren Darstellung bekanntlich von den Domänen PE# und PR# auszugehen ist. Wir unterstellen, dass das Beziehungsattribut die sogenannte IST-Zeit darstellt – die Zeit also, die eine Person für die Herstellung eines Produktes benötigt. Wir unterstellen weiter, dass pro Person und Produkt nur eine IST-Zeit festzuhalten ist und dass eine bestimmte IST-Zeit selbstverständlich für mehrere

PE#-PR#-Wertekombinationen von Bedeutung sein kann. Dem Beziehungsattribut liegt demzufolge folgende (M:1)-Abbildung zugrunde:

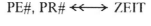

PE#, PR# ⟵⟶ ZEIT

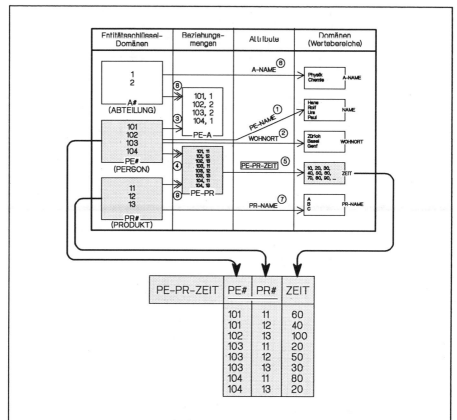

Abb. 5.1.15 Relationsmässige Darstellung eines Beziehungsattributes. Der Primärschlüssel *PE#, PR#* bewirkt, dass je Mitarbeiter (d. h. je PE#-Wert) mehrere PR#-Werte und je Produkt (d. h. je PR#-Wert) mehrere PE#-Werte einzubringen sind.

Die vorstehenden Überlegungen erfordern die Relation:

PE-PR-ZEIT (<u>PE#, PR#</u>, ZEIT)

Offenbar entspricht der Name der Relation dem Namen des Beziehungsattributes und enthält die Relation für jede am Beziehungsattribut direkt oder indirekt (d.h. via Beziehungsmenge) beteiligte Domäne ein Attribut. Relationsschlüssel ist die Attributskombination **PE#, PR#**, was zur Folge hat, dass je

Mitarbeiter (d.h. je PE#-Wert) mehrere PR#-Werte und je Produkt (d.h. je PR#-Wert) mehrere PE#-Werte einzubringen sind. Damit lassen sich aber die Feststellungen 4 und 9 des Abteilungen-Personen-Produkte-Beispiels (d.h. ein Mitarbeiter arbeitet an mehreren Produkten und ein Produkt wird von mehreren Mitarbeitern bearbeitet) einwandfrei respektieren.

Wenn wir davon ausgehen können, dass die Relation PE-PR-ZEIT alle Normalisierungskriterien respektiert, so sind von besagter Relation die folgenden fünf Aussagen abzuleiten:

1. *Ein Mitarbeiter produziert mehrere Produkte*

   diese Aussage lässt sich vom zusammengesetzten Schlüssel her ableiten, stehen doch die Komponenten eines zusammengesetzten Schlüssels wechselseitig komplex miteinander in Beziehung, formal:

$$PE\# \twoheadleftarrow\!\!\rightarrow PR\#$$

2. *Ein Produkt wird von mehreren Mitarbeitern produziert*

   diese Aussage lässt sich wiederum vom zusammengesetzten Schlüssel her ableiten.

3. *Pro Mitarbeiter und Produkt ist eine bestimmte Zeit erforderlich*

   diese Aussage lässt sich vom 1NF-Kriterium her ableiten, welches besagt, dass alle nicht dem Schlüssel angehörenden Attribute vom Schlüssel funktional abhängig sind, formal:

$$PE\#, PR\# \longrightarrow ZEIT$$

4. *Ein Mitarbeiter braucht für die von ihm produzierten Produkte unterschiedliche Zeiten*

   diese Aussage lässt sich vom 2NF-Kriterium her ableiten, welches besagt, dass alle nicht dem Schlüssel angehörenden Attribute von Schlüsselteilen nicht funktional abhängig sind, formal:

$$PE\# \nrightarrow ZEIT$$

   oder

$$PE\# \longrightarrow\!\!\!\rightarrow ZEIT$$

5. *Die Produktion eines Produktes erfordert je nach Mitarbeiter unterschiedliche Zeiten*

   diese Aussage lässt sich wiederum vom 2NF-Kriterium her ableiten, darf doch das Attribut ZEIT auch nicht vom zweiten Schlüsselteil funktional abhängig sein, formal:

$$PR\# \nrightarrow\!\!\!\rightarrow ZEIT$$

oder

$$PR\# \longrightarrow\!\!\!\rightarrow ZEIT$$

Das vorstehende Beispiel bestätigt die Aussage aus Abschnitt 4.9:

> Voll normalisierte Datenstrukturen weisen einen ausserordentlich hohen Aussagegehalt auf und sind wie eine präzise, verbale Realitätsbeschreibung zu interpretieren.

Bislang haben wir bei unseren das Beziehungsattribut PE-PR-ZEIT betreffenden Überlegungen unterstellt, dass die IST-Zeit zu berücksichtigen ist. Nun hätten wir stattdessen aber auch die SOLL-Zeit (Vorgabezeit) meinen können − die Zeit also, die für die Herstellung eines Produktes in jedem Fall (also unabhängig von der beteiligten Person) einzuhalten ist. In diesem Falle verletzt aber die Relation

```
PE-PR-ZEIT ( PE#, PR#, ZEIT )
```

entsprechend Abb. 5.1.16 die 2NF, ist doch das Attribut ZEIT von der Schlüsselkomponente PR# funktional abhängig. Die Normalisierung ergibt:

```
PE-PR ( PE#, PR# )

PR-ZEIT ( PR#, ZEIT )
```

Zu beachten ist, dass der im oberen Teil von Abb. 5.1.16 mittels Konstruktionselementen dargestellte Realitätsausschnitt falsch ist, sofern die SOLL-Zeit zu visualisieren ist. Bei der SOLL-Zeit handelt es sich nämlich nicht um ein Beziehungsattribut, sondern um ein die Entitätsmenge PRODUKT betreffendes Entitätsattribut. Abb. 5.1.17 illustriert diesen Sachverhalt zusammen mit den Relationen, die sich von der korrekten SOLL-Zeit-Darstellung ableiten lassen.

Wichtig ist, dass die in Abb. 5.1.17 gezeigten Relationen mit jenen übereinstimmen, die bei der Normalisierung der die SOLL-Zeit falsch reflektierenden Relation resultierten. Offensichtlich besteht also dank der Normalisierungsüberlegungen die Chance, eine korrekte Lösung zu erhalten, selbst wenn − wie in Abb. 5.1.16 der Fall − zunächst von einer falschen Realitätsabbildung ausgegangen wird.

Die vorstehenden Überlegungen bestätigen die zu Beginn dieses Kapitels gemachte Aussage:

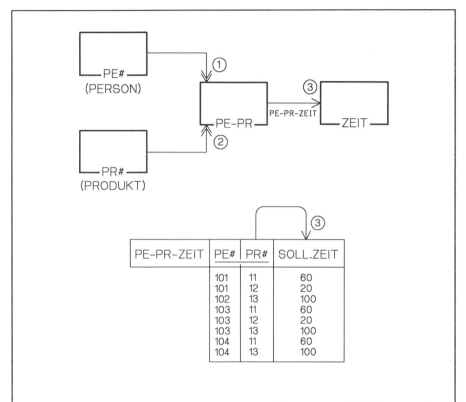

Abb. 5.1.16 SOLL-Zeit: Falsche Darstellung. Das Attribut ZEIT ist − sofern damit die SOLL-Zeit gemeint ist − funktional abhängig vom Attribut PR# und verletzt damit die 2NF.

Die Definition einer Elementarrelation erfordert eine systematische Hinterfragung der Realität. Dies hat zur Folge, dass verschiedenorts definierte, den gleichen Sachverhalt betreffende Elementarrelationen weitgehend übereinstimmen.

Wir diskutieren ein weiteres Beispiel.

Abb. 5.1.18 zeigt, wie das in Abschnitt 2.2 diskutierte, das Stücklistenproblem betreffende Beziehungsattribut SL relationsmässig zu definieren ist.

Wenn wir unterstellen, dass die in Abb. 5.1.18 gezeigte Relation

SL (<u>MASTER.PR#, KOMPONENTE.PR#,</u> MENGE)

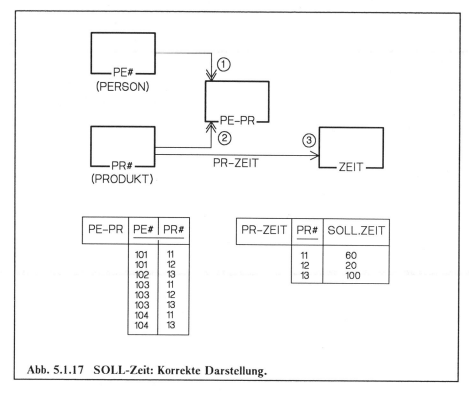

Abb. 5.1.17 SOLL-Zeit: Korrekte Darstellung.

alle Normalisierungskriterien respektiert, so sind von besagter Relation die folgenden fünf Aussagen abzuleiten:

1. *Für die Produktion eines Produktes sind in der Regel mehrere Komponenten erforderlich*

    (diese Aussage lässt sich vom zusammengesetzten Schlüssel her ableiten).

2. *Eine Komponente wird in der Regel für die Produktion von mehreren Produkten verwendet*

    (diese Aussage lässt sich wiederum vom zusammengesetzten Schlüssel her ableiten).

3. *Für die Herstellung eines Produktes ist eine Komponente in einer ganz bestimmten Menge erforderlich*

    (diese Aussage lässt sich vom 1NF-Kriterium her ableiten).

4. *Die Herstellung eines Produktes erfordert in der Regel verschiedene Komponenten in unterschiedlichen Mengen*

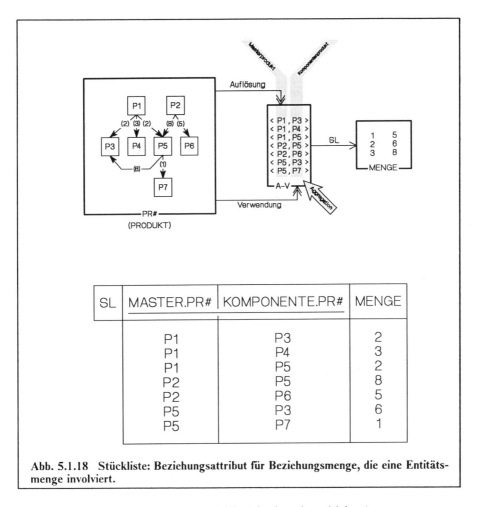

Abb. 5.1.18 Stückliste: Beziehungsattribut für Beziehungsmenge, die eine Entitätsmenge involviert.

(diese Aussage lässt sich vom 2NF-Kriterium her ableiten).

5. *Eine Komponente wird in der Regel in unterschiedlichen Mengen für die Herstellung verschiedener Produkte benötigt*

(diese Aussage lässt sich wiederum vom 2NF-Kriterium her ableiten).

Um Produkte im Sinne von Entitäten behandeln zu können, ist selbstverständlich neben der in Abb. 5.1.18 gezeigten Relation

     SL (<u>MASTER.PR#, KOMPONENTE.PR#</u>, MENGE)

eine weitere Relation erforderlich, in welcher der Entitätsschlüssel PR# als Primärschlüssel erscheinen muss, konkret:

PRODUKT (<u>PR#</u>, P-NAME, ...).

Jetzt wird aber auch ersichtlich, dass das Attribut PR# in der Relation SL zweimal als Fremdschlüssel erscheint. Dies bewirkt, dass die Relationen PRO-DUKT und SL zweimal an einer (1:M)-Abbildung beteiligt sind. Abb. 5.1.19 verdeutlicht die vorstehenden Aussagen.

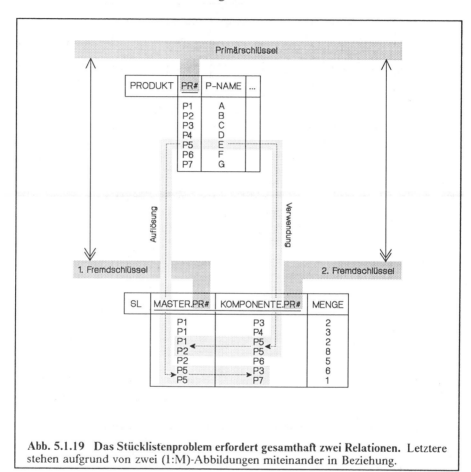

Abb. 5.1.19 Das Stücklistenproblem erfordert gesamthaft zwei Relationen. Letztere stehen aufgrund von zwei (1:M)-Abbildungen miteinander in Beziehung.

Und noch ein Hinweis:

Im Zusammenhang mit Stücklisten ist insofern ein interessantes Integritätsproblem zu lösen als mittels geeigneter Massnahmen zu verhindern ist, dass *Schleifen* (auch *Zyklen* genannt) in die Relation SL einzubringen sind. So dürfte beispielsweise die in Abb. 5.1.18 gezeigte Relation SL nicht mit dem Tupel

< P3, P1, ... >

erweitert werden. Andernfalls käme zusammen mit dem bereits vorhandenen Tupel

$$< P1, P3, 2 >$$

der etwas absurde Sachverhalt zum Ausdruck, dass für die Herstellung des Produktes P1 das Komponentenprodukt P3 erforderlich ist, während für die Herstellung des letzteren das zu produzierende Produkt P1 bereitzustellen ist. Wir wollen aber im Rahmen dieses Buches nicht weiter auf die angeschnittene Problematik eingehen und verweisen interessierte Leser stattdessen auf eine in [51] vorgestellte Lösung.

Abb. 5.1.20 zeigt zusammenfassend sämtliche Elementarrelationen, die für ein eindeutiges Festhalten der im Abteilungen-Personen-Produkte-Beispiel aufgeführten Feststellungen erforderlich sind.

Zusammenfassung

Die vorstehenden Ausführungen haben gezeigt, wie ein Realitätsausschnitt mittels *Konstruktionselementen* zu modellieren ist und wie letztere mittels voll normalisierter *Elementarrelation* maschinengerecht zu definieren sind. Die Normalisierungskriterien sind bei der Definition von Elementarrelationen zu respektieren, weil dadurch jedermann gezwungen ist, die Realität in der gleichen systematischen Art zu hinterfragen.

Die vorstehenden Ausführungen betreffen den ersten Schritt auf dem Wege zu einer einwandfreien Datenbank. Demzufolge:

---

1. Syntheseschritt

Abbildung der Realität mittels Konstruktionselementen wie

* Entitätsmengen
* Beziehungsmengen
* Entitätsattributen
* Beziehungsattributen

und maschinengerechtes Definieren derselben mit Hilfe von voll normalisierten Elementarrelationen.

Sofern nur ein Grobmodell von Interesse ist, so berücksichtigt man lediglich Entitätsmengen und Beziehungsmengen. Man spricht dann von einer sogenannten *Datenarchitektur* (siehe Abschnitt 2.3). Von einer *Datenanalyse* ist hingegen dann die Rede, wenn neben Entitätsmengen und Beziehungsmengen auch Details in Form von Entitätsattributen sowie Beziehungsattributen von Bedeutung sind.

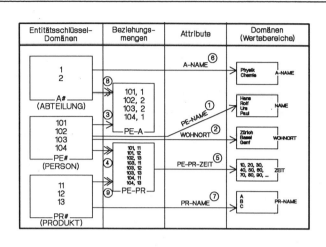

Relation definiert aufgrund von:

PERSON ist Entitätstyp:	PERSON (PE#)
ABTEILUNG ist Entitätstyp:	ABTEILUNG (A#)
PRODUKT ist Entitätstyp:	PRODUKT (PR#)
1. Feststellung:	PE-NAME (PE#, NAME)
2. Feststellung:	WOHNORT (PE#, WOHNORT)
3. und 8. Feststellung:	PE-A (PE#, A#)
4. und 9. Feststellung:	PE-PR (PE#, PR#)
5. Feststellung:	PE-PR-ZEIT (PE#, PR#, ZEIT)
6. Feststellung:	A-NAME (A#, A-NAME)
7. Feststellung:	PR-NAME (PR#, PR-NAME)

Abb. 5.1.20 Abteilungen-Personen-Produkte-Beispiel: Elementarrelationen.

Erfahrungsgemäss führt der 1. Syntheseschritt bisweilen dann zu Schwierigkeiten, wenn zu entscheiden ist, ob eine Realitätsbeobachtung in Form einer Entitätsmenge oder in Form eines Attributes zu definieren ist. So überraschend die Aussage auch klingen mag: es ist zunächst gar nicht so wichtig, welche Alternative bevorzugt wird. Dies, weil ein für eine Realitätsabbildung definiertes Relationenmodell in der Regel problemlos veränderten Bedingungen anzupassen ist. Abb. 5.1.21 illustriert diese Aussage wie folgt:

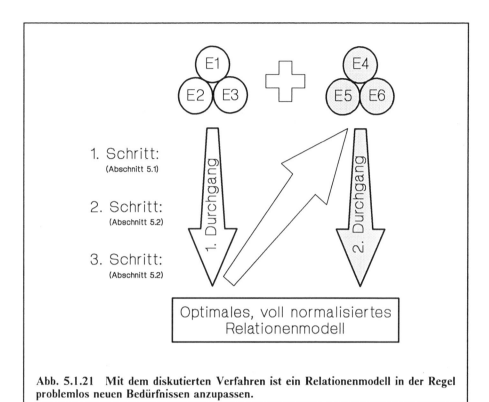

1. Schritt:
(Abschnitt 5.1)

2. Schritt:
(Abschnitt 5.2)

3. Schritt:
(Abschnitt 5.2)

Optimales, voll normalisiertes Relationenmodell

Abb. 5.1.21 **Mit dem diskutierten Verfahren ist ein Relationenmodell in der Regel problemlos neuen Bedürfnissen anzupassen.**

Für eine die Entitätsmengen E1, E2 und E3 berücksichtigende Realitätsabbildung sei — den in diesem Abschnitt diskutierten 1. Syntheseschritt sowie die in Abschnitt 5.2 zur Sprache kommenden Syntheseschritte 2 und 3 befolgend — ein optimales, voll normalisiertes Relationenmodell ermittelt worden. Nach Vorliegen desselben werde festgestellt, dass die ursprüngliche Realitätsabbildung mit den Entitätsmengen E4, E5 und E6 zu erweitern ist. Es versteht sich, dass hiefür die vorerwähnten Syntheseschritte noch einmal durchzuführen sind. In der Regel wird dies möglich sein, ohne das im ersten Durchgang ermittelte Relationenmodell überarbeiten zu müssen. Ein Beispiel möge diese Aussage bestätigen.

Im oberen Teil von Abb. 5.1.22 ist eine Realitätsabbildung zu erkennen, welcher die Entitätsmenge PERSON und das Entitätsattribut SPRACHK (für Sprachkenntnis stehend) zugrunde liegen. Für diese Abbildung sei entsprechend Abb. 5.1.21 in einem ersten Durchgang das im unteren Teil von Abb. 5.1.22 gezeigte optimale, voll normalisierte Relationenmodell ermittelt worden. Selbstverständlich wird mit diesem Modell die Existenz einer Sprache nur dann festzuhalten sein, wenn eine die Sprache sprechende Person bekannt ist (andernfalls fehlt ein Teil des Primärschlüsselwertes, der für einen Einschub in die Relation SPRACHK erforderlich ist).

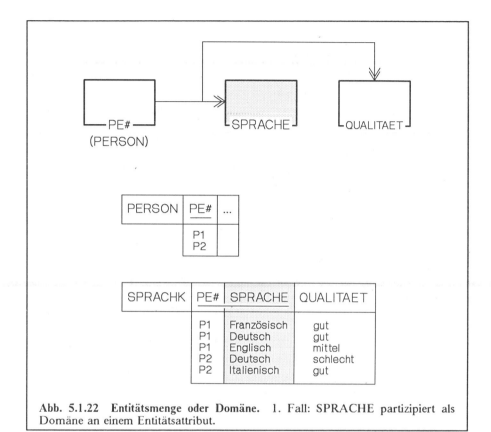

Abb. 5.1.22 Entitätsmenge oder Domäne. 1. Fall: SPRACHE partizipiert als Domäne an einem Entitätsattribut.

Nun stelle sich das Bedürfnis ein, Sprachen tatsächlich im Sinne von Entitäten (also unabhängig von den sie sprechenden Personen) zu behandeln. Zu diesem Zwecke ist eine Realitätsabbildung erforderlich, in welcher entsprechend Abb. 5.1.23 Personen und Sprachen im Sinne von Entitäten in Erscheinung treten. Die dafür erforderlichen Entitätsmengen PERSON und SPRACHE sind an der Beziehungsmenge PE-SP beteiligt, welche aufgrund des Beziehungsattributes SPRACHK mit der Domäne QUALITAET in Beziehung steht. Im unteren Teil von Abb. 5.1.23 ist das für die modifizierte Realitätsabbildung in einem zweiten Durchgang ermittelte Relationenmodell zu erkennen.

Man sieht, dass sich die in Abb. 5.1.22 bzw. Abb. 5.1.23 gezeigten Relationenmodelle nur insofern unterscheiden, als die Berücksichtigung von Sprachen im Sinne von Entitäten eine zusätzliche Relation erfordert. Entschliesst man sich also, die Sprachen zunächst im Sinne eines Entitätsattributes aufzufassen, so sind die in Abb. 5.1.22 gezeigten Relationen PERSON und SPRACHK zu definieren. Stellt sich später heraus, dass es wünschbar wäre, auch die Sprachen im Sinne von Entitäten zu behandeln, so ist entsprechend Abb. 5.1.23 lediglich eine zusätzliche Relation SPRACHE zu definieren. Dies

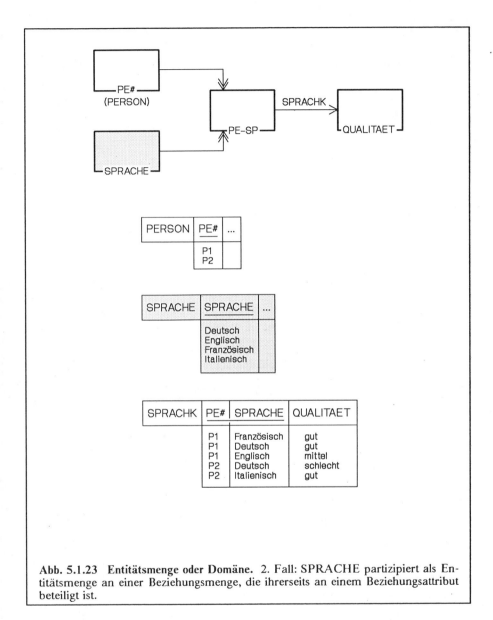

Abb. 5.1.23 Entitätsmenge oder Domäne. 2. Fall: SPRACHE partizipiert als Entitätsmenge an einer Beziehungsmenge, die ihrerseits an einem Beziehungsattribut beteiligt ist.

bedeutet aber, dass bei der Realitätsabbildung nicht unbedingt sämtliche Entitätstypen zum vornherein zu bestimmen sind, lassen sich doch zusätzliche Entitätstypen im nachhinein berücksichtigen, ohne dass deswegen eine aufwendige Neukonzipierung des ursprünglichen Relationenmodells erforderlich ist (man beachte in diesem Zusammenhang die bereits in Abschnitt 3.2 diskutierte Flexibilität eines Relationenmodells).

Damit wollen wir die Diskussion bezüglich der Darstellung eines Realitätsausschnittes mittels Elementarrelationen abschliessen, nicht ohne nochmals die in Abschnitt 4.8 gemachte Aussage in Erinnerung zu rufen, derzufolge die 4. und die 5. Normalform mit dem zur Diskussion stehenden Vorgehensprozedere nicht zu berücksichtigen sind.

5.2 Zusammenfassung und Globalnormalisierung

Wir diskutieren im folgenden zunächst das Prinzip der *Zusammenfassung von voll normalisierten Elementarrelationen*, kommen dann auf die dabei auftretenden Probleme zu sprechen und zeigen alsdann, wie besagte Probleme mit Hilfe der sogenannten *Globalnormalisierung* zu bereinigen sind. Ein konkretes Beispiel rundet schliesslich den Abschnitt ab. Zunächst also zum Prinzip der

A. Zusammenfassung von voll normalisierten Elementarrelationen (2. Syntheseschritt)

Im Interesse eines möglichst einfachen und effizienten Zugriffs auf die Daten, werden Elementarrelationen möglichst zusammengefasst. Dabei resultieren umfangreichere Relationen, die — infolge ihrer geringeren Anzahl — leichter zu handhaben sind als die Vielzahl von Elementarrelationen. Selbstverständlich sind bei der Kombination von Elementarrelationen präzise Gesetzmässigkeiten zu beachten.

In einer *ersten Annäherung* soll als Kriterium für die Zusammenfassung gelten:

> Alle Elementarrelationen mit identischen Primärschlüsseln lassen sich zu einer umfangreicheren Relation zusammenfassen.

Appliziert man dieses Kriterium auf die in Abb. 5.1.20 gezeigten Elementarrelationen mit PE# als Schlüssel, so resultiert die in Abb. 5.2.1 gezeigte Relation PERSON.

Offenbar weist die zusammengefasste Relation PERSON den gleichen Informationsgehalt auf wie die in Abb. 5.1.20 aufgeführten Elementarrelationen PERSON, PE-NAME, WOHNORT sowie PE-A. Dies gilt insbesondere für die mit den genannten Elementarrelationen zum Ausdruck kommenden funktionalen Abhängigkeiten, bleiben doch letztere auch nach erfolgter Zusammenfassung erhalten. Dies bedeutet, dass auch mit der zusammengefassten Relation PERSON pro Person (d.h. pro PE#-Wert) nur ein Name, ein Wohnort und eine Abteilungsnummer auszuweisen sind.

Abb. 5.2.2 illustriert das Ergebnis der Zusammenfassung aller Elementarrelationen des Abteilungen-Personen-Produkte-Beispiels. Interessant ist, dass die in Abb. 5.2.2 gezeigten, aufgrund eines *Syntheseprozesses* zustande gekommenen Relationen mit den in Kapitel 4 aufgrund des *Normalisierungsprozesses* (also einer Relationszerlegung) erhaltenen Relationen übereinstimmen.

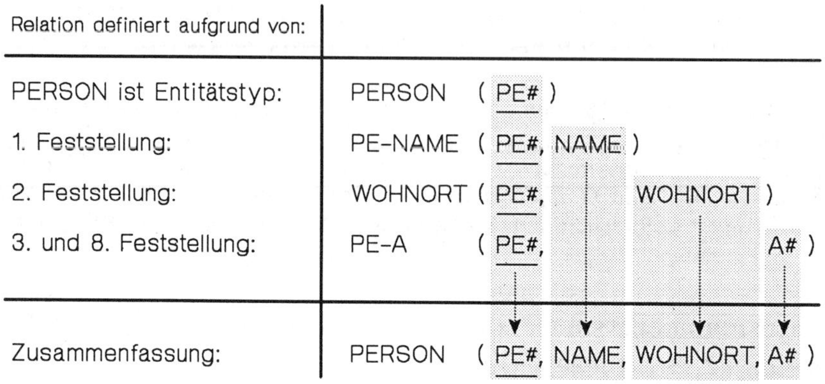

Relation definiert aufgrund von:		
PERSON ist Entitätstyp:	PERSON (PE#)	
1. Feststellung:	PE-NAME (PE#, NAME)	
2. Feststellung:	WOHNORT (PE#, WOHNORT)	
3. und 8. Feststellung:	PE-A (PE#, A#)	
Zusammenfassung:	PERSON (PE#, NAME, WOHNORT, A#)	

Abb. 5.2.1 Ergebnis der Zusammenfassung der Elementarrelationen mit PE# als Schlüssel. Mit der zusammengefassten Relation PERSON sind die gleichen Feststellungen festzuhalten wie mit den in Abb. 5.1.20 gezeigten Elementarrelationen PERSON, PE-NAME, WOHNORT sowie PE-A.

PRODUKT (PR#, PR-NAME)

PE-PR (PE#, PR#, ZEIT)

PERSON (PE#, NAME, WOHNORT, A#)

ABTEILUNG (A#, A-NAME)

Abb. 5.2.2 Ergebnis der Zusammenfassung von Elementarrelationen mit identischen Schlüsseln. Mit den gezeigten Relationen ist der bereits in Abb. 5.1.20 aufgrund von Elementarrelationen definierte Realitätsausschnitt festzuhalten.

Die vorstehenden Ausführungen betreffen den zweiten Schritt auf dem Wege zu einer einwandfreien Datenbank. Demzufolge:

---

2. Syntheseschritt

Zusammenfassen von Elementarrelationen mit identischen Primärschlüsseln.

Im folgenden ist dargelegt, dass die Zusammenfassung von voll normalisierten Elementarrelationen insofern nicht ganz unproblematisch ist, als damit Relationen resultieren können, welche die 3. Normalform verletzen. Den diesbezüglichen Gründen nachgehend, werden wir im folgenden auf das Prinzip der *Globalnormalisierung* zu sprechen kommen.

B. Die Globalnormalisierung (3. Syntheseschritt)

Wie bereits angedeutet, bleiben bei der Zusammenfassung die mit den Elementarrelationen festgehaltenen Funktionen und vollen funktionalen Abhängigkeiten erhalten. Anders formuliert: Sofern die in Abb. 5.2.3 gezeigten, den gleichen zusammengesetzten Schlüssel aufweisenden Elementarrelationen

$$\text{ER1 } (\underline{K1, K2}, A)$$

$$\text{ER2 } (\underline{K1, K2}, B)$$

die Normalisierungskriterien respektieren, so wird die bei der Zusammenfassung resultierende Relation

$$R \; (\underline{K1, K2}, A, B\;)$$

mindestens die 2NF erfüllen. Dies, weil die in den Elementarrelationen ER1 und ER2 vorliegenden vollen funktionalen Abhängigkeiten

$$K1, K2 \Longrightarrow A$$

$$K1, K2 \Longrightarrow B$$

auch in der zusammengefassten Relation R erhalten bleiben.

Weniger positiv sieht die Bilanz bezüglich der 3NF aus, kann doch die Zusammenfassung unter Umständen zu transitiven Abhängigkeiten führen (in der vorstehenden Relation R also zu einer Funktion von A nach B oder umgekehrt).

Allerdings: sofern in der zusammengefassten Relation R beispielsweise die Funktion

$$A \longrightarrow B$$

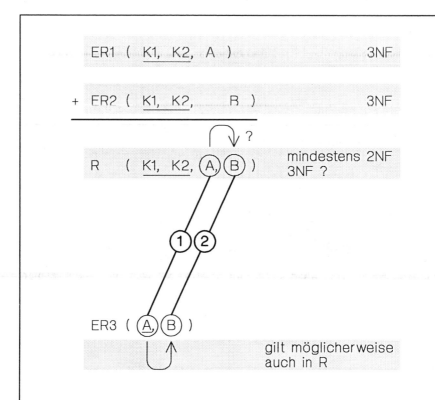

Abb. 5.2.3 Globalnormalisierung. Eine zusammengefasste Relation R verletzt möglicherweise die 3NF falls:

1. Die Relation R einen Fremdschlüssel A aufweist. Dies bedeutet, dass eine andere Relation ER3 vorliegt, in welcher das Attribut A als Primärschlüssel erscheint.

2. Die Relationen R und ER3 ein zusätzliches identisches Attribut B aufweisen.

vorliegt, so muss sie auch erkannt und mit einer geeigneten Elementarrelation bekanntgegeben worden sein. In Abb. 5.2.3 kommt die vorerwähnte Funktion aufgrund der Elementarrelation

$$\text{ER3 (} \underline{A} \text{, B)}$$

zum Ausdruck. Die gleiche Funktion kann *möglicherweise* (also nicht unbedingt) auch in der zusammengefassten Relation R auftreten, womit aber eine Verletzung der 3NF vorläge.

Aus Abb. 5.2.3 sind die Bedingungen zu erkennen, die nach erfolgter Zusammenfassung erfüllt sein müssen, damit eine zusammengefasste Relation *möglicherweise* die 3NF verletzt. Es sind dies:

Eine aufgrund einer Zusammenfassung von voll normalisierten Elementarrelationen zustande gekommene Relation R kommt als Kandidat für eine Verletzung der 3NF in Frage, sofern:

1. Bedingung:

   Die Relation R einen Fremdschlüssel − beispielsweise namens A − aufweist. Dies bedeutet, dass eine andere Relation ER3 vorliegt, in welcher das Attribut A als Primärschlüssel erscheint.

2. Bedingung:

   Die Relationen R und ER3 ein zusätzliches identisches Attribut − beispielsweise namens B − aufweisen.

Unterstellen wir, dass die mit der Elementarrelation ER3 zum Ausdruck kommende Funktion

$$A \longrightarrow B$$

auch in der zusammengefassten Relation

```
R (K1, K2, A, B )
```

zutrifft, so verletzt besagte Relation die 3NF und ist zu normalisieren. Zu diesem Zwecke ist das transitiv abhängige Attribut B aus der Relation R zu eliminieren und − zusammen mit dem Attribut A als Primärschlüssel − in einer zusätzlichen Relation X aufzuführen. Die Normalisierung ergibt also:

```
R' ( K1, K2, A )

X ( A, B )
```

Interessant ist, dass die Relation X mit der bereits vorliegenden Relation ER3 übereinstimmt. Dies bedeutet, dass sich die Relation X erübrigt.

Damit haben wir folgende wichtige Gesetzmässigkeit erkannt:

Erfüllt eine Relation nach erfolgter Zusammenfassung die in Abb. 5.2.3 gezeigten Bedingungen 1 und 2 und stellt sich heraus, dass besagte Relation tatsächlich die 3NF verletzt, so genügt es, das transitiv abhängige Attribut zu streichen.

Normalerweise werden die vorstehenden Tätigkeiten unter dem Begriff *Globalnormalisierung* subsumiert. Im Rahmen der Globalnormalisierung wird also:

1. Festgestellt, ob eine zusammengefasste Relation R die Bedingungen 1 und 2 erfüllt,

2. Festgestellt, ob die in der Elementarrelation ER3 vorliegende Funktion

$$A \longrightarrow B$$

auch in der zusammengefassten Relation R zutrifft,

3. Das transitiv abhängige Attribut B aus der Relation R entfernt, sofern die unter Punkt 2 genannte Bedingung zutrifft.

Der Begriff *Globalnormalisierung* bringt zum Ausdruck, dass das Relationenmodell *global* zu Rate gezogen wird, wenn zu bestimmen ist, ob eine zusammengefasste Relation die 3NF verletzt.

Die vorstehenden Ausführungen betreffen den dritten Schritt auf dem Wege zu einer einwandfreien Datenbank. Demzufolge:

3. Syntheseschritt

Globale Normalisierung der zusammengefassten Relationen.

Wir wollen die drei Syntheseschritte im folgenden anhand eines konkreten Beispiels durchspielen.

C. Relationssynthese dargelegt am Beispiel

Abb. 5.2.4 zeigt eine Problemstellung, anhand welcher die Syntheseschritte durchzuspielen sind.

Wir diskutieren den ersten Syntheseschritt, konkret:

Für die Entitätsmengen

- **PERSON** (im Sinne von Mitarbeiter)
- **MASCHINE**
- **PRODUKT**

sind Relationen zu definieren.

Realitätsbeobachtungen ergeben:

1. Eine Person bedient mehrere Maschinen.

2. Eine Person produziert mehrere Produkte.

3. Eine Maschine wird von einer Person bedient.

4. Eine Maschine produziert mehrere Produkte.

5. Die Herstellung eines Produkts erfordert eine Maschine.

6. Die Herstellung eines Produkts erfordert eine Person.

Abb. 5.2.4   Problemstellung zur Illustration der Relationssynthese.

1. Syntheseschritt

Abbildung der Realität mittels Konstruktionselementen und maschinengerechtes Definieren derselben mit Hilfe von voll normalisierten Elementarrelationen.

Folgende Konstruktionselemente sind im Rahmen der vorgegebenen Problemstellung von Bedeutung (vgl. auch Abb. 5.2.5):

- *Entitätsmengen*

   Berücksichtigt wird je eine Entitätsmenge für Personen (Mitarbeiter), Maschinen sowie Produkte.

- ### *Beziehungsmengen*

  Die Feststellungen 1 und 3, resp. 2 und 6, resp. 4 und 5 erfordern je eine Beziehungsmenge. Besagte Beziehungsmengen sind in Abb. 5.2.5 unter den Bezeichnungen M-PE (da Maschinen und Personen betreffend), PE-PR (da Personen und Produkte betreffend) sowie M-PR (da Maschinen und Produkte betreffend) zu erkennen.

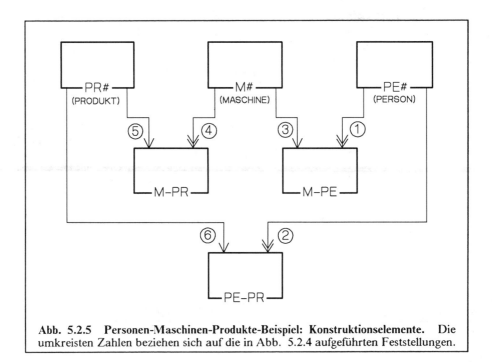

Abb. 5.2.5   Personen-Maschinen-Produkte-Beispiel: Konstruktionselemente.   Die umkreisten Zahlen beziehen sich auf die in Abb. 5.2.4 aufgeführten Feststellungen.

Für die in Abb. 5.2.5 gezeigten Konstruktionselemente sind die in Abb. 5.2.6 aufgeführten voll normalisierten Elementarrelationen erforderlich.

Damit ist der erste Syntheseschritt abgeschlossen und der zweite Syntheseschritt ist in Angriff zu nehmen, konkret:

---

2. Syntheseschritt

Zusammenfassen von Elementarrelationen mit identischen Primärschlüsseln.

Die Zusammenfassung der in Abb. 5.2.6 aufgeführten Elementarrelationen ergibt die in Abb. 5.2.7 gezeigten Relationen

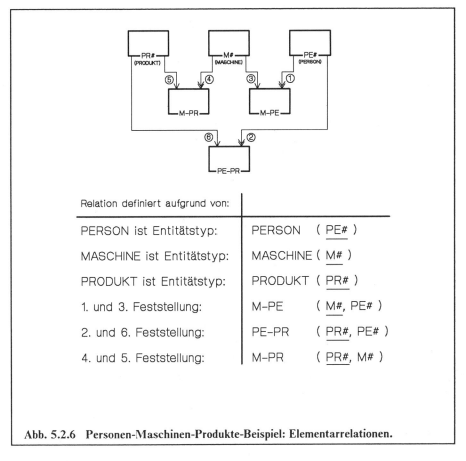

Abb. 5.2.6 **Personen-Maschinen-Produkte-Beispiel: Elementarrelationen.**

PRODUKT (<u>PR#</u>, M#, PE#)

MASCHINE (<u>M#</u>, PE#)

Nicht zusammenzufassen ist die Relation

PERSON (<u>PE#</u>)

tritt doch deren Primärschlüssel PE# in keiner weiteren Relation als Primärschlüssel in Erscheinung. Selbstverständlich ist die Relation PERSON dem nach erfolgter Zusammenfassung vorliegenden Ergebnis zuzuzählen.

Damit ist der zweite Syntheseschritt abgeschlossen und der dritte Syntheseschritt ist in Angriff zu nehmen, konkret:

PRODUKT (PR#)

M–PR   (PR#, M#)

PE–PR   (PR#,   PE#)

---

1. Relation: PRODUKT (PR#, M#, PE#)

MASCHINE (M#)

M–PE   (M#, PE#)

---

2. Relation: MASCHINE (M#, PE#)

3. Relation: PERSON   (PE#)

Abb. 5.2.7 Personen-Maschinen-Produkte-Beispiel: Ergebnis der Zusammenfassung von Elementarrelationen.

---

3. Syntheseschritt

Globale Normalisierung der zusammengefassten Relationen.

Abb. 5.2.8 zeigt, dass die Relation PRODUKT die in Abb. 5.2.3 gezeigten Bedingungen 1 und 2 erfüllt. Konkret: die Relation PRODUKT enthält mit M# einen Fremdschlüssel, erscheint doch das gleiche Attribut in der Relation MASCHINE als Primärschlüssel (1. Bedingung). Darüber hinaus weisen beide Relationen ein identisches Attribut PE# auf (2. Bedingung). Damit kommt die Relation PRODUKT für eine Verletzung der 3NF in Frage.

Die Relation PRODUKT verletzt die 3NF tatsächlich, sofern die mit der Relation MASCHINE zum Ausdruck kommende Funktion

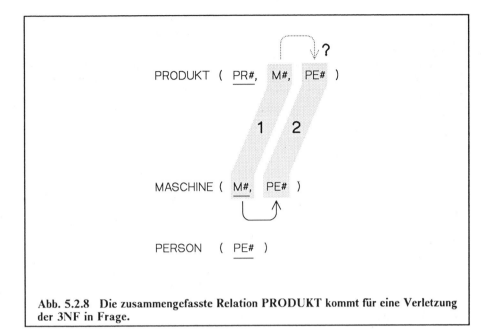

Abb. 5.2.8 Die zusammengefasste Relation PRODUKT kommt für eine Verletzung der 3NF in Frage.

$$M\# \longrightarrow PE\#$$

auch in der Relation PRODUKT zutrifft. Dies erfordert aber, dass das Attribut PE# in beiden Relationen ein und denselben Personenkreis repräsentiert (Maschinenbedienungspersonal nämlich). Man beachte, dass dieser Sachverhalt nicht unbedingt zutreffen muss, könnten doch mit dem Attribut PE# in der Relation PRODUKT beispielsweise auch jene Mitarbeiter gemeint sein, welche die Produkte *verkaufen* − mithin überhaupt nicht für die Bedienung der Maschinen in Frage kommen.

Die vorstehenden Ausführungen zeigen, dass die in Abb. 5.2.3 genannten Bedingungen lediglich jene Relationen aufzuspüren erlauben, die für eine Verletzung der 3NF *möglicherweise* in Frage kommen. Ob eine die Bedingungen erfüllende Relation die 3NF tatsächlich verletzt, lässt sich nur aufgrund einer Analyse der betroffenen Relation aussagen. Es wäre verfehlt, den hiefür erforderlichen Aufwand zu dramatisieren, fallen doch in der Praxis erfahrungsgemäss wenig Relationen an, welche die in Abb. 5.2.3 gezeigten Bedingungen erfüllen und daher im Sinne der obigen Ausführungen zu überprüfen sind.

Nun aber zurück zur zusammengefassten Relation PRODUKT, welche bekanntlich die in Abb. 5.2.3 aufgeführten Bedingungen erfüllt.

Stellt man fest, dass die mit der Relation MASCHINE definierte Funktion

$$M\# \longrightarrow PE\#$$

auch in der Relation

PRODUKT (<u>PR#</u>, M#, PE#)

zutrifft, so ist in dieser das transitiv abhängige Attribut PE# zu eliminieren. Damit ist die Globalnormalisierung abgeschlossen und es liegen insgesamt folgende Relationen vor:

PRODUKT (<u>PR#</u>, M#)

MASCHINE (<u>M#</u>, PE#)

PERSON (<u>PE#</u>)

Es überrascht auf den ersten Blick, dass im Schlussergebnis die in Abb. 5.2.6 gezeigte Elementarrelation

PE-PR (<u>PR#</u>, PE#)

in keiner Weise in Erscheinung tritt. Nun lassen sich aber die mit der Relation PE-PR festgehaltenen Aussagen (d. h. die Herstellung eines Produktes erfordert immer nur eine Person und eine Person produziert in der Regel mehrere Produkte) durchaus mit Hilfe der Relationen

PRODUKT (<u>PR#</u>, M#)

MASCHINE (<u>M#</u>, PE#)

ermitteln, ermöglicht doch das den genannten Relationen gemeinsam angehörende Attribut M# von einem Produkt (dargestellt aufgrund einer PR#) auf die dafür zuständige Person (dargestellt aufgrund einer PE#) resp. von einer Person (PE#) auf verschiedene Produkte (PR#) zu schliessen.

Man kann die vorstehenden Überlegungen auch wie folgt formulieren:

Die mit der Relation PE-PR festgehaltene Funktion

$$PR\# \longrightarrow PE\#$$

entspricht der *Produktfunktion* der mit den Relationen PRODUKT sowie MASCHINE festgehaltenen Funktionen

$$PR\# \longrightarrow M\#$$

$$M\# \longrightarrow PE\#$$

und lässt sich somit aus den zuletzt genannten Relationen herleiten (siehe auch Anhang A.3).

Wie verhält man sich nun aber, wenn nach erfolgter Zusammenfassung festgestellt wird, dass die Relation PRODUKT die in Abb. 5.2.3 gezeigten Bedingungen zwar erfüllt, die mit der Relation MASCHINE definierte Funktion

$$M\# \longrightarrow PE\#$$

in der Relation PRODUKT aber nicht zutrifft (weil beispielsweise mit dem Attribut PE# die Verkäufer der Produkte gemeint sind)? In diesem Falle empfiehlt sich die Verwendung von Rollen wie folgt:

```
PRODUKT ( PR#, M#, VERKAEUFER.PE# )

MASCHINE ( M#, BEDIENER.PE# )

PERSON ( PE# )
```

Damit ist zu verhindern, dass sich bei einer späteren Überprüfung der Relationen hinsichtlich der in Abb. 5.2.3 gezeigten Bedingungen wiederum Überlegungen bezüglich der Bedeutung des Attributes PE# aufdrängen.

Nicht zu empfehlen ist hingegen, in den Relationen PRODUKT und MASCHINE gänzlich auf den Begriff PE# zu verzichten, weil damit die Primärschlüssel-Fremdschlüssel-Beziehungen zwischen den Relationen PERSON und PRODUKT resp. PERSON und MASCHINE verloren gehen.

Die *Globalnormalisierung* ist übrigens nicht nur im Zusammenhang mit der Zusammenfassung von Elementarrelationen von Bedeutung, sondern sollte generell für jedes Relationenmodell − wie auch immer letzteres zustande kommt − zur Anwendung gelangen. Auf diese Weise sind nämlich Integritätsprobleme ausfindig zu machen, die mit den traditionellen Normalisierungsüberlegungen nicht zu Tage treten. Ein Beispiel möge diese Aussage bestätigen.

Gegeben sei die in Abschnitt 4.4 diskutierte Relation

```
ABTEILUNG ( A#, + CHEF.PE#, NAME )
           A1      PE1       Fritz
```

Mit der Relation ABTEILUNG sind folgende Funktionen festzuhalten:

$$A\# \longrightarrow CHEF.PE\#$$

Bedeutung: jede Abteilung hat einen Chef,

$$CHEF.PE\# \longrightarrow A\#$$

Bedeutung: jeder Chef leitet eine Abteilung,

$$\text{CHEF.PE\#} \longrightarrow \text{NAME}$$

Bedeutung: jeder Chef hat einen Namen.

In Abschnitt 4.4 wurde gezeigt, dass in der Relation ABTEILUNG keine transitive Abhängigkeit vorliegt und demzufolge keine Verletzung der 3NF festzustellen ist. Tatsächlich verhindert das als *Schlüsselkandidat* in Erscheinung tretende Attribut CHEF.PE#, dass der Name einer Person mehrfach einzubringen ist.

Neben der Relation ABTEILUNG gehöre unserem Modell auch die 3NF-Relation

```
PERSON ( PE#, NAME )
        PE1   Hans
```

an. Man sieht, dass die Relationen ABTEILUNG und PERSON die Möglichkeit eröffnen, für eine Person zwei verschiedene Namen einzubringen.

Das vorstehende Problem ist mit einer *Globalnormalisierung* zu bereinigen. Diese ergibt nämlich, dass der Primärschlüssel der Relation PERSON als Fremdschlüssel in der Relation ABTEILUNG erscheint (1. Bedingung erfüllt) und dass beide Relationen ein zusätzliches identisches Attribut aufweisen (2. Bedingung erfüllt). Darüber hinaus steht fest, dass die in der Relation PERSON vorliegende Funktion

$$\text{PE\#} \longrightarrow \text{NAME}$$

auch in der Relation ABTEILUNG zutrifft. Demzufolge ist das Attribut NAME in der Relation ABTEILUNG zu streichen, wodurch aber auch das vorstehend beschriebene Integritätsproblem bereinigt ist.

Zum Abschluss dieses Abschnittes noch ein kurzer Hinweis auf eine Sachlage, die zu Schwierigkeiten Anlass geben kann. Das Problem sei anhand der in Abb. 5.2.9 gezeigten Realitätsabbildung erläutert, welcher folgende Konstruktionselemente zugrunde liegen: Die Entitätsmenge PERSON sowie die Entitätsattribute WOHNORT und GEBURTSORT. Im unteren Teil von Abb. 5.2.9 sind die dafür erforderlichen Elementarrelationen zu erkennen.

Werden die in Abb. 5.2.9 gezeigten Elementarrelationen in bekannter Weise zusammengefasst, so resultiert die im oberen Teil von Abb. 5.2.10 gezeigte Relation

```
PERSON ( PE#, ORT, ORT )
```

Die Zusammenfassung von Elementarrelationen kann also zu umfangreicheren Relationen mit mehreren gleich benannten Attributen führen. Ist dies der Fall, so ist zu prüfen, ob ein und derselbe Sachverhalt — möglicherweise von ver-

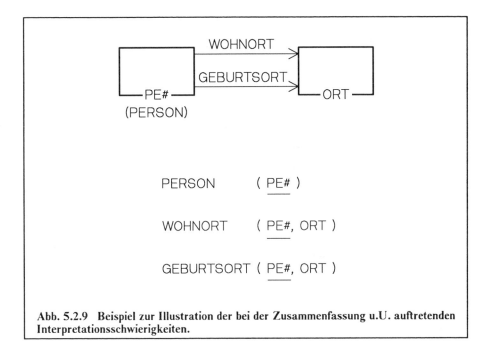

Abb. 5.2.9 Beispiel zur Illustration der bei der Zusammenfassung u.U. auftretenden Interpretationsschwierigkeiten.

schiedenen Personen zu unterschiedlichen Zeiten − mehrfach definiert wurde. Selbstverständlich würde dies eine entsprechende Bereinigung der zusammengefassten Relation erfordern. Kommen den gleich benannten Attributen in der zusammengefassten Relation aber tatsächlich unterschiedliche Bedeutungen zu, so sind diese, wie im unteren Teil von Abb. 5.2.10 gezeigt, mittels Rollen entsprechend auszuweisen.

Zusammenfassung

Wir haben im vorliegenden Kapitel ein Vorgehensprozedere kennengelernt, mit welchem ein optimales, voll normalisiertes Relationenmodell zu ermitteln ist. *Optimal* bedeutet, dass es unter keinen Umständen möglich ist, ein den gleichen Aussagegehalt aufweisendes Modell mit einer geringeren Anzahl von Relationen zu definieren. Zur Sprache kamen:

1. Syntheseschritt

Abbildung der Realität mittels Konstruktionselementen und maschinengerechtes Definieren derselben mit Hilfe von voll normalisierten Elementarrelationen.

Zusammenfassung mit Interpretationsschwierigkeiten:

PERSON   (PE#)

WOHNORT   (PE#, ORT)

GEBURTSORT (PE#,   ORT)

___

PERSON   (PE#, ORT, ORT)

Zusammenfassung ohne Interpretationsschwierigkeiten:

PERSON   (PE#)

WOHNORT   (PE#,   ORT)

GEBURTSORT (PE#,   ORT)

___

PERSON   (PE#, WOHN.ORT, GEBURT.ORT)

Rollen

Abb. 5.2.10 Interpretationsschwierigkeiten lassen sich mit Hilfe von Rollenbezeichnungen eliminieren.

2. Syntheseschritt

Zusammenfassen von Elementarrelationen mit identischen Primärschlüsseln.

3. Syntheseschritt

Globale Normalisierung der zusammengefassten Relationen.

In Abschnitt 2.3 wurde bereits angedeutet, dass Realitätsmodelle grundsätzlich vom *"Groben zum Detail"* (englisch: *top-down*) zu erarbeiten sind. Zu diesem Zwecke ermittelt man als erstes eine *Datenarchitektur*, d.h. man bestimmt die *Entitätsmengen* und *Beziehungsmengen*, die im Rahmen einer Anwendung oder global (d.h. anwendungsübergreifend oder gar unternehmungsweit) von Bedeutung sind. Anschliessend werden im Rahmen einer *Datenanalyse* Details in Form von *Entitätsattributen* und *Beziehungsattributen* erarbeitet. Schliesslich sind die ermittelten Konstruktionselemente mit Hilfe eines *optimalen, voll normalisierten Relationenmodells* maschinengerecht zu definieren. Abb. 5.2.11 illustriert die vorstehenden Ausführungen anhand der bereits in Abschnitt 2.3 verwendeten Pyramide. (Zur Erinnerung: Die pyramidenförmige Anordnung soll andeuten, dass der Detaillierungsgrad des Modells in dem Masse zunimmt als man sich vom Pyramidenkopf dem Pyramidenboden zubewegt).

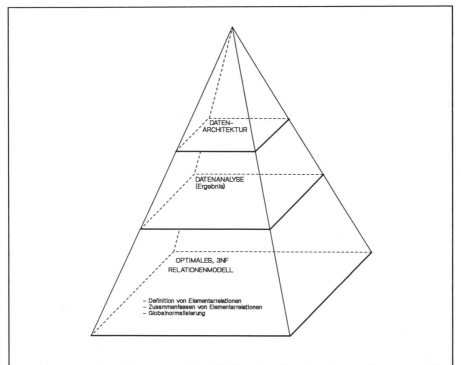

Abb. 5.2.11 **"Vom Groben zum Detail" führendes Datenbankentwurfsprozedere (2. Teil).**

5.3 Die Historisierung von Daten

Das Problem der *Historisierung von Daten* stellt sich dann, wenn in einem Datenmodell Veränderungen von Attributswerten im Verlaufe der Zeit zu berücksichtigen sind. Normalerweise stellt man die Historisierungsaspekte nicht mittels Konstruktionselementen dar, sondern überlegt sich erst anhand des optimalen, voll normalisierten Relationenmodells, wie das Problem zu lösen ist. Dies ist auch der Grund, weshalb die diesbezüglichen Überlegungen an dieser Stelle zur Sprache kommen.

Wir diskutieren nachstehend zwei Lösungsvarianten, die je nach den vom Datenbankmanagementsystem zur Verfügung gestellten Funktionen zum Einsatz gelangen sollten.

A. Erste Lösungsvariante

Abb. 5.3.1 illustriert das Problem und eine erste Lösungsvariante anhand eines Beispiels. Im oberen Teil des Bildes sind die im Verlaufe der Zeit erfolgten Veränderungen des Wohnortes, des Salärs und der Abteilungszugehörigkeit eines Mitarbeiters zu erkennen. Die aktuellen Daten sind in der Relation MITARBEITER vorzufinden, während die im Verlaufe der Zeit erfolgten Mutationen in die Relation MITARBEITER-HIST auszulagern sind. Natürlich wird dies eine gewisse Redundanz bewirken und damit — zumindest was die nicht mutierten Attribute wie beispielsweise NAME angeht — eine Verletzung der zweiten Normalform zur Folge haben. Nachdem aber alle Tupel der Relation MITARBEITER-HIST Kopien von korrekten Tupeln darstellen und darüber hinaus niemals einer Änderung unterliegen, ist dieser geringfügige Nachteil angesichts der damit einhergehenden Vorteile durchaus in Kauf zu nehmen.

Was besagte Vorteile anbelangt, so ermöglicht die vorgeschlagene Lösung eine Trennung der aktuellen und der historischen Daten. Normalerweise ist man ja vor allem an aktuellen Daten interessiert, während die historischen Daten nur gelegentlich von Bedeutung sind. Entsprechend wird man erstere auf effizienten (dafür teuren) Speichermedien festhalten, während die normalerweise in grossen Mengen vorliegenden historischen Daten auf langsame (dafür billige) Speichermedien auszulagern sind. Auch die Auffindung historischer Daten ist mit der vorgeschlagenen Lösung verhältnismässig einfach durchzuführen. Sind beispielsweise für den Mitarbeiter M1 die zum Datum X gültigen Daten zu ermitteln und ist besagtes Datum in der Variablen DATUM-X vorzufinden, so ist das Problem mittels SQL [26] wie folgt zu lösen:

```
SELECT *

FROM MITARBEITER-HIST

WHERE M# = 'M1' AND

      AB.DATUM = ( SELECT MAX ( AB.DATUM )

                   FROM MITARBEITER-HIST

                   WHERE DATUM-X >= AB.DATUM AND

                         M# = 'M1' )
```

Auf die in Abb. 5.3.1 gezeigte Sachlage bezogen, ergibt die vorstehende Formulierung das Tupel mit dem Schlüsselwert M1, T2.

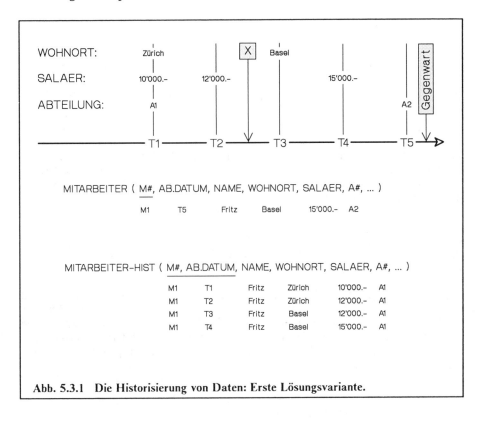

Abb. 5.3.1 Die Historisierung von Daten: Erste Lösungsvariante.

Wem die vorstehende Formulierung zu komplex erscheint, erweitere die für die Speicherung der historischen Daten vorgesehene Relation entsprechend Abb. 5.3.2 mit einem BIS.DATUM. Damit sind die für einen Mitarbeiter M1 zum Zeitpunkt X gültigen Daten wie folgt zu ermitteln:

MITARBEITER-HIST' (M#, AB.DATUM, BIS.DATUM, NAME, WOHNORT, SALAER, A#, ...)

M#	AB.DATUM	BIS.DATUM	NAME	WOHNORT	SALAER	A#
M1	T1	T2	Fritz	Zürich	10'000.–	A1
M1	T2 + 1	T3	Fritz	Zürich	12'000.–	A1
M1	T3 + 1	T4	Fritz	Basel	12'000.–	A1
M1	T4 + 1	T5	Fritz	Basel	15'000.–	A1

Abb. 5.3.2 Die Historisierung von Daten: Modifizierte erste Lösungsvariante.

```
SELECT *

FROM MITARBEITER-HIST'

WHERE M# = 'M1' AND

    DATUM-X BETWEEN AB.DATUM AND BIS.DATUM
```

Erweitert man die Relation MITARBEITER wie folgt mit einem BIS.DATUM

```
MITARBEITER ( M#, AB.DATUM, BIS.DATUM, ... )
```

so ist auch das Problem von Daten gelöst, die zwar erst in Zukunft von Bedeutung sein werden, vorsorglich aber bereits in der Gegenwart festzuhalten sind. Besagte Daten können durchaus in der Relation MITARBEITER-HIST gespeichert werden, vor allem wenn der Name besagter Relation in beispielsweise MITARBEITER-ENTWICKLUNG abgeändert wird. Denkbar – wenn auch nur in speziellen Fällen lohnenswert – ist selbstverständlich auch die Schaffung einer weiteren Relation MITARBEITER-ZUKUNFT. Wird nun bei einem Zugriff auf die Relation MITARBEITER festgestellt, dass das aktuelle Datum grösser ist als das ermittelte BIS.DATUM, so ist wie vorstehend dargelegt auf die Relation MITARBEITER-ENTWICKLUNG (bzw. MITARBEITER-ZUKUNFT) zuzugreifen.

Bei der vorstehenden Lösungsvariante ist also in einer Relation für jede Entität ein Tupel mit aktuellen Attributswerten vorzufinden. Eine zweite Relation enthält pro Entität null bis mehrere Tupel mit vergangenen und zukünftigen Attributswerten. Dass die Tupel einer Entität entsprechend ihres Aktualitätsgrades in den genannten Relationen vorzufinden sind, ist prozedural zu gewährleisten.

B. Zweite Lösungsvariante

Interessant ist eine Lösung, bei der man sowohl die aktuellen wie auch die historischen und zukünftigen Daten in einer Relation der Art

```
MITARBEITER ( M#, AB.DATUM, NAME, ... )
```

oder

```
MITARBEITER ( M#, AB.DATUM, BIS.DATUM, NAME, ... )³
```

festhält. Einem Nichtinformatiker ist der Zugriff auf die aktuellen Daten mit Hilfe einer View wie folgt zu erleichtern:

```
CREATE VIEW MITARBEITER-AKTUELL

AS SELECT M#, NAME, WOHNORT, ...

   FROM MITARBEITER

   WHERE AB.DATUM =

            ( SELECT MAX ( AB.DATUM )

            FROM MITARBEITER

            WHERE CURRENT DATE >= AB.DATUM )
```

Mit der vorstehenden View sind die aktuellen Daten für den Mitarbeiter M1 wie folgt verfügbar zu machen:

```
SELECT *

FROM MITARBEITER-AKTUELL

WHERE M# = 'M1'
```

Die zweite Lösungsvariante ist attraktiv, weil für das Historisierungsproblem keine zusätzlichen Relationen zu definieren und damit auch keine Tupel zwischen Relationen zu verschieben sind. Darüber hinaus ist ein für aktuelle Daten definiertes Relationenmodell denkbar einfach in ein auch historische Aspekte berücksichtigendes Modell überzuführen, sind doch hiefür lediglich die Primärschlüssel mit einem AB.DATUM zu erweitern. Selbst auf den eingangs angedeuteten Vorteil, aktuelle Daten auf effizienten (dafür teuren), historische Daten hingegen auf langsamen (dafür billigen) Speichermedien festzuhalten, braucht man nicht notwendigerweise zu verzichten. Allerdings ist hiefür ein Datenbankmanagementsystem erforderlich, mit welchem die Tupel einer Relation in Abhängigkeit von Attributswerten in verschiedenen, unterschiedlich charakterisierten Bereichen unterzubringen sind. Periodisch durchgeführte Reorganisationen genügen sodann, um die Tupel einer Relation entsprechend ihres Aktualitätsgrades zu plazieren.

---

³ Ein BIS.DATUM wird insbesondere dann nicht zu umgehen sein, wenn bezüglich der Veränderungen von Attributswerten Lücken zu berücksichtigen sind. Beispiel: Mitarbeiter sind nur zu gewissen Zeiten für Spezialaufgaben zuständig.

Leider weist die Lösung aber auch gewisse Tücken auf − zumindest wenn ein Datenbankmanagementsystem zum Einsatz gelangt, welches die Beziehungsintegrität nur aufgrund von Primärschlüssel-Fremdschlüssel-Beziehungen zu gewährleisten vermag und nicht mittels *Assertions* (vgl. Abschnitt 4.9) darüberhinausgehende Integritätsspezifikationen bekanntzugeben erlaubt. Wie ist diese Aussage zu verstehen?

Wir wollen das angesprochene Problem anhand eines Beispiels diskutieren und betrachten zu diesem Zwecke die Relation

MITARBEITER (<u>M#</u>, NAME, ...)

und die davon abhängige Relation

SPRACHKENNTNIS (<u>M#, SPRACHE</u>, QUALITAET)

Die Relationen ermöglichen die Speicherung von aktuellen Daten und stehen aufgrund des Primärschlüssel-Fremdschlüssel-Prinzips miteinander in Beziehung.

Zwecks Berücksichtigung von historischen (und möglicherweise auch zukünftigen) Daten werde die Relation MITARBEITER nun wie folgt mit einem AB.DATUM erweitert:

MITARBEITER (<u>M#, AB.DATUM</u>, NAME, ...)

Damit liegt aber zwischen den Relationen MITARBEITER und SPRACH-KENNTNIS keine Primärschlüssel-Fremdschlüssel-Beziehung mehr vor. Dies bedeutet, dass ein Datenbankmanagementsystem, welches die Beziehungsintegrität nur aufgrund von Primärschlüssel-Fremdschlüssel-Beziehungen zu gewährleisten vermag, seiner Aufgabe nicht mehr gewachsen ist. Hingegen ist mit einem Datenbankmanagementsystem mit Assertion-Funktionalität durchaus sicherzustellen, dass alle M#-Werte in der Relation SPRACHKENNTNIS jederzeit M#-Werten in der Relation MITARBEITER entsprechen.

Lässt man den zusammengesetzten Primärschlüssel der Relation MITARBEITER wie folgt als Fremdschlüssel in der Relation SPRACHKENNTNIS in Erscheinung treten

SPRACHKENNTNIS (<u>M#, AB.DATUM, SPRACHE</u>, QUALITAET)

so ist das Problem für ein Datenbankmanagementsystem ohne Assertion-Funktionalität nur scheinbar gelöst. Wir erinnern uns: Bei einer die Relation MITARBEITER betreffenden Mutation wird für die aktuellen Daten ein neues Tupel mit neuem Primärschlüsselwert generiert. Soll nun die Beziehung zwischen den aktuellen Daten eines Mitarbeiters und dessen Sprachkenntnissen erhalten bleiben, so sind auch in der Relation SPRACHKENNTNIS entsprechende Anpassungen erforderlich. Natürlich ist dies machbar, nur darf der

Aufwand hiefür nicht unterschätzt werden, vor allem wenn man bedenkt, dass von der Relation SPRACHKENNTNIS ja wiederum Relationen abhängig sein können.

Und noch ein Hinweis: Gegeben seien die Relationen:

```
MITARBEITER ( M#, AB.DATUM, NAME, ... )

SPRACHKENNTNIS ( M#, SPRACHE, QUALITAET )
```

Ist nun auch für die Tupel der Relation SPRACHKENNTNIS eine Historisierung erwünscht und erweitert man zu diesem Zwecke den Primärschlüssel wie folgt mit einem AB.DATUM

```
SPRACHKENNTNIS ( M#, AB.DATUM, SPRACHE, QUALITAET )
```

so ist die Attributskombination M#, AB.DATUM in der Relation SPRACH-KENNTNIS nicht als Fremdschlüssel aufzufassen. Dies, weil die Mutationen in den Relationen MITARBEITER und SPRACHKENNTNIS aller Wahrscheinlichkeit nach nicht der gleichen Taktfolge gehorchen.

C. Zusammenfassung

Wir fassen die vorstehenden Überlegungen wie folgt zusammen:

Man definiere ein optimales, voll normalisiertes Relationenmodell, ohne die Historisierungsprobleme vorerst in Betracht zu ziehen. Alsdann erweitere man das Relationenmodell zwecks Berücksichtigung der Historisierungsaspekte wie folgt:

a) Wenn ein Datenbankmanagementsystem zum Einsatz gelangt, welches die Beziehungsintegrität nur aufgrund von Primärschlüssel-Fremdschlüssel-Beziehungen zu gewährleisten vermag, so dupliziere man entsprechend der ersten Lösungsvariante alle Relationen, für die eine Historisierung erwünscht ist. Die duplizierten Relationen sind im Primärschlüssel mit einem AB.DATUM zu erweitern und können − falls erwünscht oder notwendig − mit einem BIS.DATUM ergänzt werden.

b) Wenn ein Datenbankmanagementsystem mit Assertion-Funktionalität zum Einsatz gelangt, so erweitere man entsprechend der zweiten Lösungsvariante alle Relationen, für welche eine Historisierung erwünscht ist, im Primärschlüssel mit einem AB.DATUM und ergänze sie − falls erwünscht oder notwendig − mit einem BIS.DATUM.

D. Beispiel

Abb. 5.3.3 zeigt das in Abschnitt 5.1 zur Illustration der Überlagerung von Entitätsmengen zwecks Verdichtung von Entitäten diskutierte Studenten-Klassen-Beispiel.

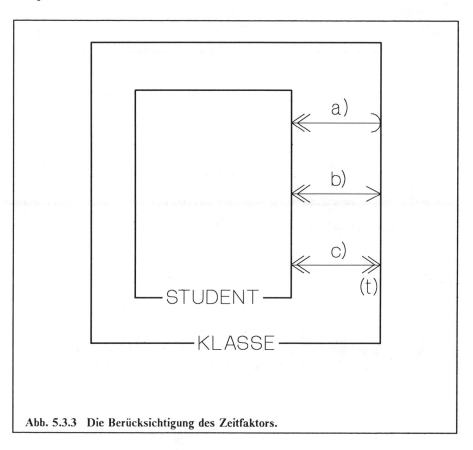

Abb. 5.3.3 Die Berücksichtigung des Zeitfaktors.

Die für aktuelle Daten diskutierten Fälle

a) Studenten und Klassen sind Kernentitäten sowie

b) Studenten sind abhängige Entitäten, Klassen sind Kernentitäten

sind bekannt. Nun sind wir entsprechend Fall c) daran interessiert, die Klassen auszuweisen, die ein Student im Verlaufe der Zeit besucht hat. Zu diesem Zwecke gehen wir entweder von der Lösung a) oder b) aus und erweitern den Primärschlüssel der Relation STUDENT mit dem Schuljahr. Vom Fall a) ausgehend resultiert:

KLASSE (<u>K#</u>, ...)

STUDENT_(t)(<u>S#, SCHULJAHR</u>, nw/nl K#, ...)

Anmerkung: Mit dem Attribut SCHULJAHR kommt das AB.DATUM und das BIS.DATUM implizite zum Ausdruck.

Soweit die Ausführungen zur Historisierung von Daten. Im nun folgenden zweiten Teil des Buches wird darzulegen sein, wie das im ersten Teil zur Sprache gekommene Vorgehensprozedere in der Praxis anzuwenden ist und was mit dem dabei resultierenden optimalen, voll normalisierten Relationenmodell zu geschehen hat. Wir werden dabei unter anderem erkennen, dass *Elementarrelationen nicht einzeln zu dokumentieren sind. Vielmehr stellen wir uns besagte Elementarrelationen im Geiste vor und dokumentieren lediglich das Schlussergebnis der Relationssynthese.* Es versteht sich, dass das Vorgehensprozedere damit ausserordentlich zu beschleunigen ist.

5.4 Übungen Kapitel 5

5.1   Man definiere einige voll normalisierte Elementarrelationen für das in Übung 2.1 ermittelte Realitätsmodell.

5.2   Man kombiniere die in Übung 5.1 erhaltenen Elementarrelationen so weit als möglich und normalisiere anschliessend global.

5.3   Abb. 5.4.1 hält unter anderem fest, dass für einen Kunden in der Regel mehrere Fakturen existieren und eine Faktur immer nur einen Kunden betrifft. Ferner ist zu erkennen, dass in einer Faktur in der Regel mehrere Artikel aufgeführt sind und ein Artikel in mehreren Fakturen in Erscheinung treten kann. Man definiere ein optimales, voll normalisiertes Relationenmodell.

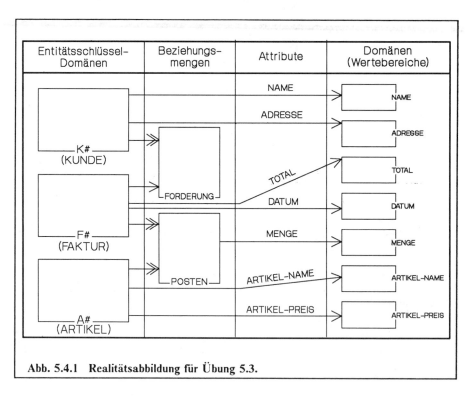

Abb. 5.4.1   Realitätsabbildung für Übung 5.3.

5.4   Man definiere ein Relationenmodell für das in Übung 2.3 ermittelte Realitätsmodell.

2. Teil

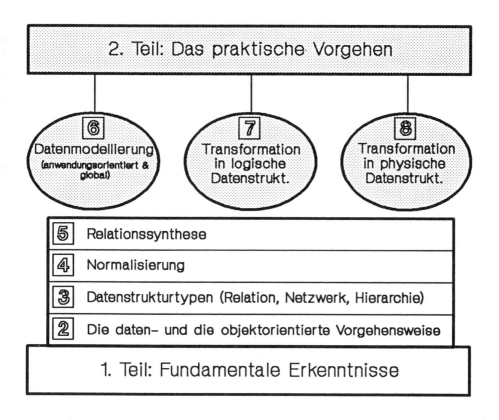

2. Teil: Das praktische Vorgehen

| ⑥ Datenmodellierung (anwendungsorientiert & global) | ⑦ Transformation in logische Datenstrukt. | ⑧ Transformation in physische Datenstrukt. |

⑤	Relationssynthese
④	Normalisierung
③	Datenstrukturtypen (Relation, Netzwerk, Hierarchie)
②	Die daten- und die objektorientierte Vorgehensweise

1. Teil: Fundamentale Erkenntnisse

6 Anwendungsorientierte und globale Datenmodellierung

Im vorliegenden Kapitel werden verschiedene Verfahren zur Ermittlung von Konstruktionselementen vorgestellt. Zudem wird gezeigt, wie besagte Konstruktionselemente mit Hilfe einer beschleunigten *Relationssynthese* in ein optimales, voll normalisiertes Relationenmodell umzusetzen sind. Beim beschleunigten Verfahren sind Elementarrelationen nicht einzeln zu dokumentieren. Vielmehr stellen wir uns besagte Elementarrelationen im Geiste vor und dokumentieren lediglich das Schlussergebnis der Relationssynthese.

An Verfahren zur Ermittlung von Konstruktionselementen kommen zur Sprache:

- In Abschnitt 6.1: Die Ermittlung von Konstruktionselementen aufgrund von Realitätsbeobachtungen

- In Abschnitt 6.2: Die Ermittlung von Konstruktionselementen aufgrund von Benützersichtanalysen

- In Abschnitt 6.3: Die Ermittlung von Konstruktionselementen aufgrund von Datenbestandsanalysen

- In Abschnitt 6.4: Die Ermittlung von Konstruktionselementen aufgrund von Interviews

Das erste Verfahren eignet sich zur Festlegung einer globalen wie auch einer anwendungsorientierten Datenarchitektur (eines Grobmodells also), kann aber auch bei der Datenanalyse (der Verfeinerung des Grobmodells) gute Dienste leisten.

Das zweite Verfahren gelangt zur Anwendung, wenn eine Datenarchitektur zu präzisieren und ein detailliertes, anwendungsorientiertes konzeptionelles Datenmodell zu ermitteln ist.

Das dritte Verfahren ermöglicht die Integrierung existierender Datenbestände in ein Gesamtkonzept.

Das vierte Verfahren gelangt in Kombination mit dem ersten zur Anwendung und ermöglicht eine kooperative und solidarische Ermittlung einer globalen Datenarchitektur, welche die für die Unternehmungsführung relevanten Daten grob reflektiert. *Kooperativ* und *solidarisch* bedeutet, dass die Architektur unter Einbezug der Entscheidungsträger, Schlüsselpersonen und wichtigsten Sachbearbeiter einer Unternehmung zustande kommt. Besagter Einbezug ist nicht unwichtig, will man gewährleisten, dass sich die Belegschaft einer Unternehmung mit ihrem Datenmodell identifiziert.

6.1 Modellermittlung aufgrund von Realitätsbeobachtungen

Im folgenden wird anhand von Beispielen dargelegt, wie aufgrund von Realitätsbeobachtungen *anwendungsorientierte* und *globale* (also anwendungsübergreifende) *Datenmodelle* zu ermitteln sind. Wir sind dem Verfahren in diesem Buche bereits begegnet, sind doch die in Abschnitt 2.3 diskutierten globalen Datenarchitekturen der «Zürich» Versicherungs-Gesellschaft, des Schweizerischen Bankvereins und der Schweizerischen Bundesbahnen allesamt zustande gekommen, indem man aufgrund von Realitätsbeobachtungen relevante Konstruktionselemente ausfindig gemacht hat. Im vorliegenden Abschnitt werden wir unsere die Modellermittlung aufgrund von Realitätsbeobachtungen betreffenden Kenntnisse erweitern, indem wir ein modifiziertes Relationssyntheseverfahren kennenlernen, mit dem unsere Realitätsbeobachtungen sehr rasch in ein optimales, voll normalisiertes Relationenmodell umzusetzen sind.

An Beispielen diskutieren wir:

- Ein globales Datenmodell für eine *Fertigungsunternehmung* (es handelt sich um ein fiktives Beispiel, mit dem wir das beschleunigte Relationssyntheseverfahren ohne Umschweife zur Kenntnis nehmen können)

- Ein anwendungsorientiertes Datenmodell für eine *Bankunternehmung* (das Beispiel ist dem Schweizerischen Bankverein in Basel zu verdanken)

- Ein globales Datenmodell für eine *Versicherungsunternehmung* (das Beispiel ist der Christlich-Sozialen der Schweiz in Luzern zu verdanken)

Der Leser ist gut beraten, alle Beispiele zur Kenntnis zu nehmen, wird uns doch deren Besprechung die Gelegenheit geben, noch nicht diskutierte Sachverhalte zur Sprache zu bringen.

A. Globales Datenmodell für eine Fertigungsunternehmung

Als erstes sind die *Kernentitätsmengen* und deren Schlüssel festzulegen. Zu diesem Zwecke frägt man sich, welche Informationsobjekte von Bedeutung sein könnten. Für eine Fertigungsunternehmung dürften dabei in erster Linie *Personen* (im Sinne von Mitarbeitern), *Produkte, Maschinen, Lieferanten* sowie *Kunden* im Vordergrund stehen (siehe Abb. 6.1.1). Jede Entitätsmenge ist mit Hilfe einer Relation darzustellen, wobei zunächst lediglich der dem Entitätsmengennamen entsprechende Relationsname sowie der dem Entitätsschlüssel entsprechende Primärschlüssel auszuweisen sind, konkret:

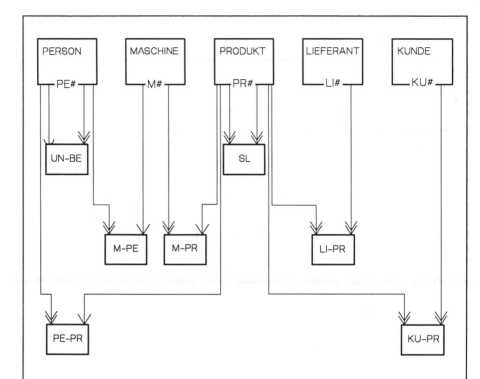

Abb. 6.1.1 Globale Datenarchitektur für fiktive Fertigungsunternehmung. Die Architektur basiert auf den Kernentitätsmengen PERSON (Entitätsschlüssel: PE#), PRODUKT (PR#), MASCHINE (M#), LIEFERANT (LI#) sowie KUNDE (KU#). Von Bedeutung sind ausserdem die Beziehungsmengen M-PE (Mitarbeiter und Maschinen involvierend), PE-PR (Mitarbeiter und Produkte involvierend), M-PR (Maschinen und Produkte involvierend), UN-BE (Mitarbeiter als Untergebene und als Vorgesetzte involvierend), KU-PR (Kunden und Produkte involvierend), LI-PR (Lieferanten und Produkte involvierend) sowie SL (Produkte als Master und als Komponenten involvierend).

```
PERSON ( PE#, ... )

PRODUKT ( PR#, ... )

MASCHINE ( M#, ... )

LIEFERANT ( LI#, ... )

KUNDE ( KU#, ... )
```

Alsdann frägt man sich, wie die Entitätsmengen miteinander in Beziehung stehen. Dabei könnte sich beispielsweise herausstellen, dass ein Mitarbeiter mehrere Maschinen bedient und eine Maschine immer nur von einem Mitarbeiter bedient wird. Diese Feststellungen erfordern eine Beziehungsmenge, an welcher die Entitätsmengen MASCHINE und PERSON beteiligt sind (in Abb. 6.1.1 M-PE genannt).

Würde man sich nun an die in Abschnitt 5.2 diskutierten Syntheseschritte halten, so wäre für die Beziehungsmenge M-PE die Relation

```
M-PE ( M#, PE# )
```

zu definieren. Nachdem diese Relation im 2. Syntheseschritt aber ohnehin mit der bereits definierten, den nämlichen Schlüssel aufweisenden Relation MASCHINE zusammenfällt, verzichten wir auf die vorstehende Definition und erweitern stattdessen direkt die Relation MASCHINE mit dem Attribut PE#. Dabei resultiert:

```
MASCHINE ( M#, PE#, ... )
```

Zu beachten ist, dass das Attribut PE# in der Relation MASCHINE als Fremdschlüssel in Erscheinung tritt, ist doch das gleiche Attribut in der Relation PERSON als Primärschlüssel vorzufinden. Damit werden aber die Relationen MASCHINE und PERSON entsprechend unseren Realitätsbeobachtungen wie folgt miteinander in Beziehung gesetzt:

$$\text{MASCHINE} \longleftrightarrow \text{PERSON}$$

Damit haben wir folgende, einer beschleunigten Relationssynthese dienliche Gesetzmässigkeit festgestellt:

Sind zwei Entitätsmengen (oder zweimal die gleiche Entitätsmenge) an einer Beziehungsmenge beteiligt und liegt besagter Beziehungsmenge wenigstens in einer Richtung eine *einfache* oder *konditionelle Assoziation* zugrunde, so lässt sich die Beziehungsmenge aufgrund einer Erweiterung einer bereits für die Entitätsmengen definierten Relation darstellen. Zu diesem Zwecke ist der Schlüssel der einfach bzw. konditionell abhängigen Entitätsmenge als Fremdschlüssel in die Relation einzubringen, die der Entitätsmenge entspricht, von welcher die einfache bzw. konditionelle Assoziation ausgeht.

Abb. 6.1.1 ist zu entnehmen, dass auch die Beziehungsmengen M-PR, PE-PR sowie UN-BE die vorstehend geschilderte Gesetzmässigkeit respektieren und demzufolge aufgrund von Erweiterungen bereits definierter Relationen wie folgt festzuhalten sind:

- Die Beziehungsmenge M-PR aufgrund einer Erweiterung der Relation PRODUKT:

```
PRODUKT ( PR#, M#, ... )
```

- Die Beziehungsmenge PE-PR aufgrund einer Erweiterung der soeben modifizierten Relation PRODUKT:

```
PRODUKT ( PR#, M#, PE#, ... )
```

- Die Beziehungsmenge UN-BE aufgrund einer Erweiterung der Relation PERSON:

```
PERSON ( PE#, nw MANAGER.PE#, ... )
```

Die Relation PERSON stellt insofern einen Spezialfall dar, als das Attribut PE# sowohl als Primärschlüssel wie auch als Fremdschlüssel in ein und derselben Relation in Erscheinung tritt. Als Primärschlüssel repräsentiert ein PE#-Wert die Existenz eines Mitarbeiters, als Fremdschlüssel hingegen den Vorgesetzten eines Mitarbeiters. Der Begriff MANAGER stellt eine Rollenbezeichnung dar und verhindert Interpretationsprobleme. Mit nw (für Nullwert stehend) kommt zum Ausdruck, dass eine Person höchstens einen Vorgesetzten hat (der Präsident hat keinen).

Die vorstehend diskutierten Relationserweiterungen verletzen weder die 1NF noch die 2NF. Die 1NF wird nicht verletzt, weil die zusätzlich eingebrachten Attribute vom Primärschlüssel der erweiterten Relation funktional abhängig sind. Die 2NF ist nicht zu verletzen, weil vorerst nur Relationen mit einem einfachen Schlüssel zur Debatte stehen. Hingegen ist nicht auszuschliessen, dass eine Relationserweiterung zu einer Verletzung der 3NF führen kann. Derartige Verletzungen werden vorerst toleriert, sind sie doch später im Rahmen einer *Globalnormalisierung* zu bereinigen.

Lag den bisher besprochenen Beziehungsmengen M-PE, M-PR, PE-PR sowie UN-BE wenigstens in einer Richtung eine einfache oder eine konditionelle Assoziation zugrunde, so weisen die restlichen Beziehungsmengen KU-PR, LI-PR sowie SL in beiden Richtungen durchwegs komplexe Assoziationen auf. In derartigen Fällen ist eine Beziehungsmenge nicht aufgrund einer Erweiterung einer bereits definierten Relation festzuhalten, sondern erfordert eine zusätzliche Relation. Demzufolge:

Sind zwei Entitätsmengen (oder aber zweimal die gleiche Entitätsmenge) an einer Beziehungsmenge beteiligt und liegt besagter Beziehungsmenge eine (M:M)-Abbildung zugrunde, so erfordert die Beziehungsmenge eine zusätzliche Relation. Leztere enthält einen zusammengesetzten Primärschlüssel, dessen Komponenten je einem Entitätsschlüssel entsprechen.

Für die Beziehungsmengen KU-PR, LI-PR sowie SL sind demzufolge folgende Relationen erforderlich:

```
KU-PR ( KU#, PR#, ... )

LI-PR ( LI#, PR#, ... )

SL ( MASTER.PR#, KOMPONENTE.PR#, ... )
```

Zu beachten ist, dass der zusammengesetzte Schlüssel zum Ausdruck bringt, dass die den Schlüsselkomponenten entsprechenden Entitätsmengen *wechselseitig komplex* miteinander in Beziehung stehen.

Fassen wir zusammen:

Bis jetzt haben wir im Rahmen des Syntheseprozesses für unser Fertigungsbeispiel folgende Relationen ermittelt:

```
PERSON ( PE#, nw MANAGER.PE#, ... )

PRODUKT ( PR#, M#, PE#, ... )

MASCHINE ( M#, PE#, ... )

LIEFERANT ( LI#, ... )

KUNDE ( KU#, ... )

KU-PR ( KU#, PR#, ... )

LI-PR ( LI#, PR#, ... )

SL ( MASTER.PR#, KOMPONENTE.PR#, ... )
```

Die vorstehenden Relationen sind mindestens in 2NF und repräsentieren die *globale Datenarchitektur*.

Vergegenwärtigen wir uns doch an dieser Stelle nochmals die in Abschnitt 5.2 diskutierte Relationssynthese und fragen wir uns, welche Schritte bereits erledigt sind.

---

1. Syntheseschritt

Abbildung der Realität mittels Konstruktionselementen und maschinengerechtes Definieren derselben mit Hilfe von voll normalisierten Elementarrelationen.

---

2. Syntheseschritt

Zusammenfassen von Elementarrelationen mit identischen Primärschlüsseln.

Was Entitätsmengen und Beziehungsmengen anbelangt, so sind diese Schritte
erledigt. Allerdings ist anzumerken, dass wir die beiden Syntheseschritte insofern
synchron durchführten, als wir die zu berücksichtigenden Elementarrelationen
jeweils unmittelbar mit bereits vorliegenden Relationen vereinigten.

Wie bereits angedeutet, kann das vorstehend geschilderte Vorgehen zu Relationen führen, welche die 3NF verletzen. Aus diesem Grunde wird jetzt der 3.
Syntheseschritt durchgeführt, konkret:

---

3. Syntheseschritt

Globale Normalisierung der zusammengefassten Relationen.

Es versteht sich, dass nur jene Relationen global zu normalisieren sind, die für
eine Verletzung der 3NF in Frage kommen. Bekanntlich weisen derartige Relationen neben dem Primärschlüssel mindestens zwei zusätzliche Attribute auf,
was in unserem Beispiel nur für die Relation

        PRODUKT ($\underline{PR\#}$, M\#, PE\#, ...)

der Fall ist. Demzufolge ist für die Relation PRODUKT eine Globalnormalisierung durchzuführen. Dabei wird festgestellt, dass die genannte Relation mit
M\# einen Fremdschlüssel aufweist, ist doch das gleiche Attribut in der Relation

        MASCHINE ($\underline{M\#}$, PE\#, ...)

als Primärschlüssel vorzufinden (1. Bedingung der Globalnormalisierung erfüllt).
Beide Relationen enthalten zudem ein identisches Attribut PE\#, womit auch
die 2. Bedingung der Globalnormalisierung erfüllt ist. Jetzt ist noch abzuklären,
ob die mit der Relation MASCHINE definierte Funktion

$$M\# \longrightarrow PE\#$$

auch in der Relation PRODUKT zutrifft. Ist dies der Fall, so ist das Attribut
PE\# in der Relation PRODUKT zu streichen. Die Umsetzung der in
Abb. 6.1.1 gezeigten Datenarchitektur in ein optimales, voll normalisiertes Re-
lationenmodell ergibt also:

        PERSON ($\underline{PE\#}$, nw MANAGER.PE\#, ...)

```
PRODUKT ( PR#, M#, ... )

MASCHINE ( M#, PE#, ... )

LIEFERANT ( LI#, ... )

KUNDE ( KU#, ... )

KU-PR ( KU#, PR#, ... )

LI-PR ( LI#, PR#, ... )

SL ( MASTER.PR#, KOMPONENTE.PR#, ... )
```

Dieses Relationenmodell lässt sich nun mittels einer *Datenanalyse* bis zu jedem nur wünschbaren Detaillierungsgrad verfeinern. Zu diesem Zwecke werden die Syntheseschritte 1 und 2 wiederholt, wobei man sich jetzt allerdings auf Entitätsattribute und Beziehungsattribute konzentriert. Selbstverständlich wird man die genannten Syntheseschritte wiederum synchron durchführen, indem man die zu berücksichtigenden Elementarrelationen jeweils unmittelbar mit bereits vorliegenden Relationen vereinigt. Sorgt man dafür, dass besagte Vereinigungen zu keinen Verletzungen der Normalisierungskriterien Anlass geben, so liegt nach Abschluss der Datenanalyse ein detailliertes, optimales, voll normalisiertes Relationenmodell vor.

Wir wollen die vorstehenden Aussagen anhand unseres Beispiels illustrieren und konzentrieren uns zu diesem Zweck zunächst auf die Entitätsmenge PERSON. Für die Entitätsmenge PERSON seien zwei Entitätsattribute zu berücksichtigen, mit welchen zum Ausdruck zu bringen ist, dass jede Person *einen* Namen bzw. *ein* Geburtsdatum aufweist. Die Entitätsattribute erfordern folgende Elementarrelationen:

```
NAME ( PE#, NAME )

GEBURTSDATUM ( PE#, GEBURT.DATUM )
```

Wir stellen uns die Elementarrelationen allerdings nur im Geiste vor und erweitern anstelle deren Dokumentation direkt die bereits vorliegende, einen identischen Primärschlüssel aufweisende Relation PERSON. Es resultiert:

```
PERSON ( PE#, nw MANAGER.PE#, NAME, GEBURT.DATUM, ... )
```

Die zusätzlich eingebrachten Attribute NAME und GEBURT.DATUM sind mit Sicherheit vom Primärschlüssel **PE#** funktional abhängig, nicht aber vom bereits vorhandenen Attribut MANAGER.PE#. Mithin hat die Erweiterung keine transitive Abhängigkeit und somit auch keine Verletzung der 3NF zur Folge.

Nun aber zu einem Entitätsattribut, mit dem zum Ausdruck zu bringen ist, dass eine Person mehrere Sprachen spricht und eine Sprache von mehreren Personen gesprochen wird. Wir stellen uns − zunächst nur im Geiste − die für das Entitätsattribut erforderliche Elementarrelation vor, konkret:

```
SPRICHT ( PE#, SPRACHE )
```

Nachdem der Primärschlüssel **PE#, SPRACHE** nur in der Relation SPRICHT vorzufinden ist, ist keine Vereinigung mit einer bereits vorliegenden Relation möglich. Dies bedeutet, dass die Relation SPRICHT zu dokumentieren ist.

Neben Entitätsattributen sind selbstverständlich auch Beziehungsattribute zu bestimmen. Für die Beziehungsmenge M-PE ist mit einem Beziehungsattribut beispielsweise die Rüstzeit − die Zeit also, die ein Mitarbeiter für die Herrichtung einer Maschine benötigt − zu berücksichtigen. Nachdem die Beziehungen zwischen Maschinen und Mitarbeitern aufgrund einer Erweiterung der Relation MASCHINE zustande gekommen sind, ist es naheliegend, auch die Rüstzeit in der Relation MASCHINE aufzuführen. Dabei resultiert die Relation:

```
MASCHINE ( M#, PE#, RUEST.ZEIT, ... )
```

Was die Beziehungsmengen KU-PR und LI-PR anbelangt, so liessen sich dafür mittels Beziehungsattributen neben der Bestellmenge und der Liefermenge auch das Bestelldatum und das Lieferdatum berücksichtigen. Es versteht sich, dass die angesprochenen Beziehungsattribute in der Relation aufzuführen sind, welche den erwähnten Beziehungsmengen entsprechen, konkret:

```
KU-PR ( KU#, PR#, BESTELL.MENGE, BESTELL.DATUM, ... )

LI-PR ( LI#, PR#, LIEFER.MENGE, LIEFER.DATUM, ... )
```

Nachdem die Relationen einen zusammengesetzten Primärschlüssel aufweisen, ist zu prüfen, ob die vorstehenden Relationserweiterungen eine Verletzung der 2NF zur Folge haben. Die Relation KU-PR ist beispielsweise nur dann korrekt, wenn unterstellt wird, dass ein Kunde seine Produkte normalerweise in unterschiedlichen Mengen bezieht und ein Produkt normalerweise in unterschiedlichen Mengen geliefert wird. Nur dann ist das nicht dem Schlüssel angehörende Attribut BESTELL.MENGE von keiner Schlüsselkomponente funktional abhängig.

Selbstverständlich ist auch zu prüfen, ob das Modell mit weiteren Entitätsmengen oder Beziehungsmengen zu ergänzen ist. Dabei könnte sich beispielsweise herausstellen, dass zwischen den Entitätsmengen MASCHINE und PERSON nicht nur die bisher angenommene Bedienungsbeziehung, sondern auch eine Wartungsbeziehung von Bedeutung ist. Unterstellt man, dass eine Maschine nur von einer Person gewartet wird und eine Person mehrere Maschinen warten kann, so ist die Wartungsbeziehung wiederum mittels einer Erweiterung der bereits definierten Relation MASCHINE wie folgt zu berücksichtigen:

```
MASCHINE ( M#, PE#, PE#, ... )
```

Die Relation MASCHINE stellt in der gezeigten Form keine gute Lösung dar, ist doch der Zweck des zweifach aufgeführten Attributes PE# in keiner Weise zu erkennen. Die Interpretationsschwierigkeit ist mit Rollenbezeichnungen wie folgt zu beseitigen:

```
MASCHINE ( M#, BEDIENT.PE#, WARTET.PE#, ... )
```

Wir wollen unsere Übung hier abbrechen, nicht ohne allerdings mittels Abb. 6.1.2 in Erinnerung zu rufen, wie das optimale, voll normalisierte Relationenmodell aufgrund einer beschleunigten Relationssynthese zustande gekommen ist.

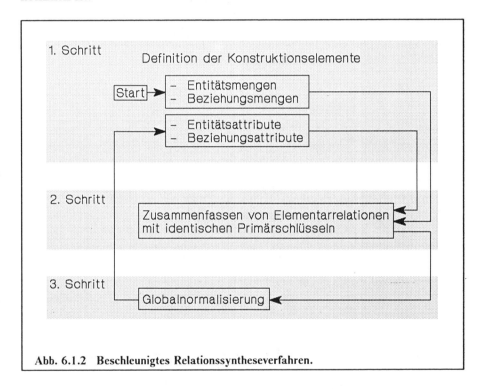

Abb. 6.1.2 Beschleunigtes Relationssyntheseverfahren.

Der Abbildung ist zu entnehmen, dass es ratsam ist, den 1. Syntheseschritt vorerst nur bis hin zur *Datenarchitektur* durchzuführen. Dabei sind die für die Entitätsmengen und Beziehungsmengen erforderlichen Elementarrelationen nicht einzeln zu dokumentieren, sondern unmittelbar zu umfangreicheren Relationen zusammenzufassen. Im Anschluss daran ist die *Globalnormalisierung* durchzuführen, worauf im Rahmen einer *Datenanalyse* Entitätsattribute und Beziehungsattribute zu bestimmen sind. Die dafür erforderlichen Elementarrelationen sind nur dann einzeln zu dokumentieren, wenn besagten Attributen eine komplexe Assoziation zugrunde liegt. Andernfalls sind die Attribute wiederum aufgrund von Erweiterungen bereits definierter Relationen festzuhalten.

B. Anwendungsorientiertes Datenmodell für eine Bank
(das Beispiel ist dem Schweizerischen Bankverein in Basel zu verdanken)

a) Das Problem

Es ist ein Datenmodell zu ermitteln, welches den Geldverkehr einer Bank − also Transaktionen wie Überweisungen, Einzahlungen, Abhebungen, etc. − zu kontrollieren erlaubt. Abb. 6.1.3 zeigt einige Beispiele. Zu erkennen ist unter anderem, dass vom Konto *Fritz* auf das Konto *Sepp* Fr. 2000.-, auf das Konto *Hans* Fr. 3000.- und auf das Konto *Max* Fr. 2000.- zu transferieren sind. Der *Fritz* ist demzufolge gegenüber dem *Sepp, Hans* und *Max* Schuldner. Anderseits ist zu erkennen, dass dem Konto *Max* vom Konto *Fritz* Fr. 2000.- und vom Konto *Emma* Fr. 8000.- gutzuschreiben sind. Der *Max* ist demzufolge gegenüber dem *Fritz* und der *Emma* Gläubiger.

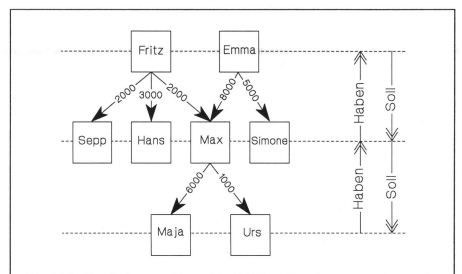

Abb. 6.1.3 Das Buchungsproblem. Die Abbildung illustriert unter anderem, dass der *Fritz* dem *Sepp* Fr. 2000.-, dem *Hans* Fr. 3000.- und dem *Max* Fr. 2000.- überwiesen hat. Anderseits ist zu erkennen, dass der *Max* vom *Fritz* Fr. 2000.- und von der *Emma* Fr. 8000.- erhalten hat.

In einer Grossbank sind − zählt man die an den Bankschaltern und Bancomaten getätigten Transaktionen mit − täglich mehrere hunderttausend Bewegungen zu bearbeiten. Daher sind schon mit geringfügigen Verbesserungen im Buchungsprozess sehr grosse Aufwandsreduktionen zu erzielen.

Wird das Buchungsproblem *buchhalterisch* gelöst, so belastet man im Falle einer Transaktion auf der einen Seite ein Soll-Konto mit dem zu transferierenden Betrag und schreibt besagten Betrag auf der andern Seite einem Haben-Konto gut (in Wirklichkeit ist der ganze Vorgang etwas komplizierter, weil die Bank für ihre Dienstleistung einen Bruchteil des transferierten Betrages beansprucht. Im folgenden soll aber auf diese Verkomplizierung nicht weiter eingegangen werden).

Abb. 6.1.4 zeigt eine auf dem vorstehenden Prinzip basierende Relation mit den Transaktionen aus Abb. 6.1.3. Zu beachten ist, dass die Summe der belasteten bzw. gutgeschriebenen Beträge (die Bilanz also) jederzeit Null ergeben muss.

TRANSAKTION (KONTO#, BETRAG, DATUM)

KONTO#	BETRAG	DATUM
Fritz	− 2000	X
Sepp	+ 2000	X
Fritz	− 3000	Y
Hans	+ 3000	Y
Fritz	− 2000	Y
Max	+ 2000	Y
Emma	− 8000	Z
Max	+ 8000	Z
Emma	− 5000	Z
Simone	+ 5000	Z
Max	− 6000	Q
Maja	+ 6000	Q
Max	− 1000	R
Urs	+ 1000	R

$$\sum \quad 0$$

Abb. 6.1.4 Konventionelle Lösung des Buchungsproblems. Einem Soll-Konto (beispielsweise dem Konto *Fritz*) wird der zu transferierende Betrag (beispielsweise Fr. 2000.-) belastet und einem Haben-Konto (beispielsweise dem Konto *Sepp*) gutgeschrieben. Die Summe aller belasteten bzw. gutgeschriebenen Beträge (die Bilanz also) muss jederzeit Null ergeben.

b) Die Lösung

Löst man das Buchungsproblem nicht buchhalterisch, sondern bestimmt man aufgrund von Realitätsbeobachtungen die dafür erforderlichen *Konstruktionselemente*, so resultiert die in Abb. 6.1.5 gezeigte Anordnung. Wir sind dem Bild bereits in Abschnitt 2.2 begegnet, so dass wir an dieser Stelle auf eine weitere Diskussion verzichten können.

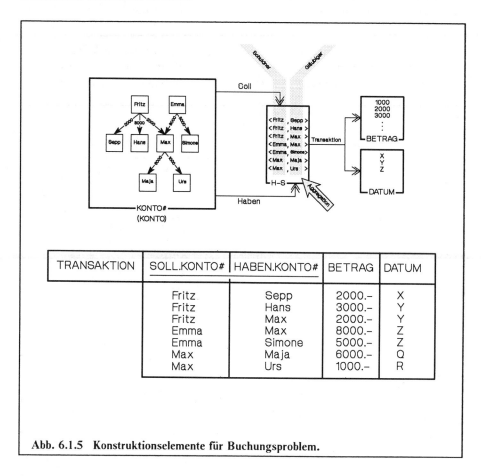

Abb. 6.1.5 Konstruktionselemente für Buchungsproblem.

Die Beziehungsmenge und das Beziehungsattribut aus Abb. 6.1.5 sind gemäss Abschnitt 5.1 mit folgender Relation festzuhalten:

```
TRANSAKTION ( SOLL.KONTO#, HABEN.KONTO#, BETRAG, DATUM )
```

Anzumerken ist, dass mit der gezeigten Relation pro Schuldner-Gläubiger-Beziehung nur *ein* Betrag festzuhalten ist, was der Realität selbstverständlich nicht genau entspricht. Wie die Einschränkung zu beseitigen ist, kommt später zur Sprache.

Wird die buchhalterisch entwickelte Lösung aus Abb. 6.1.4 mit der aufgrund von Realitätsbeobachtungen mit Konstruktionselementen ermittelten Lösung aus Abb. 6.1.5 verglichen, so ergeben sich folgende signifikante Unterschiede:

1. Bei der konventionellen Lösung sind pro Transaktion zwei Einschuboperationen erforderlich, während der gleiche Effekt bei der neuen Lösung mit einer Einschuboperation zu erzielen ist.

   Demzufolge: Die für das Festhalten der Transaktionen insgesamt erforderlichen *Einschuboperationen* lassen sich *halbieren*.

2. Bei der konventionellen Lösung sind pro Transaktion ungefähr 6 Datenwerte zu berücksichtigen, während man bei der neuen Lösung mit nur 4 Datenwerten auskommt.

   Demzufolge: Der für das Festhalten der Transaktionen insgesamt erforderliche *Datenbestand* lässt sich ungefähr im Verhältnis 6 zu 4 *reduzieren*.

3. Die bei der konventionellen Lösung für eine Transaktion erforderlichen, die Belastung einerseits und die Gutschrift anderseits betreffenden Einschuboperationen liegen zeitlich einige Millisekunden auseinander. Zwischen den genannten Operationen ist die Bilanz der Bank also falsch, was unter Umständen (während besagter Millisekunden auftretende Hardwarefehler, Softwarefehler, Operatingfehler) zu Problemen Anlass geben kann.

   Bei der neuen Lösung erfolgt demgegenüber sowohl die Belastung als auch die Gutschrift zum gleichen Zeitpunkt.

   Demzufolge: Die *Datenintegrität* ist besser.

4. Bei der konventionellen Lösung ist die Schuldner-Gläubiger-Beziehung nach erfolgter Buchung nicht mehr zu erkennen, während besagte Beziehung bei der neuen Lösung jederzeit ausfindig zu machen ist. Sind beispielsweise die Gläubiger eines Schuldners zu ermitteln, so wird entsprechend Abb. 6.1.6 mit der Kontonummer des Schuldners via das Attribut SOLL.KONTO# auf die Relation TRANSAKTION zugegriffen. Den Tupeln, deren SOLL.KONTO#-Wert mit der vorgegebenen Nummer übereinstimmt, sind die Kontonummern der Gläubiger sowie deren Guthaben zu entnehmen. Sind umgekehrt die Schuldner eines Gläubigers zu ermitteln, so wird mit der Kontonummer eines Gläubigers via das Attribut HABEN.KONTO# auf die Relation TRANSAKTION zugegriffen. Den Tupeln, deren HABEN.KONTO#-Wert mit der vorgegebenen Nummer übereinstimmt, sind die Kontonummern der Schuldner sowie die geschuldeten Beträge zu entnehmen.

   Demzufolge: Der *Informationsgehalt* ist grösser.

Wir wollen uns zum Abschluss dieses Beispiels überlegen, wie die Lösung für das Buchungsproblem mit Hilfe der in Abschnitt 2.2 diskutierten Überlagerungstechnik zu verbessern ist, so dass auch die Bearbeitung von *Sammelbuchungen* möglich ist. Von Sammelbuchungen wird dann gesprochen, wenn im Rahmen eines Auftrages mehrere Transaktionen zu bearbeiten sind.

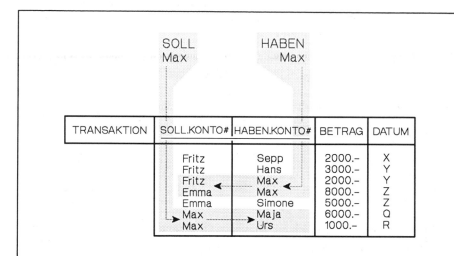

Abb. 6.1.6 Ermittlung von Soll- und Habenbeziehungen. Die Abbildung illustriert, dass ein Zugriff mit dem SOLL.KONTO#-Wert *Max* die Gläubiger *Maja* und *Urs* ausfindig zu machen erlaubt. Anderseits liefert ein Zugriff mit dem HABEN.KONTO#-Wert *Max* die Schuldner *Fritz* und *Emma*.

Abb. 6.1.7 zeigt, wie der Beziehungsmenge H-S eine Menge AUFTRAG zu überlagern ist, deren Elemente jeweils die im Rahmen eines Sammelauftrages zu bearbeitenden Transaktionen enthalten. Werden die Elemente der Menge AUFTRAG aufgrund einer Auftragsnummer A# identifiziert, so ist für die in Abb. 6.1.7 gezeigte Sachlage folgende Relation erforderlich (siehe auch Abb. 6.1.8):

```
S-BUCHUNG ( SOLL.KONTO#, HABEN.KONTO#, A#, BETRAG, DATUM )
```

Falls auftragsspezifische Daten von Bedeutung sind, so ist folgende Relation zusätzlich zu definieren:

```
AUFTRAG ( A#, AUFTRAGGEBER, AUFTRAG.DATUM, ... )
```

Damit ist aber auch das früher angedeutete Problem, demzufolge mit der Relation BUCHUNG pro Schuldner-Gläubiger-Beziehung nur *ein* Betrag festzuhalten ist, bereinigt. Dies, weil die im Primärschlüssel der Relation S-BUCHUNG erscheinende Auftragsnummer A# die Möglichkeit eröffnet, pro Schuldner-Gläubiger-Beziehung beliebig viele Beträge festzuhalten.

Das vorstehende Beispiel zeigt:

1.   Mengenorientierte (also auf Entitätsmengen, Beziehungsmengen, Entitätsattributen sowie Beziehungsattributen basierende) Überlegungen können zu äusserst eleganten und effizienten Problemlösungen führen.

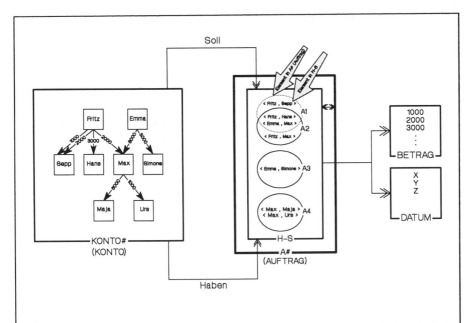

Abb. 6.1.7 Sammelbuchungen. Mit einem Element der Menge AUFTRAG sind alle Transaktionen zusammenzufassen, die im Rahmen eines Auftrags zu bearbeiten sind.

S-BUCHUNG	SOLL.KONTO#	HABEN.KONTO#	A#	BETRAG	DATUM
	Fritz	Sepp	A1	2000	X
	Fritz	Hans	A1	3000	Y
	Emma	Max	A1	8000	Z
	Fritz	Hans	A2	500	Q
	Emma	Max	A2	200	Y
	Fritz	Max	A2	2000	Z
	Emma	Simone	A3	5000	Q
	Max	Maja	A4	6000	R
	Max	Urs	A4	1000	R

Abb. 6.1.8 Relation für Sammelbuchung.

2. Fasst man die in Abb. 6.1.3 gezeigten Konti im Sinne von Produkten, die Beträge im Sinne von Mengen, die Sollbeziehung im Sinne einer Auflösungsbeziehung und die Habenbeziehung im Sinne eines Verwendungsnachweises auf, so stimmt das Buchungsproblem mit dem Stücklistenproblem überein. Daraus folgt, dass das Stücklistenprinzip mitnichten nur für Fertigungsunternehmungen von Bedeutung ist, sondern auch in andern Branchen zu eleganten und effizienten Lösungen führen kann.

C. Globales Datenmodell für eine Versicherungsgesellschaft
(das Beispiel ist der Christlich-Sozialen der Schweiz in Luzern zu verdanken)

a) Das Problem (vgl. auch Abb. 6.1.9)

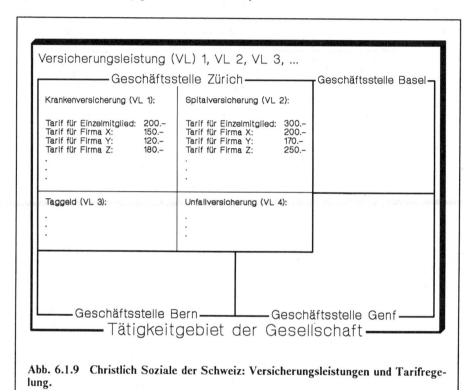

Abb. 6.1.9 Christlich Soziale der Schweiz: Versicherungsleistungen und Tarifregelung.

Aufgrund von *Realitätsbeobachtungen* wird festgestellt:

1. Eine Versicherungsgesellschaft bietet verschiedene *Versicherungsleistungen* (abgekürzt VL) wie Krankenversicherung, Unfallversicherung, Spitalversicherung, Taggeld, Lohnausfall, etc. an.

2. Die Gesellschaft ist in regionale *Geschäftsstellen* gegliedert, die unterschiedliche Tarife für die verschiedenen Versicherungsleistungen festlegen können.

3. Die Versicherungsgesellschaft offeriert anderweitigen Unternehmungen die Möglichkeit, *Kollektivversicherungen* für deren Mitarbeiter abzuschliessen. Dabei werden für die verschiedenen Versicherungsleistungen Tarife gemäss Versichertenstruktur und Leistungsbedarf vereinbart.

4. Ein Versicherungsnehmer (d.h. ein *Mitglied*) kann sich für die verschiedenen Versicherungsleistungen als *Einzelmitglied* direkt bei der Versicherungsgesellschaft oder aber als *Kollektivmitglied* beim Arbeitgeber versichern lassen. Letzteres bedingt allerdings, dass besagter Arbeitgeber einen entsprechenden Kollektivvertrag abgeschlossen hat.

5. Der *Tarif* für eine Versicherungsleistung kann von folgenden Faktoren abhängen:

   - Von der Versichertenstruktur und dem Leistungsbedarf in der Wohnregion

   - Vom Umstand, ob ein Versicherungsnehmer eine Versicherungsleistung als Einzelmitglied oder aber als Kollektivmitglied in Anspruch nimmt

6. Die *Prämien* werden bei den Einzelmitgliedern (resp. bei deren Familienvorstand) direkt erhoben. Für die Kollektivversicherten werden die Prämien wahlweise gemäss Kollektivvertrag bei den entsprechenden Arbeitgebern oder bei den Kollektivmitgliedern (resp. bei deren Familienvorstand) eingezogen.

7. Die versicherten Schadenfälle werden erfasst und mit einer sogenannten *Zahlstelle* (Arzt, Spital, Apotheke) in Beziehung gesetzt.

8. Die bei einem Schadenfall von der Versicherungsgesellschaft zu erbringenden Zahlungen werden den *Leistungsempfängern* wie folgt überwiesen:

   - Gänzlich oder partiell an die Zahlstelle (Arzt, Spital, Apotheke)

   - Gänzlich oder partiell an das Einzelmitglied (bzw. an dessen Familienvorstand)

   - Gänzlich oder partiell an die Unternehmung, dessen Mitarbeiter den Schadenfall erlitten hat

Für die vorstehenden Feststellungen ist ein geeignetes Datenmodell zu definieren.

b) Die Lösung (vgl. auch Abb. 6.1.10)

Wir entschliessen uns, folgende *Entitätsmengen* zu berücksichtigen:

- GESCHÄFTSSTELLE (Entitätsschlüssel G#)

- VERSICHERUNGSLEISTUNG (V#)

- KOLLEKTIVGESELLSCHAFT (K#)

  gemeint ist die Menge der Unternehmungen, die Kollektivverträge abgeschlossen haben,

- MITGLIED (M#)

- ZAHLSTELLE (Z#)

Aus Gründen, die später zu diskutieren sind, wird eine zusätzliche Entitätsmenge

- PARTNER (P#)

definiert, welche die Entitätsmengen KOLLEKTIVGESELLSCHAFT sowie MITGLIED umfasst.

Jede *Entitätsmenge* ist mit einer Relation festzuhalten, deren Primärschlüssel dem Entitätsschlüssel entspricht, konkret:

```
PARTNER ( P#, ... )

KOLLEKTIVGESELLSCHAFT ( K#, + P#, ... )

MITGLIED ( M#, + P#, ... )

GESCHAEFTSSTELLE ( G#, ... )

VERSICHERUNGSLEISTUNG ( V#, ... )

ZAHLSTELLE ( Z#, ... )
```

Das Attribut P# ist in der Relation PARTNER als *Primärschlüssel* und in den Relationen KOLLEKTIVGESELLSCHAFT und MITGLIED als *Fremdschlüssel* und zugleich als *Schlüsselkandidat* vorzufinden. Damit kommen aufgrund des Primärschlüssel-Fremdschlüssel-Prinzips folgende (1:C)-Abbildungen zustande:

PARTNER ←—) KOLLEKTIVGESELLSCHAFT

PARTNER ←—) MITGLIED

Dies bedeutet, dass ein Geschäftspartner höchstens einer Kollektivgesellschaft und höchstens einem Mitglied entsprechen kann.

Wir unterscheiden folgende Sachgebiete:

Sachgebiet: ANGEBOT

Zweck: Festhalten des gesamten Leistungsangebotes mit den für Einzelmitglieder und Kollektivmitglieder geltenden, von den Geschäftsstellen festgelegten Tarifen.

Lösung: Wir definieren eine *Beziehungsmenge* ANGEBOT, an welcher die Entitätsmengen GESCHÄFTSSTELLE, VERSICHERUNGSLEISTUNG sowie KOLLEKTIVGESELLSCHAFT beteiligt sind.

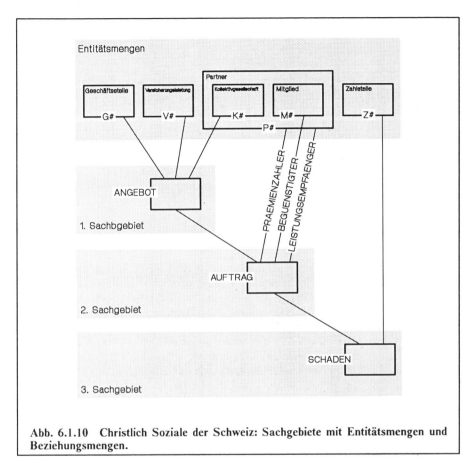

Abb. 6.1.10 Christlich Soziale der Schweiz: Sachgebiete mit Entitätsmengen und Beziehungsmengen.

Die Beziehungsmenge ANGEBOT ist − zusammen mit einem den Tarif betreffenden Beziehungsattribut − wie folgt zu definieren:

ANGEBOT (G#, V#, K#, TARIF.BETRAG)

Ein Tupel der Relation ANGEBOT, wie beispielsweise

< Zürich, Unfall, IBM, 100 >

bringt zum Ausdruck, dass eine in der Region Zürich wohnhafte Person für eine Unfallversicherung Fr. 100.- zu bezahlen hat − vorausgesetzt, die Versicherung wird beim Arbeitgeber IBM (dem Kollektivversicherungsnehmer also) abgeschlossen.

Um mit der Relation ANGEBOT auch Einzelmitgliedskonditionen festzuhalten, denken wir uns in der Entitätsmenge KOLLEKTIVGESELLSCHAFT eine Entität für sämtliche Einzelmitglieder. Damit besteht die Möglichkeit, mit einem Tupel der Art

$$< \text{ Zürich, Unfall, Einzelmitglied, 150 } >$$

zum Ausdruck zu bringen, dass eine in der Region Zürich wohnhafte Person als Einzelmitglied für eine Unfallversicherung Fr. 150.- zu bezahlen hat.

Anmerkung: Die vorstehend diskutierte Tarifregelung ist in Tat und Wahrheit insofern komplizierter, als der Tarif für eine Versicherungsleistung vom Geschlecht und vom Alter des Versicherungsnehmers abhängt. Im folgenden soll aber auf diese Verkomplizierung nicht weiter eingegangen werden.

Sachgebiet: AUFTRAG

Zweck: Festhalten der abgeschlossenen Versicherungsverträge.

Lösung: Wir definieren eine *Beziehungsmenge* AUFTRAG, welche die Beziehungsmenge ANGEBOT (eine Beziehungsmenge kann durchaus an einer weiteren Beziehungsmenge beteiligt sein) sowie die Entitätsmengen MITGLIED und GESCHÄFTSPARTNER involviert. Die Entitätsmenge MITGLIED beinhaltet die Versicherten (d.h. die eigentlichen Mitglieder), während die Entitätsmenge GESCHÄFTSPARTNER die Prämienzahler (abgekürzt PZ) sowie die Leistungsempfänger (abgekürzt LE) enthält. Bei den Prämienzahlern wie auch bei den Leistungsempfängern kann es sich um Kollektivgesellschaften oder um Einzelmitglieder (bzw. deren Familienvorstand) handeln. Diese unterschiedlichen Möglichkeiten sind dank der umfassenden Entitätsmenge GESCHÄFTSPARTNER auf einen einzigen Nenner zu bringen, was das Datenmodell vereinfacht.

Für die Beziehungsmenge AUFTRAG definieren wir:

```
AUFTRAG ( G#, V#, K#, M#, PZ.P#, LE.P# )
```

Die Attributskombination G#, V#, K# stellt in der Relation AUFTRAG einen zusammengesetzten Fremdschlüssel dar, ist doch die gleiche Kombination in der Relation ANGEBOT als Primärschlüssel vorzufinden. Zusammengesetzte Fremdschlüssel sind problematisch, weil:

1. Die Primärschlüssel-Fremdschlüssel-Beziehung zwischen den Relationen ANGEBOT und AUFTRAG nicht ohne weiteres erkennbar ist

2. Abfrageprozeduren, an welchen die Relationen ANGEBOT und AUFTRAG beteiligt sind, umständlich zu formulieren sind

Was die letztgenannte Aussage anbelangt, so wären bei Verwendung einer SQL ähnlichen Abfragesprache [26] zu wiederholten Malen umständliche Formulierungen der Art

```
        SELECT ...

        WHERE    ANGEBOT.G# = AUFTRAG.G#

        AND      ANGEBOT.V# = AUFTRAG.V#

        AND      ANGEBOT.K# = AUFTRAG.K#
```

erforderlich.

Die vorstehenden Nachteile sind wie folgt zu bereinigen:

> Fällt im Verlaufe des Entwurfsprozesses eine Relation R mit zusammengesetztem Primärschlüssel an und ist diese Relation aufgrund des Primärschlüssel-Fremdschlüssel-Prinzips mit einer andern Relation S in Beziehung zu setzen, so ist die Relation R mit einem zusätzlichen, die Funktion des Primärschlüssels übernehmenden Attribut zu erweitern. Die den ursprünglichen Primärschlüssel darstellende Attributskombination verbleibt als Schlüsselkandidat in der Relation R.

Der vorstehenden Empfehlung folgend, erweitern wir die Relation ANGEBOT mit dem Attribut AN# (für Angebotsnummer), welches die Funktion des ursprünglichen Primärschlüssels G#, V#, K# übernimmt. Die Attributskombination G#, V#, K# verbleibt als Schlüsselkandidat in der Relation. Es resultiert:

```
        ANGEBOT ( AN#, + [ G#, V#, K# ], TARIF.BETRAG )
```

Die Schreibweise + [G#, V#, K#] bedeutet, dass die in eckigen Klammern aufgeführten Attribute gesamthaft einen Schlüsselkandidaten darstellen.

Wird der Primärschlüssel AN# der Relation ANGEBOT als Fremdschlüssel in die Relation AUFTRAG übernommen, so resultiert:

```
        AUFTRAG ( AN#, M#, PZ.P#, LE.P# )
```

Nachdem die Beziehungsmenge AUFTRAG auf der dritten Sachbearbeitungsebene an einer weiteren Beziehungsmenge beteiligt ist, empfiehlt es sich, in der Relation AUFTRAG an Stelle des zusammengesetzten Primärschlüssels AN#, M# wiederum mit einem neuen Primärschlüssel AU# (für Auftragsnummer) zu arbeiten. Es resultiert:

```
        AUFTRAG ( AU#, + [ AN#, M# ], PZ.P#, LE.P# )
```

Sachgebiet: SCHADEN

Zweck: Festhalten der eingetroffenen Schadenfälle unter Berücksichtigung der betroffenen Zahlstellen und der zu erbringenden Leistungen.

Lösung: Wir definieren eine *Beziehungsmenge* SCHADEN, an der die Beziehungsmenge AUFTRAG sowie die Entitätsmenge ZAHLSTELLE beteiligt sind. Die Beziehungsmenge SCHADEN ist wie folgt zu definieren:

```
SCHADEN ( AU#, Z#, SCHADEN.BETRAG )
```

Wir fassen zusammen:

Für das Festhalten der *Datenarchitektur* sind insgesamt folgende Relationen erforderlich:

```
PARTNER ( P#, ... )

KOLLEKTIVGESELLSCHAFT ( K#, + P#, ... )

MITGLIED ( M#, + P#, ... )

GESCHAEFTSSTELLE ( G#, ... )

VERSICHERUNGSLEISTUNG ( V#, ... )

ZAHLSTELLE ( Z#, ... )

ANGEBOT ( AN#, + [ G#, V#, K# ], TARIF.BETRAG )

AUFTRAG ( AU#, + [ AN#, M# ], PZ.P#, LE.P# )

SCHADEN ( AU#, Z#, SCHADEN.BETRAG )
```

Das Beispiel zeigt:

1. An einer Beziehungsmenge können nicht nur Entitätsmengen, sondern auch anderweitige Beziehungsmengen beteiligt sein,

2. Sofern ein zusammengesetzter Primärschlüssel als Fremdschlüssel in Erscheinung tritt, ist ein zusätzliches Attribut zu definieren, welches die Funktion besagten Primärschlüssels übernehmen kann. Damit ist zu gewährleisten, dass einfache und übersichtliche Primärschlüssel-Fremdschlüssel-Beziehungen resultieren.

6.2 Modellermittlung aufgrund von Benützersichtanalysen

Wir haben in der Einleitung zu diesem Kapitel darauf hingewiesen, dass die Modellermittlung aufgrund von Benützersichtanalysen vor allem dann geeignet ist, wenn eine Datenarchitektur zu präzisieren und ein anwendungsorientiertes konzeptionelles Datenmodell zu ermitteln ist. Im Idealfall orientiert sich also der Analytiker bei der Benützersichtanalyse im Sinne der Ausführungen in Abschnitt 2.3 und entsprechend Abb. 6.2.1 an einer bereits vorliegenden Datenarchitektur. Die bei der Analyse ermittelten Details sind selbstverständlich laufend mit der Datenarchitektur abzustimmen und — so keine Diskrepanzen vorliegen — mit dieser zu vereinigen.

Das Verfahren sei im folgenden anhand eines Beispiels erläutert. Zu diesem Zwecke verwenden wir im Sinne eines Leitbildes die in den Übungen 2.1 und 5.1 ermittelte Datenarchitektur (vgl. Abb. 6.2.2) und stellen uns zur Aufgabe, die in Abb. 6.2.3 gezeigte Benützersicht zu analysieren.

Selbstverständlich ist das beschleunigte Relationssyntheseverfahren aus Abschnitt 6.1 (vgl. Abb. 6.1.2) auch bei der Benützersichtanalyse anzuwenden. Zu diesem Zweck beginnen wir mit der

A. Ermittlung der benützersichtorientierten Datenarchitektur

Für die Ermittlung der benützersichtorientierten Datenarchitektur führen wir die in Abschnitt 6.1 besprochenen drei Syntheseschritte wie folgt durch:

a) Bestimmung von Entitätsmengen

Für die Bestimmung der einer Benützersicht zugrunde liegenden Entitätsmengen rufen wir uns die in Abschnitt 2.1 diskutierten Entitätsmerkmale in Erinnerung und fragen uns:

1. Wofür werden auf einer Benützersicht Informationen ausgewiesen?

   Die Beantwortung dieser Frage kann sowohl zu *Kernentitätsmengen* wie auch zu *abhängigen Entitätsmengen* führen.

2. Was ist in einer Datenbank eigenständig (also unabhängig von der Existenz anderweitiger Entitäten) zu berücksichtigen?

   Die Beantwortung dieser Frage führt zu *Kernentitätsmengen*.

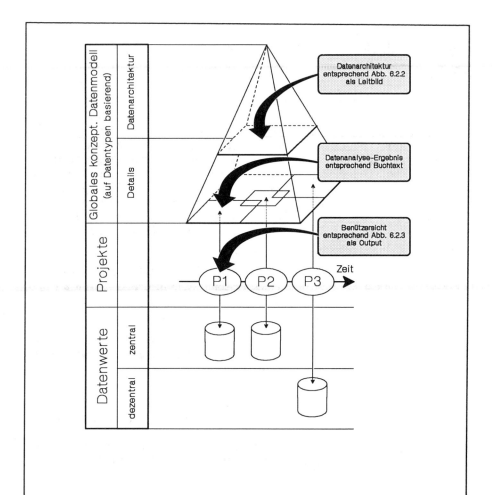

Abb. 6.2.1 Benützersichtanalyse: Die Datenarchitektur gelangt im Sinne eines Leitbildes zur Anwendung.

Abb. 6.2.4 zeigt, dass das erste Kriterium für *Kurse* (aufgrund des Kursnamens), *Lokale* (aufgrund der Lokalgrösse), *Dozenten* (aufgrund des Dozentennamens) sowie *Studenten* (aufgrund des Studentennamens und des Geburtsdatums) zutrifft. Der globalen Datenarchitektur aus Abb. 6.2.2 entnehmen wir, dass die entsprechenden Entitätsmengen KURS, LOKAL, DOZENT sowie STUDENT bereits im Leitbild enthalten sind. Entsprechend übernehmen wir für unsere benützersichtorientierte Datenarchitektur vom Leitbild folgende Relationen:

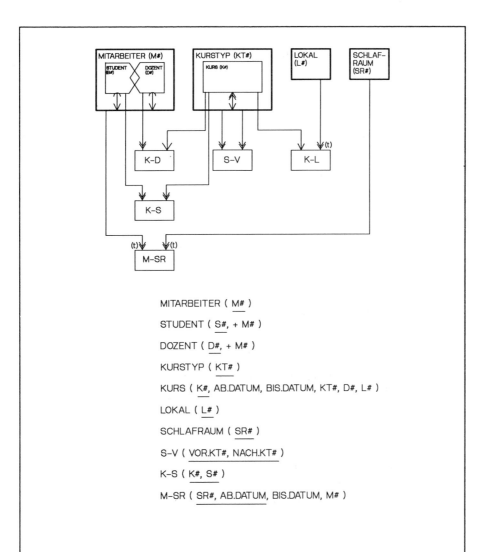

MITARBEITER (M#)

STUDENT (S#, + M#)

DOZENT (D#, + M#)

KURSTYP (KT#)

KURS (K#, AB.DATUM, BIS.DATUM, KT#, D#, L#)

LOKAL (L#)

SCHLAFRAUM (SR#)

S–V (VOR.KT#, NACH.KT#)

K–S (K#, S#)

M–SR (SR#, AB.DATUM, BIS.DATUM, M#)

Abb. 6.2.2 Benützersichtanalyse: Beispiel einer als Leitbild zu verwendenden Datenarchitektur. Die gezeigte Architektur wurde in den Übungen 2.1 und 5.1 ermittelt.

KURS (K#, ...)

LOKAL (L#, ...)

DOZENT (D#, ...)

STUDENT (S#, ...)

KURSBESCHREIBUNG

KURSNUMMER: K1   DOZENTENNUMMER: D4
KURSNAME: Informatik DOZENTENNAME: Meier
LOKALNUMMER: L7
LOKALGROESSE: 55

EINGESCHRIEBENE STUDENTEN:

STUDENTEN:					STUDIENLEITER:		BELEGTE KURSE:		
STUDENTEN-NUMMER	STUDENTEN-NAME	GEBURTS-DATUM	SPRACHE	KENNTNIS	DOZENTEN-NUMMER	DOZENTEN-NAME	KURS-NUMMER	KURS-NAME	EVALUATION
S1	Müller	6.2.62	Englisch	gut	D8	Berger	K1	Inform.	gut
			Französisch	gut			K2	Physik	gut
			Deutsch	mittel			K3	Chemie	schlecht
							K4	Algebra	mittel
S2	Schmid	26.1.66	Italienisch	gut	D8	Berger	K1	Inform.	schlecht
			Deutsch	schlecht			K3	Chemie	gut
							K5	Deutsch	gut

Abb. 6.2.3 Benützersichtanalyse: Beispiel einer Benützersicht zur Illustration der erforderlichen Schritte.

Zudem entschliessen wir uns, auch die *Sprachen* im Sinne von Entitäten zu behandeln. Nicht etwa, weil für Sprachen Informationen festzuhalten wären, sondern weil wir die Absicht haben, Sprachen eigenständig zu behandeln (die Existenz einer bestimmten Sprache soll also auch dann festzuhalten sein, wenn die Sprache von keiner Person gesprochen wird).

Für die Entitätsmenge SPRACHE definieren wir folgende, im Leitbild nicht vorzufindende Relation:

SPRACHE (SP, ...)

b) Bestimmung von Beziehungsmengen

Die der Benützersicht zugrunde liegenden Beziehungsmengen sind Abb. 6.2.5 zu entnehmen.

Ein Vergleich mit der globalen Datenarchitektur aus Abb. 6.2.2 ergibt, dass die Beziehungsmengen K-D (Kurse und Dozenten miteinander in Beziehung setzend), K-L (Kurse und Lokale miteinander in Beziehung setzend) sowie K-S (Kurse und Studenten miteinander in Beziehung setzend) bereits im Leitbild

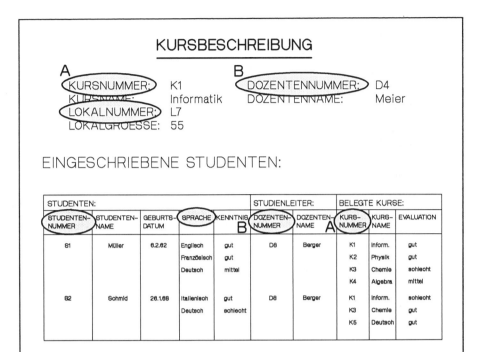

KURSBESCHREIBUNG

A
KURSNUMMER: K1
KURSNAME: Informatik
LOKALNUMMER: L7
LOKALGROESSE: 55

B
DOZENTENNUMMER: D4
DOZENTENNAME: Meier

EINGESCHRIEBENE STUDENTEN:

STUDENTEN:					STUDIENLEITER:		BELEGTE KURSE:		
STUDENTEN-NUMMER	STUDENTEN-NAME	GEBURTS-DATUM	SPRACHE	KENNTNIS	DOZENTEN-NUMMER	DOZENTEN-NAME	KURS-NUMMER	KURS-NAME	EVALUATION
S1	Müller	6.2.62	Englisch	gut	D8	Berger	K1	Inform.	gut
			Französisch	gut			K2	Physik	gut
			Deutsch	mittel			K3	Chemie	schlecht
							K4	Algebra	mittel
S2	Schmid	26.1.68	Italienisch	gut	D8	Berger	K1	Inform.	schlecht
			Deutsch	schlecht			K3	Chemie	gut
							K5	Deutsch	gut

Abb. 6.2.4 Benützersichtanalyse: Bestimmung von Entitätsmengen. Man beachte, dass die mit *A* bzw. *B* gekennzeichneten Entitätsmengen identisch sind.

vorzufinden sind. Entsprechend übernehmen wir von letzterem für die Beziehungsmenge K-S die Relation:

$$\text{K-S (} \underline{\text{K\#}}, \text{ } \underline{\text{S\#}} \text{)}$$

und erweitern für die Beziehungsmengen K-D und K-L die bereits übernommene Relation KURS gemäss Leitbild wie folgt:

$$\text{KURS (} \underline{\text{K\#}}, \text{ D\#, L\#)}$$

Für die noch nicht im Leitbild vorzufindenden Beziehungsmengen S-SP (Studenten und Sprachen miteinander in Beziehung setzend) und S-D (Studenten und Dozenten als Studienleiter miteinander in Beziehung setzend) verhalten wir uns wie folgt:

- Die Beziehungsmenge S-D, welcher die (M:1)-Abbildung

$$\text{SUDENT} \twoheadleftarrow\!\!\longrightarrow \text{DOZENT}$$

zugrunde liegt, ist aufgrund einer Erweiterung der bereits vorliegenden Relation STUDENT wie folgt zu definieren:

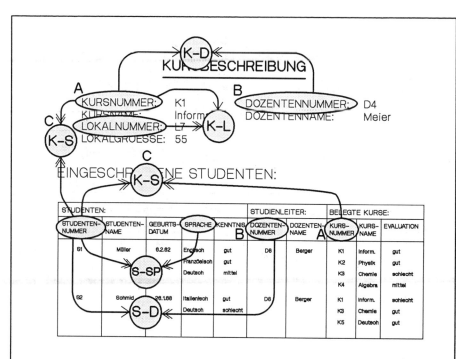

Abb. 6.2.5 Benützersichtanalyse: Bestimmung von Beziehungsmengen. Unterstellt man, dass KURS, LOKAL, DOZENT, STUDENT sowie SPRACHE Entitätsmengen sind, so sind folgende Beziehungsmengen abzuleiten: K-L (KURS und LOKAL involvierend), K-D (KURS und DOZENT involvierend), K-S (KURS und STUDENT involvierend), S-D (STUDENT und DOZENT als Studienleiter involvierend), S-SP (STUDENT und SPRACHE involvierend). Zu beachten ist, dass die mit C markierten Beziehungsmengen identisch sind.

STUDENT (S#, D#)

- Die Beziehungsmenge S-SP, welcher die (M:M)-Abbildung

STUDENT ≪—≫ SPRACHE

zugrunde liegt, erfordert folgende zusätzlich Relation:

S-SP (S#, SP)

Damit haben wir für die benützersichtorientierte Datenarchitektur insgesamt folgende Relationen entweder vom Leitbild übernehmen können oder zusätzlich definieren müssen:

KURS (K#, D#, L#)

LOKAL (L#)

```
DOZENT ( D# )

STUDENT ( S#, D# )

SPRACHE ( SP )

K-S ( K#, S# )

S-SP ( S#, SP )
```

c) Globalnormalisierung

Für die vorstehenden Relationen ist nun im Rahmen des dritten Synthese-schrittes eine Globalnormalisierung entsprechend Abschnitt 5.2 durchzuführen. Zu prüfen ist einzig die Relation KURS, kommen doch die übrigen Relationen − da neben dem Schlüssel höchstens ein zusätzliches Attribut aufweisend − für eine Verletzung der 3NF nicht in Frage.

Die für die Relation KURS durchgeführte Globalnormalisierung ergibt, dass die genannte Relation in Ordnung ist. Damit liegt für die Benützersicht aus Abb. 6.2.3 ein die Datenarchitektur reflektierendes optimales, voll norma-lisiertes Relationenmodell vor. Dieses Modell ist nunmehr zu verfeinern, indem Entitätsattribute und Beziehungsattribute wie folgt zu bestimmen sind:

B. Ermittlung eines benützersichtorientierten konzeptionellen Datenmodells

Für die Verfeinerung der benützersichtorientierten Datenarchitektur wiederholen wir die in Abschnitt 6.1 besprochenen ersten beiden Syntheseschritte wie folgt:

a) Bestimmung von Entitätsattributen

Die der Benützersicht zugrunde liegenden Entitätsattribute sind Abb. 6.2.6 zu entnehmen. Offenbar liegt sämtlichen Entitätsattributen eine Funktion zu-grunde. Dies bedeutet, dass die Entitätsattribute aufgrund von Erweiterungen bereits definierter Relationen wie folgt zu berücksichtigen sind:

• Das Entitätsattribut KURSNAME aufgrund einer Erweiterung der Rela-tion KURS:

```
KURS ( K#, D#, L#, KURSNAME )
```

• Das Entitätsattribut LOKAL.GROESSE aufgrund einer Erweiterung der Relation LOKAL:

```
LOKAL ( L#, LOKAL.GROESSE )
```

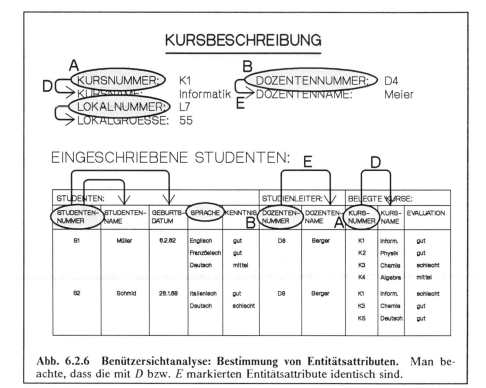

Abb. 6.2.6 Benützersichtanalyse: Bestimmung von Entitätsattributen. Man beachte, dass die mit *D* bzw. *E* markierten Entitätsattribute identisch sind.

- Das Entitätsattribut DOZENT.NAME aufgrund einer Erweiterung der Relation DOZENT:

    DOZENT (**D#**, DOZENT.NAME)

- Die Entitätsattribute STUDENT.NAME und GEBURT.DATUM aufgrund einer Erweiterung der Relation STUDENT:

    STUDENT (**S#**, D#, STUDENT.NAME, GEBURT.DATUM)

Die vorstehenden Erweiterungen betreffen ausschliesslich Relationen mit einfachem Primärschlüssel. Dies bedeutet, dass die Erweiterungen keine Verletzungen der Normalformen zur Folge haben.

b) Bestimmung der Beziehungsattribute

Abb. 6.2.7 ist zu entnehmen, dass für die Beziehungsmengen K-S und S-SP je ein Beziehungsattribut vorliegt. Die Beziehungsattribute sind aufgrund von Erweiterungen der für die vorstehenden Beziehungsmengen definierten Relationen K-S und S-SP wie folgt festzuhalten:

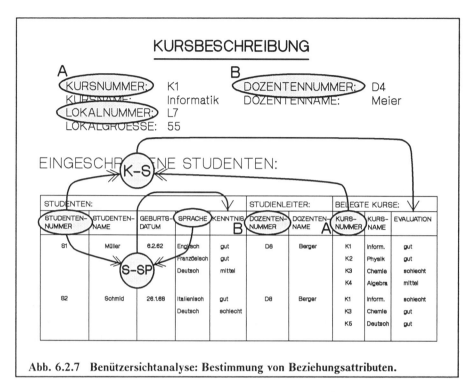

Abb. 6.2.7 Benützersichtanalyse: Bestimmung von Beziehungsattributen.

- Das die Beziehung zwischen Studenten und Sprachen charakterisierende
  Beziehungsattribut KENNTNIS aufgrund einer Erweiterung der Relation
  S-SP:

$$S\text{-}SP \; (\; \underline{S\#, \; SP}, \; KENNTNIS \;)$$

- Das die Beziehung zwischen Studenten und Kursen charakterisierende Beziehungsattribut EVALUATION aufgrund einer Erweiterung der Relation
  K-S:

$$K\text{-}S \; (\; \underline{K\#, \; S\#}, \; EVALUATION \;)$$

Die vorstehenden Erweiterungen betreffen Relationen mit zusammengesetzten
Primärschlüsseln und können demzufolge Verletzungen der 2NF zur Folge haben. Nachdem aber feststeht, dass ein Student in der Regel mehrere Sprachen
unterschiedlich gut spricht und eine Sprache in der Regel von mehreren Studenten unterschiedlich gut gesprochen wird, ist das Attribut KENNTNIS der
Relation S-SP von keiner Schlüsselkomponente funktional abhängig. Dies bedeutet, dass die Relation S-SP in Ordnung ist. Analog: Nachdem feststeht, dass
die einen bestimmten Kurs besuchenden Studenten in der Regel unterschiedlich
benotet werden und ein Student für die von ihm besuchten Kurse in der Regel
unterschiedlich benotet wird, ist das Attribut EVALUATION der Relation K-S

von keiner Schlüsselkomponente funktional abhängig. Dies bedeutet, dass auch die Relation K-S in Ordnung ist.

Die Analyse der in Abb. 6.2.3 gezeigten Benützersicht ergibt somit insgesamt folgende Relationen:

```
KURS ( K#, D#, L#, KURSNAME )

LOKAL ( L#, LOKAL.GROESSE )

DOZENT ( D#, DOZENT.NAME )

STUDENT ( S#, D#, STUDENT.NAME, GEBURT.DATUM )

SPRACHE ( SP )

K-S ( K#, S#, EVALUATION )

S-SP ( S#, SP, KENNTNIS )
```

Im Rahmen eines Projektes sind in der Regel mehrere Benützersichten zu analysieren. Die dabei resultierenden Relationen sind entsprechend Abb. 6.2.8 zusammenzufassen, wodurch ein *anwendungssorientiertes konzeptionelles Datenmodell* resultiert. Da besagte Zusammenfassung zu einer Verletzung der 3NF führen kann, ist im Anschluss an die Zusammenfassung wiederum eine Globalnormalisierung durchzuführen.

Abb. 6.2.8 ist weiter zu entnehmen, dass die Relationen eines anwendungsorientierten konzeptionellen Datenmodells mit jenen des Leitbildes zu vereinigen sind, wodurch im Verlaufe der Zeit ein *globales* (d.h. ein anwendungsübergreifendes, im Idealfall: ein unternehmungsweites) *konzeptionelles Datenmodell* zustande kommt. Es versteht sich, dass im Anschluss an die soeben geschilderte Vereinigung wiederum eine Globalnormalisierung durchzuführen ist.

Für unser Beispiel führt das geschilderte Vorgehen zu den in Abb. 6.2.9 gezeigten Konstruktionselementen und Relationen. In letzteren sind nun jene Attribute ausfindig zu machen, die im Sinne des in Abschnitt 2.5 diskutierten *objektorientierten Ansatzes* herauszufaktorisieren und Relationen zuzuordnen sind, die umfassenden Entitätsmengen entsprechen. Wir erinnern uns: *"Die Kunst der objektorientierten Programmierung besteht darin, kluge Klassenhierarchien aufzubauen, das heisst insbesondere, in Subklassen entstehende Gemeinsamkeiten und Doppelspurigkeiten zu erkennen, aus diesen Gemeinsamkeiten ein allgemeines, höheres Schema abzuleiten und dieses sodann in der richtigen Superklasse zu implementieren."* [38]

In Abb. 6.2.9 sind die herauszufaktorisierenden Attribute schattiert gekennzeichnet. Man wird also zweckmässigerweise nicht mit den gezeigten Relationen, sondern wie folgt arbeiten:

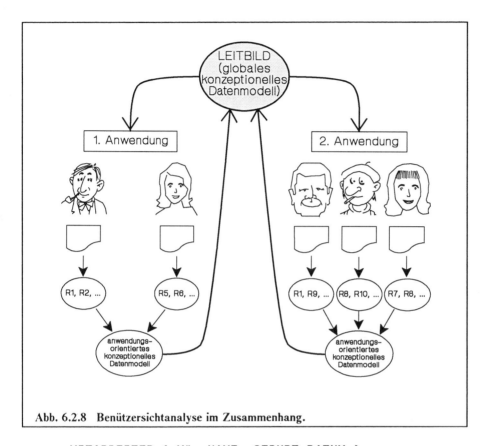

Abb. 6.2.8 Benützersichtanalyse im Zusammenhang.

```
MITARBEITER ( M#, NAME, GEBURT.DATUM )

STUDENT ( S#, + M#, D# )

DOZENT ( D#, + M# )

KURSTYP ( KT#, KURSNAME )

KURS ( K#, AB.DATUM, BIS.DATUM, KT#, D#, L# )

etc.
```

Die in Abb. 6.2.9 gezeigte Sachlage ist nun solange als Leitbild zu verwenden, bis ein weiteres anwendungsorientiertes Datenmodell dazukommt.

Abb. 6.2.10 illustriert die vorstehenden Ausführungen noch in einem andern Zusammenhang. Wir sind dem Bild in Abschnitt 2.3 bei der Diskussion der datenorientierten Vorgehensweise bereits begegnet. Neben den bekannten Aspekten zeigt das Bild jetzt allerdings auch die an den datenspezifischen Tätigkeiten beteiligten Funktionen. Es gehören dazu:

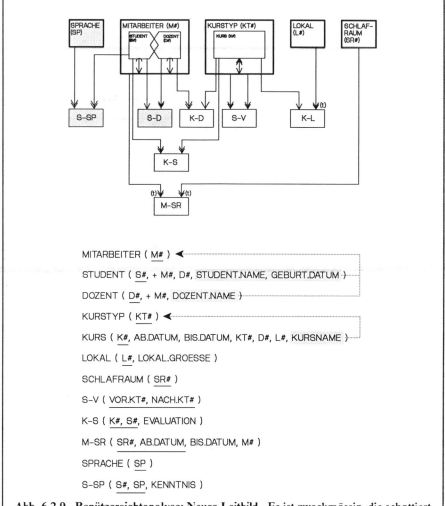

MITARBEITER (M#) ◄⋯⋯⋯⋯⋯⋯⋯⋯⋯⋯⋯⋯⋯⋯⋯⋯⋯⋯⋯⋯⋯⋯⋯⋯⋯⋯⋯

STUDENT (S#, + M#, D#, STUDENT.NAME, GEBURT.DATUM)⋯⋯⋯

DOZENT (D#, + M#, DOZENT.NAME)⋯⋯⋯⋯⋯⋯⋯⋯⋯⋯⋯⋯⋯⋯⋯⋯

KURSTYP (KT#) ◄⋯⋯⋯⋯⋯⋯⋯⋯⋯⋯⋯⋯⋯⋯⋯⋯⋯⋯⋯⋯⋯⋯⋯⋯⋯

KURS (K#, AB.DATUM, BIS.DATUM, KT#, D#, L#, KURSNAME)⋯⋯

LOKAL (L#, LOKAL.GROESSE)

SCHLAFRAUM (SR#)

S-V (VOR.KT#, NACH.KT#)

K-S (K#, S#, EVALUATION)

M-SR (SR#, AB.DATUM, BIS.DATUM, M#)

SPRACHE (SP)

S-SP (S#, SP, KENNTNIS)

Abb. 6.2.9 Benützersichtanalyse: Neues Leitbild. Es ist zweckmässig, die schattiert gekennzeichneten Attribute im Sinne des *objektorientierten Ansatzes* herauszufaktorisieren und den "übergeordneten" Relationen MITARBEITER und KURSTYP zuzuteilen.

- die *Datenadministration* (beim objektorientierten Ansatz: die *Objektadministration*)

- die mit der Anwendungsentwicklung beauftragten *Analytiker* und/oder *Organisatoren*

- die *Datenbankadministration*

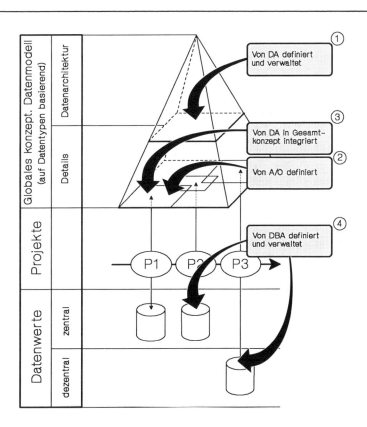

Abb. 6.2.10 Die empfehlenswerte datenorientierte Vorgehensweise mit den dafür verantwortlichen Funktionen. Bedeutung der verwendeten Abkürzungen:

DA   = Datenadministration (bzw. Objektadministration)

DBA = Datenbankadministration

A/O = Analytiker / Organisator

Die Funktionen DA und DBA werden mitunter auch in Personalunion wahrgenommen.

Dazu folgende Erläuterungen (die folgenden Ziffern beziehen sich auf die einge-kreisten Zahlen in Abb. 6.2.10):

1

Die *Daten-/Objektadministration* legt − noch bevor eine Anwendungsentwick-lung in Gang gesetzt wird − eine möglichst umfassende *Datenarchitektur* fest. Diese ist als verbindliches Leitbild von allen Analytikern und Organisatoren zu verwenden, welche für die Entwicklung von Anwendungen verantwortlich zeichnen. Allerdings: damit die *Datenarchitektur* ihrer "Leitbildfunktion" gerecht werden kann, sind gewisse Richtlinien zu beachten, die nachstehend zur Sprache kommen sollen. Vorweggenommen sei, dass das diskutierte Vorgehen nur dann erfolgreich zur Ausführung gelangen kann, wenn sich alle mit datenspezifischen Tätigkeiten beauftragten Personen an einheitliche *Fachbegriffe* zu halten haben. Besagte Fachbegriffe sind von der *Daten-/Objektadministration* in Zusammen-arbeit mit den in Fachabteilungen tätigen Sachbearbeitern festzulegen und in einem Katalog zur Verfügung zu stellen. Der vorstehenden Forderung ist ent-sprechend Abb. 6.2.11 mit einem sogenannten *Repository*[1] weitgehend zu ent-sprechen. Wichtig ist allerdings, dass der Repository von der *Daten-/Objektad-ministration* verwaltet wird und nicht von jedermann mit vermeintlich neuen Fachbegriffen alimentiert werden darf.

2

Bei der Anwendungsentwicklung ermittelt der *Analytiker/Organisator* die für eine Anwendung relevanten *Konstruktionselemente*. Es versteht sich, dass er dabei neben *Entitätsmengen* und *Beziehungsmengen* auch Details in Form von *Entitätsattributen* und *Beziehungsattributen* ausfindig macht. Dabei orientiert er sich einerseits an der von der *Daten-/Objektadministration* definierten *Datenar-chitektur* und verwendet anderseits die ebenfalls von der Daten-/Objektadmini-stration festgelegten *Fachbegriffe*.

Die vom *Analytiker/Organisator* ermittelten Ergebnisse sind der *Daten-/Objek-tadministration* in Form von optimalen, voll normalisierten Relationen be-kanntzugeben.

Wird entsprechend des in Abschnitt 2.5 diskutierten objektorientierten Ansatzes gearbeitet, so gelten die vorstehenden Ausführungen sinngemäss auch für die *Methoden*.

---

[1] Der Begriff *Repository* wird neuerdings vermehrt an Stelle des Begriffs *Data Dictio-nary* verwendet. Der neue Begriff ist insofern gerechtfertigt, als im Zusammenhang mit datenspezifischen Überlegungen mehr und mehr das Bedürfnis aufkommt, Sachverhalte festzuhalten, die in einem konventionellen Data Dictionary bislang kaum berücksichtigt wurden (siehe auch Abb. 6.2.11).

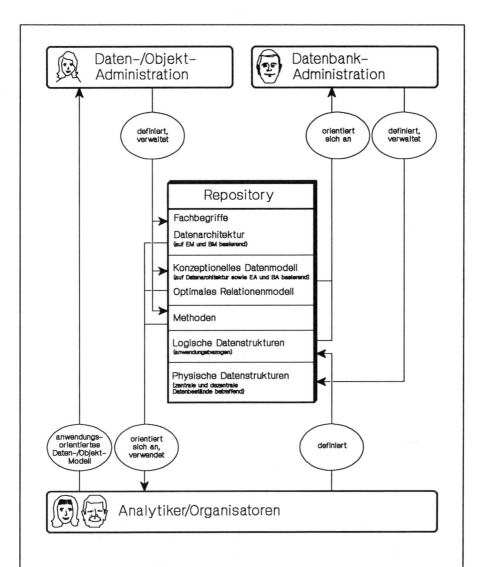

Abb. 6.2.11 **Die Bedeutung des Repository's bei der Anwendungsentwicklung.** Die verwendeten Abkürzungen bedeuten:

EM = Entitätsmengen
BM = Beziehungsmengen
EA = Entitätsattribute
BA = Beziehungsattribute

Bliebe noch darauf hinzuweisen, dass der *Analytiker/Organisator* entsprechend Abb. 6.2.11 auch die anwendungsbezogenen *logischen Datenstrukturen* ermittelt (dieser Aspekt kommt in Kapitel 7 zur Sprache). Logische Datenstrukturen beschreiben, wie die Daten einem Benützer der Datenbank zur Verfügung zu stellen sind. Für den *Datenbankadministrator* sind die logischen Datenstrukturen insofern von Bedeutung, als sich davon ableiten lässt, welche *Zugriffspfade* in der Datenbank physisch zu implementieren sind (dieser Aspekt kommt in Kapitel 8 zur Sprache).

3

Die vom *Analytiker/Organisator* ermittelten anwendungsrelevanten *Konstruktionselemente* sowie − im Falle des objektorientierten Ansatzes − *Methoden* werden von der *Daten-/Objektadministration* überprüft und im Falle eines positiven Befunds mit der Datenarchitektur vereinigt. Auf diese Weise kommt im Verlaufe der Zeit ein unternehmungsweites, auf *Entitätsmengen, Beziehungsmengen, Entitätsattributen, Beziehungsattributen* sowie allenfalls *Methoden* basierendes *konzeptionelles Daten-/Objektmodell* zustande (siehe auch Abb. 6.2.11).

Was die vom *Analytiker/Organisator* definierten optimalen, voll normalisierten Relationen anbelangt, so werden diese − wiederum von der Datenadministration − mit bereits vorliegenden Relationen vereinigt, wodurch das *konzeptionelle Datenmodell* nicht nur aufgrund von Konstruktionselementen, sondern auch *relational* dokumentiert ist.

4

Sind die anwendungsrelevanten *logischen Datenaspekte* aufgrund der vorstehend geschilderten Schritte festgelegt, so kann die *Datenbankadministration* vom konzeptionellen Datenmodell eine *physische Datenstruktur* ableiten oder eine bestehende physische Datenstruktur neuen applikatorischen Bedürfnissen anpassen. Eine *physische Datenstruktur* beschreibt, wie die Daten auf einem externen Speichermedium zu plazieren sind, so dass den applikatorischen Gegebenheiten möglichst optimal Rechnung zu tragen ist. Zu gewährleisten ist dies, wenn bei der Ableitung der *physischen Datenstruktur* neben dem konzeptionellen Datenmodell auch die vom *Analytiker/Organisator* definierten *logischen Datenstrukturen* gebührend beachtet werden. Letztere beschreiben ja, wie auf die Datenbank zuzugreifen ist und ermöglichen damit die Ableitung der physisch zu berücksichtigenden *Zugriffspfade* (dieser Aspekt kommt in Kapitel 8 zur Sprache).

Im übrigen gehört zum Verantwortungsbereich des *Datenbankadministrators* auch die Regelung der periodischen *Sicherstellung* von Datenbanken sowie deren *Reorganisation*.

Zusammenfassung

- Die *Daten-/Objektadministration* zeichnet für die *globalen* (d.h. unternehmungsweiten oder allenfalls bereichsweiten) *logischen Datenaspekte* verantwortlich

- Der *Analytiker/Organisator* ist für die *anwendungsbezogenen logischen Datenaspekte* zuständig

- Der *Datenbankadministrator* ist für die *globalen* (im Sinne von applikationsübergreifend) *physischen Datenaspekte* verantwortlich

Anmerkung: Die Funktionen Daten-/Objektadministration und Datenbankadministration werden mitunter auch in Personalunion wahrgenommen. Allerdings sollte diese Möglichkeit nur im Notfall in Betracht gezogen werden, erfordern doch die genannten Funktionen von den Funktionsträgern konträre Eigenschaften. So sind für die Datenbankadministration technisch orientierte Personen mit fundierten Softwarekenntnissen erwünscht. Von der Daten-/Objektadministration werden demgegenüber in erster Linie Kenntnisse bezüglich der Unternehmung erwartet. Von Vorteil sind selbstverständlich auch Verhandlungsgeschick sowie die Fähigkeit, komplexe Zusammenhänge zu erkennen und in einer auch dem Laien verständlichen Form zu visualisieren.

In Erinnerung gerufen sei auch, dass das *konzeptionelle Datenmodell* von der Daten-/Objektadministration *zentral verwaltet* wird, während die *Speicherung der Datenwerte* nach Massgabe des Verwendungsortes teils *zentral*, teils *dezentral* erfolgt (siehe auch Abschnitt 2.3). Dies bedeutet, dass die *Datenbankadministration* in der Regel für mehrere physische Datenbanken verantwortlich zeichnet.

Das vorstehende Vorgehen repräsentiert den Idealfall und ist dann zu empfehlen, wenn eine Unternehmung ein umfassendes Informationssystem anstrebt. Ist dies nicht der Fall oder steht eine Insellösung zur Debatte, so ist die Benützersichtanalyse selbstverständlich auch ohne Leitbild durchzuführen. Man verhält sich dann wie folgt:

> Aufgrund von Realitätsbeobachtungen ist eine anwendungsorientierte Datenarchitektur zu ermitteln und mittels eines optimalen, voll normalisierten Relationenmodells festzuhalten. Letzteres ist sodann aufgrund von Analysen der wichtigsten anwendungsrelevanten Benützersichten zu verfeinern.

6.3 Modellermittlung aufgrund von Datenbestandsanalysen

Jede Unternehmung wird sich früher oder später mit der Frage beschäftigen müssen, wie die alten Datenbestände in einem konzeptionellen Datenmodell zu berücksichtigen sind (*"wie ist die Erblast zu bewältigen?"* ist eine oft gestellte Frage in diesem Zusammenhang).

Dazu ist zu sagen, dass das in den vorangegangenen Abschnitten diskutierte Vorgehen auch für existierende Datenbestände zur Anwendung gelangen kann. Das heisst, man wird in den bestehenden Datenbeständen zunächst die − bislang vermutlich nur intuitiv berücksichtigten − *Konstruktionselemente* ausfindig machen und für letztere ein optimales, voll normalisiertes Relationenmodell definieren. Wird dabei festgestellt, dass die alten Datenbestände modernen Erkenntnissen nicht standhalten, oder besteht die Absicht, alte Bestände in ein Gesamtkonzept zu integrieren, so bieten sich folgende Möglichkeiten an:

A. Das evolutionäre Vorgehen (vgl. Abb. 6.3.1)

Bestehende Anwendungen sind vorerst weiterhin mit den alten Datenbeständen zu betreiben. Daneben entwickelt man auf dem Papier eine Vorstellung bezüglich einer *idealen Datenstruktur*, wobei das in den vorangegangenen Abschnitten diskutierte Vorgehen zur Anwendung gelangt. Normalerweise wird man die existierenden Datenbestände nicht unmittelbar in die ideale Datenstruktur umsetzen können, weil eine derartige Umsetzung auch entsprechende Anpassungen in zahlreichen Programmen erfordert. Nun sind aber existierende Datenbestände erfahrungsgemäss laufend neuen Bedürfnissen anzupassen. Diesen Sachverhalt sollte man sich insofern zunutze machen, als man die alten Datenbestände entsprechend Abb. 6.3.1 schrittweise der idealen Datenstruktur angleicht. Die Idealstruktur stellt beim geschilderten Vorgehen ein *Leitbild* dar und gewährleistet, dass die erwähnten Anpassungen im Sinne eines Gesamtkonzeptes erfolgen.

Nachteil des geschilderten Verfahrens: Verbesserungen kommen erst nach längerer Zeit zum Tragen.

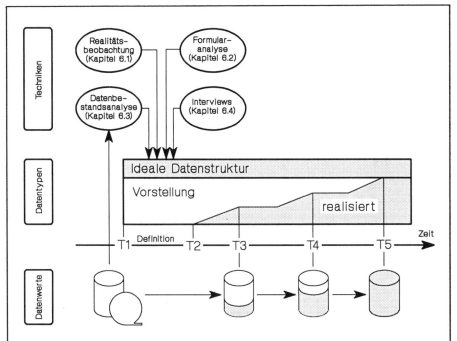

Abb. 6.3.1 Bewältigung der "Erblast": Evolutionäres Verfahren. Man entwickelt auf dem Papier eine Vorstellung bezüglich einer idealen Datenstruktur und gleicht sich dieser mit den bestehenden Datenbeständen im Verlaufe der Zeit in Inkrementen an.

B. Das revolutionäre Vorgehen (vgl. Abb. 6.3.2)

Bestehende Anwendungen sind wiederum vorerst mit den alten Datenbeständen zu betreiben. Parallel dazu entwickelt und realisiert man eine ideal strukturierte Datenbank. Neue Anwendungen sind selbstverständlich mit der ideal strukturierten Datenbank zu realisieren, während die alten Anwendungen in Verlaufe der Zeit in die neue Umgebung zu übernehmen sind.

Nachteil dieses Verfahrens: Alte und neue Datenbestände sind eine gewisse Zeit parallel zu führen, was neben einem erhöhten Arbeitsaufwand auch zu *Synchronisationsproblemen* führen kann. Dieser Nachteil lässt sich unter Umständen mit einer Softwarekomponente beheben, welche neue Datenbestände in der alten Form zur Verfügung stellen kann.

Den vorstehenden Nachteilen versucht man neuerdings mit einem extrem revolutionären Ansatz zu begegnen. Danach vermögen als Expertensysteme konzipierte Migrationstools unter Vorgabe einer Zielarchitektur nicht nur alte

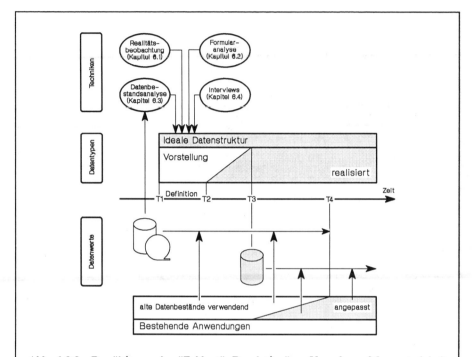

Abb. 6.3.2 Bewältigung der "Erblast": Revolutionäres Vorgehen. Man entwickelt und realisiert neben den alten Datenbeständen eine neue, ideal strukturierte Datenbank. Die existierenden Datenbestände werden weiter verwendet, bis die alten Anwendungen restlos den neuen Verhältnissen angepasst sind.

Datenbestände in ideal strukturierte Datenbanken zu transformieren, sondern auch existierende Programme automatisch neuen Verhältnissen anzupassen [2].

---

[2] Dieser Gruppe ist beispielsweise HIREL (HIerarchisch nach RELational) von der Firma SWS Software Services GmbH in Pforzheim, Deutschland zuzuzählen.

6.4 Modellermittlung aufgrund von Interviews

Die vorstehenden Überlegungen gereichen einer Unternehmung in dem Masse zum Vorteil als sie sich an den *Unternehmungszielen* orientieren. Abb. 6.4.1 illustriert, wie diese Aussage zu interpretieren ist.

Wichtig ist, dass im Rythmus von drei bis vier Jahren ein *startegischer*, möglichst unternehmungsweiter *Anwendungs- und Datenplanungsprozess* durchzuführen ist. Dabei sind die für die Erreichung der Unternehmungsziele erforderlichen *Geschäftsprozesse* sowie *Daten solidarisch* und *kooperativ* − also mit Beteiligung der Entscheidungsträger, Schlüsselpersonen sowie wichtigsten Sachbearbeiter − zu ermitteln. Sofern noch keine *globale Datenarchitektur* zur Verfügung steht, so ist auch deren Konzipierung im Rahmen der strategischen Anwendungs- und Datenplanung durchzuführen. Sind die angesprochenen Geschäftsprozesse bekannt, so werden diese aufgrund von wohl definierten Kriterien zu Anwendungssystemen zusammengefasst, welche im Verlaufe der Zeit entsprechend des im ersten Kapitel grob zur Sprache gekommenen Vorgehens (*OSD* → *ISD* → *KDBD* → *PD*) zu realisieren sind (Details zu diesem Vorgehen sind in *Strategie der Anwendungssoftware-Entwicklung (Planung, Prinzipien, Konzepte)* [56] vorzufinden). Die dabei resultierenden *anwendungsorientierten konzeptionellen Datenmodelle* sind selbstverständlich mit der globalen Datenarchitektur zu vereinigen. Falls erwünscht, ist das Modell mit Konstruktionselementen zu ergänzen, die in existierenden Datenbeständen vorzufinden sind. Auf diese Weise kommt nach und nach ein umfassendes, *globales konzeptionelles Datenmodell* zustande.

Eine Möglichkeit, den geschilderten strategischen Anwendungs- und Datenplanungsprozess unter Einbezug der Entscheidungsträger, Schlüsselpersonen und wichtigsten Sachbearbeiter sowie mit maschineller Unterstützung durchzuführen, ist unter dem Begriff *Information System Study* (abgekürzt *ISS*) bekannt geworden [23] (in Deutschland ist in diesem Zusammenhang von einer *Kommunikations System Studie*, oder kurz *KSS* die Rede).

Im Rahmen einer ISS/KSS werden Entscheidungsträger, Schlüsselpersonen sowie wichtige Sachbearbeiter systematisch hinsichtlich der für die Entscheidungsfindung erforderlichen Informationen befragt, wobei die Ergebnisse der Befragung laufend maschinell festgehalten werden. Spezielle Programme ermöglichen sodann, Schwachstellen in der Informationsversorgung ausfindig zu machen, sowie jene Geschäftsprozesse zu Anwendungssystemen zusammenzufassen, deren Realisierung am ehesten zu einer Verbesserung der Informationsversorgung beiträgt. Die ganze Angelegenheit ist in Abhängigkeit vom Komplexitätsgrad der Unternehmung und vom gewünschtem Detaillierungsgrad in einem Zeitrahmen von ca. 4 bis 8 Monaten durchzuspielen. Man kann sich zu einer ISS/KSS stellen wie man will: fest steht, dass damit die Entscheidungsträger und Schlüsselpersonen einer Unternehmung in ganz hervorragender Weise in den Werdegang unternehmungsweiter Informationssysteme einzubinden sind.

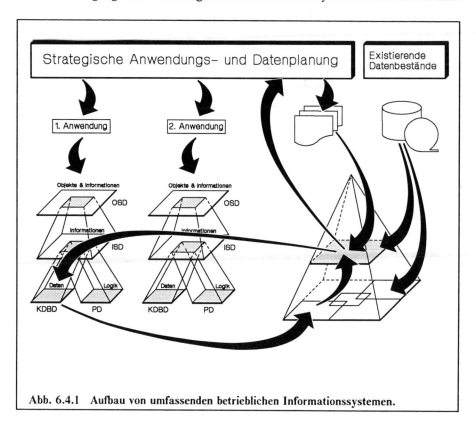

Abb. 6.4.1   Aufbau von umfassenden betrieblichen Informationssystemen.

Eine ISS/KSS wickelt sich normalerweise in vier Phasen ab, die grob wie folgt zu umschreiben sind:

A. Erste Phase: Analyse der Unternehmung

Ein Studienteam, bestehend aus drei bis vier Personen, welche über fundierte Unternehmungskenntnisse verfügen müssen, ermittelt zunächst:

- Die relevanten *Geschäftsprozesse*

- Eine *globale Datenarchitektur* (sofern nicht bereits vorhanden)

- Die *funktionelle Gliederung* (d.h. die Organisation) der Unternehmung

B. Zeite Phase: Interviews

Entscheidungsträger, Schlüsselpersonen sowie wichtige Sachbearbeiter werden interviewt, wobei pro Person ermittelt wird:

- Die organisatorische Stellung der Person

- Die Geschäftsprozesse, an denen eine Person beteiligt ist

- Die Daten (in Form von Benützersichten), die pro Geschäftsprozess erforderlich sind

- Der Zufriedenheitsgrad bezüglich der zur Verfügung stehenden Daten

Die Befragung kann einzeln oder − und dies ist im Interesse einer beschleunigten Durchführung anzustreben − in Gruppen erfolgen.

C. Dritte Phase: Diagnose

Die Antworten der zweiten Phase werden maschinell erfasst und ausgewertet. Folgende Auswertungen sind zu erstellen:

a) Statistiken

Statistiken ermöglichen je nach Wunsch eine mehr oder weniger detaillierte Aufstellung der erfassten Antworten. Auszuweisen sind die Geschäftsprozesse, die dafür erforderlichen Daten, die Datenerzeugungsprozesse sowie Informationen über die Befragten (beispielsweise deren Zufriedenheitsgrad bezüglich der zur Verfügung stehenden Daten).

b) Matrizen

Matrizen ermöglichen je nach Wunsch eine mehr oder weniger detaillierte Gegenüberstellung der erfassten Informationen. Mögliche Gegenüberstellungen sind:

- Prozesse / Daten

- Prozesse / Datenerzeugungsprozesse

- Prozesse / Personen

- Daten / Datenerzeugungsprozesse

- Daten / Personen

- Datenerzeugungsprozesse / Personen

c) Simulation

Im Rahmen einer Simulation ist festzustellen, wie sich der Wirkungsgrad der Informationsversorgung verändern würde, wenn für eine oder mehrere Datenklassen ein optimaler Zufriedenheitsgrad unterstellt wird. Daraus ergeben sich wertvolle Hinweise bezüglich jener Datenklassen, deren Perfektionierung am ehesten eine Verbesserung der Informationsversorgung zur Folge hat.

D. Vierte Phase: Anwendungsarchitektur

Eine Anwendungsarchitektur zeigt die Gliederung eines unternehmungsweiten Informationssystems in Teilsysteme wie Personal, Fabrikation, Vertrieb, Finanz etc., zusammen mit den dazugehörigen Geschäftsprozessen. Zudem sind einer Anwendungsarchitektur die Datenflüsse zwischen den Teilsystemen zu entnehmen.

Mit den im Rahmen einer ISS/KSS erfassten Informationen lässt sich die Bildung von Teilsystemen derart steuern, dass jene Geschäftsprozesse zusammengefasst werden, die in hohem Masse ähnliche Daten austauschen. Dadurch lässt sich die Anzahl der Schnittstellen reduzieren und die Effizienz der Informationsversorgung erhöhen.

Soweit die grobe Übersicht über das ISS/KSS-Vorgehen. Detaillierte Hinweise bezüglich einer mit ISS/KSS durchzuführenden strategischen Anwendungs- und Datenplanung sind in *Strategie der Anwendungssoftware-Entwicklung (Planung, Prinzipien, Konzepte)* [56] vorzufinden.

6.5 Übungen Kapitel 6

6.1 Man analysiere die in den Abb. 6.5.1 und Abb. 6.5.2 gezeigten Benützersichten und ermittle ein optimales, voll normalisiertes Relationenmodell.

FAKTUR

FAKTURANUMMER: 80000
FAKTURADATUM: 24. Juni 1991

KUNDENNUMMER: 1234
KUNDENNAME: Fritz Meier
KUNDENADRESSE: Zürich

ARTIKEL-NUMMER	ARTIKELBEZEICHNUNG	EINHEITS-PREIS	MENGE	PREIS
587	Aepfel	1.–	2 kg	2.–
123	Orangen	2.50	5 kg	12.50
.				
.				
.				
			Total	14.50

Abb. 6.5.1 Erste Benützersicht für Übung 6.1.

FORDERUNG

KUNDENNUMMER: 1234
KUNDENNAME: Fritz Meier
KUNDENADRESSE: Zürich

FAKTURANUMMER	DATUM	BETRAG
61333	26.1.1990	120.75
78956	17.5.1991	8.–
80000	24.6.1991	14.50
.		
.		
.		
Total	143.25

Abb. 6.5.2 Zweite Benützersicht für Übung 6.1.

7 Logische Datenstrukturen

In Kapitel 6 wurde dargelegt, wie der *Analytiker* ein anwendungsorientiertes konzeptionelles Datenmodell zu ermitteln hat, welches in ein Gesamtkonzept passt. Angedeutet wurde auch, dass die im Verlaufe der Zeit anfallenden, diverse Anwendungen betreffenden konzeptionellen Datenmodelle von der *Datenadministration* mit eben diesem Gesamtkonzept zu vereinigen sind, wodurch ein globales konzeptionelles Datenmodell zustande kommt. Letzteres bildet die Grundlage für die von der *Datenbankadministration* zu ermittelnden physischen Datenstrukturen. Damit diese den applikatorischen Bedürfnissen möglichst optimal Rechnung tragen, sind vom *Analytiker* allerdings noch weitere Angaben beizubringen. Dazu gehören neben logischen Datenstrukturen, mit welchen die geplanten Zugriffe auf die Daten zu dokumentieren sind, auch Angaben über die Beziehungsintegrität sowie die Datenmengen.

Abb. 7.1 illustriert, dass für die Tätigkeiten der Datenadministration und der Datenbankadministration in erster Linie das globale konzeptionelle Datenmodell von Bedeutung ist, während sich der Analytiker bei der Ermittlung der vorstehenden Angaben auf das anwendungsorientierte konzeptionelle Datenmodell konzentrieren kann. Sofern letzteres im Sinne der Ausführungen in Kapitel 6 in Anlehnung an das Leitbild ermittelt wurde, so passen alle davon abgeleiteten Angaben ebenfalls in das Gesamtkonzept.

Nun aber zum Inhalt dieses Kapitels.

In Abschnitt 7.1 wird dargelegt, wie ein für eine Anwendung konzipiertes optimales, voll normalisiertes Relationenmodell in Form eines *konzeptionellen Strukturdiagrammes* darzustellen ist. Mit letzterem sind neben Datenmengen und Beziehungsintegritätsangaben auch Primärschlüssel-Fremdschlüssel-Beziehungen zu visualisieren.

Das konzeptionelle Strukturdiagramm ist vom Analytiker entsprechend Abschnitt 7.3 bei der Ableitung von logischen Datenstrukturen zu verwenden. Für

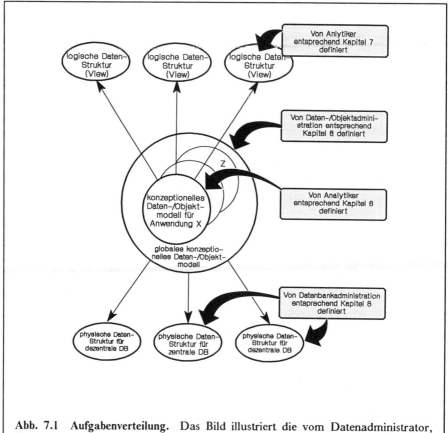

Abb. 7.1 Aufgabenverteilung. Das Bild illustriert die vom Datenadministrator, Datenbankadministrator sowie Analytiker beizubringenden Definitionen.

die Datenbankadministration ist das Diagramm insofern von Bedeutung, als es mit den Angaben über die Datenmengen und die Beziehungsintegrität wichtige, bei der Definition von physischen Datenstrukturen zu berücksichtigende Informationen enthält.

In Abschnitt 7.2 wird gezeigt, wie die dem konzeptionellen Strukturdiagramm zugrunde liegenden Prinzipien anzuwenden sind, um dem über keine Informatikkenntnisse verfügenden Datenbankbenützer eine Orientierungshilfe zu bieten, mit der er sich auch in komplizierten, hunderte von Relationen aufweisenden Datenmodellen zurechtfinden kann.

Schliesslich kommt in Abschnitt 7.3 die bereits angedeutete Ermittlung von logischen Datenstrukturen zur Sprache. Damit ist der Analytiker in der Lage, der Datenbankadministration mitzuteilen, welche *Zugriffspfade* in der physischen Datenstruktur vorzusehen sind.

7.1 Das konzeptionelle Strukturdiagramm

Im folgenden diskutieren wir vorerst, welche Beziehungsarten zwischen Relationen vorliegen können, die aufgrund des Primärschlüssel-Fremdschlüssel-
Prinzips miteinander in Beziehung stehen. Anschliessend kommen die bei der
Ermittlung eines konzeptionellen Strukturdiagrammes zu beachtenden Prinzipien zur Sprache.

A. Dem Primärschlüssel-Fremdschlüssel-Prinzip zugrunde lie- gende Beziehungsarten

Es wurde bereits im Zusammenhang mit den Normalisierungsüberlegungen
darauf hingewiesen, dass das gleiche Attribut (bzw. die gleiche Attributskombination) in verschiedenen Relationen (seltener in der gleichen Relation) einerseits
als *Primärschlüssel* und anderseits als *Fremdschlüssel* in Erscheinung treten
kann. Der geschilderte Tatbestand bildete ja recht eigentlich die Voraussetzung
dafür, um von einem Sachverhalt in einer Relation auf verwandte Sachverhalte
in andern Relationen schliessen zu können.

Das *Primärschlüssel-Fremdschlüssel-Prinzip* setzt also Relationen miteinander in
Beziehung. Dabei liegt von der Relation mit dem Primärschlüssel zur Relation
mit dem Fremdschlüssel entweder eine Typ 1 oder Typ C oder Typ M Assoziation vor, während für die dazu inverse Assoziation lediglich ein Assoziation
vom Typ 1 oder Typ C in Frage kommt. Dies bedeutet, dass zwischen Primärschlüsselrelationen und Fremdschlüsselrelationen grundsätzlich folgende
Abbildungstypen vorliegen können:

---

1. Fall: Primärschlüsselrelation ⟵⟶ Fremdschlüsselrelation

2. Fall: Primärschlüsselrelation ⟵⟶) Fremdschlüsselrelation

3. Fall: Primärschlüsselrelation ⟵⟶» Fremdschlüsselrelation

4. Fall: Primärschlüsselrelation (⟶ Fremdschlüsselrelation

5. Fall: Primärschlüsselrelation (⟶) Fremdschlüsselrelation

6. Fall: Primärschlüsselrelation (⟶» Fremdschlüsselrelation

Abb. 7.1.1 illustriert die vorstehenden Abbildungstypen anhand eines Beispiels. Die verschiedenen Fälle sind wie folgt zu definieren[1]:

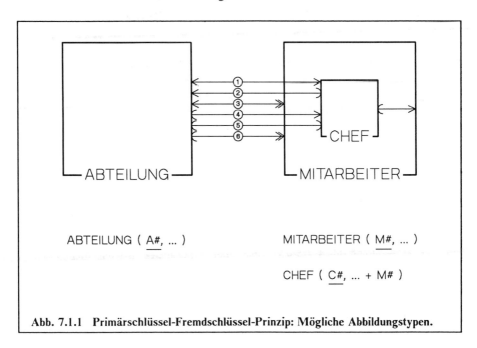

Abb. 7.1.1 Primärschlüssel-Fremdschlüssel-Prinzip: Mögliche Abbildungstypen.

1. Fall: ABTEILUNG ⟷ CHEF

Liegt der Primärschlüssel-Fremdschlüssel-Beziehung eine (1:1)-Abbildung zugrunde, so bedeutet dies, dass ein Primärschlüsselwert und der entsprechende Fremdschlüsselwert immer gleichzeitig vorliegen müssen. Dies ist nur im Rahmen einer *Transaktion* (Unit of work) zu gewährleisten, welche sicherstellt, dass einem Einschub in die Primärschlüsselrelation zwangsläufig ein Einschub mit entsprechendem Fremdschlüsselwert in die Fremdschlüsselrelation folgt. Die Relationen sind wie folgt zu definieren:

```
ABTEILUNG ( A#, ... )
CHEF ( C#, ... + A# )
```

---

[1] Zur Erinnerung: Die einem Fremdschlüssel vorgelagerten Zeichen bedeuten:

nw	Für den Fremdschlüssel sind Nullwerte zulässig
+	Der Fremdschlüssel ist zugleich auch Schlüsselkandidat
+ /nw	Der Fremdschlüssel ist Pseudoschlüsselkandidat

2. Fall: *ABTEILUNG ←——⟩ CHEF*

```
ABTEILUNG ( A#, ... )
CHEF ( C#, ... + A# )
```

3. Fall: *ABTEILUNG ←——↠ MITARBEITER*

```
ABTEILUNG ( A#, ... )
MITARBEITER ( M#, ... A# )
```

4. Fall: *ABTEILUNG ⟨——→ CHEF*

Hier liegt ein ähnliches Problem vor, wie für Fall 1. Arbeitet man mit den Relationen

```
ABTEILUNG ( A#, ... )
CHEF ( C#, ... +/nw A# )
```

so ist mit einer Transaktion sicherzustellen, dass einem Einschub in die Primärschlüsselrelation zwangsläufig ein Einschub mit entsprechendem Fremdschlüsselwert in die Fremdschlüsselrelation folgt. Eine einfachere Lösung ergibt sich, wenn man die Rollen der Primärschlüssel- und Fremdschlüsselrelationen wie folgt vertauscht:

```
ABTEILUNG ( A#, ... + V# )
CHEF ( C#, ... )
```

5. Fall: *ABTEILUNG ⟨——⟩ CHEF*

```
ABTEILUNG ( A#, ... )
CHEF ( C#, ... +/nw A# )
```

6. Fall: *ABTEILUNG ⟨——↠ MITARBEITER*

```
ABTEILUNG ( A#, ... )
MITARBEITER ( M#, ... nw A# )
```

B. Ermittlung von konzeptionellen Strukturdiagrammen

Bei der Ermittlung eines *konzeptionellen Strukturdiagrammes* sind folgende Regeln zu beachten:

1. Jede Relation ist in Form eines Kästchens gemäss Abb. 7.1.2 darzustellen. Darin sind auszuweisen:

    *   Der *Name* der Relation

    *   Der *Primärschlüssel* der Relation

    *   Die voraussichtliche *Tupelanzahl*

    *   Die voraussichtliche *Tupellänge* gemessen in Bytes

    *   Die *Option "E"*, sofern es sich um eine Relation handelt, die einer Kernentitätsmenge entspricht (*E* steht als Abkürzung für *eigenständig* und bedeutet, dass es möglich sein muss, Tupel dieser Relation ohne Rücksicht auf das Vorhandensein anderweitiger Tupel einzuschieben).

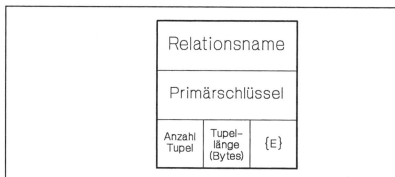

Abb. 7.1.2 **Darstellung einer Relation in einem konzeptionellen Strukturdiagramm.**

2. Die Kästchen jener Relationen, die aufgrund des *Primärschlüssel-Fremdschlüssel-Prinzips* miteinander in Beziehung stehen, sind mit Pfeilen zu verbinden. Der Pfeil zeigt immer von der Relation mit dem Primärschlüssel auf die Relation mit dem Fremdschlüssel. Den vorstehenden Ausführungen zufolge repräsentiert ein Pfeil somit in der Regel eine *komplexe*, in seltenen Fällen eine *konditionelle* oder *einfache Assoziation*.

3. Jeder Pfeil ist mit einem Kästchen zu ergänzen. In diesem sind auszuweisen:

    *   Eine *Beziehungsintegritätsspezifikationen*

- Ein numerischer Wert *n*. Der Wert sagt aus, mit wievielen Tupeln der Fremdschlüsselrelation ein Tupel der Primärschlüsselrelation durchschnittlich in Beziehung steht

Abb. 7.1.3 illustriert, wie die eingangs diskutierten sechs Fälle im Strukturdiagramm darzustellen sind.

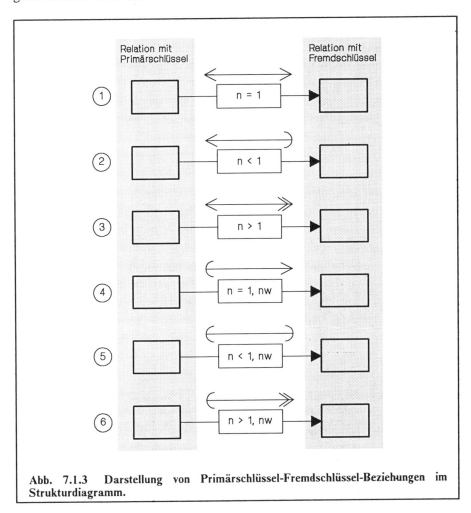

Abb. 7.1.3 Darstellung von Primärschlüssel-Fremdschlüssel-Beziehungen im Strukturdiagramm.

Nun aber zu einem konkreten Beispiel.

In Abschnitt 6.2 wurden im Rahmen einer Benützersichtanalyse die in Abb. 7.1.4 gezeigten Relationen ermittelt. Diesen Relationen entsprechen die im oberen Teil des Bildes schattiert gekennzeichneten Konstruktionselemente. Zu erkennen ist, dass nur die Relationen LOKAL und SPRACHE Kernentitätsmengen repräsentieren, während die restlichen Relationen entweder abhängigen Entitätsmengen oder Beziehungsmengen entsprechen.

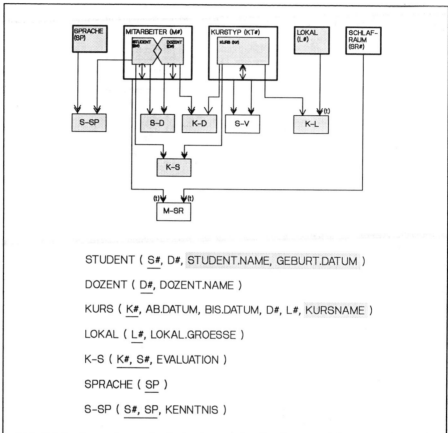

STUDENT (S#, D#, STUDENT.NAME, GEBURT.DATUM)

DOZENT (D#, DOZENT.NAME)

KURS (K#, AB.DATUM, BIS.DATUM, D#, L#, KURSNAME)

LOKAL (L#, LOKAL.GROESSE)

K-S (K#, S#, EVALUATION)

SPRACHE (SP)

S-SP (S#, SP, KENNTNIS)

Abb. 7.1.4 Anwendungsorientiertes konzeptionelles Datenmodell. Die Anordnung entspricht dem in Abschnitt 6.2 aufgrund einer Benützersichtanalyse erhaltenen Modell. Die schattiert gekennzeichneten Attribute sind tatsächlich in den "übergeordneten" Relationen MITARBEITER und KURSTYP enthalten, dank des *Vererbungsprinzips* aber auch in den gezeigten Relationen STUDENT, DOZENT sowie KURS vorzufinden.

Übrigens: Selbst wenn wir entsprechend Abschnitt 6.2 die in Abb. 7.1.4 schattiert gekennzeichneten Attribute im Sinne des *objektorientierten Ansatzes* herausfaktorisiert und den "übergeordneten" Relationen MITARBEITER und KURSTYP zugeteilt haben, stehen uns die Relationen STUDENT, DOZENT sowie KURS dank des *Vererbungsprinzips* in der gezeigten Form zur Verfügung. Voraussetzung dafür ist allerdings, dass mit einem Datenbankmanagementsystem mit *Vererbungsfunktionalität* gearbeitet wird. Ist dies nicht der Fall, so lässt sich der geschilderte Effekt auch mit einer *View* erzielen.

Abb. 7.1.5 zeigt ein konzeptionelles Strukturdiagramm für die in Abb. 7.1.4 aufgeführten Relationen. Zu beachten ist, dass die Mengenangaben miteinander in Beziehung stehen. Wenn beispielsweise für die Relation DOZENT 10 Tupel ausgewiesen werden und wenn anderseits feststeht, dass ein Tupel der Relation DOZENT im Durchschnitt mit 3 Tupeln der Relation KURS in Beziehung steht, dann müssen in der Relation KURS eben 3 x 10 = 30 Tupel vorliegen. Die Zahl 10 bedeutet, dass mit 10 Dozenten zu rechnen ist, während die Zahl 3 zum Ausdruck bringt, dass ein Dozent im Durchschnitt 3 Kurse hält. Selbstverständlich sind alle im konzeptionellen Strukturdiagramm ausgewiesenen Zahlen aufgrund von Realitätsbeobachtungen zu ermitteln. Im übrigen erklärt sich das Strukturdiagramm von selbst.

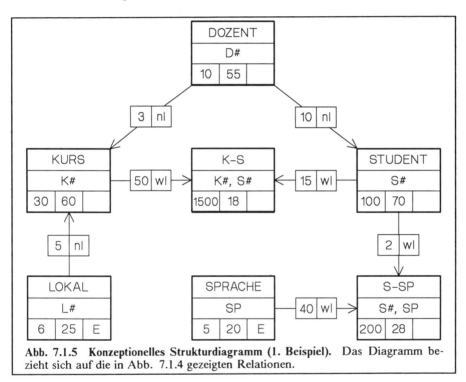

Abb. 7.1.5 Konzeptionelles Strukturdiagramm (1. Beispiel). Das Diagramm bezieht sich auf die in Abb. 7.1.4 gezeigten Relationen.

Wir wollen im folgenden noch ein weiteres wichtiges Beispiel behandeln.

Abb. 7.1.6 zeigt das konzeptionelle Strukturdiagramm für das in Abschnitt 5.1 diskutierte Stücklistenproblem. Zu erkennen ist, dass von dem der Relation

PRODUKT (PR#, ...)

entsprechenden Kästchen zwei Pfeile auf das der Relation

SL (MASTER.PR#, KOMPONENTE.PR#, ...)

entsprechende Kästchen zeigen. Dies, weil die Relationen PRODUKT und SL zweimal aufgrund des Primärschlüssel-Fremdschlüssel-Prinzips miteinander in Beziehung stehen (der Primärschlüssel PR# der Relation PRODUKT erscheint ja zweimal als Fremdschlüssel in der Relation SL).

Die numerischen Werte in den kleinen Kästchen bedeuten: für die Herstellung eines Masterproduktes sind durchschnittlich drei Komponentenprodukte erforderlich bzw.: ein Komponentenprodukt wird für die Herstellung von durchschnittlich zwei Masterprodukten verwendet.

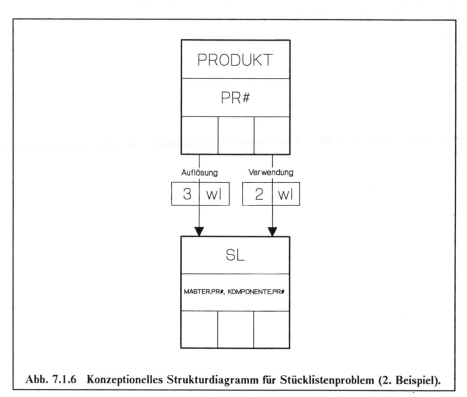

Abb. 7.1.6 Konzeptionelles Strukturdiagramm für Stücklistenproblem (2. Beispiel).

Zusammenfassung

Vergegenwärtigen wir uns doch an dieser Stelle die bisher besprochene Syntheseschritte. Wir haben kennengelernt:

1. Syntheseschritt

Abbildung der Realität mittels Konstruktionselementen und maschinengerechtes Definieren derselben mit Hilfe von voll normalisierten Elementarrelationen.

2. Syntheseschritt

Zusammenfassen von Elementarrelationen mit identischen Primärschlüsseln.

3. Syntheseschritt

Globale Normalisierung der zusammengefassten Relationen.

Diese drei Syntheseschritte ergänzen wir nunmehr wie folgt mit einem 4. Syntheseschritt:

4. Syntheseschritt

Das *optimale, voll normalisierte Relationenmodell* ist in Form eines konzeptionellen Strukturdiagrammes festzuhalten. Auszuweisen sind:

- Primärschlüssel-Fremdschlüssel-Beziehungen
- Datenmengen
- Überlegungen bezüglich der Beziehungsintegrität

Abb. 7.1.7 illustriert die vorstehenden Ausführungen anhand der wiederholt verwendeten pyramidenförmigen Anordnung.

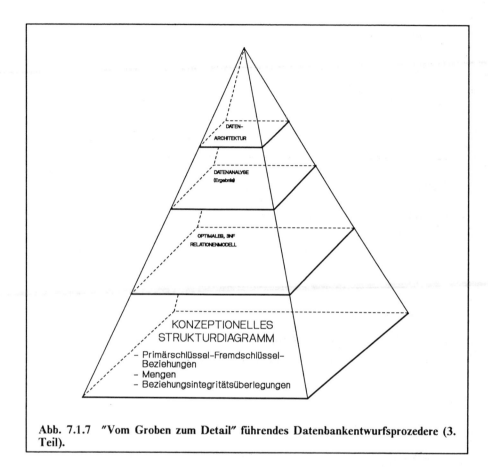

Abb. 7.1.7 "Vom Groben zum Detail" führendes Datenbankentwurfsprozedere (3. Teil).

7.2 Darstellung von umfangreichen Datenmodellen

Mit einem konzeptionellen Strukturdiagramm gibt der Analytiker der Datenbankadministration die für die physische Implementierung erforderlichen Informationen wie Angaben über die Beziehungsintegrität sowie Datenmengen bekannt. Ausserdem leitet der Analytiker vom konzeptionellen Strukturdiagramm logische Datenstrukturen ab und dokumentiert damit — wiederum zuhanden der Datenbankadministration — welche Zugriffspfade in der physischen Datenstruktur vorzusehen sind (wird in Abschnitt 7.3 diskutiert).

In vereinfachter Form (d.h. ohne Angaben bezüglich der Beziehungsintegrität und der Datenmengen) sind konzeptionelle Strukturdiagramme aber auch von Datenbankbenützern ohne Informatikkenntnisse als Orientierungshilfe zu benützen. Werden bei der Erstellung derartiger Strukturdiagramme fundamentale Erkenntnisse der Systemtheorie [17] beachtet, so ist zu gewährleisten, dass sich die angesprochenen Nichtinformatiker selbst in komplexen, hunderte von Relationen aufweisenden Datenmodellen zurechtfinden.

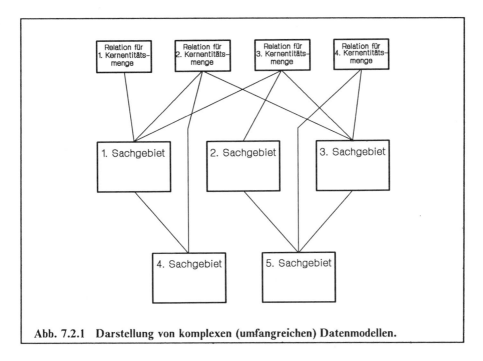

Abb. 7.2.1 Darstellung von komplexen (umfangreichen) Datenmodellen.

Abb. 7.2.1 zeigt, wie die vorstehenden Aussagen aufzufassen sind. Zuoberst im Bilde sind die gewissermassen als Modellaufhänger in Erscheinung tretenden,

Kernentitätsmengen entsprechenden Relationen in Form von Kästchen zu erkennen. Daran "aufgehängt" sind Sachgebiete, wobei jedes Sachgebiet einer Reihe von Relationen entspricht.

Das in Abb. 7.2.1 gezeigte Diagramm gewährleistet einen groben Überblick über das gesamte Datenmodell. Was nun dessen Details anbelangt, so sind diese separaten, pro Sachgebiet erstellten Abbildungen zu entnehmen.

Wir diskutieren ein konkretes Beispiel.

Benützerkonforme Darstellung eines globalen Datenmodells
(das Beispiel ist der Christlich-Sozialen der Schweiz in Luzern zu verdanken)

Abb. 7.2.2 zeigt das Abb. 7.2.1 entsprechende Übersichtsdiagramm für das globale Datenmodell der Christlich-Sozialen der Schweiz in Luzern (wir sind dem Beispiel in Abschnitt 6.1 in vereinfachter Form bereits begegnet). Die im Bilde zuoberst angeordneten Relationen repräsentieren folgende Kernentitätsmengen:

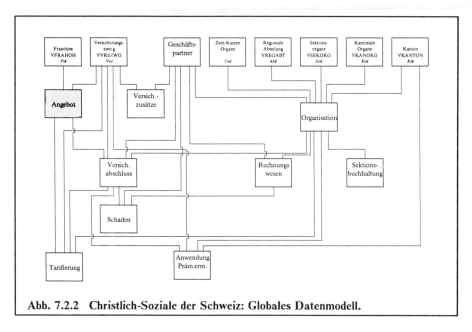

Abb. 7.2.2   Christlich-Soziale der Schweiz: Globales Datenmodell.

- *Franchise*
- *Versicherungszweig*
- *Geschäftspartner* unterteilt in:

    ▪ Mitglied
    ▪ Prämienzahler

- Leistungsempfänger
- Vertragspartner
- Rechnungssteller, etc.

- ***Zentralkassen Organe***
- ***Regionale Abteilung***
- ***Sektions Organe***, etc.

Unter den für die Kernentitätsmengen definierten Relationen sind folgende Sachgebiete zu erkennen:

- ***Angebot***
- ***Versicherungsabschluss***
- ***Schaden***
- ***Tarifierung***, etc.

Die Details des in Abb. 7.2.2 schattiert gekennzeichneten Sachgebietes *Angebot* sind Abb. 7.2.3 zu entnehmen. Man beachte, dass nicht nur die dem Sachgebiet angehörenden Relationen zu erkennen sind, sondern auch die Umgebung des Sachgebietes. Dieser Umstand ist nicht unbedeutend, erleichtert er doch die Orientierung im Datenmodell ausserordentlich.

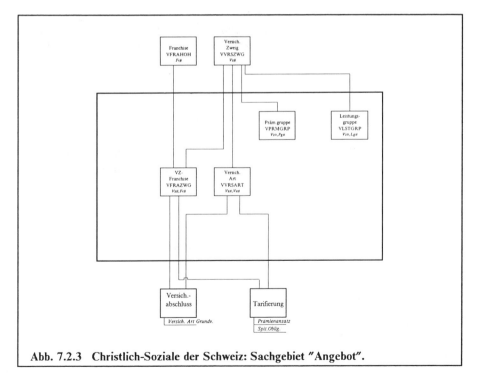

Abb. 7.2.3   Christlich-Soziale der Schweiz: Sachgebiet "Angebot".

7.3 Zugriffspfad und logische Datenstruktur

Ein *Zugriffspfad* beschreibt, welche Daten in welcher Reihenfolge zur Verfügung zu stellen sind, damit ein Programmierer mit möglichst geringem Aufwand möglichst effiziente Programme erstellen kann.

Für die Ableitung eines Zugriffspfades ist unter Zuhilfenahme des konzeptionellen Strukturdiagrammes festzustellen, in welcher Sequenz Relationen zur Verfügung stehen müssen, damit die für die Erstellung einer Benützersicht erforderlichen Daten rechtzeitig zur Verfügung stehen.

Abb. 7.3.1 illustriert, wie der für die Erstellung der Benützersicht *Kursbeschreibung* erforderliche Zugriffspfad vom konzeptionellen Strukturdiagramm her abzuleiten ist. Offenbar muss als erstes der in der Relation KURS gespeicherte Kursname zur Verfügung stehen. Entsprechend beginnt der Zugriffspfad mit einem Zugriff auf die Relation KURS. Sodann ist die Lokalnummer und die Lokalgrösse erforderlich. Zu diesem Zwecke ist von der Relation KURS auf die Relation LOKAL zu schliessen. Nachdem diese beiden Relationen aufgrund des Primärschlüssel-Fremdschlüssel-Prinzips tatsächlich miteinander in Beziehung stehen, lässt sich ohne weiteres das Lokal ausfindig machen, in welchem ein vorgegebener Kurs stattfindet. Formal sind die vorstehenden Überlegungen wie folgt festzuhalten:

$$\text{KURS} \quad \rightarrow \quad \text{LOKAL}$$

Als nächstes ist die Dozentennummer und der Dozentenname erforderlich. Demzufolge ist von der Relation KURS auch auf die Relation DOZENT zu schliessen, formal:

$$\text{KURS} \quad \rightarrow \quad \text{LOKAL}$$

$$\rightarrow \quad \text{DOZENT}$$

Im zweiten Teil der Benützersicht sind zunächst Angaben bezüglich der Studenten und deren Sprachkenntnisse erforderlich. Dies bedingt aber einen Zugriff von KURS via K-S auf STUDENT und weiter via S-SP auf SPRACHE. Schliesslich sind die Studienleiter der Studenten sowie die von letzteren belegten Kurse auszuweisen, was einen Zugriff von STUDENT nach DOZENT und einen weiteren Zugriff von STUDENT via K-S auf KURS erfordert.

Insgesamt ist somit für die Erstellung der Benützersicht *Kursbeschreibung* folgender Zugriffspfad erforderlich:

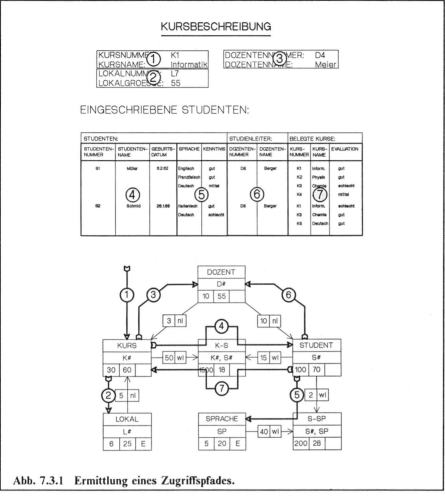

Abb. 7.3.1   Ermittlung eines Zugriffspfades.

KURS   → LOKAL

→ DOZENT

→ K-S → STUDENT   → S-SP   → SPRACHE

→ DOZENT

→ K-S   → KURS

Wird der vorstehende Zugriffspfad um 90 Grad gedreht, so resultiert die in Abb. 7.3.2 gezeigte *logische Datenstruktur* (zur Erinnerung: eine logische Datenstruktur beschreibt, wie die Daten einem Benützer der Datenbank zu präsentieren sind).

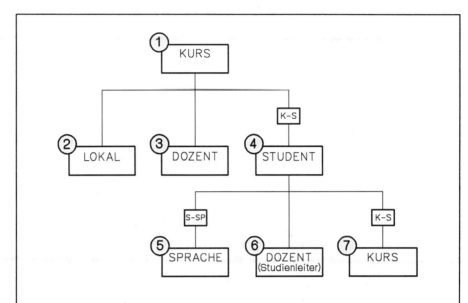

Abb. 7.3.2 Von Zugriffspfad abgeleitete logische Datenstruktur. Aus Gründen, die in Abschnitt 8.3 zur Sprache kommen, erscheinen die Komponenten LOKAL, DOZENT (im Sinne von Kursleiter) sowie STUDENT auf der gleichen Stufe. Das gleiche gilt für die Komponnenten DOZENT (im Sinne von Studienleiter), SPRACHE und KURS.

Im Rahmen einer Anwendung sind in der Regel mehrere Benützersichten zu produzieren und damit auch mehrere *logische Datenstrukturen* (also Zugriffspfade) zur Verfügung zu stellen. Abb. 7.3.3 zeigt eine weitere, die Raumbelegung betreffende Benützersicht. Deren Erstellung erfordert folgenden Zugriffspfad:

LOKAL → KURS → K-S → STUDENT

Selbstverständlich ist es wünschenswert (vor allem aus der Sicht des Datenbankadministrators), sämtliche für eine Anwendung relevanten Zugriffspfade zu vereinigen. Dies ist vom Analytiker mit Hilfe einer *Zugriffspfadmatrix* entsprechend Abb. 7.3.4 zu bewerkstelligen.

Abb. 7.3.4 zeigt, dass eine Zugriffspfadmatrix pro Relation eine Zeile und eine Kolonne aufweist. Die auf den Zeilen aufgeführten Relationen werden als "*von*"-*Relationen* interpretiert, während die den Kolonnen entsprechenden Relationen als "*zu*"-*Relationen* aufzufassen sind. Ein im Kreuzungspunkt einer Zeile und einer Kolonne erscheinendes Zeichen (normalerweise wird mit numerischen Werten gearbeitet) deutet an, dass es möglich sein muss, von der der Zeile ent-

RAUMBELEGUNG

RAUMNUMMER: L7
RAUMGROESSE: 55

VORGESEHENE KURSE:

KURS-NUMMER	KURSBEZEICHNUNG	EINGESCHRIEBENE STUDENTEN	
		STUDENTEN-NUMMER	NAME
K1	Informatik	S1	Fritz
		S2	Maja
K3	DB-Design	S1	Fritz
		S2	Maja
		S7	Dagmar

Abb. 7.3.3 Benützersicht "Raumbelegung".

sprechenden "von"-Relation auf die der Kolonne entsprechende "zu"-Relation zu schliessen. Abb. 7.3.4 illustriert, wie der für die Erstellung der Benützersicht *Kursbeschreibung* erforderliche Zugriffspfad in der Zugriffspfadmatrix festzuhalten ist.

Sind weitere Zugriffspfade zu unterstützen, so wird die Zugriffspfadmatrix sinngemäss ergänzt. Abb. 7.3.5 zeigt beispielsweise eine Zugriffspfadmatrix, in welcher die für die Erstellung der Benützersicht *Kursbeschreibung* und *Raumbelegung* erforderlichen Zugriffspfade vereinigt festgehalten sind. Man sieht, dass sich bei Bedarf auch ausweisen lässt, an wievielen logischen Strukturen ein Zugriffspfad beteiligt ist. So ist beispielsweise der Zugriff von KURS auf K-S bzw. von K-S auf STUDENT in zwei logischen Datenstrukturen von Bedeutung. Selbstverständlich sind auch effektive Häufigkeiten zu berücksichtigen. Ist die Benützersicht *Kursbeschreibung* beispielsweise monatlich (also 12 mal im Jahr), die Benützersicht *Raumbelegung* aber nur einmal jährlich zu erstellen, so wäre der numerische Wert 2 in der Zugriffspfadmatrix durch den numerischen Wert 13 zu ersetzen. Damit käme zum Ausdruck, dass pro Jahr 13 mal von KURS auf K-S bzw. von K-S auf STUDENT zuzugreifen ist. Allerdings ist darauf zu achten, dass alle in der Zugriffspfadmatrix festgehaltenen Häufigkeiten auf den gleichen Nenner zu bringen sind (beispielsweise: Anzahl Zugriffe pro Tag, pro Monat, pro Jahr, etc.).

ZU–Relation / VON–Relation	KURS	K–S	DOZENT	SPRACHE	LOKAL	S–SP	STUDENT
KURS	1	1		1			
K–S	1						1
DOZENT							
SPRACHE							
LOKAL							
S–SP				1			
STUDENT	1	1				1	

Abb. 7.3.4 Zugriffspfadmatrix. Die Matrix hält den für die Erstellung der Benützersicht *Kursbeschreibung* erforderlichen Zugriffspfad fest.

Falls erwünscht, lassen sich in einer Zugriffspfadmatrix auch unterschiedlich zu behandelnde Zugriffsarten unterscheiden. So ermöglicht beispielsweise die in Abb. 7.3.5 erfolgte Unterteilung eines Matrixfeldes, effizient zu implementierende Zugriffspfade (beispielsweise für On-line Anwendungen) und solche, bei denen Effizienzanforderungen eine geringere Rolle spielen (beispielsweise für Batch Anwendungen) getrennt auszuweisen.

Zusammenfassung

Die vorstehenden Aussagen betreffen den ersten Teil des *fünften Synthese-schrittes*. Demzufolge:

5. Syntheseschritt

Vom konzeptionellen Strukturdiagramm sind unter Berücksichtigung der anwendungsrelevanten Benützersichten *Zugriffspfade* (und damit *logische Datenstrukturen*) abzuleiten und in einer Zugriffspfadmatrix zu vereinigen.

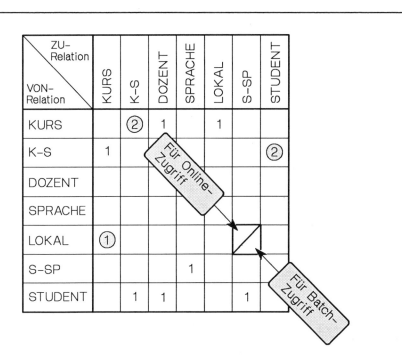

Abb. 7.3.5 Zugriffspfadmatrix. Die Zugriffspfadmatrix hält die für die Erstellung der Benützersichten *Kursbeschreibung* und *Raumbelegung* erforderlichen Zugriffspfade vereinigt fest.

Abb. 7.3.6 illustriert die bisherigen Aussagen anhand der wiederholt verwendeten pyramidenförmigen Anordnung.

Im nächsten Kapitel kommt der zweite Teil des fünften Syntheseschrittes zur Sprache. Zu diesem Zwecke wird gezeigt, wie in Abhängigkeit von dem zur Verfügung stehenden Datenbankmanagementsystem typenmässig unterschiedliche *physische Datenstrukturen* zu ermitteln sind. Abb. 7.3.7 verdeutlicht, dass die Zugriffspfadmatrix bei diesem Vorgang eine nicht unwesentliche Rolle spielt, ist doch damit zu gewährleisten, dass den applikatorischen Bedürfnissen optimal Rechnung tragende physische Datenstrukturen resultieren.

Den eingekreisten Zahlen in Abb. 7.3.7 kommt folgende Bedeutung zu:

1. Die in Kapitel 6 beschriebenen Möglichkeiten zur Ermittlung von Datenmodellen aufgrund von

   • *Benützersichtanalysen*
   • *Realitätsbeobachtungen*

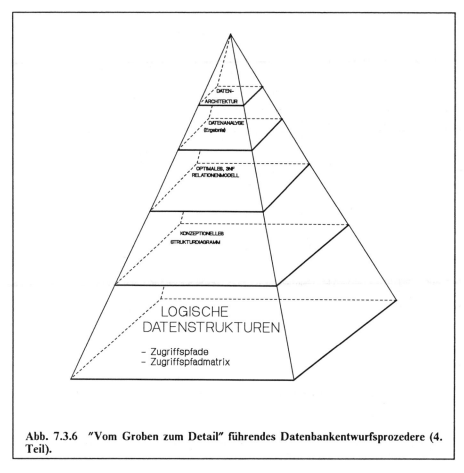

Abb. 7.3.6 ″Vom Groben zum Detail″ führendes Datenbankentwurfsprozedere (4. Teil).

- *Datenbestandsanalysen*
- *Interviews*

ermöglichen — zusammen mit den Syntheseschritten 1 bis 3 — die Ermittlung eines optimalen, voll normalisierten Relationenmodells. Letzteres ist in Form eines *konzeptionellen Strukturdiagrammes* festzuhalten.

2. Für die im Rahmen einer Anwendung zu erstellenden Benützersichten sind mit Hilfe des konzeptionellen Strukturdiagrammes *Zugriffspfade* und damit *logische Datenstrukturen* zu ermitteln.

3. Die im Rahmen einer Anwendung insgesamt zu unterstützenden Zugriffspfade sind mit Hilfe einer *Zugriffspfadmatrix* aufeinander abzubilden.

4. Unter Berücksichtigung der Zugriffspfadmatrix ist eine den applikatorischen Bedürfnissen optimal angepasste *physische Datenstruktur* zu ermitteln.

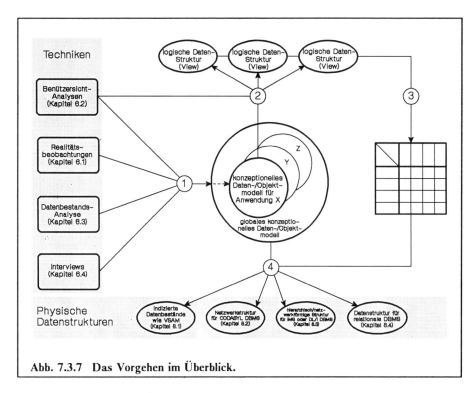

Abb. 7.3.7   Das Vorgehen im Überblick.

Was Punkt 4 anbelangt, so entspricht die geschilderte Tätigkeit dem zweiten
Schritt des fünften Syntheseschrittes und wird in Kapitel 8 behandelt.

7.4 Übungen Kapitel 7

7.1   Man erstelle für das in Übung 6.1 ermittelte Relationenmodell ein konzeptionelles Strukturdiagramm. Bezüglich der Mengen und der Beziehungsintegrität treffe man eigene Annahmen.

7.2   Man ermittle die für die Erstellung der in Übung 6.1 gezeigten Benützersichten erforderlichen Zugriffspfade.

7.3   Man forme die Zugriffspfade aus Übung 7.2 in logische Datenstrukturen um.

7.4   Man definiere eine Zugriffspfadmatrix für das in Übung 6.1 erhaltene Relationenmodell und halte die Zugriffspfade aus Übung 7.2 darin fest.

8 Physische Datenstrukturen

Verfügt der Datenbankadministrator über das vom Analytiker beizubringende *konzeptionelle Strukturdiagramm* (mit den Angaben über die Beziehungsintegrität, die Datenmengen und die Primärschlüssel-Fremdschlüssel-Beziehungen) sowie die *Zugriffspfadmatrix* (mit den Angaben über die physisch zu implementierenden Zugriffspfade), so ist er in der Lage, eine den applikatorischen Bedürfnissen optimal Rechnung tragende *physische Datenstruktur* zu ermitteln. Allerdings: Nachdem man in der Regel an anwendungsübergreifenden Datenbanken interessiert ist, wird sich der Datenbankadministrator zudem an dem von der Datenadministration beizubringenden *globalen konzeptionellen Datenmodell* zu orientieren haben.

Selbstverständlich sind bei der Ableitung von physischen Datenstrukturen die Vorschriften des zum Einsatz gelangenden Datenbankmanagementsystems zu beachten. Dies bedeutet aber, dass die nun folgenden Überlegungen nicht mehr allgemein gültig sein können, sondern den Gegebenheiten der zur Anwendung gelangenden Software Rechnung tragen müssen. Wir diskutieren:

- In Abschnitt 8.1: Die Ableitung physischer Datenstrukturen für indizierte Datenbestände (zu erstellen beispielsweise mittels VSAM [28] oder DXAM [27])

- In Abschnitt 8.2: Die Ableitung physischer Datenstrukturen für netzwerkförmig strukturierte Datenbestände nach Art von CODASYL [11]

- In Abschnitt 8.3: Die Ableitung physischer Datenstrukturen für hierarchisch-netzwerkförmig strukturierte Datenbestände nach Art von IMS [24] oder DL/I [25]

- In Abschnitt 8.4: Die bei der unmittelbaren Implementierung von Relationen mit Hilfe eines relationalen Datenbankmanagementsystems zu beachtenden Aspekte

Die zur Sprache kommenden Überlegungen setzen gewisse Kenntnisse der in den jeweiligen Abschnitten angesprochenen Datenbankmanagementsysteme voraus. Liegen keine derartigen Kenntnisse vor, so sind die entsprechenden Abschnitte ohne weiteres zu überspringen, ohne dass Gefahr besteht, den Anschluss zu verpassen. Immerhin sei dem Leser empfohlen, den einfachsten Fall (d.h. die in Abschnitt 8.4 zur Sprache kommende Implementierung von Relationen mittels relationaler Datenbankmanagementsysteme) zur Kenntnis zu nehmen, ist doch dabei mit wenig Aufwand zu erkennen, wie der Datenbankadministrator den vom Analytiker aufgegriffenen Faden weiter zu spinnen hat, um zu einer optimalen Datenbank zu kommen.

Empfehlenswert ist auch die Lektüre von Abschnitt 8.5. Hier wird dargelegt, wie verblüffend einfach Daten geographisch zu verteilen und dort zu speichern sind, wo sie am häufigsten gebraucht werden und zwar ohne darauf verzichten zu müssen, jederzeit und beliebigenorts über sämtliche Daten der Unternehmung zu verfügen. Allerdings gilt diese Aussage nur, falls ein geeignetes relationales Datenbankmanagementsystem zur Verfügung steht und die angesprochenen Daten im Sinne der Ausführungen dieses Buches in ein Gesamtkonzept einzupassen sind.

8.1 Implementierung von Relationen mittels indizierter Datenbestände

Um ein Relationenmodell mit indizierten Datenbeständen zu implementieren (beispielsweise unter Verwendung von *Virtual Storage Access Method VSAM* [28] oder *Direct Indexed Access Method DXAM* [27]), ist für jede Relation ein indizierter Datenbestand zu definieren, dessen Schlüssel dem Primärschlüssel der Relation entspricht. Sodann sind mit Hilfe der Zugriffspfadmatrix *Sekundärindices* (auch *Alternate Keys* genannt) abzuleiten.

Wir diskutieren ein Beispiel.

Im oberen Teil von Abb. 8.1.1 ist die Zugriffspfadmatrix mit den Zugriffspfaden zu erkennen, die für die Erstellung der in früheren Kapiteln diskutierten Benützersichten *Kursbeschreibung* sowie *Raumbelegung* erforderlich sind. Im unteren Teil der Abbildung ist die Struktur der indizierten Datenbestände, zusammen mit den erforderlichen Schlüsseln (mit ▲ gekennzeichnet) und Sekundärindices (mit △ gekennzeichnet) zu erkennen. Die Schlüssel entsprechen jeweils dem Primärschlüssel der Relation, während die Sekundärindices von der Zugriffspfadmatrix wie folgt abzuleiten sind:

1. Gemäss Zugriffspfadmatrix ist von einer *VON*-Relation mit einem Fremdschlüssel X auf eine *ZU*-Relation mit entsprechendem Primärschlüssel zuzugreifen.

   Aktion des Datenbankadministrators: keine.

   Begründung: Der *ZU*-Relation entspricht ein indizierter Datenbestand, dessen Schlüssel einen effizienten, wahlweisen Zugriff aufgrund eines vorgegebenen X-Wertes gewährleistet.

   Anmerkung: Diesem Fall entsprechen in Abb. 8.1.1 die mit den eingekreisten Ziffern 2, 3, 4, 5, 7 und 9 gekennzeichneten Zugriffe.

2. Gemäss Zugriffspfadmatrix ist von einer *VON*-Relation mit einem Primärschlüssel X auf eine *ZU*-Relation zuzugreifen, die einen zusammengesetzten Schlüssel mit einer Schlüsselkomponente X als Fremdschlüssel aufweist.

   Aktion des Datenbankadministrators:

   Fall 2.1: keine, sofern die Schlüsselkomponente X im zusammengesetzten Schlüssel des indizierten Datenbestandes an erster Stelle steht und die zur Verfügung stehende Software das sogenannte *Generic-Key-Konzept* verwendet. Letzteres ermöglicht den wahlweisen Einstieg in einen indizierten Datenbestand unter Vorgabe der vordersten Schlüsselkomponente.

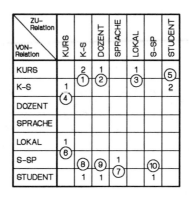

STUDENT (S#, D#, STUDENT.NAME, GEBURT.DATUM)

DOZENT (D#, DOZENT.NAME)

KURS (K#, AB.DATUM, BIS.DATUM, D#, L#, KURSNAME)

LOKAL (L#, LOKAL.GROESSE)

K-S (K#, S#, EVALUATION)

SPRACHE (SP)

S-SP (S#, SP, KENNTNIS)

Abb. 8.1.1 **Implementierung eines Relationenmodells mittels indizierter Datenbestände.**

Anmerkung: Diesem Fall entsprechen in Abb. 8.1.1 die mit den eingekreisten Ziffern 1 und 10 gekennzeichneten Zugriffe.

Fall 2.2: Treffen die für Fall 2.1 diskutierten Bedingungen nicht zu, so ist in dem der ZU-Relation entsprechenden indizierten Datenbestand für X ein Sekundärindex zu spezifizieren. Dabei wird es sich in der Regel um einen *mehrdeutigen* (englisch: *Non-Unique*) *Index* handeln (in Abb. 8.1.1 mit △ gekennzeichnet).

Anmerkung: Diesem Fall entspricht in Abb. 8.1.1 der mit der eingekreisten Ziffer 8 gekennzeichnete Zugriff.

Aufgrund der vorstehenden Ausführungen ist deutlich geworden, dass die Zugriffspfadmatrix im Falle eines zusammengesetzten Schlüssels die optimale, zu möglichst wenig zusätzlichen Indices Anlass gebende Sequenz der Schlüsselkomponenten ausfindig zu machen erlaubt.

3. Gemäss Zugriffspfadmatrix ist von einer *VON*-Relation mit einem Primärschlüssel X auf eine *ZU*-Relation mit entsprechendem Fremdschlüssel zuzugreifen.

Aktion des Datenbankadministrators:

In dem der *ZU*-Relation entsprechenden indizierten Datenbestand ist für X ein Sekundärindex zu spezifizieren. Dabei wird es sich in der Regel um einen *mehrdeutigen* (englisch: *Non-Unique*) *Index* handeln (in Abb. 8.1.1 mit △ gekennzeichnet).

Anmerkung: Diesem Fall entspricht in Abb. 8.1.1 der mit der eingekreisten Zahl 6 gekennzeichnete Zugriff.

8.2 Implementierung von Relationen nach Art von CODASYL

Bevor die Regeln für die Implementierung eines Relationenmodells nach Art von CODASYL [11] zur Sprache kommen, seien zunächst die Prinzipien von CODASYL-mässigen Strukturen dargelegt.

A. CODASYL-mässige Datenstrukturen

Eine CODASYL-mässige Datenstruktur basiert auf dem sogenannten *Set-Typ-Prinzip*. Jeder Set-Typ besteht aus einem *Owner-Record-Typ* und einem (möglicherweise mehreren) *Member-Record-Typ(en)*. Die genannten Record-Typen sind wie folgt an einer (1:M)-Abbildung beteiligt:

OWNER-RECORD-TYP $\longleftrightarrow$ MEMBER-RECORD-TYP

Dies bedeutet, dass ein Owner-Record in einem Set mit mehreren Member-Records in Beziehung stehen kann, während jeder Member-Record des Sets immer nur mit einem Owner-Record in Beziehung steht.

Abb. 8.2.1 illustriert diese Aussagen anhand eines Beispiels. Unterstellt wird dabei, dass ein Dozent für mehrere Kurse zuständig ist, ein Kurs aber immer nur von einem Dozenten gehalten wird, formal:

DOZENT $\longleftrightarrow$ KURS

Im linken Teil von Abb. 8.2.1 ist der zur Festhaltung der vorerwähnten (1:M)-Abbildung erforderliche *Strukturtyp* zu erkennen, während dem rechten Teil drei unterschiedlich implementierte *Strukturvorkommen* zu entnehmen sind. Zu erkennen ist (die folgenden Ziffern beziehen sich auf die eingekreisten Zahlen in der Abbildung):

1. Ein Set-Vorkommen ist mittels sogenannter *Next Pointers* zu realisieren. Zu diesem Zwecke wird eine Kette aufgebaut, an welcher ein Owner-Record (beispielsweise den Dozenten D1 repräsentierend) und alle dem Set-Vorkommen angehörenden Member-Records (beispielsweise die Kurse K1, K2 sowie K3 repräsentierend) beteiligt sind. Damit sind a) die von einem Dozenten gehaltenen Kurse wie auch b) der Dozent eines Kurses ausfindig zu machen. Was den für b) erforderlichen Suchvorgang anbelangt, so kann dieser sehr ineffizient verlaufen, sind doch für einen Kurs unter Umständen mehrere Member-Records abzuarbeiten, bis der gesuchte Owner-Record vorliegt.

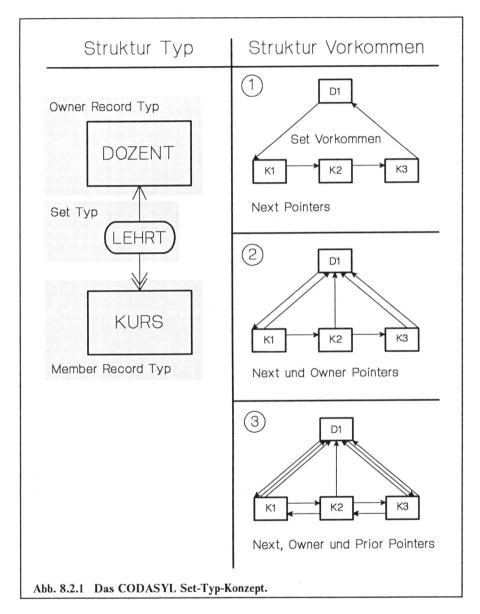

Abb. 8.2.1 Das CODASYL Set-Typ-Konzept.

2. Ein Set-Vorkommen ist mittels *Next Pointers* und *Owner Pointers* zu realisieren. Owner Pointers ermöglichen einen direkten Zugriff von einem Member-Record auf den zugehörigen Owner-Record.

3. Ein Set-Vorkommen ist mittels *Next Pointers, Owner Pointers* und *Prior Pointers* zu realisieren. Prior Pointers ermöglichen einen effizienten Zugriff

auf den Vorgänger eines Member-Records in einem Set-Vorkommen, was sich vor allem bei der Löschung von Member-Records günstig auswirkt.

Mit dem Set-Typ-Konzept ist eine (M:M)-Abbildung nicht direkt zu realisieren. Vielmehr ist letztere in zwei (1:M)-Abbildungen aufzuspalten. Abb. 8.2.2 illustriert die vorstehende Aussage anhand des bekannten Studenten-Kurs-Beispiels. Zu erkennen ist, dass die (M:M)-Abbildung

$$\text{STUDENT} \twoheadleftarrow\twoheadrightarrow \text{KURS}$$

in die beiden (1:M)-Abbildungen

$$\text{STUDENT} \leftarrow\twoheadrightarrow \text{K-S} \twoheadleftarrow\rightarrow \text{KURS}$$

zu transformieren ist, bevor das Beispiel mit Hilfe der Set-Typen A und B darzustellen ist. Auf der rechten Seite von Abb. 8.2.2 sind zwei Möglichkeiten für die Realisierung dieser Set-Typen dargestellt. Zu erkennen ist (die folgenden Ziffern beziehen sich auf die eingekreisten Zahlen in der Abbildung):

1. Bei dieser Implementierung wurde für den Member-Record-Typ K-S die sogenannte *Store-Option VIA SET A* spezifiziert. Dies bedeutet, dass alle zu einem Set-Vorkommen A gehörenden Member-Records möglichst *kompakt* (d.h. im gleichen physischen Block) gespeichert werden. Dies hat zur Folge, dass für die Ermittlung der zu einem bestimmten Studenten gehörenden Member-Records in der Regel nur eine physische Leseoperation erforderlich ist.

    Demgegenüber sind die einem Set-Vorkommen B angehörenden Member-Records *zerstreut* gespeichert. Dies hat zur Folge, dass für die Ermittlung der zu einem bestimmten Kurs gehörenden Member-Records in der Regel mehrere physische Leseoperationen erforderlich sind. Nehmen wir beispielshalber an, dass ein Student im Durchschnitt 2 Kurse besucht, während ein Kurs im Durchschnitt von 3 Studenten besucht wird, so resultiert mit der *Store-Option VIA SET A* eine *kompakte Kette* mit der durchschnittlichen Länge 2 und eine *"zerstreute" Kette* mit der durchschnittlichen Länge 3.

2. Bei dieser Implementierung wurde für den Member-Record-Typ K-S die *Store-Option VIA SET B* spezifiziert. Dies hat zur Folge, dass mit den vorstehenden Annahmen eine *kompakte Kette* mit der durchschnittlichen Länge 3 und eine *"zerstreute" Kette* mit der durchschnittlichen Länge 2 resultiert.

Aus Effizienzgründen ist man in der Regel an möglichst kurzen *"zerstreuten"* Ketten interessiert − insbesondere dann, wenn das System für eine (oder beide) Kette(n) eine bestimmte Sequenz aufrechtzuerhalten hat.

Soviel zu den Prinzipien CODASYL-mässiger Datenstrukturen.

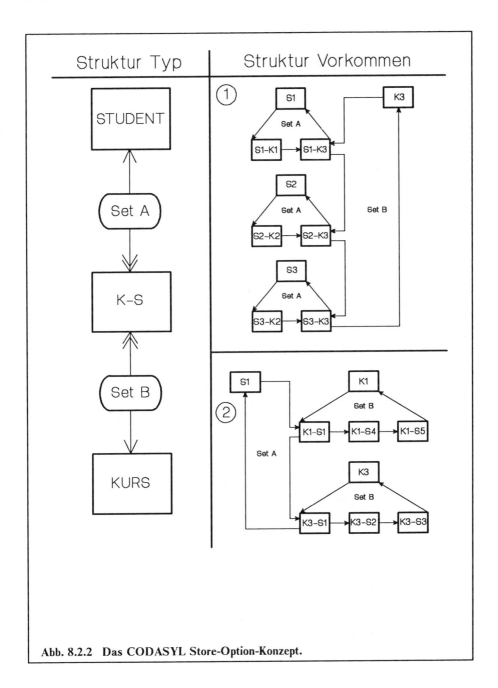

Abb. 8.2.2 Das CODASYL Store-Option-Konzept.

B. Implementierung von Relationen nach Art von CODASYL

1. Jede Relation im konzeptionellen Strukturdiagramm entspricht einem *Record-Typ* in der CODASYL Struktur. Der *Schlüssel* des Record-Typs entspricht dem Primärschlüssel der Relation.

2. Die *Felder* des Record-Typs entsprechen den Attributen der Relation — mit einer Ausnahme: für Fremdschlüsselattribute sind *keine* Felder vorzusehen.

    Begründung: Beziehungen zwischen Relationen kommen aufgrund des Primärschlüssel-Fremdschlüssel-Prinzips zustande, während Beziehungen zwischen Recordtypen entsprechend Abschnitt 3.3 mittels einer auf Adresshinweisen beruhenden Anordnung aufgebaut werden.

3. Jeder Pfeil im konzeptionellen Strukturdiagramm entspricht einem *Set-Typ* in der CODASYL Struktur. Dabei entspricht der *Owner-Record-Typ* der Relation mit dem Primärschlüssel und der *Member-Record Typ* jener mit dem Fremdschlüssel.

4. Partizipiert ein Member-Record-Typ an mehreren Set-Typen, so kann die *"zerstreute" Kettenlänge* mit der *Store-Option VIA SET X* minimalisiert werden. Dabei repräsentiert X den Namen jenes Set-Typs, der im Strukturdiagramm dem Pfeil mit dem höchsten n-Wert entspricht (zur Erinnerung: der Wert n macht eine Aussage über die Anzahl Tupel in der Fremdschlüsselrelation, mit denen ein Tupel in der Primärschlüsselrelation durchschnittlich in Beziehung steht).

5. Wird in der Zugriffspfadmatrix ausgesagt, dass von einer einem Member-Record-Typ entsprechenden Relation auf eine einem Owner-Record-Typ entsprechende Relation zuzugreifen ist, so ist für besagten Member-Record-Typ ein *Owner Pointer* zu spezifizieren.

C. Beispiel

Abb. 8.2.3 zeigt im oberen Teil das konzeptionelle Strukturdiagramm aus Abschnitt 7.1 sowie die Zugriffspfadmatrix aus Abschnitt 7.3. Im unteren Teil ist die aufgrund der vorstehenden Regeln ermittelte CODASYL Struktur festgehalten. Zu erkennen ist:

*   Jede Relation im konzeptionellen Strukturdiagramm entspricht gemäss *Regel 1* einem Record-Typ in der CODASYL Struktur.

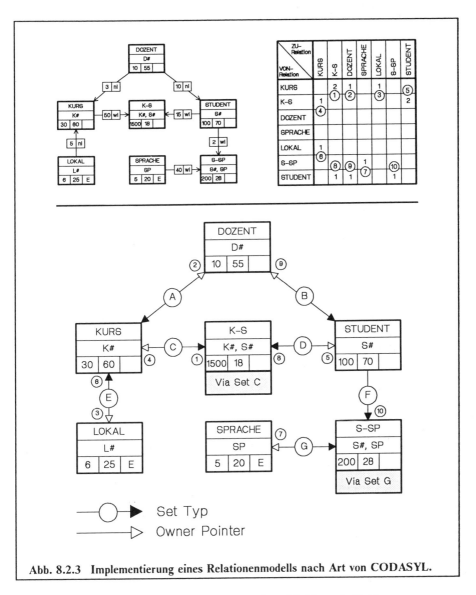

Abb. 8.2.3 Implementierung eines Relationenmodells nach Art von CODASYL.

- Die Record-Typen beinhalten gemäss *Regel 2* folgende Felder:

    KURS: K#, KURSNAME

    LOKAL: L#, LOKAL.GROESSE

    DOZENT: D#, DOZENT.NAME

STUDENT:	S#, STUDENT.NAME, GEBURT.DATUM
SPRACHE:	SP
K-S:	EVALUATION
S-SP:	KENNTNIS

- Jeder Pfeil im konzeptionellen Strukturdiagramm entspricht gemäss *Regel 3* einem Set-Typ. Man beachte dass:

  - Ein Record-Typ kann *Owner* in verschiedenen Set-Typen sein (Beispiel: DOZENT ist Owner in den Set-Typen A und B).

  - Ein Record-Typ kann *Member* in verschiedenen Set-Typen sein (Beispiel: K-S ist Member in den Set-Typen C und D).

  - Ein Record-Typ kann gleichzeitig *Owner* und *Member* — allerdings in verschiedenen Set-Typen — sein (Beispiel: STUDENT ist Owner in den Set-Typen D und F aber Member im Set-Typ B).

- Wird gemäss *Regel 4* für den an verschiedenen Set-Typen beteiligten Record-Typ K-S die Store-Option *VIA SET C* spezifiziert, so resultiert eine kompakte Kette mit der durchschnittlichen Länge 50 und eine "zerstreute" Kette mit der durchschnittlichen Länge 15. Entsprechend bewirkt die für den Record-Typ S-SP spezifizierte Store-Option *VIA SET G* eine kompakte Kette der durchschnittlichen Länge 40 und eine "zerstreute" Kette der durchschnittlichen Länge 2.

- Die erforderlichen *Owner Pointers* sind gemäss *Regel 5* wie folgt aus der Zugriffspfadmatrix abzuleiten (die folgenden Ziffern beziehen sich auf die eingekreisten Zahlen in Abb. 8.2.3):

  1. **Zugriff KURS → K-S:**

     Zugriff gewährleistet aufgrund der für den Set-Typ C erforderlichen *Next Pointers.*

  2. **Zugriff KURS → DOZENT:**

     Effizienter Zugriff gewährleistet, falls *Owner Pointer* für KURS in Set-Typ A vorliegt.

  3. **Zugriff KURS → LOKAL:**

     Effizienter Zugriff gewährleistet, falls *Owner Pointer* für KURS in Set-Typ E vorliegt.

usw.

Abb. 8.2.4 zeigt ein weiteres Beispiel der Implementierung eines Relationenmodells nach Art von CODASYL. Zu erkennen ist im oberen Teil das in Abschnitt 7.1 entwickelte konzeptionelle Strukturdiagramm für das Stücklistenproblem, während dem unteren Teil ein CODASYL-mässiger Strukturtyp sowie
ein Strukturvorkommen zu entnehmen sind.

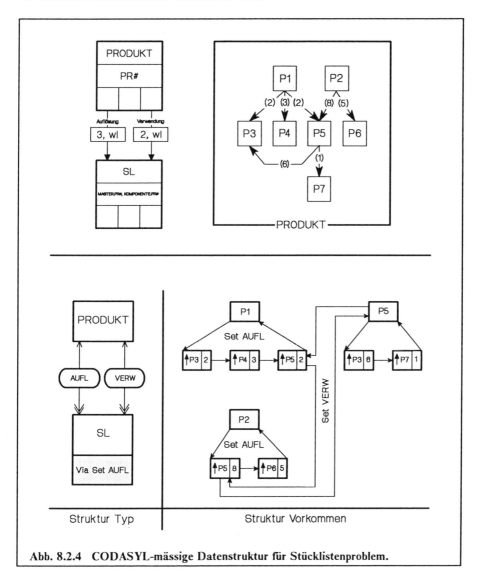

Abb. 8.2.4 CODASYL-mässige Datenstruktur für Stücklistenproblem.

8.3 Implementierung von Relationen nach Art von IMS oder DL/I

Bevor die Regeln für die Implementierung eines Relationenmodells nach Art von IMS oder DL/I zur Sprache kommen, sei zunächst die Architektur eines IMS- (DL/I-) Datenbankmanagementsystems [24], [25] erläutert.

A. Die Architektur von IMS- (DL/I-) Datenbankmanagementsystemen

IMS (DL/I) basiert grundsätzlich auf einer dreistufigen Architektur der in Abschnitt 3.6 vorgestellten Art. Abb. 8.3.1 illustriert:

- Auf der *externen Ebene* werden die Daten in Form von *hierarchischen Datenstrukturen* zur Verfügung gestellt. In der IMS- (DL/I-) Terminologie ist in diesem Zusammenhang normalerweise von *logischen Datenstrukturen* die Rede.

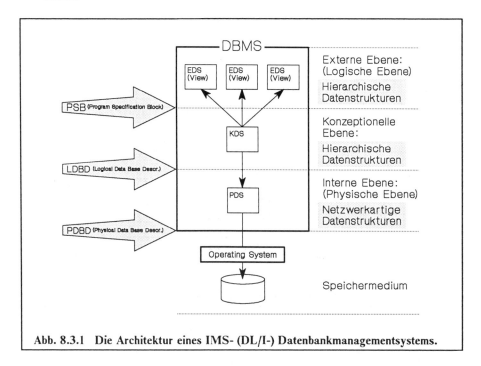

Abb. 8.3.1 Die Architektur eines IMS- (DL/I-) Datenbankmanagementsystems.

- Auf der *konzeptionellen Ebene* wird − wiederum mittels *hierarchischer Datenstrukturen* − jener Realitätsausschnitt beschrieben, der datenmässig auf einem externen Speichermedium festzuhalten ist.

  Die auf der konzeptionellen Ebene verwendeten Strukturen sind in der Regel wesentlich komplexer, als die auf der externen Ebene in Erscheinung tretenden Strukturen. Tatsächlich repräsentiert eine externe Struktur im allgemeinen eine Untermenge einer konzeptionellen Struktur.

- Auf der *internen Ebene* wird mittels einer *netzwerkartigen Datenstruktur* beschrieben, wie die Daten redundanzfrei auf einem externen Speichermedium zu speichern sind. In der IMS- (DL/I-) Terminologie ist in diesem Zusammenhang normalerweise von *physischen Datenstrukturen* die Rede.

- Die Schnittstelle zwischen der internen Ebene und dem *Operating System* wird mittels einer *physischen Datenbankbeschreibung* (englisch: *Physical Data Base Description*) spezifiziert. Mit einer physischen Datenbankbeschreibung ist zu dokumentieren, wie Daten zu speichern sind.

- Die Schnittstelle zwischen der internen Ebene und der konzeptionellen Ebene wird mittels einer *logischen Datenbankbeschreibung* (englisch: *Logical Data Base Description*) spezifiziert. Mit einer logischen Datenbankbeschreibung ist demzufolge zu dokumentieren, wie eine Netzwerkstruktur in eine (oder mehrere) hierarchische Struktur(en) umzusetzen ist.

- Die Schnittstelle zwischen der konzeptionellen Ebene und der externen Ebene wird mittels eines *Programmspezifikationsblockes* definiert. Mit einem Programmspezifikationsblock ist demzufolge festzuhalten, welcher Teil einer auf der konzeptionellen Ebene verwendeten hierarchischen Struktur einem Benützer der Datenbank zur Verfügung zu stellen ist.

In einem IMS- (DL/I-) Datenbankmanagementsystem kommen offensichtlich die Vorteile von *Netzwerkstrukturen* (redundanzfreie Datenspeicherung) und von *hierarchischen Strukturen* (leichter zu handhaben) gleichzeitig zum Tragen (man vergleiche in diesem Zusammenhang auch die Ausführungen in den Abschnitten 3.3 und 3.4).

Abb. 8.3.2 illustriert die vorstehenden Ausführungen anhand eines Beispiels, welches die Entitätsmengen DOZENT, STUDENT sowie KURS betrifft. Dem Beispiel liegen folgende Realitätsbeobachtungen zugrunde:

1. Ein Dozent ist in der Regel für mehrere Kurse zuständig, aber ein Kurs wird immer nur von einem Dozenten gehalten, formal:

$$\text{DOZENT} \longleftrightarrow\!\!\!\rightarrow \text{KURS}$$

2. Ein Dozent ist Studienleiter für mehrere Studenten, aber ein Student hat immer nur einen Studienleiter, formal:

$$\text{DOZENT} \longleftrightarrow\!\!\!\rightarrow \text{STUDENT}$$

3. Ein Student besucht mehrere Kurse und ein Kurs wird von mehreren Studenten besucht, formal:

$$\text{STUDENT} \twoheadleftarrow\!\!\twoheadrightarrow \text{KURS}$$

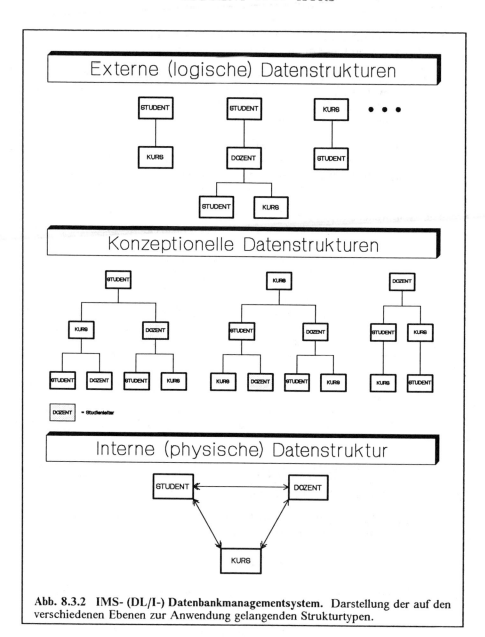

Abb. 8.3.2 IMS- (DL/I-) Datenbankmanagementsystem. Darstellung der auf den verschiedenen Ebenen zur Anwendung gelangenden Strukturtypen.

Abb. 8.3.2 zeigt die in einem IMS- (DL/I-) Datenbankmanagementsystem auf den verschiedenen Ebenen für die vorstehende Problemstellung zur Anwendung gelangenden Strukturtypen. Zu erkennen ist:

Auf der *internen Ebene* ermöglicht eine Netzwerkstruktur eine redundanzfreie Darstellung der Problemstellung (die gezeigte Netzwerkstruktur ist insofern nicht ganz korrekt, als (M:M)-Abbildungen nicht *direkt* zu realisieren sind. Dieser Sachverhalt kommt später im Detail zur Sprache).

Auf der *konzeptionellen Ebene* erscheint pro Entitätstyp ein hierarchischer Strukturtyp. Dieser kommt entsprechend Abschnitt 3.4 aufgrund einer Navigation durch die Netzwerkstruktur zustande. So erfordert beispielsweise der hierarchische Strukturtyp für den Entitätstyp STUDENT folgende Navigation:

$$\text{STUDENT} \rightarrow \text{KURS} \quad \rightarrow \text{STUDENT}$$

$$\rightarrow \text{DOZENT}$$

$$\rightarrow \text{DOZENT} \quad \rightarrow \text{STUDENT}$$

$$\rightarrow \text{KURS}$$

Auf der *externen Ebene* erscheinen schliesslich verschiedene, speziellen Problemstellungen angepasste hierarchische Datenstrukturtypen, die aber immer eine Untermenge eines auf der konzeptionellen Ebene spezifizierten Strukturtyps darstellen.

Es wurde bereits angedeutet, dass eine (M:M)-Abbildung mit einer IMS- (DL/I-) Struktur nicht direkt zu realisieren ist. Vielmehr ist letztere in zwei (1:M)-Abbildungen aufzuspalten. Was unsere Problemstellung anbelangt, so ist die (M:M)-Abbildung

$$\text{STUDENT} \twoheadleftarrow\twoheadrightarrow \text{KURS}$$

durch die beiden (1:M)-Abbildungen

$$\text{STUDENT} \leftarrow\twoheadrightarrow \text{K-S} \twoheadleftarrow\rightarrow \text{KURS}$$

zu ersetzen. Für die Implementierung dieser (1:M)-Abbildungen bestehen entsprechend Abb. 8.3.3 folgende Möglichkeiten:

1. Der Segmenttyp K-S ist *physisches Dependent* von KURS und *logisches Dependent* von STUDENT.

   Diese Implementierung bewirkt, dass ein physisches Parent-Segment (beispielsweise den Kurs K1 repräsentierend) möglichst zusammen mit den zugehörigen physischen Dependent-Segmenten in ein und demselben physischen Block gespeichert wird. Ein Zugriff auf einen bestimmten Kurs

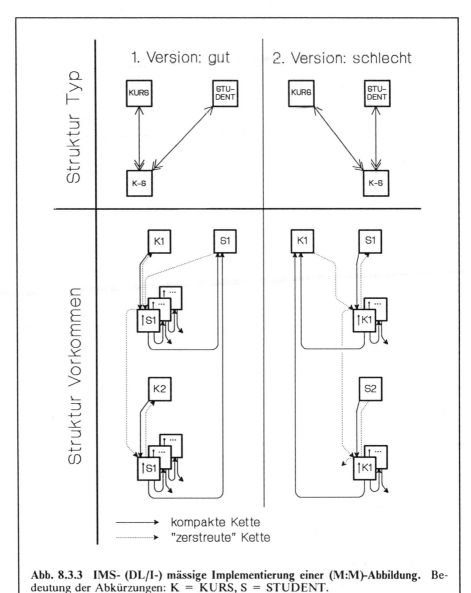

Abb. 8.3.3 IMS- (DL/I-) mässige Implementierung einer (M:M)-Abbildung. Bedeutung der Abkürzungen: K = KURS, S = STUDENT.

bewirkt demzufolge, dass praktisch alle zugehörigen, auf Studenten verweisenden physischen Dependents ebenfalls im Speicher vorzufinden sind.

Unterstellen wir beispielshalber, dass ein Kurs von durchschnittlich 3 Studenten besucht wird und ein Student durchschnittlich 2 Kurse besucht, so resultiert gemäss dem linken unteren Teil von Abb. 8.3.3 eine *physische*

Twin-Kette (d.h. eine *kompakte Kette*) mit der durchschnittlichen Länge 3 und eine *logische Twin-Kette* (d.h. eine "zerstreute" Kette) mit der durchschnittlichen Länge 2.

2. Der Segmenttyp K-S ist *physisches Dependent* von STUDENT und *logisches Dependent* von KURS.

Diese Implementierung bewirkt, dass ein physisches Parent-Segment (beispielsweise den Studenten S1 repräsentierend) möglichst zusammen mit den zugehörigen physischen Dependent-Segmenten in ein und demselben physischen Block gespeichert wird. Ein Zugriff auf einen bestimmten Studenten bewirkt demzufolge, dass praktisch alle zugehörigen, auf Kurse verweisenden physischen Dependents ebenfalls im Speicher vorzufinden sind.

Unterstellen wir noch einmal, dass ein Kurs von durchschnittlich 3 Studenten besucht wird und ein Student durchschnittlich 2 Kurse besucht, so resultiert gemäss dem rechten unteren Teil von Abb. 8.3.3 eine *physische Twin-Kette* (d.h. eine *kompakte Kette*) mit der durchschnittlichen Länge 2 und eine *logische Twin-Kette* (d.h. eine "zerstreute" Kette) mit der durchschnittlichen Länge 3.

Aus Effizienzgründen ist man in der Regel an möglichst kurzen logischen Twin-Ketten (also "zerstreuten" Ketten) interessiert − insbesondere dann, wenn das System für eine (oder beide) Kette(n) eine bestimmte Sequenz aufrechtzuerhalten hat.

B. Implementierung von Relationen nach Art von IMS oder DL/I

1. Jeder Relation im konzeptionellen Strukturdiagramm entspricht ein *Segmenttyp* in der IMS- (DL/I-) Struktur. Der *Schlüssel* des Segmenttyps entspricht dem Primärschlüssel der Relation.

2. Die *Felder* des Segmenttyps entsprechen den Attributen der Relation − mit einer Ausnahme: Für Fremdschlüsselattribute sind *keine* Felder vorzusehen.

    Begründung: Beziehungen zwischen Relationen kommen aufgrund des Primärschlüssel-Fremdschlüssel-Prinzips zustande, während Beziehungen zwischen Segmenttypen entsprechend Abschnitt 3.3 mittels einer auf Adresshinweisen beruhenden Anordnung aufgebaut werden.

3. Jeder Pfeil im konzeptionellen Strukturdiagramm entspricht einer *physischen Parent – physischen Dependent* oder einer *logischen Parent – logischen Dependent Beziehung* (eine Ausnahme wird in Regel 6 behandelt).

4. Folgende Relationen qualifizieren als *Wurzelsegmenttypen*:

    4.1. Mit der Option "E" gekennzeichnete Relationen.

        Begründung: Mit der Option "E" gekennzeichnete Relationen repräsentieren *Kernentitätsmengen*. Die Existenz einer Kernentität muss aber entsprechend Abschnitt 2.2 aufgrund eines Schlüsselwertes darstellbar sein und zwar unabhängig von der Existenz anderweitiger Entitäten. Dieser Forderung vermögen aber nur die Wurzelsegmente zu genügen.

    4.2. Relationen *ohne* Fremdschlüssel (im konzeptionellen Strukturdiagramm sind diese Relationen dadurch zu erkennen, als *keine* Pfeile auf das die Relation darstellende Kästchen weisen).

        Begründung: Eine Relation *mit* Fremdschlüssel ist immer von einer Relation mit entsprechendem Primärschlüssel abhängig. Nachdem Wurzelsegmente aber unabhängig sind, müssen sie zwangsläufig einer Relation *ohne* Fremdschlüssel entsprechen.

5. *Physische Dependent-Segmente*, die nicht an einer logischen Beziehung beteiligt sind, werden wie folgt ermittelt: Ausgehend von einer Relation, die gemäss Regel 4 als Wurzelsegment qualifiziert, wird das konzeptionelle Strukturdiagramm in Pfeilrichtung durchschritten. Wird dabei eine Relation angesteuert, die

- gemäss Regel 4 *nicht* als Wurzelsegment qualifiziert,

- nur in *einer* Pfeilrichtung zu erreichen ist,

so qualifiziert diese Relation als physisches Dependent-Segment.

Abb. 8.3.4 zeigt auf der linken Seite ein konzeptionelles Strukturdiagramm und auf der rechten Seite die aufgrund der vorstehenden Regeln erhaltenen IMS-(DL/I) Strukturen. Man erkennt, dass die bisher besprochenen Regeln zu reinen *hierarchischen Strukturen* führen.

In Abb. 8.3.4 qualifiziert die Relation E gemäss Regel 4.1 als Wurzelsegment. Fest steht auch, dass der Primärschlüssel der Relation F als Fremdschlüssel in

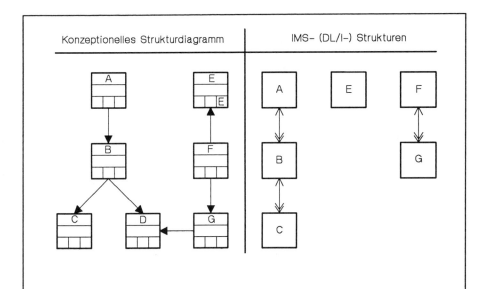

Abb. 8.3.4 Implementierung eines Relationenmodells nach Art von IMS oder DL/I.
Die Abbildung zeigt auf der linken Seite ein konzeptionelles Strukturdiagramm und
auf der rechten Seite die aufgrund der Regeln 1 - 5 erhaltenen IMS- (DL/I-)
Strukturen.

der Relation E erscheint (andernfalls würde im konzeptionellen Strukturdiagramm kein Pfeil von F nach E zeigen).

Sind die Relationen E und F an der (1:M)-Abbildung

$$F \longleftrightarrow\!\!\!\rightarrow E$$

beteiligt (dies ist dann der Fall, wenn der dem Primärschlüssel von F entsprechende Fremdschlüssel in E *nicht* Schlüsselkandidat ist) oder qualifiziert F als
Wurzelsegment, so erfordert die Beziehung zwischen E und F ein zusätzliches
Segment. Sind die Relationen E und F hingegen an der (1:1)- oder (1:C)-Ab-
bildung

$$F \longleftrightarrow E \quad \text{oder} \quad F \longleftarrow\!\!) E$$

beteiligt (dies ist dann der Fall, wenn der dem Primärschlüssel von F entsprechende Fremdschlüssel in E Schlüsselkandidat ist) und ist F *kein* Wurzelsegment, so erfordert die Beziehung zwischen E und F *kein* zusätzliches Segment.

Ist ein zusätzliches Segment erforderlich, so ist dieses als physisches Dependent
jenem Segment unterzuordnen, welches der Relation mit dem Primärschlüssel
entspricht (im vorliegenden Beispiel also der Relation F). Abb. 8.3.5 begründet

diese Aussage. Im linken Teil der Abbildung ist ein konzeptionelles Strukturdiagramm für folgende Relationen zu erkennen:

```
DOZENT ( D#, ... )

KURS ( K#, D#, ... )
```

Der numerische Wert 3 bedeutet, dass ein Dozent für durchschnittlich drei
Kurse zuständig ist.

Im rechten Teil von Abb. 8.3.5 sind für die geschilderte Problemstellung zwei
IMS- (DL/I-) Strukturen zu erkennen. Offenbar entsprechen die Relationen
KURS und DOZENT entsprechend der Regeln 4.1 und 4.2 je einem Wurzel-
segment. Damit ist für die Beziehung zwischen DOZENT und KURS offensichtlich ein zusätzliches Segment erforderlich. Wird dieses zusätzliche Segment
dem Wurzelsegment DOZENT untergeordnet, so resultiert eine *physische
Twin-Kette* (also eine *kompakte* Kette) der durchschnittlichen Länge 3 und eine
logische Twin-Kette der Länge 1. Wird das zusätzliche Segment hingegen dem
Wurzelsegment KURS untergeordnet, so resultiert eine *physische Twin-Kette* der
Länge 1 und eine *logische Twin-Kette* (also eine *zerstreute* Kette) der durchschnittlichen Länge 3.

Die vorstehenden Ausführungen zeigen, dass eine sinnvolle Interpretierung der
Häufigkeiten zu minimalen logischen Twin-Kettenlängen führt. Nun sind aber
neben den Häufigkeiten auch die zu unterstützenden *Zugriffspfade* von Bedeutung. Das folgende Beispiel zeigt, dass bei einer Berücksichtigung der zu unterstützenden Zugriffspfade eine aufgrund von Häufigkeitsüberlegungen ermittelte
Struktur unter Umständen umzustellen ist.

Abb. 8.3.6 illustriert, wie der Zugriffspfadmatrix zu entnehmen ist, wo − in
Abhängigkeit der zu unterstützenden Zugriffspfade − das zusätzlich erforderliche Segment zweckmässigerweise anzuordnen ist. Zu erkennen ist (die folgenden Ziffern beziehen sich auf die eingekreisten Zahlen in Abb. 8.3.6):

1. Sind gemäss Zugriffspfadmatrix die Zugriffe

$$DOZENT \rightarrow KURS$$

    und

$$KURS \rightarrow DOZENT$$

zu unterstützen, so ist das zusätzliche Segment physisch dem Segment
DOZENT unterzuordnen. Die vorerwähnten Zugriffe erfordern eine physische und eine logische Twin-Kette.

2. Ist gemäss Zugriffspfadmatrix nur der Zugriff

$$DOZENT \rightarrow KURS$$

zu unterstützen, so ist das zusätzliche Segment physisch wiederum dem
Segment DOZENT unterzuordnen. Der vorerwähnte Zugriff erfordert lediglich eine physische Twin-Kette.

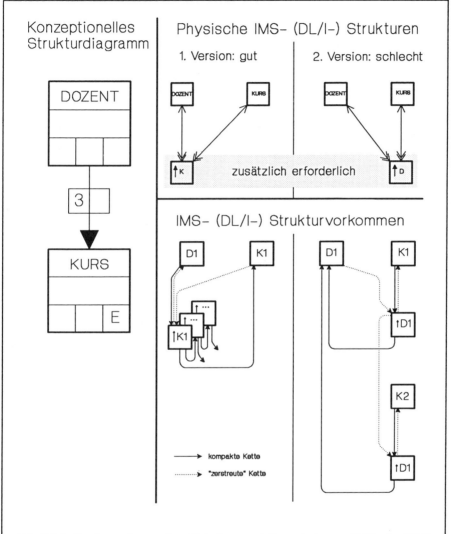

Abb. 8.3.5 Implementierung eines Relationenmodells nach Art von IMS oder DL/I. Minimalisierung der logischen Twin-Kettenlänge (1. Teil der 6. Transformationsregel). Bedeutung der Abkürzungen: **D** = DOZENT, **K** = KURS.

3. Ist gemäss Zugriffspfadmatrix der Zugriff

$$KURS \rightarrow DOZENT$$

zu unterstützen, so ist das zusätzliche Segment physisch dem Segment KURS unterzuordnen. Auch in diesem Fall ist lediglich eine physische Twin-Kette erforderlich.

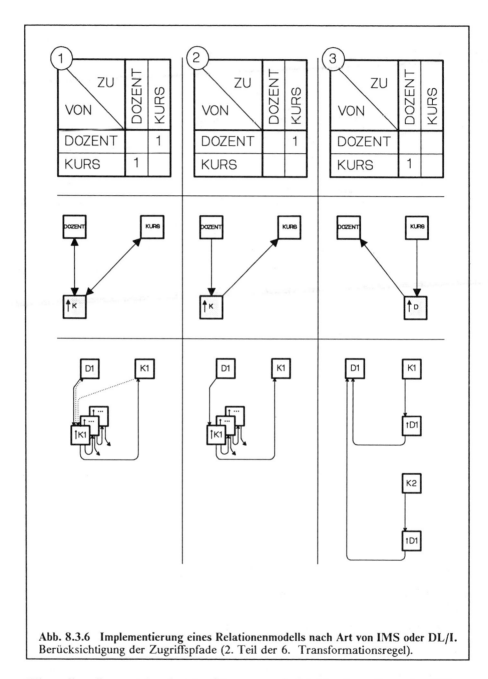

Abb. 8.3.6 Implementierung eines Relationenmodells nach Art von IMS oder DL/I.
Berücksichtigung der Zugriffspfade (2. Teil der 6. Transformationsregel).

Wir wollen die vorstehenden Ausführungen wie folgt in einer allgemein gültigen
Regel zusammenfassen:

6. Ein zusätzliches Segment Z ist erforderlich falls:

- Ein Pfeil von einer als Dependent-Segment qualifizierenden Relation A auf eine als Wurzelsegment qualifizierende Relation B zeigt und von A nach B eine komplexe Assoziation vorliegt

  oder

- Ein Pfeil von einer als Wurzelsegment qualifizierenden Relation A auf eine wiederum als Wurzelsegment qualifizierende Relation B zeigt.

Das zusätzliche Segment Z ist in Abhängigkeit der zu unterstützenden Zugriffspfade wie folgt entweder dem Segment A oder B physisch unterzuordnen:

	1.	2.	3.
Zugriff A → B	Ja	Ja	Nein
Zugriff B → A	Ja	Nein	Ja
Zusätzliches Segment Z: = physisches Dependent von A = logisches Dependent von B	X	X	
Zusätzliches Segment Z: = physisches Dependent von B = logisches Dependent von A			X
Logische Twin Kette	X		

Die nächste Regel behandelt den Fall, in welchem im konzeptionellen Strukturdiagramm auf eine *nicht* mit der Option E gekennzeichnete Relation zwei Pfeile zeigen. Die Regel soll anhand eines Beispiels, welches die Relationen

$$\text{KURS (} \underline{\text{K\#}}, \text{ ...)}$$

$$\text{K-S (} \underline{\text{K\#, S\#}}, \text{ ...)}$$

$$\text{STUDENT (} \underline{\text{S\#}}, \text{ ...)}$$

betrifft, systematisch hergeleitet werden.

Im linken Teil von Abb. 8.3.7 erkennt man das den vorgenannten Relationen entsprechende konzeptionelle Strukturdiagramm. Die numerischen Werte 2 und 3 bedeuten, dass ein Student durchschnittlich zwei Kurse besucht, und dass ein Kurs von durchschnittlich 3 Studenten besucht wird.

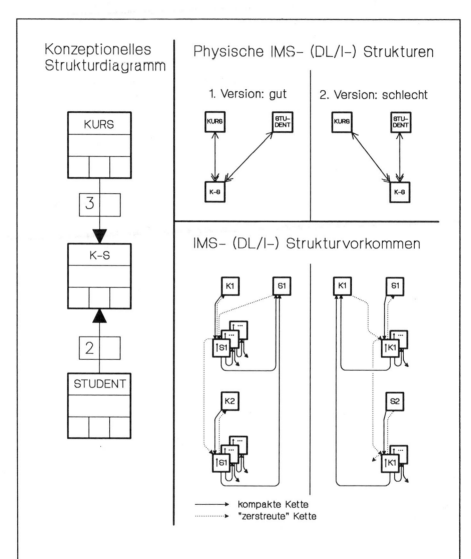

Abb. 8.3.7 Implementierung eines Relationenmodells nach Art von IMS oder DL/I. Minimalisierung der logischen Twin-Kettenlänge (1. Teil der 7. Transformationsregel).

Im rechten Teil von Abb. 8.3.7 wird gezeigt, wie die aufgrund des Primär-schlüssel-Fremdschlüssel-Prinzips zustande kommenden Abbildungen

$$\text{STUDENT} \longleftrightarrow\!\!\!\!\longrightarrow \text{K-S} \longleftarrow\!\!\!\!\longleftrightarrow \text{KURS}$$

IMS- (DL/I-) mässig zu implementieren sind. Offenbar entspricht eine Rela-tion, auf welche im konzeptionellen Strukturdiagramm zwei Pfeile zeigen, direkt einem Segment, durch welches eine *logische Beziehung* zustande kommt. Wird dieses Segment physisch dem Segment KURS untergeordnet, so resultiert eine *physische Twin-Kette* der durchschnittlichen Länge 3 und eine *logische Twin-Kette* der durchschnittlichen Länge 2. Wird das Segment K-S hingegen physisch dem Segment STUDENT untergeordnet, so resultiert eine *physische Twin-Kette* der durchschnittlichen Länge 2 und eine *logische Twin-Kette* der durchschnitt-lichen Länge 3. Die logische Twin-Kettenlänge lässt sich demzufolge dann mi-nimalisieren, wenn das für die logische Beziehung zuständige Segment physisch jenem Segment untergeordnet wird, welches der Relation entspricht, von wel-cher der Pfeil mit der *grösseren* Zahl ausgeht.

Berücksichtigt man neben den *Häufigkeiten* auch die zu unterstützenden *Zu-griffspfade*, so kann sich unter Umständen eine andere Anordnung als günstig erweisen.

Abb. 8.3.8 illustriert, wie der Zugriffspfadmatrix zu entnehmen ist, wo − in Abhängigkeit der zu unterstützenden Zugriffspfade − das Segment K-S zweck-mässigerweise anzuordnen ist. Zu erkennen ist (die folgenden Ziffern beziehen sich auf die eingekreisten Zahlen in Abb. 8.3.8):

1. Sind gemäss Zugriffspfadmatrix die Zugriffe

    $$\text{KURS} \rightarrow \text{K-S} \rightarrow \text{STUDENT}$$

    und

    $$\text{STUDENT} \rightarrow \text{K-S} \rightarrow \text{KURS}$$

    zu unterstützen, so ist das Segment K-S physisch dem Segment KURS unterzuordnen. Die vorerwähnten Zugriffe erfordern eine physische und logische Twin-Kette.

2. Ist gemäss Zugriffspfadmatrix nur der Zugriff

    $$\text{KURS} \rightarrow \text{K-S} \rightarrow \text{STUDENT}$$

    zu unterstützen, so ist das Segment K-S physisch wiederum dem Segment KURS unterzuordnen. Der vorerwähnte Zugriff erfordert lediglich eine physische Twin-Kette.

3. Ist gemäss Zugriffspfadmatrix der Zugriff

    $$\text{STUDENT} \rightarrow \text{K-S} \rightarrow \text{KURS}$$

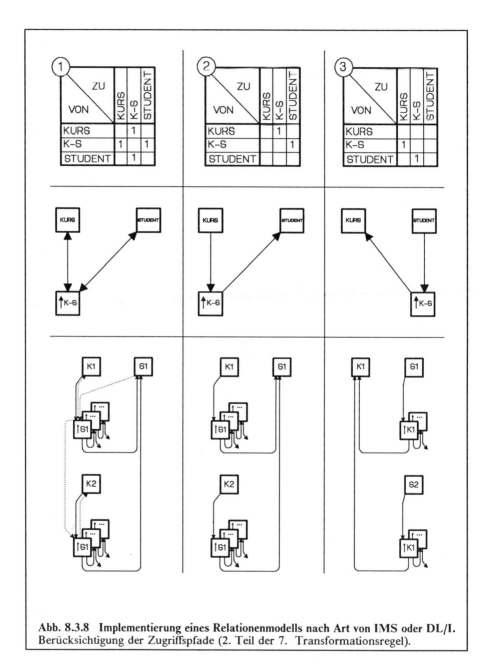

Abb. 8.3.8 **Implementierung eines Relationenmodells nach Art von IMS oder DL/I.**
Berücksichtigung der Zugriffspfade (2. Teil der 7. Transformationsregel).

zu unterstützen, so ist das Segment K-S physisch dem Segment STUDENT
unterzuordnen. Auch in diesem Fall ist lediglich eine physische Twin-Kette
erforderlich.

Wir wollen die vorstehenden Ausführungen wie folgt in einer allgemein gültigen Regel zusammenfassen:

7. Zeigen im konzeptionellen Strukturdiagramm auf eine nicht mit der Option E gekennzeichnete Relation X zwei Pfeile, so entspricht diese Relation einem Segment, durch welches eine logische Beziehung zustande kommt. Gehen die vorerwähnten Pfeile von den Relationen A und B aus (A und B können auch identisch sein) und ist dem von A ausgehenden Pfeil die *grössere* Zahl zugeordnet, so ist das der Relation X entsprechende Segment in Abhängigkeit der zu unterstützenden Zugriffspfade wie folgt anzuordnen:

	1.	2.	3.
Zugriff A → X → B	Ja	Ja	Nein
Zugriff B → X → A	Ja	Nein	Ja
X = physisches Dependent von A = logisches Dependent von B	X	X	
X = physisches Dependent von B = logisches Dependent von A			X
Logische Twin Kette	X		

In der Praxis sind auch Fälle möglich, für welche Speziallösungen zu suchen sind. Ein derartiger Fall ist in Abb. 8.3.9 gezeigt und möge stellvertretend darlegen, wie derartige Lösungen zu entwickeln sind.

C. Beispiel

Die vorstehenden Regeln sollen im folgenden im Rahmen eines umfangreicheren Beispiels zur Anwendung gelangen. Dabei wollen wir schrittweise vorgehen und uns zunächst nur mit den *Häufigkeiten* beschäftigen, was ja bekanntlich zu minimalen logischen Twin-Kettenlängen führt. In einem zweiten Schritt soll dann die physische Struktur unter Berücksichtigung der zu unterstützenden *Zugriffspfade* den applikatorischen Bedürfnissen optimal angepasst werden.

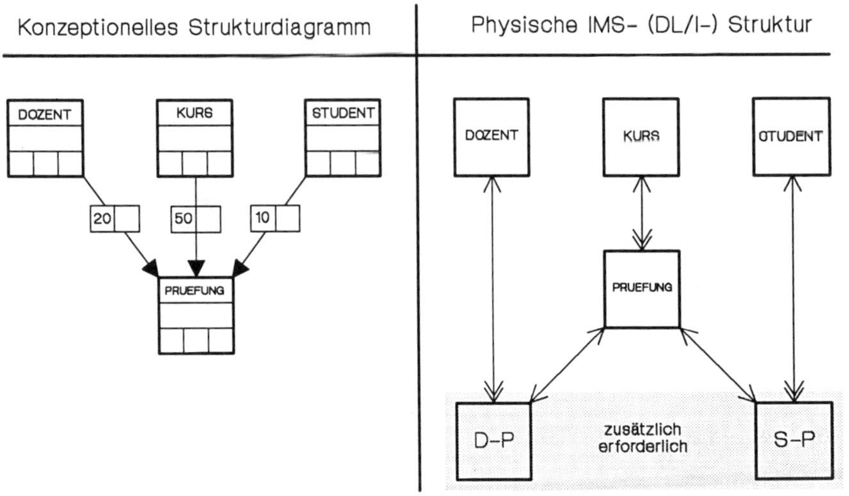

Abb. 8.3.9 **Implementierung eines Relationenmodells nach Art von IMS oder DL/I: Behandlung von Spezialfällen.**

Abb. 8.3.10 zeigt im oberen Teil das konzeptionelle Strukturdiagramm aus Abschnitt 7.1[1]. Im unteren Teil ist die unter Berücksichtigung der Häufigkeiten vom konzeptionellen Strukturdiagramm abgeleitete physische IMS- (DL/I-) Struktur ersichtlich. Zu erkennen ist (die folgenden Ziffern beziehen sich auf die eingekreisten Zahlen in Abb. 8.3.10):

1. Gemäss *Regel 1* entspricht jede Relation im konzeptionellen Strukturdiagramm einem Segmenttyp in der IMS- (DL/I-) Struktur.

2. Gemäss *Regel 2* enthalten die Segmenttypen folgende Felder:

    KURS: K#, KURSNAME

    LOKAL: L#, LOKAL.GROESSE

---

1   Das Diagramm stimmt insofern nicht mit jenem aus Abschnitt 7.1 überein, als die Option ″E″ nicht nur für die Relationen LOKAL und SPRACHE, sondern auch für die Relationen KURS, DOZENT sowie STUDENT spezifiziert wurde. Wir sehen also im Interesse einer Vereinfachung unserer Darstellungen davon ab, dass die Relationen KURS, DOZENT und STUDENT abhängigen Entitätsmengen entsprechen.

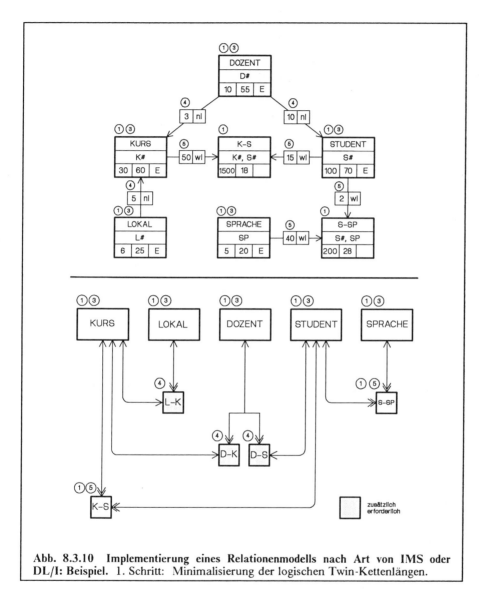

Abb. 8.3.10 Implementierung eines Relationenmodells nach Art von IMS oder DL/I: Beispiel. 1. Schritt: Minimalisierung der logischen Twin-Kettenlängen.

DOZENT: D#, DOZENT.NAME

STUDENT: S#, STUDENT.NAME, GEBURT.DATUM

SPRACHE: SP

K-S: EVALUATION

S-SP: KENNTNIS

3. Gemäss *Regel 4.1* qualifizieren die Relationen KURS, LOKAL, DO-
   ZENT, STUDENT und SPRACHE als Wurzelsegmente.

   Gemäss *Regel 4.2* würden die Relationen LOKAL, DOZENT und
   SPRACHE auch ohne die Option ″E″ als Wurzelsegmente qualifizieren.

4. Gemäss *Regel 6* erfordern die Beziehungen:

   LOKAL → KURS

   DOZENT → KURS

   DOZENT → STUDENT

   je ein zusätzliches Segment.

5. Auf die Relationen K-S und S-SP zeigen jeweils zwei Pfeile. Demzufolge
   entsprechen diese Relationen gemäss *Regel 7* je einem Segment, durch
   welches eine logische Beziehung zustande kommt. Um die logische Twin-
   Kettenlänge zu minimalisieren, werden besagte Segmente physisch jeweils
   jenem Segment untergeordnet, das der Relation entspricht, von welcher der
   Pfeil mit der *grösseren* Zahl ausgeht.

Als nächstes soll die in Abb. 8.3.10 gezeigte Struktur den applikatorischen Bedürfnissen optimal angepasst werden. Zu diesem Zwecke sind nicht nur *Häufigkeiten*, sondern auch die zu unterstützenden *Zugriffspfade* zu berücksichtigen.

Der obere Teil von Abb. 8.3.11 zeigt die in Abschnitt 7.3 diskutierte Zugriffspfadmatrix mit den Zugriffspfaden, die für die Erstellung der Benützersichten
Kursbeschreibung und *Raumbelegung* erforderlich sind. Der mittlere Teil der
Abbildung entspricht der in Abb. 8.3.10 gezeigten physischen Struktur. Im
unteren Teil von Abb. 8.3.11 ist schliesslich die physische IMS- (DL/I-) Struktur aufgeführt, welche die applikatorischen Bedürfnisse optimal zu unterstützen
vermag. Zu erkennen ist (die folgenden Ziffern beziehen sich auf die eingekreisten Zahlen in Abb. 8.3.11):

1. Nachdem gemäss Zugriffspfadmatrix der Zugriffspfad

   KURS → DOZENT

   nicht aber

   DOZENT → KURS

   erforderlich ist, ist der Segmenttyp D-K gemäss *Regel 6* physisch dem Segmenttyp KURS unterzuordnen.

2. Nachdem gemäss Zugriffspfadmatrix der Zugriffspfad

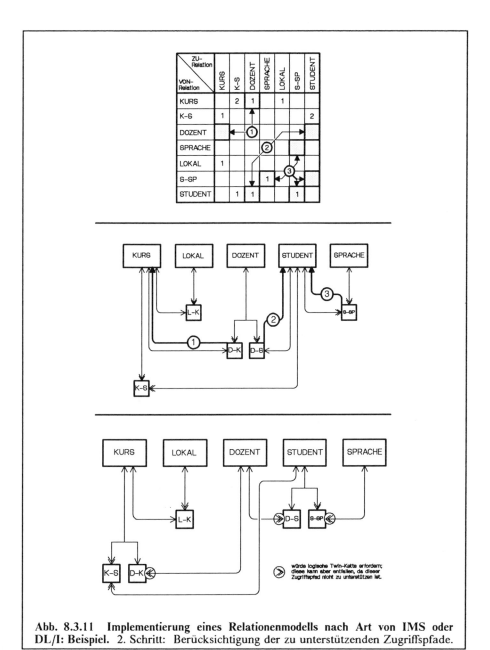

Abb. 8.3.11 Implementierung eines Relationenmodells nach Art von IMS oder DL/I: Beispiel. 2. Schritt: Berücksichtigung der zu unterstützenden Zugriffspfade.

$$\text{STUDENT} \rightarrow \text{DOZENT}$$

nicht aber

$$\text{DOZENT} \rightarrow \text{STUDENT}$$

erforderlich ist, ist der Segmenttyp D-S gemäss *Regel 6* physisch dem Segmenttyp STUDENT unterzuordnen.

3. Nachdem gemäss Zugriffspfadmatrix der Zugriffspfad

$$\text{STUDENT} \rightarrow \text{S-SP} \rightarrow \text{SPRACHE}$$

nicht aber

$$\text{SPRACHE} \rightarrow \text{S-SP} \rightarrow \text{STUDENT}$$

erforderlich ist, ist der Segmenttyp S-SP gemäss *Regel 7* physisch dem Segmenttyp STUDENT unterzuordnen.

Von der in Abb. 8.3.11 gezeigten, die applikatorischen Bedürfnisse optimal unterstützenden *physischen Datenstruktur* sind nun die *logischen Datenstrukturen* abzuleiten. Abb. 8.3.12 zeigt beispielsweise im oberen Teil die für die Erstellung der Benützersicht *Kursbeschreibung* erforderliche *logische Datenstruktur*, abgeleitet von der im unteren Teil wiederholten *physischen Struktur* aus Abb. 8.3.11. Zu erkennen ist (die folgenden Ziffern beziehen sich auf die eingekreisten Zahlen in Abb. 8.3.12):

1. Der physische Segmenttyp KURS entspricht dem logischen Segmenttyp KURS.

2. Die Zusammenfassung (englisch: concatenation) der physischen Segmenttypen L-K und LOKAL repräsentiert in der logischen Datenstruktur das Lokal, in dem ein Kurs stattfindet.

3. Die Zusammenfassung der physischen Segmenttypen D-K und DOZENT repräsentiert in der logischen Datenstruktur den Dozenten eines Kurses.

4. Die Zusammenfassung der physischen Segmenttypen K-S und STUDENT repräsentiert in der logischen Datenstruktur die Studenten eines Kurses.

5. Die Zusammenfassung der physischen Segmenttypen S-SP und SPRACHE repräsentiert in der logischen Datenstruktur die Sprachkenntnisse eines Studenten.

6. Die Zusammenfassung der physischen Segmenttypen D-S und DOZENT repräsentiert in der logischen Datenstruktur den Studienleiter eines Studenten.

7. Die Zusammenfassung der physischen Segmenttypen K-S und KURS repräsentiert in der logischen Datenstruktur die von einem Studenten besuchten Kurse.

Man beachte, dass die in Abb. 8.3.12 gezeigte *logische Datenstruktur* mit der Datenstruktur übereinstimmt, die in Abschnitt 7.3 aufgrund einer Drehung um

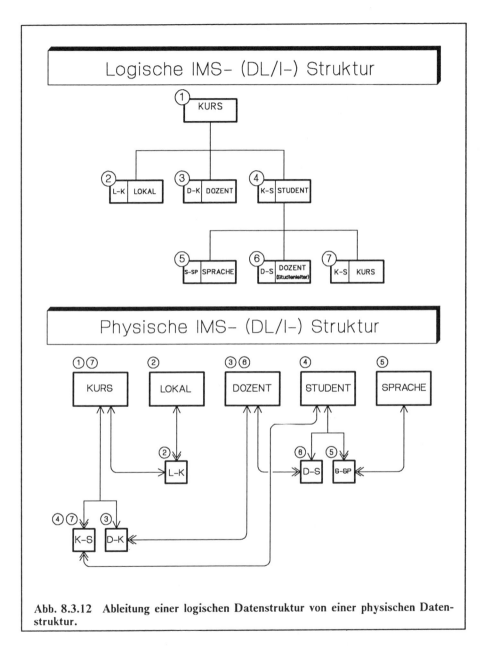

Abb. 8.3.12 Ableitung einer logischen Datenstruktur von einer physischen Daten-struktur.

90 Grad des für die Erstellung der Benützersicht *Kursbeschreibung* erforderlichen *Zugriffspfades* zustande gekommen ist. Der Umstand, dass die Segmenttypen K-S und STUDENT bzw. S-SP und SPRACHE bzw. K-S und KURS in der in Abschnitt 7.3 diskutierten Struktur getrennt sind, während die gleichen Seg-

mentpaare in Abb. 8.3.12 zusammengefasst in Erscheinung treten, stellt – logisch gesehen – keinen Unterschied dar (man versuche, diese Aussage zu beweisen).

Abb. 8.3.13 zeigt ein weiteres Beispiel der Implementierung von Relationen nach Art von IMS oder DL/I. Im oberen linken Teil der Abbildung ist das in Abschnitt 7.1 diskutierte *konzeptionelle Strukturdiagramm* für folgende Stücklistenrelationen zu erkennen:

```
PRODUKT ( PR#, ... )

SL ( MASTER.PR#, KOMPONENTE.PR#, ... )
```

Der untere Teil von Abb. 8.3.13 zeigt einerseits den vom Strukturdiagramm abgeleiteten *Strukturtyp* sowie ein partielles *Strukturvorkommen* für die im oberen rechten Teil aufgeführte Stückliste. Zu erkennen ist (die folgenden Ziffern beziehen sich auf die eingekreisten Zahlen in Abb. 8.3.13):

1. Die Relation PRODUKT entspricht gemäss *Regel 4.2* einem Wurzelsegment.

2. Auf die Relation SL zeigen zwei Pfeile. Demzufolge entspricht diese Relation gemäss *Regel 7* einem Segment, durch welches eine *logische Beziehung* zustande kommt. Man beachte, dass der Pfeil, welcher der Primärschlüssel-Fremdschlüssel-Beziehung

$$PRODUKT.PR\# \longrightarrow\!\!\!\!\rightarrow SL.MASTER.PR\#$$

entspricht, den numerischen Wert 3 aufweist. Dies bedeutet, dass für die Herstellung eines Produktes durchschnittlich 3 Komponenten erforderlich sind. Der zweite Pfeil entspricht der Primärschlüssel-Fremdschlüssel-Beziehung

$$PRODUKT.PR\# \longrightarrow\!\!\!\!\rightarrow SL.KOMPONENTE.PR\#$$

Der dem Pfeil zugeordnete numerische Wert 2 bedeutet in diesem Fall, dass ein Komponentenprodukt für die Herstellung von durchschnittlich 2 Masterprodukten verwendet wird.

Um die *logische Twin-Kettenlänge* zu minimalisieren, ist das Segment SL physisch jenem Segment zu unterordnen, welches der Relation entspricht, von welcher der Pfeil mit der *grösseren* Zahl ausgeht. Nachdem diesem Pfeil im vorliegenden Beispiel die Bedeutung einer Auflösungsbeziehung zukommt, ist mit dem Segment SL auf die Produkte zu zeigen, die für die Herstellung eines Masterproduktes erforderlich sind.

Interessant ist die in Abb. 8.3.14 illustrierte Überführung der physischen Stücklistenstruktur in eine logische Struktur. Zu erkennen ist (die folgenden Ziffern beziehen sich auf die eingekreisten Zahlen in Abb. 8.3.14):

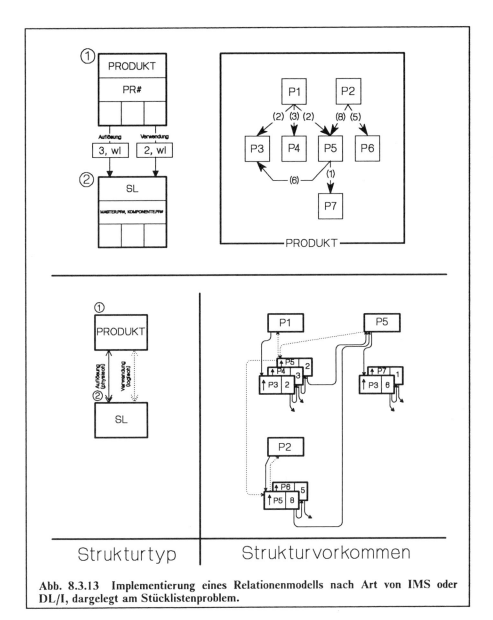

Abb. 8.3.13 Implementierung eines Relationenmodells nach Art von IMS oder DL/I, dargelegt am Stücklistenproblem.

1. Der physische Segmenttyp PRODUKT entspricht dem logischen Segmenttyp PRODUKT.

2. Die Zusammenfassung der physischen Segmenttypen SL und PRODUKT repräsentiert in der logischen Datenstruktur einen Segmenttyp für die Komponentenprodukte der 1. Auflösungsstufe.

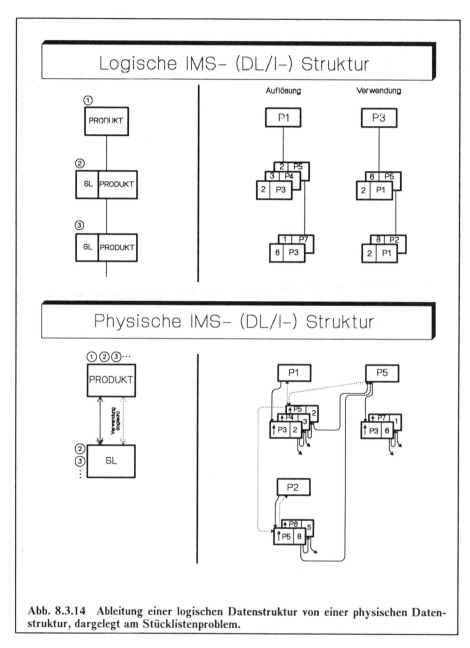

Abb. 8.3.14 Ableitung einer logischen Datenstruktur von einer physischen Datenstruktur, dargelegt am Stücklistenproblem.

3. Die rekursive Durchführung der unter Punkt 2 aufgeführten Zusammenfassungsoperation ergibt die Segmenttypen für die Komponentenprodukte der folgenden Auflösungsstufen.

8.4 Implementierung von Relationen mittels relationaler DBMS

In Abschnitt 3.2 wurde ausgesagt, dass für den Zugriff auf eine Relation beliebige Attribute (also nicht nur die Schlüsselattribute) in Frage kommen. Allerdings muss man sich bewusst sein, dass auch einfachste Abfragen unter Umständen ein sequentielles Durchlesen ganzer Relationen erfordern können. Dies ist mit Sicherheit immer dann der Fall, wenn der Abfrage ein Attribut zu Grunde liegt, für welches kein *Index* vorliegt. Dies bedeutet aber keineswegs, dass grundsätzlich für jedes Attribut ein Index zu spezifizieren ist. Da Aufbau und Pflege von Indices einen nicht zu vernachlässigenden Systemaufwand erfordern, ist ein Index immer nur dann vorzusehen, wenn er aus applikatorischen Gründen tatsächlich auch erforderlich ist. Dies gilt in ganz besonderem Masse in einer ein optimales Antwortzeitverhalten erfordernden *operationellen Umgebung*. Nun sind aber die in einer operationellen Umgebung betriebenen Anwendungen im Detail bekannt. Diesen Sachverhalt sollte man sich unbedingt zunutze machen, um eine in einer operationellen Umgebung betriebene relationale Datenbank den applikatorischen Bedürfnissen optimal anzupassen. Es empfiehlt sich folgendes Vorgehen:

1. Man definiere für jeden *Schlüsselkandidaten* einen *eindeutigen* (englisch: *Unique*) *Index*. Mit einem eindeutigen Index vermag ein Datenbankmanagementsystem zu gewährleisten, dass die Werte von Schlüsselkandidaten *eindeutig* sind. Darüber hinaus ermöglicht ein derartiger Index einen *wahlweisen Zugriff* (englisch: *direct access*) aufgrund eines Schlüsselwertes.

2. Man ermittle mit Hilfe der *Zugriffspfadmatrix* die zusätzlich erforderlichen *Indices* (in der Regel wird es sich dabei um *mehrdeutige* (englisch: *Non-Unique*) *Indices* handeln).

Wir diskutieren ein Beispiel.

Im oberen Teil von Abb. 8.4.1 ist die Zugriffspfadmatrix mit den Zugriffspfaden zu erkennen, die für die Erstellung der in früheren Kapiteln diskutierten Benützersichten *Kursbeschreibung* sowie *Raumbelegung* erforderlich sind. Im unteren Teil sind die Relationen mit den erforderlichen Indices aufgeführt. Zu erkennen ist, dass für jeden Primärschlüssel ein *eindeutiger Index* (mit ▲ gekennzeichnet) spezifiziert wurde. Die zusätzlich erforderlichen mehrdeutigen Indices (mit △ gekennzeichnet) sind wie folgt von der Zugriffspfadmatrix abzuleiten:

1. Gemäss Zugriffspfadmatrix ist von einer *VON*-Relation mit einem Fremdschlüssel X auf eine *ZU*-Relation mit entsprechendem Primärschlüssel zuzugreifen.

    Aktion des Datenbankadministrators: keine.

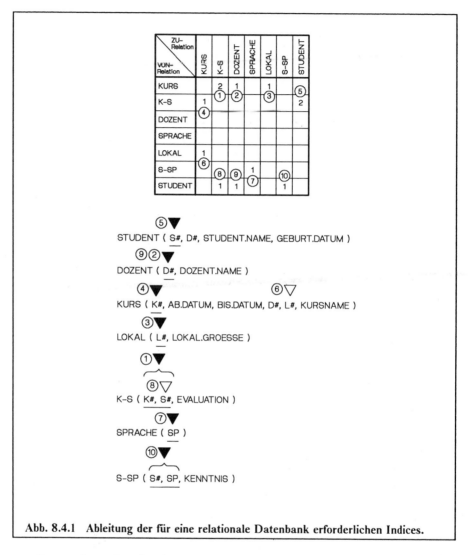

Abb. 8.4.1 Ableitung der für eine relationale Datenbank erforderlichen Indices.

Begründung: Der für den Primärschlüssel der *ZU*-Relation definierte Index gewährleistet einen effizienten, wahlweisen Zugriff aufgrund eines vorgegebenen X-Wertes.

Anmerkung: Diesem Fall entsprechen in Abb. 8.4.1 die mit den eingekreisten Ziffern 2, 3, 4, 5, 7 und 9 gekennzeichneten Zugriffe.

2. Gemäss Zugriffspfadmatrix ist von einer *VON*-Relation mit einem Primärschlüssel X auf eine *ZU*-Relation zuzugreifen, die einen zusammengesetzten Schlüssel mit einer Schlüsselkomponente X als Fremdschlüssel aufweist.

Aktion des Datenbankadministrators:

Fall 2.1: keine, sofern die Schlüsselkomponente X im zusammengesetzten Primärschlüssel an erster Stelle erscheint und das zur Verfügung stehende Datenbankmanagementsystem das sogenannte *Generic-Key-Konzept* verwendet. Letzteres ermöglicht den wahlweisen Einstieg in eine Relation unter Vorgabe der vordersten Schlüsselkomponente.

Anmerkung: Diesem Fall entsprechen in Abb. 8.4.1 die mit den eingekreisten Ziffern 1 und 10 gekennzeichneten Zugriffe.

Fall 2.2: Treffen die für Fall 2.1 diskutierten Bedingungen nicht zu, so ist in der *ZU*-Relation für das Attribut X ein Index zu spezifizieren. Dabei wird es sich in der Regel um einen *mehrdeutigen* (englisch: *Non-Unique*) *Index* handeln (in Abb. 8.4.1 mit △ gekennzeichnet).

Anmerkung: Diesem Fall entspricht in Abb. 8.4.1 der mit der eingekreisten Ziffer 8 gekennzeichnete Zugriff.

Aufgrund der vorstehenden Ausführungen ist deutlich geworden, dass die Zugriffspfadmatrix im Falle eines zusammengesetzten Primärschlüssels die optimale, zu möglichst wenig zusätzlichen Indices Anlass gebende Sequenz der Schlüsselkomponenten ausfindig zu machen erlaubt.

3. Gemäss Zugriffspfadmatrix ist von einer *VON*-Relation mit einem Primärschlüssel X auf eine *ZU*-Relation mit entsprechendem Fremdschlüssel zuzugreifen.

Aktion des Datenbankadministrators:

In der *ZU*-Relation ist für den Fremdschlüssel X ein Index zu spezifizieren. Dabei wird es sich in der Regel um einen *mehrdeutigen* (englisch: *Non-Unique*) *Index* handeln (in Abb. 8.4.1 mit △ gekennzeichnet).

Anmerkung: Diesem Fall entspricht in Abb. 8.4.1 der mit der eingekreisten Ziffer 6 gekennzeichnete Zugriff.

8.5 Die Verteilung von Daten

Wachsende Benützerzahlen und exponentiell wachsende Datenbestände haben zur Folge, dass eine zentrale Speicherung und Verwaltung unternehmungsrelevanter Daten immer problematischer wird. Zunehmend gefragt ist daher eine Dezentralisierung der Datenverarbeitung, bei der vernetzte Grossrechner in den Zentralen, damit verknüpfte mittelgrosse Abteilungsrechner sowie vor Ort beim Benützer betriebene Personal Computer ganz spezifische Aufgaben übernehmen. Die Zielsetzung lautet:

1. Daten örtlich dort zu speichern, wo sie am häufigsten gebraucht werden

2. Einem berechtigten Benützer unternehmungsrelevante Daten jederzeit und beliebigenorts zur Verfügung zu stellen, ohne dass der Standort der Daten bekanntzugeben ist

Die Benützer eines Systems brauchen sich also über die Verteilung der Daten keine Rechenschaft zu geben. Ihnen stehen Views zur Verfügung, für deren Materialisierung das System unter Umständen verschiedenenorts gespeicherte Daten zusammensucht.

Die Vorteile liegen auf der Hand. So sind mit der verteilten Datenverarbeitung:

• Zentrale Rechenzentren zu entlasten
• Lokale Antwortzeiten zu verbessern
• Leitungskosten zu reduzieren
• Die Datenverfügbarkeit zu verbessern

Allerdings stellt die verteilte Datenverarbeitung auch sehr hohe Anforderungen an die zum Einsatz gelangenden Mittel. Darüber hinaus ist zu bedenken, dass eine Verteilung der Daten im Sinne der vorstehenden Zielsetzungen ohne datenspezifisches Gesamtkonzept kaum möglich ist. Wie ist diese Aussage zu verstehen?

Dazu muss man die Möglichkeiten kennen, die für die Verteilung relational organisierter Daten[2] grundsätzlich zur Verfügung stehen. Im Idealfall sind folgende Verteilungsarten denkbar:

---

[2] Die bekannten Forschungsarbeiten sowie bereits verfügbare Produkte für die verteilte Datenverarbeitung basieren durchwegs auf relationalen Datenstrukturen. Netzwerkartige und hierarchische Datenstrukturen sind für die Realisierung von Verteilungsfunktionen weniger geeignet.

A. Verteilung ganzer Relationen

Bei dieser Verteilungsart ist eine Relation zur Gänze auf einem System zu speichern; die verschiedenen Relationen eines Modells sind aber durchaus auf unterschiedlichen Systemen (Lokationen) zu verteilen.

Abb. 8.5.1 zeigt ein Beispiel. Zu erkennen ist, welche Relationen auf den verschiedenen Systemen einer Unternehmung jeweils zur Gänze vorzufinden sind.

System: (Lokation)	Relation:
Hauptsitz	MITARBEITER (M#, ...) ABTEILUNG (A#, ...) KOSTENSTELLE (K#, ...)
Fertigung	PRODUKT (P#, ...) STUECKLISTE (M.P#, K.P#, ...) MASCHINE (MA#, ...)
Einkauf	LIEFERANT (L#, ...)

Abb. 8.5.1 **Verteilung von Daten (1): Ganze Relationen sind auf verschiedenen Systemen (Lokationen) zu verteilen.**

B. Horizontale Verteilung einer Relation (Row distribution)

Die Daten einer Relation sind horizontal zu verteilen, indem deren Tupel auf unterschiedlichen Systemen (Lokationen) zu plazieren sind.

Abb. 8.5.2 zeigt ein Beispiel. Zu erkennen ist, dass für die Relation MITAR-
BEITER einer international tätigen Unternehmung eine horizontale Verteilung
vorliegt, weil die Tupel der Relation in Abhängigkeit der Landeszugehörigkeit
der Mitarbeiter auf unterschiedlichen, in diversen Ländern betriebenen Systemen
vorzufinden sind.

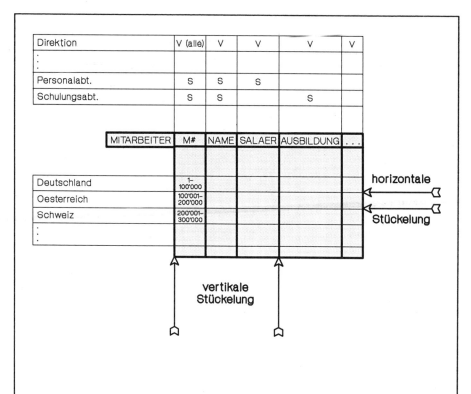

**Abb. 8.5.2   Verteilung von Daten (2): Die Daten einer Relation sind horizontal und
vertikal zu verteilen.** Bedeutung der verwendeten Abkürzungen: S = Daten sind
physisch gespeichert, V = Daten werden in Form einer View zur Verfügung gestellt.

Eine horizontal verteilte Relation ist mittels *Vereinigungsoperationen* (Unions),
die bei der Materialisierung von Views zur Ausführung gelangen, wieder zur
Gänze herzustellen (vgl. Anhang A.3). Damit man dabei keiner Tupel verlustig
geht, sollten sich letztere im Primärschlüsselwert unterscheiden. Aus diesem
Grunde muss jede Lokation für die Verwaltung eines bestimmten M#-Werte-
bereiches verantwortlich zeichnen. Dies bedeutet nicht, dass einem Mitarbeiter
bei Änderung der Landeszugehörigkeit ein neuer M#-Wert zuzuteilen ist. Das
in Abschnitt 3.1 im Zusammenhang mit dem für Entitätsschlüssel diskutierte
Eindeutigkeitskriterium erfordert ja, dass jeder Entität ein *unveränderlicher
Schlüsselwert* zuzuordnen ist, der anderweitig nie vorkommt.

C. Vertikale Verteilung einer Relation (Column distribution)

> Die Daten einer Relation sind vertikal zu verteilen, indem deren Attribute auf unterschiedlichen Systemen (Lokationen) zu plazieren sind.

Abb. 8.5.2 zeigt ein Beispiel. Zu erkennen ist, dass für die Relation MITARBEITER eine vertikale Verteilung vorliegt, weil die Attribute der Relation auf unterschiedlichen, von diversen Unternehmungsfunktionen betriebenen Systemen vorzufinden sind.

Eine vertikal verteilte Relation ist mittels *Verbundoperationen* (Joins), die bei der Materialisierung von Views zur Ausführung gelangen, wieder zur Gänze herzustellen (vgl. Anhang A.3). Sind beispielsweise der Direktion, auf deren System physisch keine Mitarbeiterdaten vorzufinden sind, entsprechende Angaben zur Verfügung zu stellen, so sind diese mittels einer geeigneten View anzufordern.

Es versteht sich, dass die Daten einer Relation im Idealfall sowohl horizontal wie auch vertikal zu verteilen sind.

Soweit die Möglichkeiten, die für die Verteilung relational organisierter Daten grundsätzlich zur Verfügung stehen. Aber noch einmal: Die Verteilung der Daten ist für einen Benützer transparent. Damit diese Transparenz zu gewährleisten ist, muss die Verteilung mittels Views scheinbar rückgängig zu machen sein. Dies wiederum erfordert, dass sich die Überlegungen bezüglich der Verteilung an einem datenspezifischen Gesamtkonzept orientieren. Wichtigste Voraussetzung für eine Verteilung im Sinne der eingangs zur Sprache gekommenen Zielsetzung ist daher:

1. Schaffung eines datenspezifischen Gesamtkonzeptes

Nachdem das vorliegende Buch praktisch ausschliesslich diesem Thema gewidmet ist, wollen wir uns gleich mit der nächsten Voraussetzung beschäftigen.

2. Ermittlung der Datenlokationen

Zu ermitteln ist:

a) Wo welche Daten hauptsächlich verwaltet werden

b) Wo welche Daten ausschliesslich für Auskunftszwecke zur Verfügung zu stehen haben bzw. wo welche Daten bezüglich Antwortzeit bevorzugt zu behandeln sind

Entschliesst man sich, die unter b) ermittelten Daten an den entsprechenden Lokationen zu speichern, so ist zu bestimmen, ob deren Nachbildung (Replication)

- permanent (System managed permanent refresh)
- periodisch aufgrund einer Systemintervention (System managed snapshot)
- periodisch aufgrund einer Benützerintervention (user managed data extract)

zu erfolgen hat.

Die Punkte a) und b) sind beispielsweise im Rahmen einer ISS/KSS [23] entsprechend Abschnitt 6.4 zu erledigen.

Und damit zur dritten und letzten Voraussetzung:

3. Aufteilung des datenspezifischen Gesamtkonzeptes

Die Aufteilung hat unter Berücksichtigung der unter Punkt 2 ermittelten Erkenntnisse sowie

a) Der physikalischen Einschränkungen wie Übertragungsgeschwindigkeit der Leitungen

b) Der Restriktionen des zur Verfügung stehenden Datenbankmanagementsystems

zu erfolgen. Auf diese Aspekte wollen wir in diesem Buche allerdings nicht eintreten, weil namentlich die Punkt b) betreffenden Überlegungen bei Drucklegung möglicherweise bereits überholt wären[3].

Zum Abschluss dieses Kapitels seien die in diesem Buche diskutierten Syntheseschritte noch einmal gesamthaft dargestellt.

---

[3] Man muss sich bewusst sein, dass wir in diesem Abschnitt den Idealfall kennengelernt haben. Dessen Realisierung erfordert ein System, welches − um in der IBM-Terminologie zu sprechen − das Prinzip des *Distributed Requests* anbietet. Einschränkungen ergeben sich, wenn lediglich das Prinzip der *Remote Unit of Work* oder − weniger einschneidend − jenes der *Distributed Unit of Work* zur Verfügung steht. Ohne die Bedeutung dieser Begriffe im einzelnen erklären zu wollen, bringen die vorstehenden Ausführungen zum Ausdruck, dass für den Zugriff auf verteilte Datenbanken mehr oder weniger feudale Implementierungsstufen denkbar sind.

1. Syntheseschritt (diskutiert in Abschnitt 5.1)

Abbildung der Realität mittels Konstruktionselementen und maschinengerechtes Definieren derselben mit Hilfe von voll normalisierten Elementarrelationen.

2. Syntheseschritt (diskutiert in Abschnitt 5.2)

Zusammenfassen von Elementarrelationen mit identischen Primärschlüsseln.

3. Syntheseschritt (diskutiert in Abschnitt 5.2)

Globale Normalisierung der zusammengefassten Relationen.

4. Syntheseschritt (diskutiert in Abschnitt 7.1)

Erstellen eines konzeptionellen Strukturdiagrammes.

5. Syntheseschritt

Ermittlung von

- *Zugriffspfaden* und *logischen Datenstrukturen*
  (diskutiert in Abschnitt 7.3).

- *Physischen Datenstrukturen*
  (diskutiert in den Abschnitten 8.1 - 8.4).

Abb. 8.5.3 illustriert das geschilderte Vorgehen anhand der wiederholt verwendeten pyramidenförmigen Anordnung.

Wichtig ist, dass sich das in Abb. 8.5.3 gezeigte Vorgehensprozedere konsequent an die im Vorwort zur Sprache gekommenen Kriterien der *konzeptionellen Arbeitsweise* hält. So gilt insbesondere:

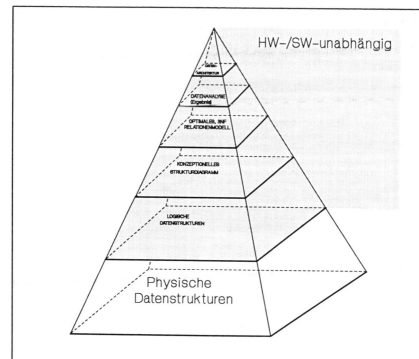

HW-/SW-unabhängig

DATEN-
ARCHITEKTUR

DATENANALYSE
(Ergebnis)

OPTIMALES, 3NF
RELATIONENMODELL

KONZEPTIONELLES
STRUKTURDIAGRAMM

LOGISCHE
DATENSTRUKTUREN

Physische
Datenstrukturen

Abb. 8.5.3 "Vom Groben zum Detail" führendes Datenbankentwurfsprozedere (5. Teil).

1. Datenmodelle sind vom Groben zum Detail (englisch: Top-down) zu entwickeln.

2. Bei der Datenmodellierung ist zu abstrahieren. Es ist also nicht mit Begriffen zu arbeiten, die den Einzelfall betreffen, sondern mit solchen, die stellvertretend für viele Einzelfälle in Erscheinung treten können.

3. Hardware- und softwarespezifische Überlegungen sind zurückzustellen, bis eine logisch einwandfreie Lösung vorliegt (nur auf der untersten Ebene sind Überlegungen bezüglich der verfügbaren Hardware und Software anzustellen).

8.6 Übungen Kapitel 8

8.1   Man definiere eine physische Datenstruktur für das in Übung 6.1 erhaltene Relationenmodell.

8.2   Man zeige, dass die physische Datenstruktur aus Übung 8.1 in die logischen Datenstrukturen aus Übung 7.3 umzusetzen ist.

8.3   Man ermittle die unbedingt erforderlichen Indices, um das in Übung 6.1 erhaltene Relationenmodell in einer operationellen Umgebung betreiben zu können.

9 Zusammenfassung und Epilog

Der amerikanischen Wirtschaftswissenschaftlerin Hazel Henderson, die sich in ihren Arbeiten im weitesten Sinne mit der Überwindung der drei grossen Bedrohungen der menschlichen Zivilisation *Atomkrieg, Hunger* sowie *Zerstörung der natürlichen Lebensgrundlagen* auseinandersetzt, ist die bedeutsame Aussage zu verdanken:

> "Global denken aber lokal handeln".

Eine Unternehmung, welche ihre Daten berechtigterweise als bedeutsames Vermögen ansieht und alle zu einer Beeinträchtigung besagten Vermögens Anlass gebenden Faktoren als Bedrohung auffasst, sollte sich bezüglich ihrer Daten an ein Prinzip halten, das in Anlehnung an Henderson's Aussage wie folgt zu formulieren ist:

> Global planen und konzipieren aber lokal verfeinern und realisieren.

Bejaht man dieses Prinzip, so steht man auch zur

datenorientierten Vorgehensweise

Mit dieser sind ja Daten im Rahmen der Ermittlung einer Datenarchitektur recht eigentlich global zu konzipieren und bei der anschliessenden Anwendungsentwicklung schrittweise lokal zu verfeinern. Mit andern Worten: Mit der datenorientierten Vorgehensweise ist zu gewährleisten, dass ein *Dreh- und Angelpunkt* zustande kommt, auf den sich alles übrige beziehen lässt. Abb. 9.1 illustriert diesen Sachverhalt anhand einer Abbildung, der wir in Abschnitt 2.3 im Zusammenhang mit unseren die datenorientierte Vorgehensweise betreffenden

Überlegungen in Teilen schon begegnet sind. Neben den bereits bekannten Aspekten ist jetzt allerdings dank geeigneter Ergänzungen zusätzlich zu erkennen (die folgenden Ziffern beziehen sich auf die eingekreisten Zahlen in Abb. 9.1):

1. Bei der im Rhythmus von drei bis vier Jahren durchzuführenden *Strategischen Anwendungs- und Datenplanung* (vgl. Abschnitt 6.4) werden die von den Entscheidungsträgern und Schlüsselpersonen benötigten Benützersichten ermittelt und Schwachstellen in der gegenwärtigen Informationsversorgung ausfindig gemacht. Aufgrund dieser Unterlagen sind jene Anwendungen zu bestimmen, deren Realisierung am ehesten eine Beseitigung der angedeuteten Schwachstellen zur Folge hat.

2. Bei der *Anwendungsentwicklung* orientieren sich die *Analytiker/ Organisatoren* zunächst an der Datenarchitektur, später am nach und nach zustande kommenden konzeptionellen Datenmodell.

3. Die von den Analytikern/Organisatoren bei der *Anwendungsentwicklung* ermittelten Details werden von der *Datenadministration* zunächst mit der Datenarchitektur, später mit dem nach und nach zustande kommenden konzeptionellen Datenmodell vereinigt.

4. Die für die zentrale oder dezentrale Speicherung von Datenwerten erforderlichen physischen Datenstrukturen werden von der *Datenbankadministration* vom konzeptionellen Datenmodell abgeleitet.

5. Die mit benützerfreundlichen Datenmanipulationssprachen und Anwendungsgeneratoren arbeitenden *Nichtinformatiker* orientieren sich am konzeptionellen Datenmodell.

6. Werden im konzeptionellen Datenmodell auch konventionelle Datenbestände berücksichtigt, so resultiert ein umfassender Überblick bezüglich der gesamten datenspezifischen Aspekte einer Unternehmung.

7. In einem *Rechnernetzwerk* sind unternehmungsrelevante Daten konsistent zu verteilen und einem berechtigten Benützer trotzdem jederzeit und beliebigenorts gesamthaft zur Verfügung zu stellen.

Den vorstehenden Ausführungen ist zu entnehmen, dass das konzeptionelle Datenmodell als gemeinsame sprachliche Basis für die Kommunikation der an der Organisation von Datenverarbeitungsabläufen beteiligten Personen in Erscheinung zu treten vermag.

Man möge die vorstehenden Ausführungen nicht dahingehend interpretieren, dass globale konzeptionelle Datenmodelle nur im Zusammenhang mit dem Einsatz von Computern gerechtfertigt sind. Wiederholt hat sich mittlerweile gezeigt, dass derartige Modelle − vor allem, wenn sie *kooperativ* und *solidarisch* zustande kommen − das Verständnis für die betrieblichen Zusammenhänge ausserordentlich zu fördern und Kommunikationsprobleme abzubauen vermögen. Eine Unternehmung ist daher gut beraten, die Definition eines globalen konzeptionellen Datenmodells auch dann voranzutreiben, wenn dessen Etablie-

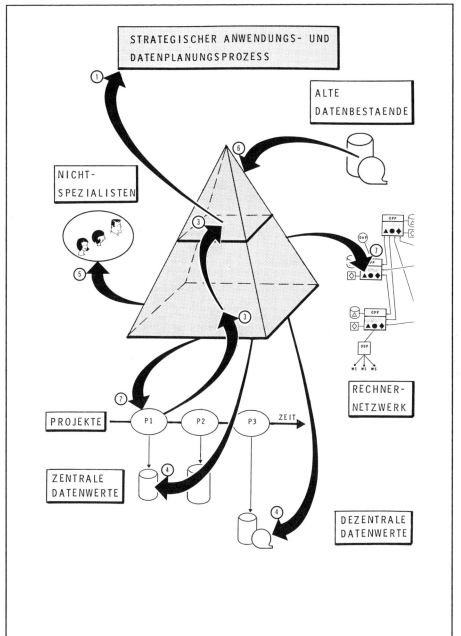

Abb. 9.1 Mit der datenorientierten Vorgehensweise resultiert ein zentraler Dreh- und Angelpunkt.

rung auf einem System gar nicht zur Debatte steht. Angesichts der nachweisbaren, positiven Auswirkungen muss man heute fast zwangsläufig zu folgender Schlussfolgerung kommen:

Eine auf ein globales konzeptionelles Datenmodell verzichtende Unternehmung wird gegenüber der Konkurrenz, welche die vorteilhaften und günstigen Auswirkungen derartiger Modelle zu nutzen weiss, früher oder später in Rückstand geraten.

Allerdings: Damit sich die positiven Auswirkungen tatsächlich auch einstellen, sind gut ausgebildete Mitarbeiter in eine adäquate

Organisation

einzugliedern. Was diese Organisation anbelangt, so wird man ohne kompetente, in der Unternehmungsstruktur möglichst hoch angesiedelte *Datenadministration* kaum auskommen. Besagte Stelle zeichnet bekanntlich für die Festlegung der mit den Fachabteilungen abzusprechenden *Fachbegriffe* sowie für die Schaffung eines *unternehmungsweiten* (allenfalls bereichsweiten) *konzeptionellen Datenmodells* verantwortlich. Davon unabhängig ist auch eine *Datenbankadministration* vorzusehen, welche für die Ableitung von *physischen Datenstrukturen* zentral oder dezentral gespeicherter Datenwerte zuständig ist. Kann dem Idealfall (d.h. Trennung der vorstehenden Funktionen) nicht entsprochen werden, so sind *Datenadministration* und *Datenbankadministration* in Personalunion zu betreiben.

Zum Abschluss noch zwei Empfehlungen an die Adressen der Spezialisten und der Verantwortlichen einer Unternehmung.

Zunächst zu den Spezialisten:

Spezialisten neigen dazu, sich im Detail zu verlieren und Datenmodelle zu schaffen, deren Komplexität vom Nichtinformatiker kaum zu verkraften ist. Man bemühe sich daher um einfache, übersichtliche, gut strukturierte und damit verständliche Datenmodelle. Niemand gibt sich deswegen eine Blösse − im Gegenteil! − Eine Persönlichkeit soll einmal gesagt haben: *"Nur der Könner kann es einfach"*.

Aber nun zu den Verantwortlichen einer Unternehmung:

In Anlehnung an das geflügelte Wort: *"Der Krieg ist eine zu ernste Angelegenheit, um ihn den Generälen zu überlassen"*, gilt bezüglich der Daten:

Für eine Unternehmung sind Daten von zu existentieller Bedeutung, als dass man deren Konzipierung Spezialisten allein überlassen darf.

Damit ist angedeutet, dass die Entscheidungsträger und Schlüsselpersonen einer Unternehmung bei der Datenmodellierung ein ganz gewichtiges Wort mitzureden haben und dementsprechend zu schulen sind[1]. Ein globales konzeptionelles Datenmodell vermag seiner Bestimmung nur dann zu genügen, wenn es *kooperativ* und *solidarisch* (d.h. als Gemeinschaftswerk von Entscheidungsträgern, Sachbearbeitern und Informatikern) zustande kommt. So aber ist es als das kollektive und additive Produkt der Denktätigkeit einer ganzen Belegschaft aufzufassen und vermag als solches im Sinne eines der Unternehmung dienlichen und förderlichen Brennpunktes zu wirken.

---

[1] Diesem Zwecke dient das für Führungskräfte und Sachbearbeiter ohne spezielle Informatikkenntnisse geschaffene Werk *Informationssysteme in der Unternehmung (Eine Einführung in die Datenmodellierung und Anwendungsentwicklung)* [57].

Anhang A: Einführung in die Mengenlehre

Der vorliegende Anhang beschäftigt sich mit einigen Prinzipien der Mengenlehre. Diese Prinzipien sind auch für Informatiker von Bedeutung, denn:

1. Das von modernen Datenbankmanagementsystemen unterstützte Relationenmodell basiert auf der Mengenlehre.

2. Datenmanipulationssprachen der 4. Generation unterstützen Mengenoperationen.

3. Moderne Datenbankentwurfsmethoden arbeiten mit Mengen (gemeint sind die in diesem Buche diskutierten Entitätsmengen, Beziehungsmengen, Entitätsattribute sowie Beziehungsattribute).

Zugegeben: Die vorstehenden Tatsachen allein rechtfertigen eine Beschäftigung mit der Mengenlehre noch nicht unbedingt (man fährt ja schliesslich auch mit dem Automobil, ohne die Funktionsweise eines Motors oder eines Differentialgetriebes zu kennen). Wesentlich ist aber, dass die Mengenlehre in hervorragender Weise geeignet ist, das Abstraktionsvermögen zu schulen. Gerade in der Informatik ist die Fähigkeit, mit Begriffen zu arbeiten, die stellvertretend für sehr viele Einzelfälle in Erscheinung treten können − zumindest für komplexere Aufgabenstellungen − unentbehrlich geworden.

Nun aber zur Gliederung des Anhangs:

Zunächst werden in Abschnitt A.1 einige *grundlegende Begriffe der Mengenlehre* eingeführt. Sodann werden in Abschnitt A.2 Mengenbeziehungen, wie *Relation, Funktion, Produktfunktion* behandelt. Schliesslich werden in Abschnitt A.3 die klassischen Mengenoperationen, wie *Vereinigung, Durchschnitt, Differenz*, aber auch aus der *relationalen Algebra* stammende Erweiterungen dieser klassischen Operationen, wie *Projektion* und *natürlicher Verbund* diskutiert.

A.1 Grundlegende Begriffe

A. Was ist eine Menge?

Eine Menge ist eine eindeutig definierte Kollektion von *Elementen* (mitunter ist auch von *Objekten* die Rede). Sie kann definiert werden entweder:

- Durch Auflisten der einzelnen Elemente oder

- Durch Angabe der Eigenschaft (bzw. der Eigenschaften), die ein Element aufweisen muss, damit es der Menge angehören kann.

Normalerweise wird der Name einer Menge mit Grossbuchstaben angegeben, die Elemente dagegen mit kleinen Buchstaben.

Beispiel

Die in Abb. A.1.1 gezeigte Menge STUDENT enthält die Studenten der Universität Zürich.

Abb. A.1.1 Menge der Studenten der Universität Zürich.

Die Menge STUDENT ist formal wie folgt darzustellen:

$$STUDENT = \{ \text{ Tom, Marc, Sally, Ann } \}$$

oder

$$STUDENT = \{ x \mid x \text{ ist ein Student der Universität Zürich } \}$$

Dieser Ausdruck ist wie folgt zu lesen: "STUDENT ist die Menge aller Elemente x, so dass (dargestellt aufgrund des Zeichens |) jedes x einen Studenten der Universität Zürich repräsentiert."

Folgende Eigenschaften charakterisieren eine Menge:

- Ein und dasselbe Element tritt innerhalb einer Menge nur einmal auf. Man sagt, die Elemente seien *distinkt*.

- Die Reihenfolge (Ordnung, Sequenz) der Elemente ist bedeutungslos.

Demzufolge repräsentieren die Mengen:

$$STUDENT\_A = \{ Tom, Marc, Sally, Ann \}$$

$$STUDENT\_B = \{ Marc, Sally, Ann, Tom \}$$

$$STUDENT\_C = \{ Ann, Sally, Marc, Tom \}$$

identische Mengen. Der Ausdruck:

$$STUDENT\_D = < Tom, Marc, Sally, Ann, Tom >$$

stellt hingegen keine Menge, sondern eine *Elementliste* dar. Dies, weil das Element Tom − gemeint ist ein und dieselbe Person − mehrmals aufgeführt ist.

B. Mitgliedschaft eines Elementes zu einer Menge

Die Tatsache, dass das Element x der Menge A angehört, ist formal wie folgt darzustellen:

$$x \in A$$

Der Ausdruck

$$x \notin A$$

besagt demgegenüber, dass das Element x der Menge A *nicht* angehört.

Beispiel

Gegeben sei die Menge:

$$STUDENT = \{ Tom, Marc, Sally, Ann \}$$

Dann gilt:

$$Sally \in STUDENT$$

$$Max \notin STUDENT$$

Beispiel

Gegeben sei die Menge:

$$ZAHL = \{\ x \mid x \leq 10 \text{ und } x \geq 0 \text{ und } x = \text{ganzzahlig}\ \}$$

Dann gilt

$$1 \in ZAHL$$

$$11 \notin ZAHL$$

C. Gleichheit und Ungleichheit von Mengen

Zwei Mengen A und B sind gleich, falls alle Elemente von A in B und alle Elemente von B in A enthalten sind. Formal ist dieser Sachverhalt wie folgt festzuhalten:

$$A = B$$

Der Ausdruck

$$A \neq B$$

besagt demgegenüber, dass die Mengen A und B nicht gleich sind.

Beispiel

Gegeben seien die Mengen:

$$A = \{\ 2, 4, 6, 8, \ldots\ \}$$

$$B = \{\ x \mid x \text{ ist eine gerade, positive, ganze Zahl}\ \}$$

$$C = \{\ x \mid x \text{ ist eine ungerade, positive, ganze Zahl}\ \}$$

Dann gilt:

$$A = B, \quad A \neq C, \quad B \neq C$$

D. Leermenge (Nullmenge)

Eine Leermenge (oder Nullmenge) ist eine Menge ohne Element und ist formal wie folgt darzustellen:

$$\{\ \} \quad \text{oder} \quad \emptyset$$

E. Untermengen

Falls A und B zwei Mengen darstellen, so ist A eine *Untermenge* von B, falls jedes Element von A ebenfalls als Element in B enthalten ist. Die Tatsache, dass A eine Untermenge von B ist, ist formal wie folgt darzustellen:

$$A \subseteq B$$

Dieser Ausdruck trifft auch dann zu, wenn die Mengen A und B identisch sind. Man sagt, die Menge A sei eine *echte Untermenge* von B, falls die Menge A eine Untermenge der Menge B darstellt und *nicht gleich* der Menge B ist.

Die Tatsache, dass A eine echte Untermenge von B ist, ist formal wie folgt darzustellen:

$$A \subset B$$

Beispiel

Gegeben seien die Mengen:

$$STUDENT = \{ Tom, Marc, Sally, Ann \}$$

$$MATHEMATIK = \{ Marc, Ann \}$$

Dann gilt:

$$MATHEMATIK \subset STUDENT$$

Die Menge MATHEMATIK repräsentiert also eine *echte Untermenge* der Menge STUDENT (siehe Abb. A.1.2).

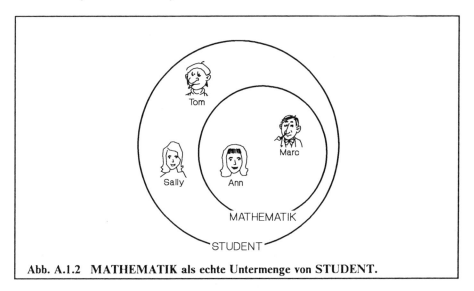

Abb. A.1.2 MATHEMATIK als echte Untermenge von STUDENT.

F. Disjunkte Mengen

Falls die Mengen A und B keine identischen Elemente enthalten, so sind die genannten Mengen *disjunkt*.

Beispiel

Gegeben seien die Mengen:

$$A = \{\, x \mid x < 10 \text{ und } x = \text{ganzzahlig} \,\}$$

$$B = \{\, x \mid x > 10 \text{ und } x = \text{ganzzahlig} \,\}$$

Dann gilt:

A und B sind disjunkt.

A.2 Mengenbeziehungen und deren Darstellung

A. Geordnete Paare

Ein geordnetes Paar ist eine *Liste* bestehend aus zwei Elementen (beispielsweise a und b). Eines der Elemente wird als erstes Element, das andere als zweites Element aufgefasst. In einem geordneten Paar kommt der Reihenfolge der Elemente demzufolge eine Bedeutung zu.

Ein geordnetes Paar ist formal wie folgt darzustellen:

$$< a, b >$$

Zur Erinnerung: In einer *Liste* kann ein und dasselbe Element mehrmals vorkommen. Demzufolge stellt

$$< a, a >$$

ein gültiges geordnetes Paar dar.

B. Das Cartesische Produkt von Mengen

Das Cartesische Produkt der Mengen A und B liefert sämtliche Kombinationsmöglichkeiten der Elemente in A mit den Elementen in B. Eine einzelne Kombination ist mit einem geordneten Paar $< a, b >$ festzuhalten, so dass gilt:

$$a \in A$$

und

$$b \in B$$

Das Cartesische Produkt der Mengen A und B ist formal wie folgt darzustellen:

$$A \times B$$

Dieses Produkt ist wie folgt definiert:

$$A \times B = \{ < a, b > \mid a \in A \text{ und } b \in B \}$$

Beispiel

Gegeben seien die Mengen:

$$\text{MAEDCHEN} = \{ \text{Ann, Su} \}$$

$$\text{KNABEN} = \{ \text{Tom, Bob, Paul} \}$$

Dann gilt:

$$
\begin{aligned}
\text{MAEDCHEN} \times \text{KNABEN} = \{ \quad &< \text{Ann, Tom} >, \\
&< \text{Ann, Bob} >, \\
&< \text{Ann, Paul} >, \\
&< \text{Su, Tom} >, \\
&< \text{Su, Bob} >, \\
&< \text{Su, Paul} > \quad \}
\end{aligned}
$$

Beispiel

Gegeben seien die Mengen:

$$
A = \{ a, b \}
$$

$$
B = \{ x, y, z \}
$$

Dann gilt:

$$
\begin{aligned}
A \times B = \{ \quad &< a, x >, \\
&< a, y >, \\
&< a, z >, \\
&< b, x >, \\
&< b, y >, \\
&< b, z > \quad \}
\end{aligned}
$$

$$
\begin{aligned}
A \times A = \{ \quad &< a, a >, \\
&< a, b >, \\
&< b, a >, \\
&< b, b > \quad \}
\end{aligned}
$$

Das letzte Beispiel zeigt, dass an einem Cartesischen Produkt auch nur eine *einzige* Menge beteiligt sein kann.

C. Geordnete n-Tupel

Ein geordnetes n-Tupel stellt eine *Liste* von n Elementen dar, es ist formal wie folgt darzustellen:

$$
< a_1, a_2, \dots a_n >
$$

Zur Erinnerung: In einer *Liste* kann ein und dasselbe Element wiederholt vorkommen.

D. Das Cartesische Produkt von mehr als zwei Mengen

Das Konzept des Cartesischen Produktes lässt sich verallgemeinern, so dass es für beliebig viele Mengen gilt.

Gegeben seien die Mengen:

$$
A_1, A_2, \dots A_n
$$

Das Cartesische Produkt dieser n Mengen ist wie folgt definiert:

$A_1 \times A_2 \times \dots A_n = \{ < a_1, a_2, \dots, a_n > \mid a_1 \in A_1 \text{ und } a_2 \in A_2 \dots \text{ und } a_n \in A_n \}$

Das vorstehende Cartesische Produkt liefert demnach sämtliche Kombinationsmöglichkeiten der Elemente in A_1 bis und mit den Elementen in A_n.

Beispiel

Gegeben seien die Mengen:

$\qquad$ KURSE $= \{$ Math., Chem., Phys. $\}$

$\qquad$ RAEUME $= \{$ R1, R2 $\}$

$\qquad$ PROFESSOREN $= \{$ Brown, Smith $\}$

Dann gilt:

$\qquad$ KURSE $\times$ RAEUME $\times$ PROFESSOREN $= \{$ $\quad$ < Math., R1, Brown >,
$\qquad\qquad\qquad\qquad\qquad\qquad\qquad\qquad\qquad$ < Math., R1, Smith >,
$\qquad\qquad\qquad\qquad\qquad\qquad\qquad\qquad\qquad$ < Math., R2, Brown >,
$\qquad\qquad\qquad\qquad\qquad\qquad\qquad\qquad\qquad$ < Math., R2, Smith >,
$\qquad\qquad\qquad\qquad\qquad\qquad\qquad\qquad\qquad$ < Chem., R1, Brown >,
$\qquad\qquad\qquad\qquad\qquad\qquad\qquad\qquad\qquad$ < Chem., R1, Smith >,
$\qquad\qquad\qquad\qquad\qquad\qquad\qquad\qquad\qquad$ < Chem., R2, Brown >,
$\qquad\qquad\qquad\qquad\qquad\qquad\qquad\qquad\qquad$ < Chem., R2, Smith >,
$\qquad\qquad\qquad\qquad\qquad\qquad\qquad\qquad\qquad$ < Phys., R1, Brown >,
$\qquad\qquad\qquad\qquad\qquad\qquad\qquad\qquad\qquad$ < Phys., R1, Smith >,
$\qquad\qquad\qquad\qquad\qquad\qquad\qquad\qquad\qquad$ < Phys., R2, Brown >,
$\qquad\qquad\qquad\qquad\qquad\qquad\qquad\qquad\qquad$ < Phys., R2, Smith > $\}$

E. Binäre Relationen

Die binäre Relation R einer Menge $A = \{ a_1, a_2, \dots \}$ zu einer Menge $B = \{ b_1, b_2, \dots \}$ stellt eine Untermenge des Cartesischen Produktes $A \times B$ dar:

$\qquad$ R $\subseteq$ A $\times$ B

Diese Relation ist formal wie folgt darzustellen:

$\qquad$ R (A, B)

Aus der obigen Definition folgt, dass eine binäre Relation eine *Menge* von geordneten Paaren darstellt.

Zur Erinnerung: In einer Menge kann ein und dasselbe Element − im vorliegenden Beispiel also ein und dasselbe geordnete Paar − nur einmal vorkommen.

Der vorstehende Ausdruck R (A, B) stellt das Gerüst einer zweidimensionalen Tabelle dar. R ist der Name der Tabelle, während A und B die Namen der ersten und der zweiten Kolonne repräsentieren. Die geordneten Paare der Relation R muss man sich wie folgt als Tabellenzeilen vorstellen:

R (A,	B)
a_1	b_1
a_1	b_2
a_1	b_3
a_2	b_1
a_3	b_5
.	
.	

Anmerkung: Liegt eine Relation von der Menge A zur Menge B vor, so kann ein Element der Menge A mit beliebig vielen Elementen der Menge B in Beziehung stehen. Eine derartige Konstellation bezeichnet man in der Informatik auch als eine komplexe (oder Typ M) Assoziation.

Beispiel

Gegeben seien die Mengen:

$$MAEDCHEN = \{ Mary, Ann, Su \}$$

$$KNABEN = \{ Bob, Paul \}$$

Dann kann gelten:

$$BRUDER \subseteq KNABEN \times MAEDCHEN$$

oder

$$BRUDER = \{ \; < Bob, Ann \quad >,$$
$$< Bob, Mary \quad > \; \}$$

oder

BRUDER (KNABEN,	MAEDCHEN)
Bob	Ann
Bob	Mary

BRUDER stellt eine mögliche Relation von der Menge KNABEN zur Menge MAEDCHEN dar. Ein geordnetes Paar, wie beispielsweise < Bob, Ann >, ist wie folgt zu interpretieren: "Bob ist der BRUDER von Ann."

Man beachte, dass die Reihenfolge der Elemente in einem geordneten Paar von Bedeutung ist: Bob ist der BRUDER von Ann aber Ann ist nicht ein Bruder von Bob. Entsprechend kann < Bob, Ann > der Anordnung BRUDER = { ... } angehören, nicht aber < Ann, Bob >.

Die tabellarische Darstellungsweise weist gegenüber der Anordnung R = { ... } insofern einen Vorteil auf, als die Reihenfolge der Kolonnen vertauschbar ist. So lässt sich der Tabelle

BRUDER (MAEDCHEN,	KNABEN)
Ann	Bob
Mary	Bob

immer noch entnehmen, dass Bob Bruder ist von Ann. Allerdings setzt diese Schluss-folgerung voraus, dass die Bedeutung der in den Kolonnen MAEDCHEN und KNA-BEN aufgeführten Werte bekannt ist.

Das folgende Beispiel zeigt, dass es Fälle gibt, in denen ohne vorsorgliche Massnahmen nicht ohne weiteres erkennbar ist, welche Bedeutung den in den einzelnen Kolonnen aufgeführten Werten zukommt.

Beispiel

Gegeben sei die Menge:

PRODUKT = { P1, P2, P3, ... }

Dann könnte gelten (siehe auch Abb. A.2.1):

ZUSAMMENSETZUNG $\subseteq$ PRODUKT × PRODUKT

oder

ZUSAMMENSETZUNG { < P1, P3 >,
                  < P1, P4 >,
                  < P1, P5 >,
                  < P2, P5 >,
                  < P2, P6 >,
                  < P5, P3 >,
                  < P5, P7 > }

oder

ZUSAMMENSETZUNG (PRODUKT,	PRODUKT)
P1	P3
P1	P4
P1	P5
P2	P5
P2	P6
P5	P3
P5	P7

ZUSAMMENSETZUNG stellt eine mögliche Relation dar, an der nur die Menge PRODUKT beteiligt ist. Ein geordnetes Paar, wie beispielsweise < P1, P3 >, ist wie folgt zu interpretieren: "Das Produkt P1 setzt sich (unter anderem) aus dem Produkt P3 zusammen."

Auch hier ist die Reihenfolge der Elemente in einem geordneten Paar von Bedeutung: P1 *setzt sich* aus P3 *zusammen*, während P3 in P1 *enthalten* ist. Entsprechend kann < P1, P3 > der Anordnung ZUSAMMENSETZUNG = { ... } angehören, nicht aber < P3, P1 >.

Die tabellarische Darstellungsweise weist insofern Interpretationsschwierigkeiten auf, als nicht ohne weiteres erkennbar ist, ob sich die in der ersten Kolonne aufgeführten Pro-dukte aus den in der zweiten Kolonne gezeigten Produkten *zusammensetzen* oder in letzteren *enthalten* sind. Dieser Schwierigkeit ist mit sogenannten *Rollen* zu begegnen.

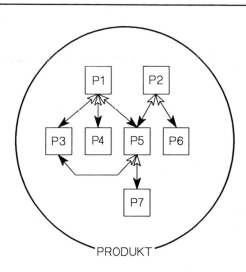

Abb. A.2.1 **Beispiel zur Illustration einer Relation, an welcher nur eine Menge beteiligt ist.** Die schwarzen Pfeile bezeichnen die Produkte, aus denen sich ein vorgegebenes Produkt *zusammensetzt.* Beispiel: P5 setzt sich aus P3 und P7 zusammen. Die weissen Pfeile bezeichnen die Produkte, in denen ein vorgegebenes Produkt *enthalten* ist. Beispiel: P5 ist in P1 und P2 enthalten.

Eine Rolle wird einem Kolonnennamen vorangestellt, sie umschreibt die Bedeutung der in der Kolonne aufgeführten Werte. Nennt man Produkte, die sich aus andern Produkten zusammensetzen *"Masterprodukte"* und Produkte, die in andern Produkten enthalten sind *"Komponentenprodukte"*, so ist die vorstehende tabellarische Anordnung wie folgt zu verbessern:

ZUSAMMENSETZUNG (MASTER.PRODUKT, KOMPONENTEN.PRODUKT)

P1	P3
P1	P4
P1	P5
:	:

F. Die Umkehrung (oder Inversion) einer Relation

Jede Relation R von einer Menge A zu einer Menge B weist eine Umkehrung (d.h. eine inverse Relation R') von der Menge B zur Menge A auf. Diese Umkehrung ist wie folgt definiert:

$$R' = \{ < b, a > \mid < a, b > \in R \}$$

Beispiel

Gegeben sei die Relation:

BRUDER = { < Bob, Ann >,
             < Bob, Mary > }

Dann gilt:

BRUDER′ = SCHWESTER = { < Ann, Bob >,
                          < Mary, Bob > }

Man beachte folgenden wichtigen Sachverhalt: Eine Relation und die dazu inverse Relation sind mit einer *einzigen* Tabelle festzuhalten.

Beispiel

Aus der tabellarischen Anordnung

BRUDER (KNABEN, MAEDCHEN)

Bob	**Ann**
Bob	**Mary**

geht hervor, dass Bob Bruder ist von Ann, und dass Ann Schwester ist von Bob. Allerdings sind derartige Schlussfolgerungen nur möglich, sofern die Bedeutung der in den einzelnen Kolonnen aufgeführten Werte bekannt ist.

Beispiel

Aus der tabellarischen Anordnung

ZUSAMMENSETZUNG (MASTER.PRODUKT, KOMPONENTEN.PRODUKT)

P1	**P3**
P1	**P4**
P1	**P5**
P2	**P5**
P2	**P6**
P5	**P3**
P5	**P7**

geht hervor, dass sich das Masterprodukt P5 aus den Komponentenprodukten P3 und P7 *zusammensetzt*, und dass das Komponentenprodukt P5 in den Masterprodukten P1 und P2 *enthalten* ist.

G. Relationen n-ten Grades (n-ary Relationen)

Das für Binärrelationen erläuterte Konzept lässt sich erweitern, so dass es auch für Relationen n-ten Grades zutrifft.

Gegeben seien die Mengen:

$$A_1 = \{ a_{11}, a_{12}, \dots \}$$

$$A_2 = \{ a_{21}, a_{22}, \dots \}$$

$$\vdots$$

$$A_n = \{ a_{n1}, a_{n2}, \dots \}$$

Eine Relation R über diese n Mengen ist wie folgt definiert:

$$R \subseteq A_1 \times A_2 \times \dots \times A_n$$

Diese Relation ist formal wie folgt darzustellen:

$$R\,(\,A_1, A_2, \dots, A_n\,)$$

Aus der obigen Definition folgt, dass eine Relation n-ten Grades eine *Menge* geordneter n-Tupel darstellt.

Man beachte, dass der vorstehende Ausdruck $R\,(\,A_1, A_2, \dots, A_n\,)$ das Gerüst einer zweidimensionalen Tabelle darstellt. R ist der Name der Tabelle, während $A_1, A_2, \dots,$ A_n die Namen der ersten, zweiten , ... sowie der n-ten Kolonne repräsentieren. Die geordneten n-Tupel der Relation R muss man sich wie folgt als Tabellenzeilen vorstellen:

$$R\,(\quad A_1, \quad A_2, \dots, \quad A_n\,)$$

| a_{11} | a_{21} ... | a_{n1} |
| a_{11} | a_{25} ... | a_{n1} |

$\vdots$

Beispiel

Gegeben seien die Mengen:

$$\text{LIEFERANT} = \{ S1, S2, S3 \}$$

$$\text{PRODUKT} = \{ P1, P2, P3, P4 \}$$

$$\text{LAGER} = \{ L1, L2 \}$$

Dann kann gelten:

$$\text{LIEFERUNG} \subset \text{LIEFERANT} \times \text{PRODUKT} \times \text{LAGER}$$

oder

$$\text{LIEFERUNG} = \{\; < S1, P1, L1 >,$$
$$< S1, P1, L2 >,$$
$$< S1, P3, L2 >,$$
$$< S2, P4, L1 > \}$$

oder

LIEFERUNG (LIEFERANT, PRODUKT, LAGER)		
S1	P1	L1
S1	P1	L2
S1	P3	L2
S2	P4	L1

LIEFERUNG stellt eine Relation dritten Grades dar, definiert über die Mengen LIE-FERANT, PRODUKT und LAGER. Ein Tupel, wie beispielsweise < S1, P1, L1 >, sagt aus, dass der Lieferant S1 das Produkt P1 an das Lager L1 liefert.

H. Funktionen

Eine Funktion f von einer Menge A zu einer Menge B lässt sich ebenfalls als eine Untermenge des Cartesischen Produktes A × B auffassen. Allerdings darf jedes Element in A nur einmal als erstes Element in allen geordneten Paaren auftreten. Dies bedeutet, dass jedes Element in der Menge A nur mit einem Element in der Menge B in Beziehung steht.

Eine Funktion f von A nach B ist formal wie folgt darzustellen:

$$f: A \longrightarrow B$$

Dieser Ausdruck wird wie folgt gelesen: ″f ist eine Funktion von A nach B.″

Normalerweise nennt man die Menge A die *Domäne* und die Menge B die *Co-Domäne* der Funktion.

Beispiel

Gegeben seien die Mengen:

$$\text{MITARBEITER} = \{ M1, M2, M3, M4 \}$$

$$\text{WERTE} = \{ 20, 30, 35, 50, 60 \}$$

Dann kann gelten:

$$\text{ALTER: MITARBEITER} \longrightarrow \text{WERTE}$$

ALTER stellt eine mögliche Funktion von MITARBEITER nach WERTE dar. Dies bedeutet, dass jedes Element in MITARBEITER exakt mit einem Element in WERTE in Beziehung steht. Dieses Element stellt das Alter eines Mitarbeiters dar.

Die Funktion ALTER kann als eine Menge geordneter Paare dargestellt werden (siehe auch Abb. A.2.2):

$$\text{ALTER} = \{ \quad < M1, 20 >,$$
$$< M2, 20 >,$$
$$< M3, 35 >,$$
$$< M4, 30 > \}$$

Üblicher − vor allem in der Informatik − ist aber folgende tabellarische Darstellung:

ALTER (MITARBEITER, WERTE)

M1	20
M2	20
M3	35
M4	30

*Anmerkung: In der Regel ist in der Informatik im Zusammenhang mit tabellarischen Anordnungen der vorstehenden Art von **Relationen** die Rede, und zwar auch dann, wenn die Tabelle — wie für ALTER der Fall — eine Funktion repräsentiert. Wir wollen uns im folgenden an diese Terminologie halten und bezeichnen hinfort jede tabellarische Anordnung der vorstehenden Art als Relation.*

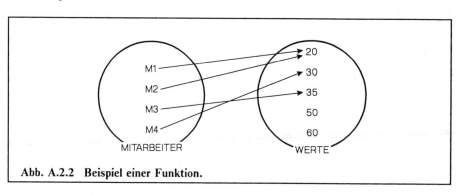

Abb. A.2.2 Beispiel einer Funktion.

I. Totale Funktion und partielle Funktion

Bislang wurde für eine Funktion f von einer Menge A zu einer Menge B angenommen, dass *jedes* Element in A mit einem Element in B in Beziehung steht. Eine derartige Funktion wird eine *totale Funktion* genannt. Stehen demgegenüber nur vereinzelte Elemente der Menge A mit Elementen der Menge B in Beziehung, so spricht man von einer *partiellen Funktion* (siehe Abb. A.2.3). Formal ist eine totale Funktion von der Menge A zur Menge B wie folgt festzuhalten:

$$f: A \longrightarrow B$$

Der Ausdruck

$$f: A \longrightarrow) B$$

repräsentiert demgegenüber eine partielle Funktion von A nach B.

Anmerkung: Anstelle von totalen bzw. partiellen Funktionen wird in der Informatik auch von einfachen (oder Typ 1) Assoziationen bzw. von konditionellen (oder Typ C) Assoziationen gesprochen.

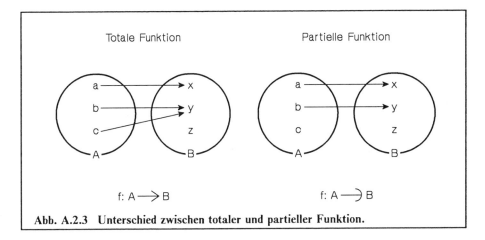

Abb. A.2.3 Unterschied zwischen totaler und partieller Funktion.

K. Die Produktfunktion

Die Produktfunktion ist wie folgt definiert:

Gegeben seien die Funktionen:

$$f: A \longrightarrow B$$

$$g: B \longrightarrow C$$

Offensichtlich steht aufgrund der Funktion f jedes Element der Menge A mit exakt einem Element der Menge B in Beziehung. Anderseits steht aufgrund der Funktion g jedes Element der Menge B mit exakt einem Element der Menge C in Beziehung. Dies bedeutet, dass für jedes Element in der Menge A exakt ein korrespondierendes Element in der Menge C vorliegt. Somit existiert auch eine Funktion von A nach C. Diese Funktion wird *Produktfunktion* von f und g genannt, sie ist formal wie folgt darzustellen (siehe auch Abb. A.2.4):

$$(g \circ f)$$

oder

$$(gf)$$

Beispiel

Gegeben seien die Mengen:

$$\text{MITARBEITER} = \{ M1, M2, M3, M4 \}$$

$$\text{ABTEILUNG} = \{ A1, A2, A3 \}$$

$$\text{VORGESETZTER} = \{ V1, V2, V3 \}$$

sowie die Funktionen:

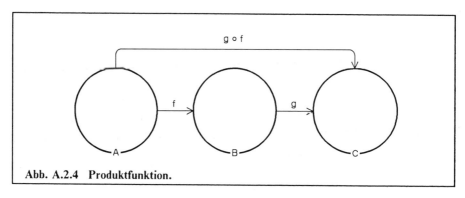

Abb. A.2.4 Produktfunktion.

$$\text{MA: MITARBEITER} \longrightarrow \text{ABTEILUNG}$$

$$\text{AV: ABTEILUNG} \longrightarrow \text{VORGESETZTER}$$

Damit gilt aufgrund der Produktfunktionsregel auch die Funktion (siehe auch Abb. A.2.5):

$$(\text{AV} \circ \text{MA}) = \text{MV: MITARBEITER} \longrightarrow \text{VORGESETZTER}$$

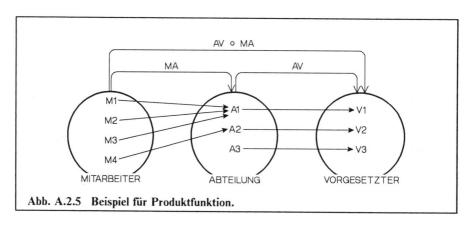

Abb. A.2.5 Beispiel für Produktfunktion.

Man beachte folgenden wichtigen Sachverhalt: Hält man die Funktionen

$$f: A \longrightarrow B$$

$$g: B \longrightarrow C$$

jeweils mit einer Relation fest, so ist mit den nachstehend beschriebenen *Projektions-* und *Verbundoperationen* eine Relation zu finden, welche die Produktfunktion (g ∘ f) repräsentiert.

A.3 Mengenoperationen

Im folgenden sind zunächst die klassischen Mengenoperationen wie *Vereinigung*, *Durchschnitt* sowie *Differenz* diskutiert. Anschliessend kommen zwei aus der *relationalen Algebra* stammende Erweiterungen dieser klassischen Operationen zur Sprache, nämlich die *Projektion* und der *natürliche Verbund*.

A. Die Vereinigung (Union) von Mengen

Die Vereinigung (Union) der Mengen A und B stellt die Menge aller Elemente dar, die entweder der Menge A oder der Menge B oder beiden Mengen angehören. Die Vereinigung ist formal wie folgt darzustellen:

$$A \cup B$$

(gesprochen: "A vereinigt mit B")

Die Vereinigung ist wie folgt definiert:

$$A \cup B = \{ x \mid x \in A \text{ oder } x \in B \}$$

Beispiel

Gegeben seien die Mengen:

$$\text{MATHEMATIK} = \{ \text{Marc, Tom} \}$$

$$\text{CHEMIE} = \{ \text{Marc, Ann, Sally} \}$$

Dann gilt:

$$\text{MATHEMATIK} \cup \text{CHEMIE} = \{ \text{Marc, Tom, Ann, Sally} \}$$

Man beachte, dass Marc als Element sowohl in der Menge MATHEMATIK als auch in der Menge CHEMIE erscheint. In der Vereinigung der genannten Mengen tritt Marc aber nur einmal auf (siehe Abb. A.3.1).

Anmerkung: Mit der vorstehenden Vereinigungsoperation sind aus zwei Datenbeständen, welche die Mathematik- bzw. die Chemiestudenten repräsentieren, alle Studenten zu finden, die Mathematik oder Chemie oder beides studieren.

B. Der Durchschnitt von Mengen

Der Durchschnitt der Mengen A und B stellt die Menge aller Elemente dar, die sowohl der Menge A als auch der Menge B angehören. Der Durchschnitt der Mengen A und B ist formal wie folgt darzustellen:

$$A \cap B$$

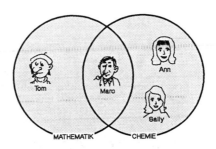

Abb. A.3.1 Die dunkle Fläche repräsentiert die Vereinigung von MATHEMATIK und CHEMIE.

(gesprochen: "A geschnitten mit B")

Der Durchschnitt ist wie folgt definiert:

$$A \cap B = \{ \, x \mid x \in A \text{ und } x \in B \, \}$$

Beispiel

Gegeben seien die Mengen:

$$\text{MATHEMATIK} = \{ \, \text{Marc, Tom} \, \}$$

$$\text{CHEMIE} = \{ \, \text{Marc, Ann, Sally} \, \}$$

Dann gilt:

$$\text{MATHEMATIK} \cap \text{CHEMIE} = \{ \, \text{Marc} \, \}$$

(siehe Abb. A.3.2).

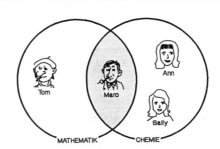

Abb. A.3.2 Die dunkle Fläche repräsentiert den Durchschnitt von MATHEMATIK und CHEMIE.

Anmerkung: Mit der vorstehenden Durchschnittsoperation sind aus zwei Datenbestän-
den, welche die Mathematik- bzw. die Chemiestudenten repräsentieren, alle Studenten
zu finden, die sowohl Mathematik als auch Chemie studieren.

Beispiel

Gegeben seien die Mengen:

$$\text{MAEDCHEN} = \{ \text{ Ann, Sally } \}$$

$$\text{KNABEN} = \{ \text{ Tom, Bob, Paul } \}$$

Dann gilt:

$$\text{MAEDCHEN} \cap \text{KNABEN} = \emptyset$$

Der Durchschnitt der Menge MAEDCHEN und der Menge KNABEN ergibt demnach
eine Nullmenge.

C. Die Differenz von Mengen

Die Differenz der Mengen A und B stellt die Menge aller Elemente dar, die der Menge
A angehören, nicht aber der Menge B. Die Differenz ist formal wie folgt darzustellen:

$$A - B$$

(gesprochen: "A minus B" oder: "A ohne B")

Die Differenz ist wie folgt definiert:

$$A - B = \{ x \mid x \in A \text{ und } x \notin B \}$$

Beispiel

Gegeben seien die Mengen:

$$\text{MATHEMATIK} = \{ \text{ Marc, Tom } \}$$

$$\text{CHEMIE} = \{ \text{ Marc, Ann, Sally } \}$$

Dann gilt:

$$\text{MATHEMATIK} - \text{CHEMIE} = \{ \text{ Tom } \}$$

Diese Differenz stellt die Menge aller Studenten dar, welche Mathematiklektionen, nicht
aber Chemielektionen besuchen (siehe Abb. A.3.3).

Anmerkung: Mit der vorstehenden Differenzoperation sind aus zwei Datenbeständen,
welche die Mathematik- bzw. die Chemiestudenten repräsentieren, alle Studenten zu
finden, die Mathematik, nicht aber Chemie studieren.

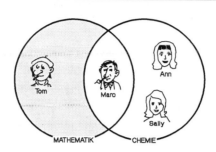

Abb. A.3.3 Die dunkle Fläche repräsentiert die Differenz von **MATHEMATIK** und **CHEMIE.**

Man beachte, dass die Differenz

$$\text{CHEMIE} - \text{MATHEMATIK} = \{ \text{Ann, Sally} \}$$

ergibt (siehe Abb. A.3.4).

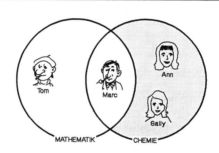

Abb. A.3.4 Die dunkle Fläche repräsentiert die Differenz von **CHEMIE** und **MATHEMATIK.**

D. Das Komplement einer Menge

Das Komplement einer Menge A stellt die Menge aller Elemente dar, die der Menge A nicht angehören. Das Komplement der Menge A ist formal wie folgt darzustellen:

$$A'$$

(gesprochen: "A invertiert")

Das Komplement ist wie folgt definiert:

$$A' = \{ x \mid x \notin A \}$$

Man beachte, dass das Komplement einer Menge eine *unendliche Menge* darstellt. Die in der Informatik unerwünschten unendlichen Mengen sind zu vermeiden, wenn mit der nachstehend beschriebenen *Universalmenge* gearbeitet wird.

E. Die Universalmenge

Die Universalmenge U umfasst alle Elemente, die für eine Anwendung, für einen Unternehmensbereich oder für die ganze Unternehmung von Bedeutung sind. Wird mit der Universalmenge gearbeitet, so ist das Komplement A′ einer Menge A wie folgt zu definieren:

$$A' = U - A$$

(siehe Abb. A.3.5).

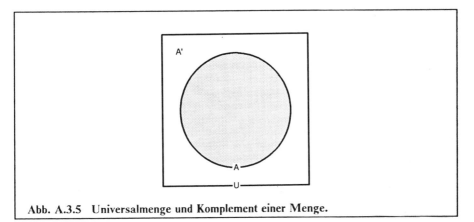

Abb. A.3.5   Universalmenge und Komplement einer Menge.

Beispiel

Die Universalmenge U sei wie folgt definiert:

$$U = \{ x \mid x \text{ ist ein Student der Universität Zürich} \}$$

Die Menge INFORMATIK sei wie folgt definiert:

$$INFORMATIK = \{ x \mid x \text{ ist ein Informatikstudent} \}$$

Das Komplement der Menge INFORMATIK repräsentiert die Menge aller Studenten, die *nicht* Informatik studieren und ist aufgrund folgender Differenz zu ermitteln:

$$INFORMATIK' = U - INFORMATIK$$

Die folgenden Operationen stellen eine Erweiterung der klassischen Mengenoperationen dar. Sie sind Bestandteil der *relationalen Algebra* und wurden von E.F. Codd [13, 15] eingeführt.

F. Die Projektion

Mit einer Projektionsoperation sind beliebige Kolonnen aus einer Relation zu selektionieren. Das Ergebnis einer Projektion ist wieder eine Relation.

Zur Erinnerung: Nachdem eine Relation eine *Menge* von Tupeln repräsentiert, wird im Ergebnis einer Projektion ein und dasselbe Tupel immer nur einmal vorzufinden sein.

Falls r ein Tupel und A eine Kolonne der Relation R darstellen, so bezeichnet r[A] das A-te Element von r. Analog, falls A eine Liste von Kolonnen A_1, A_2, ... A_n darstellt, so gilt:

$$r[A] = < r[A_1], r[A_2], ..., r[A_n] >$$

Eine Projektion ist formal wie folgt darzustellen:

$$R[A]$$

(gesprochen: "R projiziert über A")

Die Projektion ist wie folgt definiert:

$$R[A] = \{ r[A] \mid r \in R \}$$

Beispiel

Gegeben sei die Relation:

LIEFERUNG (LIEFERANT,	PRODUKT,	LAGER,	MENGE)
S1	P1	L1	10
S1	P1	L2	20
S1	P3	L2	15
S2	P4	L1	10
S3	P2	L1	12
S3	P3	L1	15
S3	P3	L2	17
S3	P4	L2	25

Für die Relation LIEFERUNG gilt folgende Interpretation: Falls <S1, P1, L1, 10> ein Tupel der Relation LIEFERUNG darstellt, so liefert der Lieferant S1 das Produkt P1 an das Lager L1 in einer Menge von 10 Einheiten. Folgende Problemstellungen sind zu lösen:

1. Man bestimme alle möglichen Lieferanten.

Das Problem ist wie folgt zu lösen:

ALLE_LIEFERANTEN ← LIEFERUNG [LIEFERANT]

und ergibt folgende Relation:

ALLE_LIEFERANTEN (LIEFERANT)
S1
S2
S3

Anmerkung: Das Zeichen ← *bedeutet, dass das Ergebnis der Projektion der Relation ALLE_LIEFERANTEN zuzuordnen ist.*

2. Man bestimme alle Lieferanten, zusammen mit den von ihnen gelieferten Produkten.

Das Problem ist wie folgt zu lösen:

GELIEFERTE_PRODUKTE ← LIEFERUNG [LIEFERANT, PRODUKT]

und ergibt folgende Relation:

GELIEFERTE_PRODUKTE (LIEFERANT, PRODUKT)
S1	P1
S1	P3
S2	P4
S3	P2
S3	P3
S3	P4

G. Natürlicher Verbund (Natural Join)

Der natürliche Verbund involviert zwei Relationen als Operanden und bildet eine neue, grössere Relation, in welcher jedes Tupel durch eine Verkettung (englisch: concatenation) je eines Tupels der Operandenrelationen zustandekommt. Bedingung für die Verkettung ist, dass die den Operandenrelationen entnommenen Tupel für identische Kolonnen identische Werte aufweisen.

Der natürliche Verbund ist wie folgt definiert:

Gegeben seien die Relationen:

R (X, Y)

S (Y, Z)

wobei X, Y und Z jeweils nicht nur eine einzelne Kolonne, sondern auch eine Liste von Kolonnen darstellen können, wie beispielsweise X_1, X_2, ..., X_n. Man beachte, dass die Kolonne Y (bzw. die Kolonnenliste Y) sowohl in der Relation R als auch S enthalten ist.

Der natürliche Verbund von R und S ist formal wie folgt darzustellen:

R ★ S

(gesprochen: ″natürlicher Verbund von R und S″)

Der natürliche Verbund ergibt die Relation T(X, Y, Z), die wie folgt definiert ist:

$$T(X, Y, Z) = \{ <x, y, z> \mid <x, y> \in R \text{ und } <y, z> \in S \}$$

Beispiel

Gegeben seien die Relationen:

```
STUDENT ( S#, NAME )          BEURTEILUNG ( S#, K#, NOTE )

        S1  Brown                       S1  K1  gut
        S2  Smith                       S1  K2  schlecht
        S3  Brown                       S1  K3  gut
                                        S2  K2  mittel
                                        S2  K3  mittel
                                        S2  K4  gut
```

Die beiden Relationen sind wie folgt zu interpretieren: Falls < S1, Brown > ein Tupel der Relation STUDENT darstellt, so heisst der Student mit der Nummer S1 Brown, und falls < S1, K1, gut > ein Tupel der Relation BEURTEILUNG darstellt, so erhält der Student mit der Nummer S1 für den Kurs mit der Nummer K1 eine gute Note.

Der natürliche Verbund:

$$R \leftarrow \text{STUDENT} \star \text{BEURTEILUNG}$$

ergibt:

```
R ( S#, NAME,  K#,  NOTE )

    S1  Brown  K1   gut
    S1  Brown  K2   schlecht
    S1  Brown  K3   gut
    S2  Smith  K2   mittel
    S2  Smith  K3   mittel
    S2  Smith  K4   gut
```

Anmerkung: Die aufgrund der Verbundoperation zustande gekommene Relation R weist den gleichen Informationsgehalt auf, wie die beiden Relationen STUDENT und BEUR-TEILUNG. Nicht zu übersehen ist allerdings, dass der Name eines Studenten in der Relation R wiederholt (d.h. redundant) in Erscheinung tritt. Dafür ist die Relation R gegenüber den Relationen STUDENT und BEURTEILUNG leichter zu handhaben, wenn beispielsweise eine Auswertung zu erstellen ist, welche alle Studenten mit Namen, besuchten Kursen und erhaltenen Noten umfasst.

Die vorstehenden Ausführungen deuten darauf hin, dass Verbundoperationen in hervor-ragendem Masse geeignet sind, redundanzfrei gespeicherte aber kompliziert strukturierte Daten in eine Form zu bringen, die vom Benützer der Daten leichter zu handhaben ist.

Zusammen mit der bereits diskutierten Projektionsoperation kann ausserdem der Zugriff zu vertraulichen oder nicht benötigten Daten verunmöglicht werden. So ist beispielsweise mit der Operationsfolge

$$R \leftarrow (\text{STUDENT} \star \text{BEURTEILUNG}) [S\#, \text{NAME}, K\#]$$

− also mit einer Verbundoperation, gefolgt von einer Projektionsoperation − zu bewir-ken, dass eine Relation zustandekommt, aus welcher alle Studenten mit ihren Namen und den besuchten Kursen (nicht aber den erhaltenen Noten) ersichtlich sind.

Beispiel

Für die Funktionen

MA: MITARBEITER $\longrightarrow$ ABTEILUNG

AV: ABTEILUNG $\longrightarrow$ VORGESETZTER

liegen folgende Relationen vor (siehe auch Abb. A.2.5):

MA(MITARBEITER,	ABTEILUNG)
M1	A1
M2	A1
M3	A1
M4	A2

AV(ABTEILUNG,	VORGESETZTER)
A1	V1
A2	V2
A3	V3

Die Verbundoperation

MAV ← MA ★ AV

liefert folgende Relation:

MAV (MITARBEITER,	ABTEILUNG,	VORGESETZTER)
M1	A1	V1
M2	A1	V1
M3	A1	V1
M4	A2	V2

Nun werde die Relation MAV wie folgt projiziert:

MV ← MAV [MITARBEITER, VORGESETZTER]

Dabei resultiert die Relation:

MV (MITARBEITER,	VORGESETZTER)
M1	V1
M2	V1
M3	V1
M4	V2

mit welcher die Funktion

MV: MITARBEITER $\longrightarrow$ VORGESETZTER

festgehalten wird. Offensichtlich entspricht die Funktion MV der mit den Funktionen

MA: MITARBEITER $\longrightarrow$ ABTEILUNG

AV: ABTEILUNG $\longrightarrow$ VORGESETZTER

definierten Produkfunktion (AV ∘ MA). Demzufolge ist die genannte Produktfunktion aufgrund einer Verbundoperation, gefolgt von einer Projektionsoperation, wie folgt zu ermitteln:

$$MV \leftarrow (MA \star AV) [\text{ MITARBEITER, VORGESETZTER }]$$

Der *relationalen Algebra* gehören neben den vorstehenden — wohl wichtigsten — Operationen *Projektion* und *natürlicher Verbund* noch der *Theta-Verbund* (Θ-Join), die *Restriktion* sowie die *Division* an. Allerdings haben sich diese Operationen — vermutlich ihres etwas abstrakten Charakters wegen — in der Praxis nicht durchsetzen können, weshalb an dieser Stelle lediglich auf die einschlägige Literatur verwiesen sei (eine sehr gute Beschreibung aller Operationen der relationalen Algebra findet sich beispielsweise in [62]).

Zusammen mit den klassischen Mengenoperationen *Vereinigung, Durchschnitt* sowie *Differenz* bilden die Operationen *Projektion, natürlicher Verbund, Theta-Verbund, Restriktion* sowie *Division* eine formale *Datenmanipulationssprache* mit ausserordentlich grossem Auswahlvermögen. So ermöglichen die genannten Operationen die Formulierung sämtlicher Fragestellungen, die für die gespeicherten Informationen überhaupt denkbar sind. Sofern eine Datenmanipulationssprache das gleiche Auswahlvermögen aufweist wie die relationale Algebra, so spricht man von einer *relational vollständigen Sprache* [15].

Wenn sich die relationale Algebra in der Praxis auch nicht durchzusetzen vermochte, so hat sie doch die Entwicklung von bedeutenden Datenmanipulationssprachen nachhaltig zu beeinflussen vermocht. So sind beispielsweise auch in SQL (Structured Query Language) [26], das aus den IBM-Entwicklungsarbeiten für ein relationales Datenbanksystem hervorgegangen ist [8], Konstrukte der relationalen Algebra vorzufinden.

A.4 Übungen

Übung A.1

Gegeben sei die Menge:

> A = { a, b, c }

Man bestimme:

1. Alle möglichen Untermengen von A,

2. Alle echten Untermengen von A.

Übung A.2

Gegeben seien die Mengen:

> A = { a, b, c }

> B = { b, c }

Man prüfe, ob die folgenden Aussagen formal und wertmässig richtig sind:

1. b ∈ A

2. b ⊂ A

3. B ∈ A

4. B ⊂ A

5. { b } ∈ A

6. { b } ⊂ A

Übung A.3

Gegeben seien die Mengen:

> A = { Tom, Su, Ann, Mary }

> B = { Su, Mary, Sally }

> C = { Ann, Mary, Bob, Sally }

Man bestimme:

1. A ∪ A

2. A ∪ B

3. A ∪ C

4. B ∪ C

5. (A ∪ B) ∪ C

Anmerkung: In der vorstehenden Aufgabe soll die Menge A zuerst mit der Menge B vereinigt werden. Sodann soll das Ergebnis mit der Menge C vereinigt werden.

6. A ∪ (B ∪ C)

Anmerkung: In der vorstehenden Aufgabe soll zuerst die Menge B mit der Menge C vereinigt werden. Sodann soll das Ergebnis mit der Menge A vereinigt werden (man vergleiche die Ergebnisse der Übungen 5 und 6).

7. A ∩ B

8. (A ∩ B) ∩ C

9. A ∩ (B ∩ C)

10. A − C

11. C − A

12. B − B

Übung A.4

Gegeben seien die Funktionen:

$$f: A \longrightarrow B$$

$$g: A \longrightarrow C$$

$$h: B \longrightarrow C$$

$$i: C \longrightarrow B$$

Man prüfe, ob die folgenden Aussagen zutreffen *können*:

1. $f = i \circ g$

2. $g = h \circ f$

3. $h = g \circ f$

Anhang B: Lösungen zu den Übungen

Im vorliegenden Anhang werden Lösungen zu den Übungen der einzelnen Kapitel diskutiert. Zu beachten ist, dass für zahlreiche Übungen neben der vorgeschlagenen Lösung auch anderweitige Lösungsvarianten denkbar sind.

Lösung zu Übung 2.1

Abb. B.1 zeigt eine mögliche Lösung zu Übung 2.1.

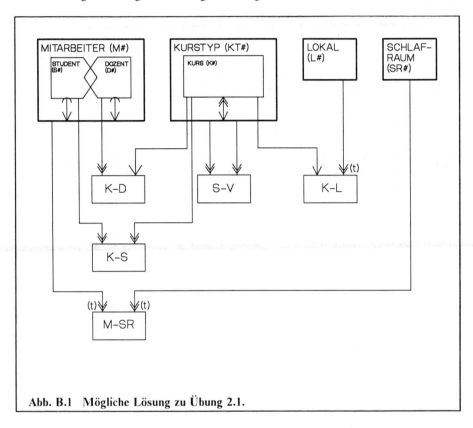

Abb. B.1 Mögliche Lösung zu Übung 2.1.

*Anmerkung: Bei der Modelldefinition sollte man sich überlegen, ob nur ein **aktueller Zustand** oder auch **historische Sachverhalte** abzubilden sind. So ermöglicht beispielsweise die der Beziehungsmenge M-SR zugrunde liegende (M:M)-Abbildung die Berücksichtigung von Aussagen bezüglich der Raumbelegung im Verlaufe der Zeit. Wäre nur die aktuelle Raumbelegung von Interesse, so müsste der Beziehungsmenge M-SR folgende (1:C)-Abbildung zugrunde gelegt werden:*

SCHLAFRAUM ◄———) ANGESTELLTE

Lösung zu Übung 2.2

Abb. B.2 zeigt eine mögliche Lösung zu Übung 2.2.

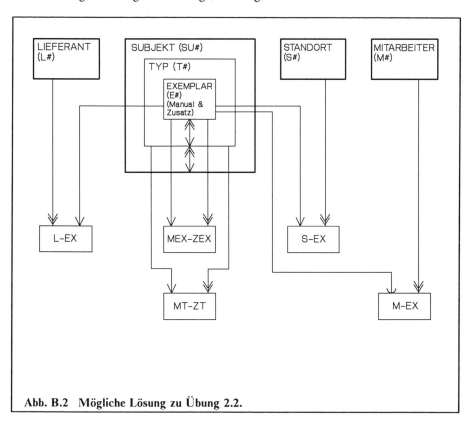

Abb. B.2 Mögliche Lösung zu Übung 2.2.

Anmerkung: Mit der Beziehungsmenge MT-ZT ist typenmässig (also allgemein gültig) festzuhalten, welche Zusatztypen für einen Manualtyp erforderlich sind. Damit lässt sich überprüfen, ob die tatsächlich vorhandenen (bzw. bestellten) Manualexemplare die erforderlichen Zusatzexemplare aufweisen.

Lösung zu Übung 2.3

Abb. B.3 zeigt eine mögliche Lösung zu Übung 2.3.

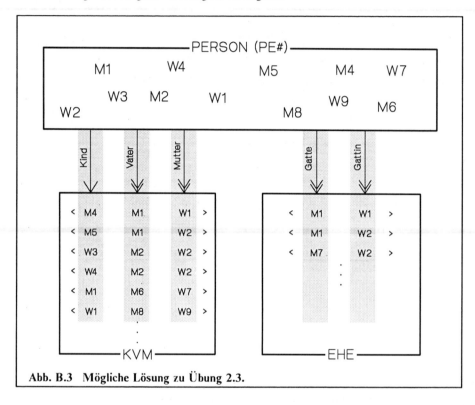

Abb. B.3 Mögliche Lösung zu Übung 2.3.

Lösung zu Übung 4.1

Folgende Relationen sind erforderlich:

Für die Abbildung A $\longleftrightarrow$ B:

$$R \ (\ \underline{A}, \ + \ B \ ) \quad oder \quad R \ (\ + \ A, \ \underline{B} \ )$$

Für die Abbildung A $\longleftarrow$) B:

$$R \ (\ \underline{A}, \ +/nw \ B \ )$$

*Anmerkung: B ist **Pseudoschlüsselkandidat**.*

Für die Abbildung A $\longleftrightarrow$ B:

```
R ( A, B )
```

Für die Abbildung A ◄◄───) B:

```
R ( A, nw B )
```

Für die Abbildung A ◄◄──►► B:

```
R ( A, B )
```

Lösung zu Übung 4.2

Abb. B.4 zeigt in graphischer Form die aufgrund der Übungsstellung in der Relation

```
LIEFERUNG ( L#, NAME, P#, BEZEICHNUNG, MENGE )
```

vorliegenden Abhängigkeiten. Offenbar ist nur das Attribut MENGE vom zusammengesetzten Schlüssel L#, P# voll funktional abhängig. Die übrigen nicht dem Primärschlüssel angehörenden Attribute verletzen allesamt die 2NF und sind aus der Relation LIEFERUNG zu eliminieren.

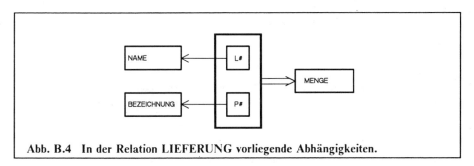

Abb. B.4   In der Relation LIEFERUNG vorliegende Abhängigkeiten.

Die Normalisierung der Relation LIEFERUNG ergibt:

```
LIEFERANT ( L#, NAME )

PRODUKT   ( P#, BEZEICHNUNG )

LIEFERUNG ( L#, P#, MENGE )
```

Lösung zu Übung 4.3

Abb. B.5 zeigt in graphischer Form die aufgrund der Übungsstellung in der Relation

```
STUDENT ( S#, S.NAME, GEBURT.DATUM, K#, BZNG, NOTE,

          P#, P.NAME )
```

vorliegenden Abhängigkeiten. Offenbar ist nur das Attribut NOTE vom zusammengesetzten Schlüssel S#, **K#** voll funktional abhängig. Die übrigen nicht dem Primärschlüssel angehörenden Attribute verletzen allesamt die 2NF und sind aus der Relation STUDENT zu eliminieren.

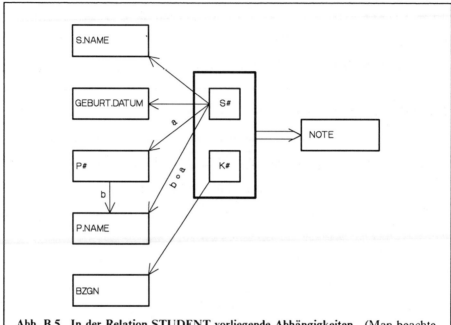

Abb. B.5 In der Relation STUDENT vorliegende Abhängigkeiten. (Man beachte, dass die Funktion S# → P.NAME die Produktfunktion der Funktionen S# → P# und P# → P.NAME darstellt).

Die Normalisierung der Relation STUDENT bis hin zur 2NF ergibt:

```
STUDENT   ( S#, S.NAME, GEBURT.DATUM, P#, P.NAME )

KURS      ( K#, BZGN )

S-K       ( S#, K#, NOTE )
```

Die Relationen KURS und S-K können die 3NF nicht verletzen. Hingegen ist in der Relation STUDENT das Attribut P-NAME vom Primärschlüssel S# transitiv abhängig und verletzt damit die 3NF. Die Normalisierung der 2NF-Relation STUDENT ergibt:

```
STUDENT   ( S#, S.NAME, GEBURT.DATUM, P# )

PROFESSOR ( P#, P.NAME )
```

Lösung zu Übung 4.4

Abb. B.6 zeigt die in der Relation

    ORGANISATION (M#, A#, V.M#, P#)

vorliegenden funktionalen Abhängigkeiten, die entweder aufgrund der Übungsstellung vorgegeben oder aufgrund der Produktfunktionsregel abzuleiten sind.

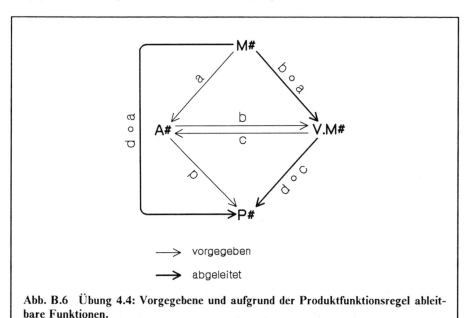

Abb. B.6 Übung 4.4: Vorgegebene und aufgrund der Produktfunktionsregel ableitbare Funktionen.

Die in Abb. B.6 gezeigten funktionalen Abhängigkeiten bewirken die in Abb. B.7 aufgeführten vier transitiven Abhängigkeiten. Damit verletzt die Relation ORGANISATION die 3NF aber gleich vierfach.

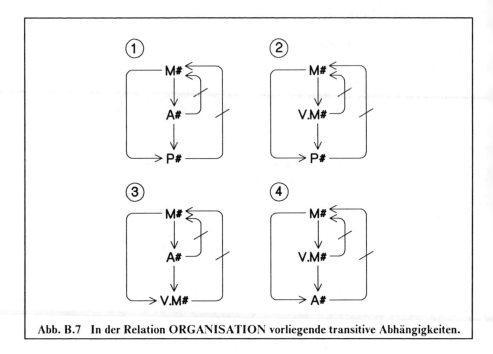

Abb. B.7 In der Relation ORGANISATION vorliegende transitive Abhängigkeiten.

Die transitive Abhängigkeit 1 ist durch die Elimination von P# zu beheben. Es resultiert:

    R1 (M#, A#, V.M#)   und   R2 (A#, P#)

Die Relation R1 verletzt die 3NF nach wie vor, weist sie doch immer noch die transitiven Abhängigkeiten 3 und 4 (siehe Abb. B.7) auf. Wird die transitive Abhängigkeit 3 eliminiert, so resultieren die Relationen:

    R3 (M#, A#)   und   R4 (A#, + V.M#)

Zusammen mit der bereits erhaltenen Relation R2 ergeben die Relationen R3 und R4 eine 1. Lösungsvariante.

Die Normalisierung der Relation R1 ist auch aufgrund einer Elimination der transitiven Abhängigkeit 4 (siehe Abb. B.7) möglich. Dabei resultieren die Relationen:

    R5 (M#, V.M#)   und   R6 (V.M#, + A#)

Zusammen mit der bereits erhaltenen Relation R2 ergeben die Relationen R5 und R6 eine 2. Lösungsvariante.

Zwei weitere Lösungsvarianten ergeben sich, wenn die vorgegebene Relation ORGANISATION durch eine Elimination der transitiven Abhängigkeit 2 (siehe Abb. B.7) normalisiert wird. Dabei resultieren die Relationen:

    R1 (M#, A#, V.M#)   und   R7 (V.M#, P#)

Für die Normalisierung der Relation R1 bestehen wiederum die bereits beschriebenen Möglichkeiten. Das heisst: es resultieren bei einer Elimination der transitiven Abhängigkeit 3 (siehe Abb. B.7) die bereits genannten Relationen R3 und R4, während bei einer Elimination der transitiven Abhängigkeit 4 die Relationen R5 und R6 anfallen. Damit ergeben sich aber zwei weitere Lösungsvarianten: nämlich die Lösungsvariante 3 mit den Relationen R3, R4 und R7 und die Lösungsvariante 4 mit den Relationen R5, R6 und R7. Abb. B.8 fasst die vorstehenden Überlegungen zusammen.

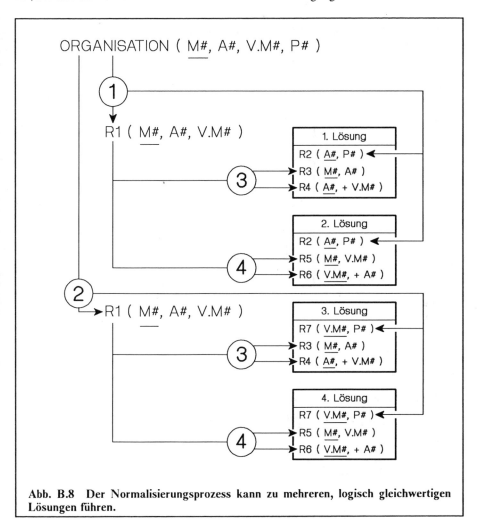

Abb. B.8 Der Normalisierungsprozess kann zu mehreren, logisch gleichwertigen Lösungen führen.

Anmerkung: Die vier Lösungsvarianten sind − logisch gesehen − gleichwertig. Eine bestimmte Lösungsvariante könnte sich allenfalls deswegen aufdrängen, weil die Relationen besagter Variante Attributskombinationen aufweisen, die häufiger zur Anwendung gelangen als die Attributskombinationen von Relationen anderweitiger Lösungsvarianten.

Lösung zu Übung 4.5

Abb. B.9 zeigt in graphischer Form die aufgrund der Übungsstellung in der Relation

```
STUECKLISTE ( MASTER.P#, BEZEICHNUNG, KOMPONENTE.P#,

             MENGE )
```

vorliegenden Abhängigkeiten. Offenbar ist nur das Attribut MENGE vom zusammengesetzten Schlüssel **MASTER.P#, KOMPONENTE.P#** voll funktional abhängig. Das Attribut BEZEICHNUNG verletzt die 2NF und ist aus der Relation STUECKLISTE zu eliminieren.

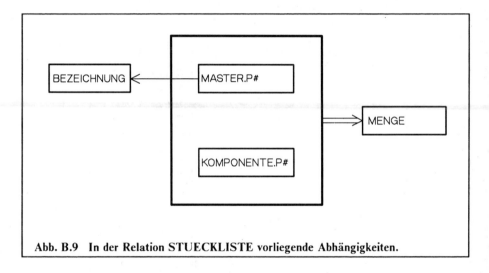

Abb. B.9 In der Relation STUECKLISTE vorliegende Abhängigkeiten.

Die Normalisierung der Relation STUECKLISTE ergibt:

```
PRODUKT       ( P#, BEZEICHNUNG )
STUECKLISTE ( MASTER.P#, KOMPONENTE.P#, MENGE )
```

Lösung zu Übung 4.6

Die Relation

```
ABTEILUNG ( A#, ... , + V.M#, NAME )
```

weist keine transitive Abhängigkeit im Sinne der Informatik auf und verletzt demzufolge *kein* Normalisierungskriterium. Man beachte, dass das als *Schlüsselkandidat* erscheinende Attribut V.M# die Einbringung von Redundanz bezüglich des Attributes NAME verhindert.

Lösung zu Übung 4.7

Die Relation

```
MITARBEITER ( M#, ... , PLZ, ORT )
```

verletzt die 3NF, weil ORT von M# transitiv abhängig ist. Die Normalisierung der Relation MITARBEITER ergibt:

```
MITARBEITER ( M#, ... , PLZ )

ORT          ( PLZ, ORT )
```

Anmerkung: Obschon die vorgegebene Relation MITARBEITER die 3NF verletzt, wird man aus Effizienzgründen vermutlich auf eine Normalisierung der genannten Relation verzichten. Damit nimmt man aber in Kauf, dass die Integrität im Verlaufe der Zeit nicht zu gewährleisten ist. In der Praxis wird man wiederholt Kompromisse der vorstehenden Art eingehen müssen. Wichtig ist dabei, dass man immer von einer logisch einwandfreien, voll normalisierten Lösung ausgeht, weil nur so zu erkennen ist, wo und wie sich Kompromisse nachteilig auswirken können.

Lösung zu Übung 4.8

Nur Version b) ist korrekt.

Erklärung: Man unterstelle folgende Relation R, welche die in der Übungsstellung vorgegebenen Abbildungen respektiert:

```
R ( A,  B,  C )
    a1  b1  c1
    a2  b1  c1
    a3  b2  c1
```

Die Normalisierung der Relation R gemäss Version a) ergibt folgende Relationen:

```
R1 ( A,  B )      R2 ( A,  C )
     a1  b1            a1  c1
     a2  b1            a2  c1
     a3  b2            a3  c1
```

Offensichtlich lässt sich ohne weiteres in R1 das Tupel < a4, b1 > und in R2 das Tupel < a4, c2 > einbringen. Diese möglichen Einschübe bewirken aber indirekt eine Verletzung der vorgegebenen Funktion B ——→ C, hätten doch die genannten Einschübe zur Folge, dass der Attributswert b1 bei einer Rekonstruktion der ursprünglichen Relation R zusammen mit den Attributswerten c1 und c2 in Erscheinung treten würde. Mit der Version a) lässt sich demzufolge die Integrität der Daten nicht gewährleisten.

Was die Version c) anbelangt, so ergibt die Normalisierung der Relation R folgende Relationen:

$$\text{R2 (} \underline{A}, \quad C \text{)} \qquad \text{R3 (} \underline{B}, \quad C \text{)}$$

a1	c1	
a2	c1	
a3	c1	

b1	c1
b2	c1

Mit diesen Relationen ist aber die Rekonstruktion der ursprünglichen Relation R nicht möglich. So würden im Verbundergebnis der Relationen R2 und R3 (siehe Anhang A.3) die nicht der ursprünglichen Relation R angehörenden Tupel < a1, b2, c1 >, < a2, b2, c1 > sowie < a3, b1, c1 > vorzufinden sein.

Lösung zu Übung 4.9

Abb. B.10 zeigt, wie die Relation

$$\text{LIEFERUNG (} \underline{L\#, P\#, FARBE} \text{)}$$

aus einer Verbundoperation der Relationen LP und PF resultiert. Man beachte, dass die beiden letztgenannten Relationen folgende unabhängigen, den gleichen Entitätstyp betreffenden komplexen Assoziationen festhalten:

$$P\# \longrightarrow\!\!\!\!\rightarrow L\#$$

$$P\# \longrightarrow\!\!\!\!\rightarrow FARBE$$

Damit liegen aber in der Relation LIEFERUNG die mehrwertigen Abhängigkeiten

$$P\# \rightarrow \rightarrow FARBE$$

(mit der Bedeutung, dass ein Produkt von sämtlichen das Produkt liefernden Lieferanten in den gleichen Farben zu liefern ist)

sowie

$$P\# \rightarrow \rightarrow L\#$$

(mit der Bedeutung, dass ein Produkt in sämtlichen für das Produkt verfügbaren Farben von den gleichen Lieferanten zu liefern ist)

vor, was einer Verletzung der 4NF gleichkommt.

Weil mit der Relation LIEFERUNG eine Verletzung der vorstehenden mehrwertigen Abhängigkeiten möglich ist, sollten an Stelle der Relation LIEFERUNG die ebenfalls in Abb. B.10 gezeigten Relationen PF und PL zur Anwendung gelangen.

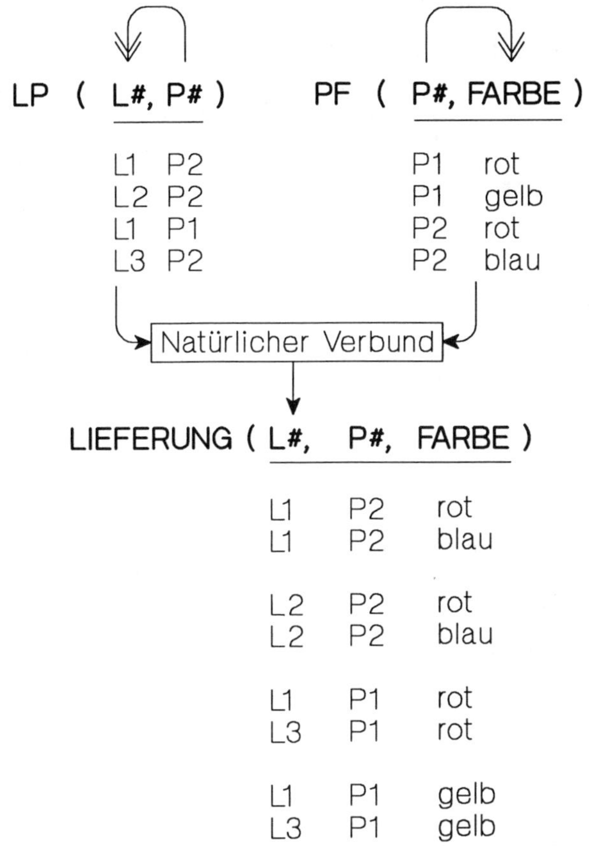

LP (L#, P#)   PF (P#, FARBE)

L1	P2
L2	P2
L1	P1
L3	P2

P1	rot
P1	gelb
P2	rot
P2	blau

Natürlicher Verbund

LIEFERUNG (L#,   P#,   FARBE)

L1	P2	rot
L1	P2	blau
L2	P2	rot
L2	P2	blau
L1	P1	rot
L3	P1	rot
L1	P1	gelb
L3	P1	gelb

Abb. B.10 Die Relation LIEFERUNG verletzt die 4NF.

Lösung zu Übung 4.10

Übung a)

Aufgrund der vorgegebenen Abbildungen ist in der Relation

    PRODUKTION (MI#, MA#, P#)

das Attribut P# vom Primärschlüssel MI# transitiv abhängig. Die Normalisierung ergibt:

    R1 (MI#, MA#)   und   R2 (MA#, P#)

Übung b)

Aufgrund der vorgegebenen Abbildungen sind in der Relation

PRODUKTION (MI#, MA#, P#)

sowohl das Attribut P# wie auch das Attribut MA# vom Primärschlüssel MI# transitiv abhängig. Die Normalisierung ergibt entweder

 R1 (MI#, MA#) und R3 (MA#, + P#)

oder

 R4 (MI#, P#) und R5 (P#, + MA#)

Anmerkung: Die beiden Lösungsvarianten sind – logisch gesehen – gleichwertig. Eine bestimmte Lösungsvariante könnte sich allenfalls deswegen aufdrängen, weil die Relationen besagter Variante Attributskombinationen aufweisen, die häufiger zur Anwendung gelangen als die Attributskombinationen der Relationen der andern Lösungsvariante.

Übung c)

Sofern mit den vorgegebenen Abbildungen festzuhalten ist, welche Mitarbeiter welche Maschinen bedienen um welche Produkte herzustellen (mit andern Worten: sofern es sich nicht um *unabhängige* komplexe Assoziationen handelt) verletzt die Relation

PRODUKTION (MI#, MA#, P#)

kein Normalisierungskriterium.

Übung d)

Mit den vorgegebenen Abbildungen ist vorerst die Relation

PRODUKTION (MI#, P#, MA#)

zu definieren. Diese Relation ist allerdings nur dann in 3NF, wenn neben den in der Aufgabenstellung genannten Abbildung auch gilt, dass

$$MI\# \longrightarrow\!\!\!\!\rightarrow MA\#$$

(mit der Bedeutung, dass ein Mitarbeiter mehrere Maschinen bedient)

sowie

$$P\# \longrightarrow\!\!\!\!\rightarrow MA\#$$

(mit der Bedeutung, dass die Produktion eines Produktes mehrere Maschinen erfordert).

Lösung zu Übung 4.11

Mit der Relation

```
SPRACHKENNTNIS ( PERSON, SPRACHE, KENNTNISGRAD )
```

sind folgende Realitätsbeobachtungen festzuhalten:

1. Eine PERSON spricht mehrere SPRACHEN.

2. Eine SPRACHE wird von mehreren PERSONEN gesprochen.

3. Eine PERSON spricht eine bestimmte SPRACHE mit einem bestimmten KENNTNISGRAD.

4. Eine PERSON spricht verschiedene SPRACHEN unterschiedlich gut.

5. Eine SPRACHE wird von verschiedenen PERSONEN unterschiedlich gut gesprochen.

Lösung zu Übung 5.1

Die in Übung 2.1 definierten Konstruktionselemente erfordern die in Abb. B.11 gezeigten Elementarrelationen.

Lösung zu Übung 5.2

Es lassen sich nur die Elementarrelationen

```
KURS ( K#, w1 KT# )

K-D ( K#, w1 D# )

K-L ( K#, AB.DATUM, BIS.DATUM, n1 L# )
```

aus Übung 5.1 kombinieren. Die Zusammenfassung ergibt:

```
KURS ( K#, AB.DATUM, BIS.DATUM, w1 KT#, w1 D#, n1 L# )
```

Nach erfolgter Zusammenfassung lässt sich mit der Globalnormalisierung keine Verletzung der 3NF nachweisen.

Lösung zu Übung 5.3

Die in der Übung vorgegebenen Konstruktionselemente erfordern folgende Elementarrelationen:

Elementarrelationen für Entitätsmengen:

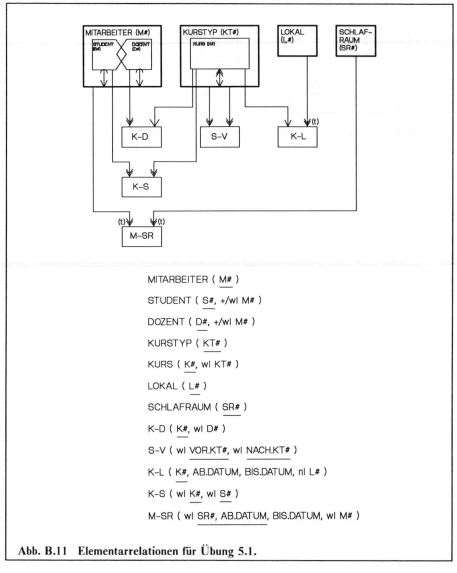

MITARBEITER (M#)

STUDENT (S#, +/wl M#)

DOZENT (D#, +/wl M#)

KURSTYP (KT#)

KURS (K#, wl KT#)

LOKAL (L#)

SCHLAFRAUM (SR#)

K-D (K#, wl D#)

S-V (wl VOR.KT#, wl NACH.KT#)

K-L (K#, AB.DATUM, BIS.DATUM, nl L#)

K-S (wl K#, wl S#)

M-SR (wl SR#, AB.DATUM, BIS.DATUM, wl M#)

Abb. B.11 Elementarrelationen für Übung 5.1.

KUNDE (<u>K#</u>)

FAKTUR (<u>F#</u>)

ARTIKEL (<u>A#</u>)

Elementarrelationen für Beziehungsmengen:

```
FORDERUNG ( F#, K# )

POSTEN ( F#, A# )
```

Elementarrelationen für Entitätsattribute:

```
NAME ( K#, NAME )

ADRESSE ( K#, ADRESSE )

TOTAL ( F#, TOTAL )

DATUM ( F#, DATUM )

ARTIKEL-NAME ( A#, ARTIKEL-NAME )

ARTIKEL-PREIS ( A#, ARTIKEL-PREIS )
```

Elementarrelation für das Beziehungsattribut:

```
MENGE ( F#, A#, MENGE )
```

Die Zusammenfassung der vorstehenden Elementarrelationen ergibt:

```
KUNDE ( K#, NAME, ADRESSE )

FAKTUR ( F#, K#, TOTAL, DATUM )

ARTIKEL ( A#, ARTIKEL-NAME, ARTIKEL-PREIS )

POSTEN ( F#, A#, MENGE )
```

Mit der Globalnormalisierung lässt sich keine Verletzung der 3NF feststellen.

Anmerkung: Das aus einer Multiplikation ARTIKEL-PREIS × MENGE berechenbare Attribut TOTAL ist in der Relation FAKTUR enthalten, weil ein einmal ermitteltes Fakturatotal aus gesetzlichen Gründen jederzeit auch dann ausweisbar sein muss, wenn die Artikelpreise im Verlaufe der Zeit ändern sollten.

Lösung zu Übung 5.4

Das in Abb. B.3 gezeigte Realitätsmodell erfordert folgende Relationen:

```
PERSON ( PE#, VATER.PE#, MUTTER.PE# )

EHE    ( GATTE.PE#, GATTIN.PE# )
```

Lösung zu Übung 6.1

Abb. B.12 zeigt die dem Formular FAKTUR zugrunde liegenden Konstruktionselemente.

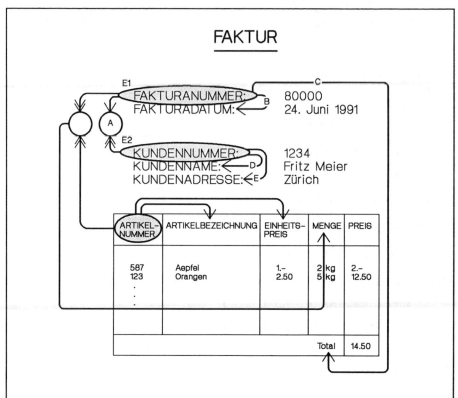

Abb. B.12 Dem Formular FAKTUR zugrunde liegende Konstruktionselemente.
Die mit Buchstaben gekennzeichneten Konstruktionselemente treten entsprechend
markiert auch in Abb. B.13 auf. Entitätsmengen (bzw. deren Entitätsschlüssel)
sind schattiert gekennzeichnet.

Abb. B.13 zeigt die dem Formular FORDERUNG zugrunde liegenden Konstruktionselemente.

Die Entitätsmengen erfordern folgende Relationen:

    KUNDE (K#)

    FAKTUR (F#)

    ARTIKEL (A#)

Die Beziehungsmenge, welcher die Abbildung KUNDE ←→→ FAKTUR zugrunde
liegt, ist aufgrund einer Erweiterung der Relation FAKTUR wie folgt festzuhalten:

    FAKTUR (F#, K#)

Die Beziehungsmenge, welcher die Abbildung FAKTUR ←←→→ ARTIKEL zugrunde
liegt, ist aufgrund einer zusätzlichen Relation wie folgt festzuhalten:

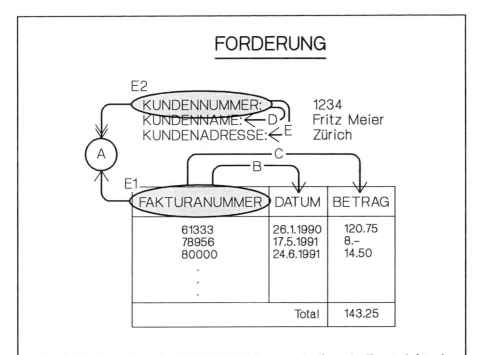

FORDERUNG

1234
Fritz Meier
Zürich

FAKTURANUMMER	DATUM	BETRAG
61333	26.1.1990	120.75
78956	17.5.1991	8.–
80000	24.6.1991	14.50
	Total	143.25

Abb. B.13 **Dem Formular FORDERUNG zugrunde liegende Konstruktionselemente.** Die mit Buchstaben gekennzeichneten Konstruktionselemente treten entsprechend markiert auch in Abb. B.12 auf. Entitätsmengen (bzw. deren Entitätsschlüssel) sind schattiert gekennzeichnet.

```
POSTEN ( F#, A# )
```

Mit der Globalnormalisierung lässt sich keine Verletzung der 3NF nachweisen.

Die Entitätsattribute sind wie folgt aufgrund von Erweiterungen der Relationen KUNDE, FAKTUR und ARTIKEL festzuhalten:

```
KUNDE ( K#, NAME, ADRESSE )

FAKTUR ( F#, K#, DATUM, TOTAL )

ARTIKEL ( A#, ARTIKEL-NAME, ARTIKEL-PREIS )
```

Schliesslich ist das Beziehungsattribut wie folgt aufgrund einer Erweiterung der Relation POSTEN festzuhalten:

```
POSTEN ( F#, A#, MENGE )
```

Nachdem die vorstehende Erweiterung eine Relation mit zusammengesetztem Schlüssel betrifft, ist zu prüfen, ob die Erweiterung eine Verletzung der 2NF bewirkt. Dies ist nicht der Fall, weil in einer Faktur mehrere Artikel in unterschiedlichen Mengen vorliegen können. Zudem ist es möglich, dass ein Artikel in mehreren Fakturen in unterschiedlichen Mengen auftreten kann. Dies bedeutet aber, dass die MENGE vom zusammengesetzten Schlüssel F#, A# voll funktional abhängig ist.

Die vorstehende Lösung ermöglicht die Berücksichtigung der gesetzlichen Bestimmung, derzufolge ein einmal ermitteltes Fakturatotal auch dann ausweisbar sein muss, wenn die Artikelpreise im Verlaufe der Zeit einer Änderung unterliegen. Eine einmal erstellte Faktur lässt sich aber mit den vorstehenden Relationen im Falle von Artikelpreisänderungen nicht mehr erstellen. Sollte dies erwünscht sein, so wären die Relationen wie folgt zu definieren:

```
KUNDE ( K#, NAME, ADRESSE )

FAKTUR ( F#, K#, DATUM )

ARTIKEL ( A#, ARTIKEL-NAME )

POSTEN ( F#, A#, MENGE )

ARTIKEL-PREIS ( A#, AB.DATUM, ARTIKEL-PREIS )
```

Lösung zu Übung 7.1

Abb. B.14 zeigt ein konzeptionelles Strukturdiagramm für die in Übung 6.1 ermittelten Relationen:

```
KUNDE ( K#, NAME, ADRESSE )

FAKTUR ( F#, K#, DATUM, TOTAL )

ARTIKEL ( A#, ARTIKEL-NAME, ARTIKEL-PREIS )

POSTEN ( F#, A#, MENGE )
```

Lösung zu Übung 7.2

Die in Übung 6.1 gezeigten Formulare erfordern folgende Zugriffspfade:

Zugriffspfad für Formular FAKTUR:

$$\text{FAKTUR} \rightarrow \text{KUNDE}$$
$$\rightarrow \text{POSTEN} \rightarrow \text{ARTIKEL}$$

Zugriffspfad für Formular FORDERUNG:

$$\text{KUNDE} \rightarrow \text{FAKTUR}$$

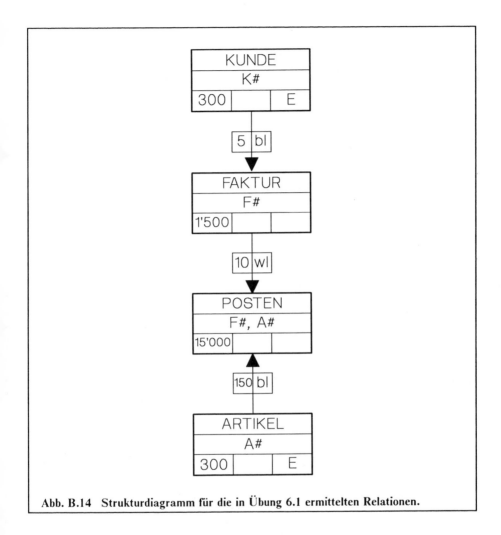

Abb. B.14 Strukturdiagramm für die in Übung 6.1 ermittelten Relationen.

Lösung zu Übung 7.3

Abb. B.15 zeigt die aus den vorstehenden Zugriffspfaden abgeleiteten logischen Datenstrukturen.

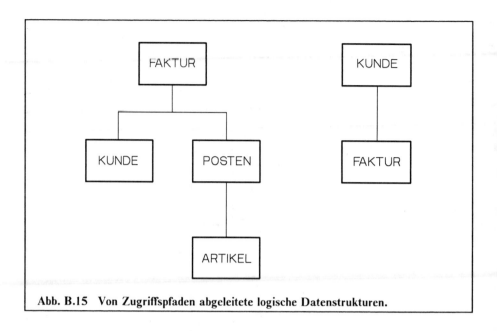

Abb. B.15 Von Zugriffspfaden abgeleitete logische Datenstrukturen.

Lösung zu Übung 7.4

Abb. B.16 zeigt die Zugriffspfadmatrix mit den für die Erstellung der Formulare FAKTUR und FORDERUNG erforderlichen Zugriffspfaden.

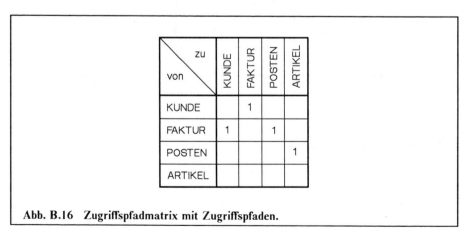

Abb. B.16 Zugriffspfadmatrix mit Zugriffspfaden.

Lösung zu Übung 8.1

Abb. B.17 zeigt eine physische IMS-Datenstruktur für das in Übung 6.1 erhaltene Relationenmodell.

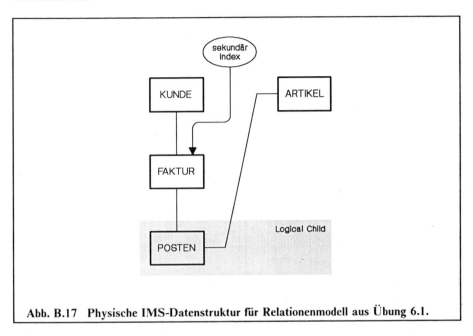

Abb. B.17 Physische IMS-Datenstruktur für Relationenmodell aus Übung 6.1.

Anmerkung: Die Minimalisierung der logischen Twin-Kette würde erfordern, dass das Segment POSTEN dem Segment ARTIKEL untergeordnet wird. Weil aber gemäss Zugriffspfadmatrix (siehe Abb. B.16) immer nur entsprechend

$$FAKTUR \rightarrow POSTEN \rightarrow ARTIKEL$$

nie aber entsprechend

$$ARTIKEL \rightarrow POSTEN \rightarrow FAKTUR$$

auf die Daten zugegriffen wird, empfiehlt es sich, das Segment POSTEN dem Segment FAKTUR unterzuordnen.

Mit dem für das Segment FAKTUR definierten Sekundär-Index wird der Zugriffspfad

$$FAKTUR \rightarrow KUNDE$$

$$\rightarrow POSTEN \rightarrow ARTIKEL$$

ermöglicht. Dank dem Sekundär-Index lässt sich nämlich die physische Struktur aus Abb. B.17 in die durch den obgenannten Zugriffspfad definierte logische Struktur (1) aus Abb. B.18 invertieren.

Lösung zu Übung 8.2

Abb. B.18 zeigt die von der physischen IMS-Datenstruktur aus Abb. B.17 abgeleiteten logischen Datenstrukturen zur Erstellung der Formulare FAKTUR und FORDE-RUNG.

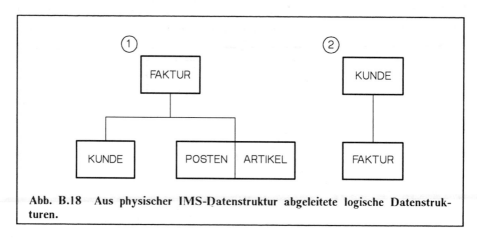

Abb. B.18 Aus physischer IMS-Datenstruktur abgeleitete logische Datenstrukturen.

Lösung zu Übung 8.3

Abb. B.19 zeigt die unbedingt erforderlichen Indices, um das in Übung 6.1 erhaltene Relationenmodell in einer operationellen Umgebung betreiben zu können.

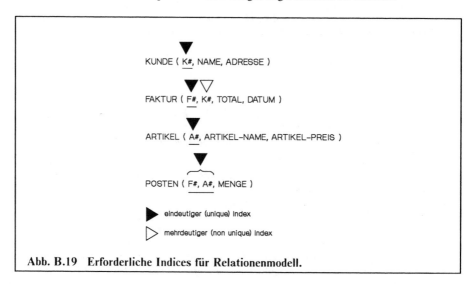

Abb. B.19 Erforderliche Indices für Relationenmodell.

Lösung zu Übung A.1

1. { },

    { a },   { b },   { c },

    { a, b },   { a, c },   { b, c },

    { a, b, c }

2. wie 1., ausser { a, b, c }

Lösung zu Übung A.2

1. ja

2. nein

3. nein

4. ja

5. nein

6. ja

Lösung zu Übung A.3

1. { Tom, Su, Ann, Mary }

2. { Tom, Su, Ann, Mary, Sally }

3. { Tom, Su, Ann, Mary, Bob, Sally }

4. { Su, Mary, Sally, Ann, Bob }

5. { Tom, Su, Ann, Mary, Sally, Bob }

6. { Tom, Su, Ann, Mary, Sally, Bob }

    *Anmerkung: Die Übungen 5 und 6 liefern das gleiche Ergebnis; d.h. die Reihenfolge der Vereinigungsoperationen ist belanglos. Man spricht in diesem Zusammenhang vom sog. **Assoziativgesetz**.*

7. { Su, Mary }

8. { Mary }

9. { Mary }

Anmerkung: Die Übungen 8 und 9 liefern das gleiche Ergebnis; d.h. die Reihenfolge der Durchschnittsoperationen ist belanglos. Auch hier spricht man vom sog. **Assoziativgesetz.**

10.   { Tom, Su }

11.   { Bob, Sally }

12.   ∅

Lösung zu Übung A.4

1.   ja

2.   ja

3.   nein

Literatur

[1]   Abrial, J.R.: Data Semantics. Data Base Management. Klimbie and Koffeman, Editors, Norths Holland, Amsterdam, 1974

[2]   Aho A.V., Beeri C., Ullman J.D.: The Theory of Joins in Relational Databases. ACM Transactions on Database Systems 4, No. 3 (September 1979)

[3]   Ansi/X3/Sparc: Interim report: Study group on data base management systems. FDT ... Bulletin of ACM-"Sigmod", the Special Interest Group on Management of Data. Vol. 7, No. 2, 1975

[4]   Bachmann C.W.: The programmer as navigator. CACM, Vol. 16, No. 11, 1973

[5]   Boehm B.W.: Software engineering. IEEE Transactions on computers, Vol. 25, No. 12, December 1976

[6]   Capra F.: Wendezeit − Bausteine für ein neues Weltbild. Scherz, 14. überarbeitete und erweiterte Auflage, 1987

[7]   Büchel A.: EDV für Betriebsingenieure. Vorlesungsunterlagen, Eidgenössische Technische Hochschule, Zürich, 13. April 1978

[8]   Chamberlin D.D., Boyce R.F.: Sequel: A structured english query language. Proc of the Sixth Ann. Princeton Conf. on Information Science and Systems, March 1972

[9]   Chen P.P.S.: The entity-relationship model − toward a unified view of data. ACM Transactions on Database Systems 1.1, 1976

[10]   Coad P., Yourdan E.: Object-Oriented Analysis. Yourdan Press Prentice Hall, Englewood Cliffs, New Jersey 07632, ISBN 0-13-629122-8, 1990

[11]   Codasyl Data Base Task Group: April 1971 Report. IFIP Administrative Data Processing Group Amsterdam

[12]   Codd E.F.: A relational model for large shared data banks. CACM, Vol. 13, No. 6, June 1970

[13]   Codd E.F.: A Data Base Sublanguage Founded on the Relational Calculus. Proc. 1971 ACM SIGFIDET Workshop on Data Description, Access and Control

[14]   Codd E.F.: Further normalization of the relational model. Data Base Systems, Courant computer science symposium 6, 1971. Rustin R., Editor, Englewood Cliffs, New Jersey 1972

[15]   Codd E.F.: Relational Completeness of Data Base Sublanguages. In Data Base Systems, Courant Computer Science Symposium Series, Vol. 6. Englewood Cliffs, N.J.: Prentice-Hall, 1972

[16]   Cox B.J.: Object-Oriented Programming. Addison Wesley, 1986

[17]   Daenzer W.F.: Systems Engineering. Verlag "Industrielle Organisation", Zürich 1976/77

[18]   Data Dictionary Systems Working Party: The British Computer Society Data Dictionary Systems Working Party Report. Database, ACM SIGBDP Newsletter Vol. 9, No.2, 1977

[19]   Date C.J.: An Introduction to Database Systems. Addison Wesley Publishing Company, 1981

[20]   Date C.J.: A practical guide to database design. Technical Report TR-03.220, IBM Santa Teresa Laboratory, San Jose, 1982

[21]   Denert E.: Software-Engineering. Springer-Verlag, 1991, ISBN 3-540-53404-0 und ISBN 0-387-53404-0

[22]   Fagin R.: Multivalued Dependencies and a New Normal Form for Relational Databases. ACM Transactionson Database Systems 2, No. 3 September 1977)

[23]   Hein K.P.: Information System Model and Architecture Generator. IBM Systems Journal, Vol. 24, Nos 3/4, 1985

[24]   IBM-Broschüre: Information Management System (IMS/VS). "Concepts and Facilities". F-Nr. ZR20-4411

[25]   IBM-Broschüre: Data Language I (DL/I DOS/VS). "General information". F-Nr. GH20-1246

[26]   IBM-Broschüre: IBM Database 2, Reference, SC26-4078

[27]   IBM-Broschüre: 8100 DPPX — Distributed processing programming executive: "DTMS — Data base and transaction management system", F-Nr. GC26-3915

[28]   IBM-Broschüre: VSAM — Virtual storage access method: "Primer and reference", F-Nr. G320-5774

[29]   IBM-Broschüre: Systems Application Architecture: "Common User Access, Advanced Interface Design Guide", F-Nr. SC26-4582-0

[30]   Jackson M.A.: Grundsätze des Programmentwurfs. S. Toeche-Mittler Verlag, Darmstadt 1979

[31]   Jaeger H.: Darstellungstechniken für EDV-Informationssysteme. Betriebswissenschaftliches Institut der ETH, Forschungsberichte für die Unternehmungspraxis, Band 8, 1978

[32]   Kendall R.C.: Management perspectives on programs, programming and productivity. Guide 45, Atlanta, Georgia, Nov 2, 1977

[33] Koestler A.: Janus. London 1978, (deutsch: Der Mensch, Irrläufer der Evolution)

[34] Lipschutz S.: Finite Mathematics. Schaum's Outline Series, McGraw-Hill Book Company, 1966

[35] Lundeberg M., Goldkuhl G., Nilsson A.: Information Systems Development − a Systematic Approach. Prentice-Hall Inc. ISBN 0-13-464677-0 AACR2, 1981

[36] Martin J.: Application development without programmer. Savant research studies, 2, New street, Carnforth, Lancashire, 1981

[37] Martin J.: Manifest für die Informationstechnologie von morgen. Econ Verlag Düsseldorf, Wien, 1985

[38] Marty R.: Von der Subroutinentechnik zu Klassenhierarchien − Eine schrittweise Hinführung zu objektorientierter Programmierung. Institut für Informatik, Universität Zürich-Irchel, 1988

[39] Meier A.: Relationale Datenbanken; Eine Einführung für die Praxis. Springer-Verlag Berlin Heidelberg, 1991

[40] Meyer B.: Object-oriented Software Construction. Prentice-Hall, 1988, ISBN 0-13-629031-0

[41] Nassi I., Shneiderman B.: Flowchart Techniques for Structured Programming. SIGPLAN NOTICES, ACM, Vol. 8, No. 8, 1973

[42] Nicolas J.M.: Mutual Dependencies and some Results on Undecomposable Relations. Proc. 4th International Conference on Very Large Data Bases (1978)

[43] Ortner E.: Datenadministration − Konzept und Aufgaben bei DATEV. Proceedings zum europäischen Benutzertreffen der Firma MSP, Berlin, 1986

[44] Ringger B.: Das Gelbe vom Ei? Sonderdruck der Technischen Rundschau, Nr.22/90, Juni 1990

[45] Schaeffer M., Bachmann A. (Hrsg.): Neues Bewusstsein − neues Leben (Bausteine für eine menschliche Welt). Wilhelm Heyne Verlag, München, 1988, ISBN 3-453-02970-4

[46] Senko M.E., Altman E.B., Astrahan M.M., Fehder P.L.: Data Structures and Accessing in Data Base Systems. IBM Systems Journal, Vol. 12, No. 1, 1973

[47] Stoyan H.: Objektorinetierte Systementwicklung. Handbuch der modernen Datenverarbeitung, Heft 145, Januar 1989, ISSN 0723-5208

[48] Teorey T.J., Yang D., Fry J.P.: A Logical Design Methodology for Relational Databases Using the Extended Entity-Relationship Model. Computing Surveys, Vol. 18, No. 2, June 1986

[49] Thomas J.C., Gould J.D.: A psychological study of query-by-example. Proc. National Computer Conference 44, 1975

[50]   Vester F.: Neuland des Denkens. dtv, 1988, ISBN 3-421-02703-x

[51]   Vetter M.: Hierarchische, netzwerkförmige und relationalartige Datenstrukturen (mit ausgewählten Beispielen aus einem Fertigungsunternehmen). Dissertation ETH Zürich, Juris Verlag, 1976

[52]   Vetter M.: Data base design by applied data synthesis. Proc. of the 3rd International Conference on Very Large Data Bases, Tokyo, Oct. 6-8, 1977

[53]   Vetter M.: Data Base Design Methodology. Der Eidg. Techn. Hochschule Zürich vorgelegte Abhandlung zur Erlangung der venia legendi, Zürich, 1981

[54]   Vetter M.: Data Base Design Methodology. Prentice-Hall International, ISBN 0-13-196535-2, 1981 (vereinfachte Version der vorstehend aufgeführten Habilitationsschrift)

[55]   Vetter M.: Strategy for Data Modelling (application- and enterprise-wide). John Wiley & Sons Limited, Chichester - Sussex - England, ISBN 0-471-91605-6, 1987

[56]   Vetter M.: Strategie der Anwendungssoftware-Entwicklung (Planung, Prinzipien, Konzepte). B.G. Teubner Stuttgart, 2., neubearbeitete und erweiterte Auflage 1990, ISBN 3-519-12489-0

[57]   Vetter M.: Informationssysteme in der Unternehmung (Eine Einführung in die Datenmodellierung und Anwendungsentwicklung). B.G. Teubner Stuttgart, 1990, ISBN 3-519-02181-1

[58]   Wedekind H.: Datenbanksysteme I. Reihe Informatik, Bibliographisches Institut Mannheim

[59]   Weizenbaum J.: Kurs auf den Eisberg. Pendo, 1984

[60]   Winblad A.L., Edwards S.E., King D.R.: Object-Oriented Software. Addison-Wesley Publishing Company, Inc., 1990, ISBN 0-201-50736-6

[61]   Zehnder C.A.: Der Computer als Gesprächspartner: Möglichkeiten und Grenzen. "Output" Nr. 10, 1980

[62]   Zehnder C.A.: Informationssysteme und Datenbanken. Verlag der Fachvereine an den Schweizerischen Hochschulen und Techniken, Zürich, 4., überarbeitete und erweiterte Auflage 1987

[63]   Zehnder C.A.: Informationsgesellschaft und Bürger. Am Ustertag 1986 gehaltene Ansprache. Badener Tagblatt: Forum für Politik, Kultur und Wirtschaft, 6.12.1986

[64]   Zloff M.M.: Query-by-example: a data base language. IBM Systems Journal, No. 4, 1977

Stichwortverzeichnis